应用型本科院校"十三五"规划教材/石油工程类

主编 杨昭 李岳祥

油田化学

（第2版）

Oilfield Chemistry

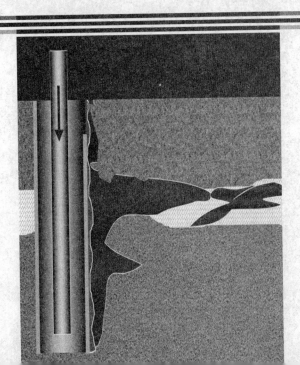

哈尔滨工业大学出版社

内 容 简 介

本书由胶体化学、钻井化学和采油化学3部分组成,共9章,第1篇为胶体化学,分4章,主要介绍胶体与胶体的性质、界面现象和吸附、表面活性剂和乳状液;第2篇为钻井化学,分3章,主要介绍黏土矿物、钻井液化学和水泥浆化学;第3篇为采油化学,分两章,主要介绍油层的化学改造及油水井的化学改造。

本书立足于培养石油专业人才,注重理论联系实际,重点阐明应用基本原理解决实际问题时的思路与方法,可作为石油院校的本科生教学用书,也可作为工程技术人员和研究人员的参考用书。

图书在版编目(CIP)数据

油田化学/杨昭,李岳祥主编. —2 版. —哈尔滨:哈尔滨工业大学出版社,2019.1
ISBN 978 - 7 - 5603 - 7856 - 5

Ⅰ.①油… Ⅱ.①杨… ②李… Ⅲ.①油田化学
Ⅳ.①TE39

中国版本图书馆 CIP 数据核字(2018)第 272535 号

策划编辑　杜　燕
责任编辑　杜　燕
出版发行　哈尔滨工业大学出版社
社　　址　哈尔滨市南岗区复华四道街 10 号　邮编150006
传　　真　0451 - 86414749
网　　址　http://hitpress. hit. edu. cn
印　　刷　哈尔滨市工大节能印刷厂
开　　本　787mm×1092mm　1/16　印张 18.25　字数 470 千字
版　　次　2016 年 1 月第 1 版　2019 年 1 月第 2 版
　　　　　2019 年 1 月第 1 次印刷
书　　号　ISBN 978 - 7 - 5603 - 7856 - 5
定　　价　38.00 元

序

　　哈尔滨工业大学出版社策划的《应用型本科院校"十三五"规划教材》即将付梓,诚可贺也。

　　该系列教材卷帙浩繁,凡百余种,涉及众多学科门类,定位准确,内容新颖,体系完整,实用性强,突出实践能力培养。不仅便于教师教学和学生学习,而且满足就业市场对应用型人才的迫切需求。

　　应用型本科院校的人才培养目标是面对现代社会生产、建设、管理、服务等一线岗位,培养能直接从事实际工作、解决具体问题、维持工作有效运行的高等应用型人才。应用型本科与研究型本科和高职高专院校在人才培养上有着明显的区别,其培养的人才特征是:①就业导向与社会需求高度吻合;②扎实的理论基础和过硬的实践能力紧密结合;③具备良好的人文素质和科学技术素质;④富于面对职业应用的创新精神。因此,应用型本科院校只有着力培养"进入角色快、业务水平高、动手能力强、综合素质好"的人才,才能在激烈的就业市场竞争中站稳脚跟。

　　目前国内应用型本科院校所采用的教材往往只是对理论性较强的本科院校教材的简单删减,针对性、应用性不够突出,因材施教的目的难以达到。因此亟须既有一定的理论深度又注重实践能力培养的系列教材,以满足应用型本科院校教学目标、培养方向和办学特色的需要。

　　哈尔滨工业大学出版社出版的《应用型本科院校"十三五"规划教材》,在选题设计思路上认真贯彻教育部关于培养适应地方、区域经济和社会发展需要的"本科应用型高级专门人才"精神,根据前黑龙江省委书记吉炳轩同志提出的关于加强应用型本科院校建设的意见,在应用型本科试点院校成功经验总结的基础上,特邀请黑龙江省9所知名的应用型本科院校的专家、学者联合编写。

　　本系列教材突出与办学定位、教学目标的一致性和适应性,既严格遵照学科体系的知识构成和教材编写的一般规律,又针对应用型本科人才培养目标及与之相适应的教学特点,精心设计写作体例,科学安排知识内容,围绕应用讲授理论,做到"基础知识够用、实践技能实用、专业理论管用"。同时注意适当融入新理论、新技术、新工艺、新成果,并且制作了与本书配套的PPT多媒体教学课件,形成立体化教材,供教师参考使用。

《应用型本科院校"十三五"规划教材》的编辑出版,是适应"科教兴国"战略对复合型、应用型人才的需求,是推动相对滞后的应用型本科院校教材建设的一种有益尝试,在应用型创新人才培养方面是一件具有开创意义的工作,为应用型人才的培养提供了及时、可靠、坚实的保证。

希望本系列教材在使用过程中,通过编者、作者和读者的共同努力,厚积薄发、推陈出新、细上加细、精益求精,不断丰富、不断完善、不断创新,力争成为同类教材中的精品。

第2版前言

《油田化学》是哈尔滨石油学院石油工程学院针对本院学生设置的一门专业基础必修课程。为了结合独立本科院校学生的知识结构、接受能力，培养学生的学习兴趣，提高学生独立思考的能力，并使学生及相关读者容易理解、掌握，在本书架构知识结构中，做到由浅入深、由简单到复杂、由基础到综合；在撰写专业内容方面，加强油田钻井和采油的实际应用性，其目的是通过本课程的学习，使学生学会运用化学方法来解决油田中遇到的一些实际问题及工程上不易解决的问题，培养学生的现场实践技能。

胶体化学主要介绍胶体与胶体的性质、界面现象和吸附、表面活性剂和乳状液。

钻井化学主要介绍钻井液和水泥浆的性能及其控制与调整。

采油化学主要介绍提高原油采收率的各种化学方法和调剖、堵水、油水井防砂、油井防蜡清蜡、稠油降黏、酸液性能调整、压裂液性能调整等化学方法。

油田化学在解决其问题时，所应用的油田化学剂有许多是相同的，表面活性剂和高分子是它们最常用的两类化学剂。

油田化学是按下列顺序进行研究的：

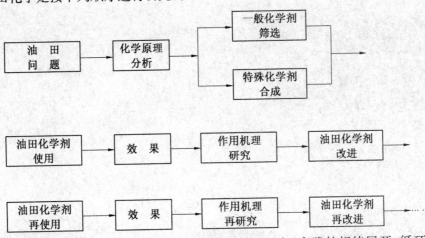

从上面顺序可以看出，油田化学的研究按实践-理论-实践的规律展开，循环向上，使油田化学不断发展。

考虑到油田化学知识对培养石油工程专业学生的重要性，设立了油田化学课程，并为此课程编写了本书。

本书是在哈尔滨石油学院教务处和石油工程学院协助下编写的，第1章～第3章由杨昭编写；第4章、第5章由李岳祥编写；第6章、第7章由郑洲编写；第8章、第9章由王勇编写；最后由杨昭负责统稿。

本书在编写过程中得到东北石油大学的专家及哈尔滨石油学院的领导的大力支持和指导,在此一并表示感谢!

　　由于编者水平有限,书中不妥之处在所难免,恳请同行和读者不吝指正,以便再版修改,使之更臻完善。

编　者

2018 年 10 月

目　　录

第1篇　胶体化学

　　胶体化学(Colloid Chemistry)是研究胶体体系的科学。传统的胶体化学研究的对象是溶胶(也称憎液溶胶)和高分子真溶液(也称亲液溶胶),近年 Shaw 还把在表面活性剂中讨论的以肥皂为代表的皂类视为第三类胶体体系,现称其为缔合胶体。

　　胶体体系的重要特点之一是具有很大的表面积,任何表面在通常情况下实际上都是界面,界面现象是石油开采过程中常见的普遍现象之一。原油开发涉及的钻井液、完井液、调剖堵水液、酸化液、压裂液及提高采收率的驱替液等工作液无不与胶体体系有关。

　　原油其实是油和水的乳状液可归为胶体,而油藏则是巨大而复杂的高度分散体系。要特别提及的是,胶体化学与石油化工的关系尤为密切,从油、气的地质勘探、钻井、采油、储运,一直到石油炼制和油品的二次加工和三次加工等各个方面,都要用到大量的胶体化学原理和方法。

　　因此,现代胶体科学的研究对象主要是分散体系、界面现象、有序组合体。

第 *1* 章

胶体与胶体的性质

1.1 什么是胶体

1.1.1 分散体系

由一种(或多种)物质以粒子形式分散在另一种(或多种)物质中所形成的体系称为分散体系(disperse system),也称为分散系统。其中被分散的物质称为分散相(disperse phase),即以颗粒分散状态存在的不连续相,相当于溶液中的溶质;而起容纳分散相作用的物质称为分散介质(disperse medium),即有分散相在其中的均匀介质,或称为连续相,相当于溶液中的溶剂。油田中所涉及的聚合物溶液、表面活性剂溶液、钻井液、压裂液等都是分散体系。

根据被分散物质的分散程度(分散相粒子大小)可将分散体系分为分子分散体系(亦称为分子或离子分散体系)、胶体分散体系和粗分散体系(见表1.1)。

表 1.1 按被分散物质的分散程度大小对分散体系的分类

分散体系	分散相粒子大小(直径)	分散体系特性及实例
分子分散体系(molecular disperse system)	<1 nm	分散相与分散介质以分子或离子形式彼此混溶,没有界面,是均匀的单相,通常把这种体系称为真溶液,如 $CuSO_4$ 溶液
胶体分散体系(colloid disperse system)	1~100 nm(或1 000 nm)	目测是均匀的,但实际是多相不均匀的体系,如 AgBr 溶胶
粗分散体系(coarse disperse system)	>1 000 nm	目测是混浊不均匀的体系,放置后会沉淀或分层,如黄河水

按分散相和分散介质的聚集状态对分散体系的分类见表1.2。

表1.2　按分散相和分散介质的聚集状态对分散体系的分类

分散介质	分散相	分散体系名称	实例
气态	液态	气溶胶	云、雾
	固态	悬浮体	烟、高空灰尘、沙尘暴
液态	气态	泡沫	肥皂泡沫、灭火泡沫
	液态	乳状液	牛奶、含水原油
	固态	溶胶或悬浮液	泥浆、墨水、油漆、牙膏
固态	气态	固体泡沫	泡沫塑料、冰淇淋
	液态	凝胶	豆腐、珍珠
	固态	固溶胶	有色玻璃、合金

只要不同聚集状态分散相的颗粒大小在胶体粒子范围内,则在不同状态的分散介质中均可形成胶体体系。例如,除了分散相与分散介质都是气体不能形成胶体体系外,其余的8种分散体系均可形成胶体体系。

1.1.2　胶体

一提起胶体,有不少人就觉得应该是一种黏黏糊糊的液体,其实胶体的范围十分广泛,比如人们吃的馒头,喝的稀粥、豆浆,用的墨水、牙膏,早晨的雾,烟囱里冒出的黑烟,名贵的珍珠、玛瑙、烟水晶等都属于胶体的范畴。毫不夸张地说,我们所处的世界就是一个胶体世界。

胶体这个名词是英国科学家 Thomas Graham(胶体化学之父)于 1861 年提出来的,他将一块羊皮纸缚在一个玻璃筒上,筒里装着要试验的溶液,并把筒浸在水中(图 1.1)。Thomas Graham 用此种装置研究许多种物质的扩散速度,发现有些物质,如糖、无机盐、尿素等扩散快,很容易从羊皮纸渗析出来;另一些物质,如明矾、氢氧化铝、硅胶等扩散很慢,不能或很难透过羊皮纸。前一类物质当溶剂蒸发时易于成晶体析出,后一类物质则不能结晶,大都成无定形胶状物质,于是,Thomas Graham 把后一类物质称为胶体。他所定义的胶体与今天所说的胶体是不一样的,他认为晶体的溶液是真溶液,胶体物质的溶液是溶胶,也就是说他认为胶体是一类物质。

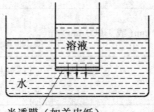

图 1.1　试验装置示意图

1905 年（在 Thomas Graham 提出胶体概念 40 多年后），俄国化学家鲍依马林（Веймари）对 200 多种物质进行了试验，用降低其溶解度或选用适当分散介质的方法，证明了任何物质既可制成晶体状态，也可制成胶体状态。例如，NaCl 是典型的晶体，在水中可形成真溶液，在乙醇中却可形成胶体。许多表现出胶体性质的物质在适当的条件下也可制成晶体，如 $Al(OH)_3$。因此胶体和晶体不是不同的两类物质，而是物质的两种不同的存在形态。从"扩散慢"和"不能通过半透膜"这些性质来推断，鲍依马林认为：胶体溶液中的粒子不是以单个的小分子存在，而是以许许多多的小分子聚集成的大粒子形式分散在介质中。所以胶体不是一种特殊的物质，而是物质以某种分散程度分散在介质中形成的一种分散体系。那么，究竟什么是胶体呢？

为了回答什么是胶体这一问题，做如下实验：将一把泥土放入水中，大粒的泥沙很快下沉，浑浊的细小土粒因受重力影响最后也沉降于容器底部，而土中的盐类则溶解成真溶液。但是，混杂在真溶液中还有一些极为微小的土壤粒子，它们既不下沉，也不溶解，人们把这些即使在显微镜下也观察不到的微小颗粒称为胶体颗粒，含有胶体颗粒的体系称为胶体体系，因此当分散体系中的质点足够大（1～100 nm，也有人将此范围放宽至 1 000 nm），与分散介质之间有明确的界面存在时，称此分散体系为胶体分散体系，或胶体体系，或胶体。

习惯上，把分散介质为液体的胶体体系称为液溶胶或溶胶（sol）；分散介质为水的胶体体系称为水溶胶，如油气田开发中常用的水基钻井液体系就是一种将黏土分散在水中形成的胶体悬浮体系；分散介质为气体的胶体体系称为气溶胶，如烟尘、低压油气田开发用的气基钻井液等；分散介质为固体的胶体体系称为固溶胶。

虽然胶体质点可以由许多分子组成，但这并不意味着质点中不能只有一个分子。将明胶溶于水或将橡胶溶于甲苯，皆分散成单独的分子，这些分子的大小符合胶体质点的标准，由于大小相近，这些大分子溶液与胶体溶液有许多相似的性质和相同的研究方法，例如运动性质、光学性质、流变性质等，因为这些性质往往只和质点的大小、形状有关，与相界面存在与否无关，所以在历史上大分子溶液（高分子溶液）一直被纳入胶体化学进行讨论。因此，胶体体系按溶液的稳定性可分为如下 3 类：

1. 憎液溶胶（lyophobic sol）

直径在 1～100 nm 之间的难溶物固体粒子分散在液体介质中，有很大的相界面，易聚沉，分散相与分散介质不同相，是热力学上的不稳定体系。一旦将介质蒸发掉，再加入介质就无法再形成溶胶，是一个不可逆体系，如 $Fe(OH)_3$ 溶胶、AgI 溶胶等。

憎液溶胶是胶体分散体系中主要研究的内容，它与真溶液有许多不同之处，其特征主要体现在以下 4 个方面：

（1）高度分散性

胶体粒子是由大量分子或离子组成，而每个胶体粒子所含的分子或离子数量是不同的，也就是说胶体粒子的大小不同。用粒子量来表示每个胶体粒子所含的物质量：

$$粒子量 = n \times M（分子数 \times 相对分子质量）$$

粒子量是变化的,可从几万到几百万(类似高分子的相对分子质量)。而对于大多数真溶液(不含高分子)来说,溶质就是单个分子或离子,大小是不变的(相对分子质量固定),称为单分散。胶体溶液的这种性质称为多分散性(多级分散)。

(2)多相不均匀性

胶体粒子与周围介质之间存在物理界面,至少是两相共存,而真溶液的溶质质点与溶剂之间不存在界面。

(3)热力学不稳定性

由于高度分散且不均相,所以体系的界面能很高,有自发聚结沉降的趋势。有的体系几秒或几分内就聚沉了,有的体系可稳定几小时、几天、甚至几年,如 Faraday 1858 年制备的金溶胶稳定了 30 年(亦有说 60 年),但不管稳定多久,终会聚沉。这是由热力学不稳定性所决定的,而真溶液无论放多久,也不会聚结沉降,因为它是热力学稳定体系。

(4)结构组成不确定性

胶体粒子的结构和组成受外加物质和制备方法的影响较大,例如 AgI 溶胶随制备方法不同,带电符号不同:

$$AgNO_3(过量)+KI \longrightarrow AgI(+)+KNO_3$$
$$AgNO_3+KI(过量) \longrightarrow AgI(-)+KNO_3$$

再如制备乳状液,随乳化剂不同、油水比例不同、制备方法不同,可得 O/W 或 W/O 乳状液,而真溶液的溶质组成和结构均固定不变。

2. 亲液溶胶(lyphilic sol)

直径在胶体粒子范围内的大分子(高分子)溶解在合适的溶剂中,一旦将溶剂蒸发,大分子(高分子)化合物凝聚,再加入溶剂又可形成溶胶,分散相与分散介质同相,亲液溶胶是热力学上稳定、可逆的体系。

3. 缔合胶体(有时也称为胶体电解质)

在液体介质中,胶体质点也可以由许多比较小的两亲分子缔合而成,即胶团。胶团有正胶团(里面为烃核,外层为极性基团,分散在水中)和逆胶团(里面为极性基团,外层为碳氢链,分散在非极性介质中)之分,此类胶体称为缔合胶体,是一类均相的热力学稳定体系。

在有些场合人们希望得到稳定的分散体系,在另一些场合却希望有效地破坏它。例如天空有大雾,轻则引起飞机飞行晚点,重则可能造成撞机事故,而采用喷雾型药剂可提高治愈呼吸道疾病的疗效;不少食品和化妆品要求制成稳定的乳状液,但原油在炼制前必须有效地破乳,以除去其中的水分。因此,这里可以领会到学习胶体化学的重要性。

1.1.3　胶体制备的一般条件

既然胶体颗粒的大小在 1~100 nm 之间,故原则上可由分子或离子凝聚而成胶体,当然也可由大块物质分散成胶体,方法虽不一样,但最终均可形成胶体体系(图 1.2)。用第一种方法制备胶体称为凝聚法,用第二种方法制备胶体称为分散法。

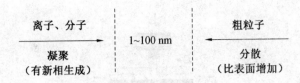

图 1.2　胶体形成示意图

（1）必须使分散相粒子的大小落在胶体分散体系的范围之内

要想制得溶胶,分散体系中的分散相粒子直径要在 1～100 nm 之间。

（2）分散相在介质中的溶解度必须极小

硫在乙醇中的溶解度较大,能形成真溶液。但硫在水中的溶解度极小,故以硫磺的乙醇溶液逐滴加入水中,便可获得硫黄水溶胶。又如三氯化铁在水中溶解为真溶液,但水解成氢氧化铁后则不溶于水,故在适当条件下使三氯化铁水解可以制得氢氧化铁水溶胶。因此,分散相在介质中有极小的溶解度,是形成溶胶的必要条件之一。当然,在这前提下,还要具备反应物浓度很稀,生成的难溶物晶粒很小而又无长大条件时才能得到胶体。如果反应物浓度很大,细小的难溶物颗粒突然生成很多,则可能生成凝胶。

（3）必须有稳定剂存在

用适当的办法将大块物体分散成胶体时,由于分散过程中颗粒的比表面积(指每克物质所具有的总表面积)增大,故体系的表面能增大,这意味着此体系是热力学不稳定的。如欲制得稳定的溶胶,必须加入第三种物质,即所谓的稳定剂(stabilizing agent)。用凝聚法制备胶体,同样需要有稳定剂存在,只有在这种情况下稳定剂不一定是外加的,往往是反应物本身或生成的某种产物。这是因为在实际制备时,总会使某种反应物过量,它们能起到稳定剂的作用。

1.1.4　胶体制备的方法

1. 分散法

分散法是一种比较简单的制备胶体体系的方法,粗粒子经适当方法便可获得胶体。分散法通常有机械分散法、电分散法、超声波分散法和胶溶法等,根据制备对象和对分散程度的不同要求,可选择不同的方法。

（1）机械分散法(研磨法)

用机械粉碎的方法将固体磨细。这种方法适用于脆而易碎的物质,对于柔韧性的物质必须先硬化后再粉碎。例如,将废轮胎粉碎,先用液氮处理,硬化后再研磨。

胶体磨的形式很多,其分散能力因构造和转速的不同而不同。盘式胶体磨(图 1.3)由两片磨盘组成,两磨盘相对高速旋转,转速每分钟 1 万～2 万转,A 为空心转轴,与 C 盘相连,向一个方向旋转,B 盘向另一方向旋转,分散相、分散介质和稳定剂从空心轴 A 处加入,从 C 盘与 B 盘的狭缝中飞出,用两盘之间的应切力将固体粉碎,可得直径为 1 000 nm 左右的粒子。

（2）电分散法(电弧法)

电分散法主要用于制备金、银、铂等金属溶胶。将欲分散的金属作为电极,浸在水中,盛水的盘子放在冷浴中,在水中加入少量 NaOH 作为稳定剂。

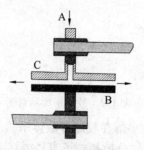

图 1.3　盘式胶体磨示意图

　　如图 1.4 所示,制备时在两电极上施加 100 V 左右的直流电,调节电极之间的距离,使之发生电火花,这时电极表面的金属汽化,是分散过程,接着金属蒸气立即被水冷却而凝聚为胶粒。

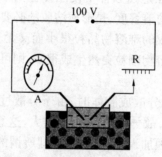

图 1.4　电分散法示意图

　　(3)超声波分散法

　　超声波分散法目前只用来制备乳状液。

　　如图 1.5 所示,在电极上加高频高压交流电,使石英片发生同频机械振荡,此高频机械波经变压器油传入试管内后,即产生相同频率的疏密交替波,对分散相产生很大的撕碎力,从而使分散相均匀分散。

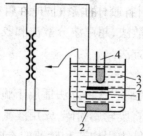

图 1.5　超声波分散法示意图

1—石英片;2—电极;3—变压器油;4—盛试样的试管

　　(4)胶溶法

　　许多不溶性沉淀,当加入少量某种可溶性物质或洗去体系中过多的电解质时,能自动地分散变成胶体,这种使沉淀变成胶体的方法称为胶溶法,所加的可溶性物质称为胶溶剂,这个过程称为胶溶作用。

　　胶溶法是在某些新生成的沉淀中加入适量的电解质,或置于某一温度下,使沉淀重新分散成溶胶。例如,现在国内用的一种正电荷溶胶——MMH(mixed metal hydroxide)或 MMLHC(mixed metal layered hydroxide compound)溶胶,用量之多堪为国内溶胶之冠,年需量在 2 kt 以上。它就是在一定比例的 $AlCl_3$ 和 $MgCl_2$ 混合溶液中,加入稀氨水,形成混合金属氢氧化合物沉淀(半透明凝胶状),经多次洗涤后(目的在于控制其中的氯离子浓度),置该沉淀于 80 ℃下恒温,凝胶逐渐形成带正电荷的溶胶。MMH 溶胶的用途很广,如钻井液添加剂、聚沉剂、防沉剂等。

2. 凝聚法

用物理或化学方法使分子或离子聚集成胶体粒子的方法称为凝聚法。

(1)物理凝聚法

①过饱和法(更换溶剂法)。

过饱和法是指利用物质在不同溶剂中溶解度的显著差别来制备溶胶,而且这两种溶剂要能完全互溶。

例如,松香易溶于乙醇而难溶于水,将松香的乙醇溶液滴入水中可制备松香的水溶胶,如图 1.6 所示;将硫的丙酮溶液滴入 90 ℃左右的热水中,丙酮蒸发后,可得硫的水溶胶。

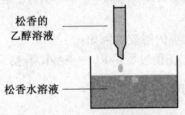

松香的乙醇溶液

松香水溶液

图 1.6　更换溶剂法示意图

②蒸气凝聚法。

蒸气凝聚法是指采用特制的仪器,使金属和有机溶剂在超低压下蒸发,然后冷凝而成金属的有机溶胶。

罗金斯基等人利用图 1.7 所示的装置,制备碱金属的苯溶胶。制备时,先将体系抽真空,然后适当加热管 2 和管 4,使钠和苯的蒸气同时在管 5 外壁凝聚,除去管 5 中的液氮,凝聚在外壁的混合蒸气融化,在管 3 中获得钠的苯溶胶。

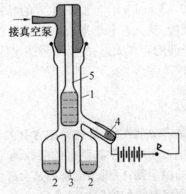

接真空泵

5
1
4

2 3 2

图 1.7　蒸气凝聚法示意图
1—管壁;2—苯;3—玻璃管;4—金属钠;5—液氮

（2）化学凝聚法

通过各种化学反应使生成物呈过饱和状态，使初生成的难溶物微粒结合成胶粒，在少量稳定剂存在下形成溶胶，这种稳定剂一般是某一过量的反应物。

①还原法。

还原法主要用来制备各种金属溶胶。例如：

$$Au^{3+} + 单宁（还原剂）\xrightarrow[\text{加热}]{\text{少量 } K_2CO_3} Au \text{ 溶胶}$$

$$Ag^+ + 单宁（还原剂）\xrightarrow[\text{加热}]{\text{少量 } K_2CO_3} Ag \text{ 溶胶}$$

②氧化法。

用氧化剂氧化硫化氢水溶液，可制得硫溶胶。例如：

$$2H_2S + O_2 \longrightarrow 2S（硫溶胶）+ 2H_2O$$

③水解法。

水解法多用来制备金属氢氧化物溶胶。例如：

$$FeCl_3（稀）+ 3H_2O（热）\longrightarrow Fe(OH)_3（溶胶）+ 3HCl$$

④复分解法。

复分解法常用来制备盐类的溶胶。例如：

$$AgNO_3（稍过量）+ KI \longrightarrow AgI（溶胶）+ KNO_3$$

1.1.5 凝聚法的原理

物质在凝聚过程中，决定粒子大小的因素是什么？控制哪些因素可以获得一定分散度的溶胶？这是溶胶制备的核心问题。许多学者研究认为，由溶液中析出胶粒的过程与结晶过程相似，可以分为两个阶段，第一个阶段是形成晶核（nucleation），第二个阶段是晶体的成长。Weimarn 曾研究过在乙醇-水混合物中，由 Ba(CNS)$_2$ 和 MgSO$_4$ 反应所得 BaSO$_4$ 沉淀的颗粒大小和反应物浓度的关系。他发现，在浓度很低时（$10^{-5} \sim 10^{-4}$ mol·L^{-1}，此浓度对形成晶核已有足够的过饱和度），由于晶体成长速度受到限制，故形成溶胶；当浓度较大时（$10^{-2} \sim 10^{-1}$ mol·L^{-1}），相对来说，此时有利于晶体成长，故产生结晶状沉淀；当浓度很大时（$2 \sim 3$ mol·L^{-1}），此时生成的晶核极多，紧接着过饱和度的降低也很多，故晶体成长速度减慢，这又有利于形成小粒子的胶体。应当注意，在这种情况下由于形成的晶核太多，粒子间的距离太近，故易于形成半固体状凝胶。

1.1.6 溶胶的净化

1. 溶胶净化的原因

用凝聚法制得的溶胶都是多分散性的，即体系中含有大小不等的各类粒子，其中有一些可能会超出胶体颗粒的范围。而用化学法制得的溶胶通常都含有较多的电解质，虽然适量的电解质可以作为溶胶的稳定剂，但过多电解质又会降低溶胶的稳定性。因此，欲得到比较纯净、稳定的溶胶，必须将制得的溶胶加以净化。

2. 净化的方法

溶胶中的粗粒子可以通过过滤（胶体粒子小，可以通过普通滤纸的孔隙）、沉降或离心的方法将其除去,过多的电解质必须用渗析(也称为透析,dialysis)的方法除去。

(1)渗析

渗析主要是利用羊皮纸或由火棉胶(collodion,其化学成分为硝化纤维素)制成的半透膜,将溶胶与纯分散介质隔开。其原理是膜的孔隙很小,它仅能让小分子或离子通过,而胶粒不能通过。渗析时把要净化的溶胶装入半透膜袋内,然后连袋浸入蒸馏水中,进行渗析(图1.8)。搅拌溶胶或适当加热(要注意加热对该溶胶的稳定性有无影响),可加快渗析。改变火棉胶的浓度或改变作为混合溶剂中乙醚和乙醇的比例,可以控制膜孔大小。渗析在许多方面有重要的应用价值。

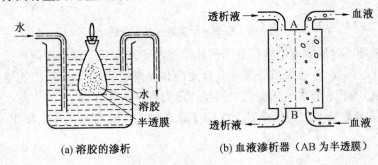

(a) 溶胶的渗析　　　　(b) 血液渗析器(AB 为半透膜)

图1.8　渗析装置示意图

目前医院为治疗肾病变患者所采用的人工肾就是用来部分替代排泄功能的体外血液渗析设备,通过渗析可除去血液中的代谢废物,如尿素、尿酸或其他有害的小分子。此处常用的半透膜有铜氨膜、醋酸纤维素膜等。临床上除考虑膜孔大小外,还要注意膜的稳定性和血液的相容性等问题。

工业上以及许多实验室中,为加快渗析速度,普遍采用电渗析(electrodialysis)的方法。当电极与直流电源接通以后,在电场作用下,溶胶中的电解质离子分别向带异电的电极移动,因此能较快地除去溶胶中过多的电解质,实验室中常用的半透膜为火棉胶等。

若将离子交换膜用于电渗析中,则可用来制备高纯水、处理含盐废水和海水淡化等方面。咸水淡化常用的电渗析半透膜有醋酸纤维膜、聚乙烯醇异相膜等。异相膜是由磨碎的离子交换树脂颗粒与黏合剂(如聚乙烯)混合,经挤压制成的。

电渗析技术当前已扩展到化工、食品、医药、废水处理等各个领域。例如氨基酸是典型的两性电解质,控制溶液的 pH 值,可使之呈不同的荷电状态。pH 值在等电点时,氨基酸的净电荷为零,在直流电场作用下几乎不移动;当 pH 值大于等电点时,荷负电,可通过阴离子交换膜向正极移动;当 pH 值小于等电点时,荷正电,可通过阳离子交换膜向负极移动。基于此种特点,故可用电渗析与等电聚焦技术分离与纯化氨基酸。

目前化工生产中采用的转鼓真空过滤器、叶式过滤器以及古老的板框压滤器等,实际上也是一种净化工具,只是在这种场下,被净化的不是溶胶,而是大颗粒的悬浮体或凝胶状沉淀。

(2)渗透和反渗透

利用半透膜将溶液(浓相)和溶剂(如水)隔开,此膜只允许溶剂分子通过,而胶粒或溶质不能通过,此现象称为渗透(osmosis),如图1.9(a)所示,最后渗透会达到平衡并产生

一定的渗透压 Δπ,如图 1.9(b)所示。若渗透平衡时在浓相一侧施加外力 p(且 $p>\Delta\pi$),则浓相中的溶剂分子将向稀相迁移,故称为反渗透(reverse osmosis),如图 1.9(c)所示。

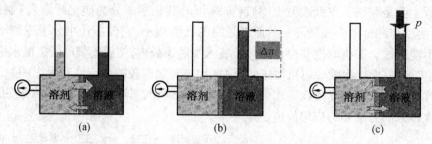

图1.9　渗透与反渗透过程示意图

反渗透原理可以从溶液中溶剂分子的化学势改变来说明。目前工业中使用的反渗透膜主要有醋酸纤维膜、芳香聚酰胺膜或具有皮层和支撑层的复合膜等,但无论使用何种膜都需施加外压。例如,海水淡化工艺中的操作压力常在 5 GPa 以上,因为海水的含盐量高达 3.5%(质量分数),其渗透压高达 2.5 GPa;而苦咸水脱盐可在低压下操作,操作压力为 1.4～2.0 MPa。

1.2　溶胶的运动性质和光学性质

本节主要介绍胶体粒子的布朗运动、扩散(diffusion)和沉降(sedimentation)等运动性质(kinetic properties)及光学性质(optical properties)。

1.2.1　布朗运动

1827 年,英国植物学家布朗(Brown)在显微镜下观察到悬浮在水中的花粉粒子处于不停地无规则的运动之中,后来发现其他颗粒(如炭末和矿石粉末等)也有这种现象。如果在一定时间间隔内观察某一颗粒的位置,则可得如图 1.10 所示的情况,这种现象习惯上称为布朗运动。

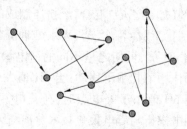

图1.10　布朗运动

1903 年发明了超显微镜,为研究布朗运动提供了物质条件。用超显微镜可以观察到溶胶粒子不断地做不规则"之"字形的运动,从而能够测出在一定时间内粒子的平均位移。

通过大量观察,得出结论:粒子越小,布朗运动越激烈,其运动激烈的程度不随时间而改变,但随温度的升高而增加。

关于布朗运动的起因,经过几十年的研究,才在分子运动学说的基础上做出了正确的解释。悬浮在液体中的颗粒处在液体分子的包围之中,液体分子一直处于不停的热运动状态,撞击着悬浮粒子。如果粒子相当大,则某一瞬间液体分子从各方向对粒子的撞击可以彼此抵消;但当粒子相当小时(例如胶粒那样大),此种撞击可以是不均衡的。这意味着在某一瞬间,粒子从某一方向得到的冲量要多些,因而粒子向某一方向运动,而在另一时刻,又从另一方向得到较多的冲量,因而又使粒子向另一方向运动。这样我们就能观察到微粒做连续的、不规则的折线运动(zigzag motion),如图 1.10 所示。

溶胶中的胶体粒子和溶液中的溶质分子一样,总是处在不停地、无秩序地运动之中。从分子的角度看,胶体粒子的运动和分子运动并无本质的区别,它们都符合分子运动理论,不同的是胶粒比一般分子大得多,故胶粒布朗运动强度小。

爱因斯坦认为,溶胶粒子的布朗运动与分子运动类似,假设粒子是球形的,运用分子运动论的一些基本概念和公式,得到布朗运动的公式为

$$\overline{X} = \left(\frac{RT}{N_A} \times \frac{t}{3\pi\eta r} \right)^{1/2} \tag{1.1}$$

式中,$\overline{X}$ 是在观察时间 t 内粒子沿 x 轴方向的平均位移;r 为胶粒的半径;η 为介质的黏度;N_A 为阿伏伽德罗常数。

式(1.1)常称为"Einstein 布朗运动"公式,此公式表明,当其他条件不变时,微粒平均位移的平方与时间 t 及温度 T 成正比,与 η 及 r 成反比。由于式中的诸变量均可由实验确定,故利用此式可以求出微粒半径 r,当然也可求得阿伏伽德罗常数 N_A。

总之,在运动性质方面,胶体体系和分子分散体系并无本质的区别,其中的质点运动都服从同样的普遍规律——分子运动理论。

例 1.1　290 K 时在超显微镜下测得藤黄水溶胶中的胶粒每 10 s 沿 x 轴的平均位移为 6 μm,溶胶的黏度为 0.001 1 Pa·s,求胶粒半径。

解　将 $N_A = 6.02 \times 10^{23}$ mol^{-1},$\overline{X} = 6 \times 10^{-6}$ m,$R = 8.314$ J·mol^{-1}·K^{-1},$T = 290$ K,$t = 10$ s,$\eta = 0.001\ 1$ Pa·s 代入式(1.1),变形得

$$r/\text{m} = \frac{RTt}{3\pi\eta N_A \overline{X}^2}$$

$$= 8.314 \times 290 \times 10 / [3 \times 3.14 \times 0.001\ 1 \times 6.02 \times 10^{23} \times (6 \times 10^{-6})^2]$$

$$= 1.07 \times 10^{-7}$$

1.2.2　胶体粒子的扩散

由于布朗运动是无规则的,因而就单个质点而言,它们向各方向运动的概率相等,但在浓度较高的区域,由于单位体积内质点数较周围多,因而必定是"出多进少",使浓度降低,而低浓度区域则相反,这就表现为扩散,所以扩散是布朗运动的宏观表现,而布朗运动是扩散的微观基础,当然扩散过程也是自发过程。

胶粒也有热运动,因此也具有扩散和渗透压,只是溶胶的浓度较稀,这种现象很不显著。

和真溶液中的小分子一样,溶液中的胶体粒子也具有从高浓度区向低浓度区的扩散作用,最后使浓度达到"均匀"。当然,扩散过程也是自发过程。若胶体粒子大小相同,且沿 x 方向胶体粒子浓度随距离的变化率为 $\mathrm{d}c/\mathrm{d}x$(即浓度梯度),如图 1.11 所示,在 x 方向上的扩散速度应与 $\mathrm{d}c/\mathrm{d}x$ 成正比:

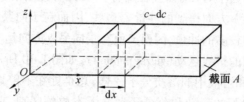

图 1.11　胶体粒子的扩散和浓度梯度的关系

$$\frac{\mathrm{d}m}{\mathrm{d}t} = -DA\frac{\mathrm{d}c}{\mathrm{d}x} \tag{1.2}$$

这就是 Fick 第一扩散定律。式中,$\mathrm{d}m/\mathrm{d}t$ 表示单位时间通过截面 A 扩散的物质数量。因为在扩散的方向上,浓度梯度为负值,故式(1.2)右端加一负号,使扩散速度为正值。比例常数 D 为扩散系数,D 越大,质点的扩散能力越大。Einstein 指出,扩散系数 D 与质点在介质中运动时阻力系数 f 之间的关系为

$$D = \frac{RT}{N_{\mathrm{A}}f} \tag{1.3}$$

式中,N_{A} 为阿伏伽德罗常数;R 为气体常数。若颗粒为球形,可根据 Stokes 定律确定阻力系数 f:

$$f = 6\pi\eta r \tag{1.4}$$

式中,η 为介质的黏度;r 为质点半径。将式(1.4)代入式(1.3)得

$$D = \frac{RT}{N_{\mathrm{A}}} \times \frac{1}{6\pi\eta r} \tag{1.5}$$

式(1.5)常称为 Einstein 第一扩散公式。根据式(1.5)可以求出扩散系数 $D(\mathrm{m^2 \cdot s^{-1}})$;反之,若已知 D 和 η,则可求出质点半径 r。

由以上介绍可知,就体系而言,浓度梯度越大,胶体粒子扩散越快;就胶体粒子而言,半径越小,扩散能力越强,扩散速度越快。

胶体粒子之所以能自发地由浓度大的区域向浓度小的区域扩散,其根本原因在于存在化学位。胶体粒子扩散的方式与布朗运动有关。

1.2.3　胶体粒子的沉降

分散于气体或液体介质中的微粒,都受到两种方向相反的作用力:一是重力,如胶体粒子的密度比介质的密度大,微粒就会因重力而下沉,这种现象称为沉降;二是扩散力,由布朗运动引起,与沉降作用相反,扩散力能促进体系中的胶体粒子浓度趋于均匀。

当上述这两种相反的作用力(重力和扩散力)相等时,粒子(胶粒)的分布达到平衡,这种平衡称为沉降平衡。平衡时,各水平面内粒子浓度保持不变,但从容器底部向上会形成浓度梯度(图 1.12),这种情况正如地面上大气分布的情况一样,离地面越远,大气越稀

薄,大气压越低。大气压随高度的分布为

$$p_h = p_0 \cdot e^{-Mgh/RT} \tag{1.6}$$

式中,p_0 为地面大气压力;p_h 为 h 高度处的大气压力;M 为大气的平均相对分子质量;g 为重力常数;R 为气体常数;T 为绝对温度。

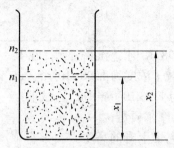

图 1.12　沉降平衡

例 1.2　试计算离地面 137 km 高处的大气压力是多少(设温度为 -70 ℃,空气的平均相对分子质量为 29)?

解　式(1.6)可改写为

$$\ln \frac{p_h}{p_0} = -\frac{Mgh}{RT}$$

按国际单位制,$M = 0.029 \text{ kg} \cdot \text{mol}^{-1}$,$g = 9.8 \text{ m} \cdot \text{s}^{-2}$,$h = 137 \times 10^3 \text{ m}$,将这些数据代入上式得

$$\ln \frac{p_h}{1.01 \times 10^5} = -\frac{0.029 \times 9.8 \times 137 \times 10^3}{8.314 \times [273 + (-70)]}$$

所以

$$p_h / \text{Pa} = 9.67 \times 10^{-6}$$

由于胶体粒子的布朗运动与气体分子的热运动实质上相同,因此胶粒浓度随高度变化的分布规律也可用式(1.6)的形式加以描述,但为使这个公式适用于胶体体系,需要进行以下几点修正:

①式(1.6)中的压力比 p_h/p_0 即为气体分子的浓度比,对胶体来说即为不同高度处的胶粒浓度比 n_2/n_1。

②M 在此为胶粒的"摩尔质量",在数值上等于

$$N_A \times 4/3 \times \pi r^3 (\rho - \rho_0)$$

式中,N_A 为阿伏伽德罗常数;r 为胶粒半径;ρ 为胶粒的密度;ρ_0 为介质的密度。

③h 表示胶粒浓度为 n_1 和 n_2 两层间的距离,即 $h = x_2 - x_1$(图 1.12)。

因此胶粒的浓度随高度的变化为

$$n_2 = n_1 e^{-\left[\frac{N_A}{RT} \times \frac{4}{3} \pi r^3 (\rho - \rho_0) \right] (x_2 - x_1) g} \tag{1.7}$$

或

$$\ln \frac{n_2}{n_1} = -\frac{N_A}{RT} \times \frac{4}{3} \pi r^3 (\rho - \rho_0)(x_2 - x_1) g \tag{1.8}$$

由式(1.7)可见,胶粒浓度因高度而改变的情况与粒子的半径 r 和密度差 $(\rho - \rho_0)$ 有关,粒子半径越大,浓度随高度变化越明显。表 1.3 为几种分散体系中粒子浓度随高度的变化情形。

表 1.3 几种分散体系中粒子浓度随高度的变化

体 系	粒子直径/nm	粒子浓度降低一半时的高度
氧气	0.27	5 km
高度分散的金溶胶	1.86	215 cm
粗分散金溶胶	186	2×10^{-5} cm
藤黄悬浮体	230	2×10^{-3} cm

例 1.3 某金溶胶在 298 K 时达沉降平衡,在某一高度粒子的浓度为 8.98×10^8 个·m^{-3},在上升 0.001 m 粒子浓度为 1.08×10^8 个·m^{-3}。设粒子为球形,金的密度为 1.93×10^4 kg·m^{-3},水的密度为 1.0×10^3 kg·m^{-3}。试求:

①胶粒的平均半径及平均摩尔质量;

②使粒子的浓度下降一半,需上升的高度。

解 ① $\ln \dfrac{n_2}{n_1} = -\dfrac{N_A}{RT} \times \dfrac{4}{3} \pi r^3 (\rho - \rho_0)(x_2 - x_1) g$,由已知得

$R = 8.314$ J·mol^{-1}·K^{-1},$T = 298$ K,$\rho = 19.3 \times 10^3$ kg·m^{-3},$\rho_0 = 1.0 \times 10^3$ kg·m^{-3},$x_2 - x_1 = 0.001$ m,$g = 9.8$ m·s^{-2},$N_A = 6.02 \times 10^{23}$ mol^{-1},$n_2/n_1 = 1.08/8.98$

代入公式得

$$\ln \frac{1.08}{8.98} = -\frac{6.02 \times 10^{23}}{8.314 \times 298} \times \frac{4}{3} \times 3.14 \times r^3 \times (19.3 - 1.0) \times 10^3 \times 0.001 \times 9.8$$

解得

$$r/m = 2.26 \times 10^{-8}$$

$$M/(kg \cdot mol^{-1}) = N_A \times \frac{4}{3} \pi r^3 (\rho - \rho_0)$$

$$= 6.02 \times 10^{23} \times \frac{4}{3} \times 3.14 \times (2.26 \times 10^{-8})^3 \times (19.3 - 1.0) \times 10^3 = 5.32 \times 10^5$$

②令 $A = \dfrac{N_A}{RT} \times \dfrac{4}{3} \pi r^3 (\rho - \rho_0) g$,则式(1.8)为

$$\ln \frac{n_2}{n_1} = -A(x_2 - x_1)$$

由已知条件得

$$\ln \frac{1.08}{8.98} = -A \times 0.001$$

$$\ln \frac{8.98 \times 0.5}{8.98} = -A \times x$$

联立两式,解得

$$x/m = 3.29 \times 10^{-4}$$

下面分别介绍在不同外力作用下的沉降情况。

1. 在重力作用下的沉降

球形金属微粒在水中的沉降速度见表 1.4。由表 1.4 可见,当粒子相当大时,放置一段时间以后,似乎都会沉降到容器底部。但实际上,一些粗分散的溶胶甚至悬浮液,仍能在较长时间内保持稳定而不沉降。这是因为达到沉降平衡需要一定的时间。粒子越小,

所需时间越长。有许多因素（如介质的黏度、外界的振动、温度波动所引起的对流等）都会妨碍沉降平衡的建立。也正因为如此，许多溶胶往往需要几天甚至几年才能达到沉降平衡。这个事实不仅说明了溶胶在相当长的时间内能保持稳定而不沉降的原因，而且也从根本上说明了为什么溶胶是不平衡体系。

表1.4　球形金属微粒在水中的沉降速度

粒子半径	$v/(cm \cdot s^{-1})$	沉降 1 cm 所需时间
10^{-3} cm	1.7×10^{-1}	5.9 s
10^{-4} cm	1.7×10^{-3}	9.8 min
100 nm	1.7×10^{-5}	16 h
10 nm	1.7×10^{-7}	68 d
1 nm	1.7×10^{-9}	19 a

注：按 $\rho = 10$ g/cm^3，$\rho_0 = 1$ g/cm^3，$\eta = 1.15$ mPa · s 时的计算值

研究胶体粒子的沉降速度，不仅能更全面地认识到分散体系的动力稳定性，而且还可以得到关于胶体粒子大小和其他重要物理量的数据。

在重力作用下，介质中粒子所受的重力为

$$F_1 = V_0(\rho - \rho_0)g \qquad (1.9)$$

式中，V_0 为粒子体积。对于半径为 r 的球形质点，有

$$F_1 = \frac{4}{3}\pi r^3(\rho - \rho_0)g \qquad (1.10)$$

按 Stokes 定律，粒子沉降时所受的阻力为

$$F_2 = 6\pi\eta rv \qquad (1.11)$$

式中，v 为粒子的沉降速度。当 $F_1 = F_2$ 时，粒子以匀速下降，则

$$v = \frac{2r^2(\rho - \rho_0)g}{9\eta} \qquad (1.12)$$

这就是球形质点在液体中的沉降公式。

由式（1.12）可见，在其他条件相同时，v 和 r^2 成正比，即半径增大时，沉降速度显著增加。粒子越小，沉降速度将很快降低。

例 1.4　设微粒半径为 10^{-3} cm，粒子密度为 10 g · cm^{-3}，介质水的密度为 1 g · cm^{-3}，水的黏度为 1.15 mPa · s，试计算沉降速度 v。

解　将有关数据代入式（1.12）得

$$v/(cm \cdot s^{-1}) = \frac{2r^2(\rho - \rho_0)g}{9\eta}$$

$$= 2 \times (10^{-3})^2 \times (10-1) \times 980 / (9 \times 1.15 \times 10^{-3} \times 10)$$

$$= 0.17$$

从式（1.12）还可以看出，沉降速度 v 与介质的黏度成反比。因此增加介质的黏度，可以提高粗分散粒子在介质中的稳定性。在配制钻井液中常常利用这一道理，加入增稠剂，以提高钻井液体系的稳定性。

2. 在离心力场中的沉降

由表1.4可见，对典型胶体溶液来说（其粒子大小在 1～100 nm），在重力场下其沉降速度太小，完全可以忽略不计。这意味着溶胶具有动力学稳定性，同时也说明沉降公式

(1.12)实际上不能应用于溶胶。水溶液中处于胶体范围的胶体粒子,只能在离心力场中才能以显著的速度沉降出来。

在分析化学中,普通离心机的转速约为 3 000 r/min(或50 r/s)。若 ω 为离心机的角速度,x 为旋转轴至粒子的距离,设为 20 cm,如图 1.13 所示。

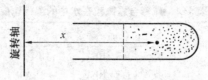

图 1.13　旋转轴与粒子的距离

则离心加速度为

$$\omega^2 x/(\text{ cm}\cdot\text{s}^{-2})=(50\times2\pi)^2\times20=1.974\times10^6$$

这说明,此离心机的效率比地心引力大 $1.974\times10^6/980=2\,000$ 倍。

1924 年,瑞典科学家 Svedberg 发明了超离心机,使转速大大提高。新型超离心机的转速每分钟可达 10 万 ~ 16 万转,其离心力约为重力的 100 万倍。在这样大的离心力场中,胶体粒子或高分子物质(如蛋白质分子)都可以较快地沉降。

在离心力场中,沉降公式仍可应用,只是用离心加速度 $\omega^2 x$ 代替重力加速度 g。同时,粒子在沉降过程中,x 会改变,v 也是个变值,故须将 v 改成 dx/dt。当离心力和阻力相等时,则

$$\frac{4}{3}\pi r^3(\rho-\rho_0)\omega^2 x=6\pi\eta r\times\frac{\mathrm{d}x}{\mathrm{d}t} \tag{1.13}$$

将式(1.13)做定积分:

$$6\pi\eta r\int_{x_1}^{x_2}\frac{\mathrm{d}x}{x}=\frac{4}{3}\pi r^3(\rho-\rho_0)\omega^2\int_{t_1}^{t_2}\mathrm{d}t$$

于是

$$\ln\frac{x_2}{x_1}=\frac{2r^2(\rho-\rho_0)\omega^2(t_2-t_1)}{9\eta}$$

或

$$r=\sqrt{\frac{9}{2}\eta\times\frac{\ln(x_2/x_1)}{(\rho-\rho_0)\omega^2(t_2-t_1)}} \tag{1.14}$$

式中,x_1 和 x_2 分别是离心时间为 t_1 和 t_2 时界面和旋转轴之间的距离,显然,测出此种数据并取得其他有关数据,按式(1.14)便可求得粒子的半径 r。

1.2.4　光学性质

溶胶的光学性质是其高度分散性和不均匀性的反映。通过光学性质的研究,不仅可以帮助理解溶胶的一些光学现象,而且还能直接观察到胶粒的运动,对确定胶体的大小和形状具有重要意义。

当光线射入分散体系时,只有一部分光线能自由通过,另一部分被吸收、散射或反射。对光的吸收主要取决于体系的化学组成,而散射和反射的强弱则与质点大小有关。低分子真溶液的散射极弱;当质点大小在胶体范围内,则发生明显的散射现象(即通常所说的

光散射,light scattering);当质点直径远大于入射光波长时(例如悬浮液中的粒子),则主要发生反射,体系呈现浑浊。

1. 丁道尔效应

1869 年 Tyndall 发现,若令一束会聚光通过溶胶,从侧面可以看到一个发光的圆锥体(图 1.14),这个现象首先被 Tyndall 发现,故称为丁道尔效应(或丁道尔现象)。其他分散体系也会产生一点散射光,但远不如溶胶显著。丁道尔现象在日常生活中能经常见到,例如夜晚的探照灯或由电影机所射出的光线在通过空气中的灰尘微粒时,就会产生丁道尔现象。

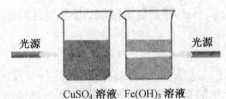

光源　　　　　　　　　　　　　　　　　　　　　光源

CuSO$_4$ 溶液　Fe(OH)$_3$ 溶液

图 1.14　丁道尔效应

溶胶为什么会有丁道尔效应? 简言之,是胶粒对光散射的结果,所谓散射,就是在光的前进方向之外也能观察到光的现象。

光本质上是电磁波。当光波作用到介质中小于光波波长的粒子上时,粒子中的电子被迫振动(其振动频率与入射光波的频率相同),成为二次波源,向各个方向发射电磁波,这就是散射光波,也就是人们所观察到的散射光(亦称为乳光)。在正对着入射光的方向上看不到散射光,这是因为背景太亮,就像白天看不到星光一样,因此,丁道尔效应可以认为是胶粒对光散射作用的宏观表现。

2. Rayleigh 散射定律

1871 年,Rayleigh 研究了大量的光散射现象,对于粒子半径在 47 nm 以下的溶胶,导出了散射光强度的计算公式,称为 Rayleigh 公式:

$$I = \frac{24\pi^3 cv^2}{\lambda^4} \times \left(\frac{n_2^2 - n_1^2}{n_2^2 + 2n_1^2}\right)^2 \times I_0 \tag{1.15}$$

式中,c 为单位体积中的质点数;v 为单个粒子的体积(其线性大小应远小于入射光波长);λ 为入射光波长;n_1 和 n_2 分别为分散介质和分散相的折射率。

式(1.15)称为 Rayleigh 散射定律,由此定律可知:

①散射光强度与入射光波长的 4 次方成反比,即波长越短的光越易被散射(散射的越多)。因此,当用白光照射溶胶时,由于蓝光(λ 约为 450 nm)波长较短,较易被散射,故在侧面观察时,溶胶呈浅蓝色。波长较长的红光(λ 约为 650 nm)被散射的较少,从溶胶中透过的较多,故透过光呈浅红色。人们曾用这个事实来解释天空呈蓝色以及交通中红灯代表"禁止通行"的原因。

②散射光强度与单位体积中的质点数 c 成正比,通常所用的"浊度计"就是根据这个原理设计而成的。

浊度计原理:在保持粒子大小相同的情况下,如果已知一种溶液的散射光强度和浓度,测定未知溶液的散射光强度,就可以知道其浓度,即 $I_1/I_2 = C_1/C_2$,目前测定污水中悬浮杂质的含量时,主要使用浊度计。

③散射光强度与粒子体积的平方成正比。在粗分散体系中,由于粒子的线性大小大于可见光波长,故无乳光,只有反射光。在低分子溶液中,由于分子体积甚小,故散射光极弱,不易被肉眼所观察,因此利用丁道尔现象可以鉴别溶胶和真溶液。

④粒子的折射率与周围介质的折射率相差越大,粒子的散射光越强。若 $n_1 = n_2$,则应无散射现象,但实验证明,即使纯液体或纯气体也有极微弱的散射。Einstein 等人认为,这是由于分子热运动所引起的密度涨落造成的。局部区域的密度涨落,也会引起折射率发生变化,从而造成体系的光学不均匀性。因此光散射是一种普遍现象,只是胶体体系的光散射特别强烈而已。

应该注意,Rayleigh 公式不适用于金属溶胶,因金属溶胶不仅有散射作用,而且还有吸收作用。

3. 溶胶的颜色

许多溶胶是无色透明的,这是由于它们对可见光的各波段的光吸收都很弱,并且吸收大致相同。若溶胶对可见光的某一波长的光有较强的选择性吸收,则透过光中该波长部分变弱,这时透射光将呈该波长光的补色光。例如,红色的金溶胶是由于质点对波长为 $500 \sim 600$ nm 的可见光(即绿色光)有较强的吸收,因而透过光呈现它的补色——红色。可见,溶胶产生各种颜色的主要原因是溶胶中的质点对可见光产生选择性吸收。

质点对光的吸收主要取决于其化学结构。当光照射到质点上时,如果光子的能量与使分子从基态跃迁到较高能态所需的能量相同时,这些光子的一部分将被吸收,而能量较高和较低的光子不被吸收。与跃迁所需的能量相对应,每种分子都有自己的特征吸收波长。如果其特征吸收波长在可见光范围内,则此物质显色。例如,AgCl 几乎不吸收可见光,所以它是白色的;AgBr 和 AgI 只吸收蓝色光,所以它们呈黄色和深黄色。

1.3 溶胶的电学性质和胶团结构

这里所说的电学性质主要指胶体体系的电动现象(electrokinetic phenomena)。

1.3.1 电动现象及其应用

早在 1809 年,列依斯(Peǔcc)就发现在一块湿黏土上插入两只玻璃管,用洗净的细沙覆盖两管的底部,加水使两管的水面高度相等,管内各插入一个电极,接上直流电源(图 1.15),经过一段时间后便发现,在正极管中,黏土微粒透过细砂层逐渐上升,使水变得浑浊,而水层却慢慢下降。与此同时,在负极管中,水不浑浊,但水面渐渐升高。这个实验充分说明,黏土颗粒带负电,在外电场的作用下,向正极移动。后来发现,任何溶胶中的胶粒都有这样的现象:带负电的胶粒向正极移动,带正电的胶粒向负极移动,人们把这种现象称为电泳(electrophoresis)。在列依斯实验中,水在外加电场的作用下,通过黏土颗粒间的毛细通道向负极移动的现象称为电渗析(electroosmosis)。实验证明,液体通过其他多孔性物质(如素瓷片、凝胶甚至棉花等)皆有电渗析现象。

电泳和电渗析都是外加直流电场作用于胶体体系所引起的电动现象。与这些现象相反,人们还发现:在无外加电场作用的情况下,若使分散相粒子(如黏土粒子)在分散介质(如水)中迅速沉降,则在沉降管的两端会产生电位差,称为沉降电位(sedimentation

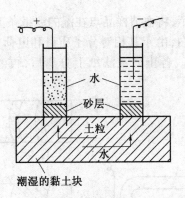

图 1.15　列依斯实验

potential，图 1.16）。显然，这种现象是电泳的逆过程。面粉厂、煤矿等的粉尘爆炸可能与沉降电位有关，当然还有其他的一些因素。

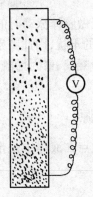

图 1.16　沉降电位

与电渗析相反，若用压力（如使用压缩空气）将液体挤过毛细管网或由粉末压成的多孔塞，则在毛细管网或多孔塞的两端也会产生电位差，称为流动电位（streaming potential，图 1.17）。显然，此现象是电渗析的逆过程。在多孔地层中，水通过泥饼小孔所产生的流动电位在油井电测工作中具有重要意义。此外，在通过硅藻土、黏土等滤床的过滤中，流动电位也可沿管线造成危险的高电位，因此，这种管线往往需要接地。

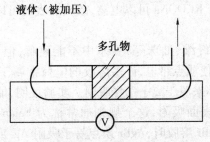

图 1.17　流动电位

电泳的应用相当广泛，在农业（如基因分析、遗传育种、种子纯度等）和医学（如亲子鉴定、指纹分析）等方面都有重要的应用，而生物化学中常用电泳来分离各种氨基酸和蛋白质等，医学中利用血清的"纸上电泳"可以协助诊断患者是否有肝硬变。

纸上电泳如图1.18所示,将血清样品点在湿的滤纸条上,通电后,血清中荷负电的清蛋白以及 α,β,γ 三种球蛋白,由于其相对分子质量和电荷密度不同,向正极的泳动速度不同,故可将它们彼此分离。各蛋白在滤纸上分离后,再经显色等处理,便可获得如图1.19所示的电泳图谱。

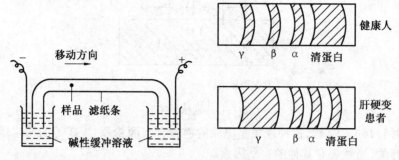

图 1.18 纸上电泳　　　　　　　图 1.19 血清蛋白质电泳谱图

显然,纸上电泳是用惰性的滤纸做胶体泳动时的支持体,试验时不仅样品用量少(微量),而且可避免电泳时扩散和对流的干扰,因此特别适合于混合物的分离和组分含量的测定。近年来已用醋酸纤维膜、淀粉凝胶、聚丙烯酰胺凝胶和琼脂多糖等代替滤纸,以提高分辨能力。

1.3.2　质点表面电荷的来源

电动现象的存在,说明了胶体质点在液体中是带电的。质点表面电荷的来源大致有以下几个方面。

1. 电离

黏土颗粒、玻璃等皆属于硅酸盐,在水中能电离,故其表面荷负电,而与其接触的液相荷正电。硅溶胶在弱酸性和碱性介质中荷负电,也是因为质点表面上硅酸电离的结果。高分子电解质和缔合胶体的电荷均因电离而引起。例如,蛋白质分子含有许多羧基(—COOH)和氨基(—NH_2),当介质的 pH 值大于其等电点时,蛋白质荷负电;反之,当介质的 pH 值小于其等电点时,蛋白质荷正电。

肥皂属于缔合胶体(也称为胶体电解质),在水溶液中它是由许多可电离的小分子 RCOONa 缔合而成的,由于 RCOONa 可以电离,故质点表面可以荷电。

2. 离子吸附

有些物质(例如石墨、纤维、油珠等)在水中不能离解,但可以从水或水溶胶中吸附 H^+,OH^- 或其他离子,从而使质点带电,许多溶胶的电荷常属于此类。凡经化学反应用凝聚法制得的溶胶,其电荷亦来源于离子选择吸附。实验证明,能和组成质点的离子形成不溶物的离子,最易被质点表面吸附,这个规则通常称为 Fajans 规则。根据这个规则,用 $AgNO_3$ 和 KBr 反应制备 AgBr 溶胶时,AgBr 质点易于吸附 Ag^+ 或 Br^-,而对 K^+ 和 NO_3^- 吸附极弱。AgBr 质点的带电状态,取决于 Ag^+ 或 Br^- 中哪种离子过量。

3. 晶格取代

晶格取代是一种比较特殊的情况。例如,黏土晶格中的 Al^{3+} 往往有一部分被 Mg^{2+} 或 Ca^{2+} 取代,从而使黏土晶格带负电。为维持电中性,黏土表面必然要吸附某些正离子,这些正离子又因水化而离开表面,并形成双电层。晶格取代是造成黏土颗粒带电的主要原因。

在水溶液中质点荷电的原因大致有上述 3 个方面。

4. 非水介质中质点荷电的原因

在非水介质中质点荷电的原因研究得比较少。比较古老的说法是,质点和介质间两相对电子的亲和力不同时,在因热运动摩擦中可使电子从一相流入另一相而引起带电,但此种说法并无直接证据。Coehn 曾研究过非水介质中质点的荷电规律,他认为当两种不同的物体接触时,相对介电常数 D 较大的一相带正电,另一相带负电。例如,玻璃($D=5\sim6$)在水($D=81$)中或丙酮($D=21$)中带负电,在苯($D=2$)中带正电。这个规则常称为 Coehn 规则。但玻璃在二氧杂环己烷(二氧六环,$D=2.2$)中荷负电,不符合 Coehn 规则,因此,Coehn 规则并没有得到公认。

目前有许多人认为,非水介质中质点的电荷也起源于离子选择吸附。体系中离子的来源,有可能是某些有机液体本身或多或少地有些解离,也可能是含有某些微量杂质(如微量水所产生的解离吸附而产生的界面电荷)造成的。

1.3.3 胶团结构

因为胶粒的大小常在 $1\sim100$ nm 之间,故每个胶粒必然是由许多分子或原子聚集而成的。例如,用稀 $AgNO_3$ 溶液和 KI 溶液制备 AgI 溶胶时,由反应生成的 AgI 首先形成不溶性的质点,即所谓的"胶核"(colloidal nucleus),它是胶体颗粒的核心。研究证明,AgI 胶核也具有晶体结构,它的表面很大,故制备 AgI 溶胶时,如 $AgNO_3$ 过量,按 Fajans 规则,胶核易从溶液中选择性地吸附 Ag^+ 而荷正电。留在溶液中的 NO_3^-,因受 Ag^+ 的吸引必围绕于其周围。但离子本身又有热运动,毕竟只可能有一部分 NO_3^- 紧紧地吸引于胶核近旁,并与被吸附的 Ag^+ 一起组成所谓"吸附层"。而另一部分 NO_3^- 则扩散到较远的介质中,形成所谓"扩散层",胶核与吸附层组成"胶粒"(colloidal particle),而胶粒与扩散层中的反离子组成"胶团"(micelle)。胶团分散于液体介质中便是通常所说的溶胶。

可以理解,若 KI 过量,则 I^- 优先被吸附,并使胶粒荷负电。

大分子物质(如蛋白质、石花菜、淀粉、藻酸等)质点上的电荷大多是表面基团电离的结果。又如土壤胶体中的腐殖质多以胶态形式存在,它们不仅成分复杂(有时就是混合物),构造也很复杂。这些质点表面上的电荷,既有吸附因素也有电离因素。因此,对于这类物质的胶团结构,只能用其主要成分的结构单位或画出示意图来表示。

黏土胶粒表面上的电荷主要起因于晶格取代(当然也有电离)。例如,仅由晶格取代引起带电的钠微晶高岭土的胶团可表示为

$$\{m[(Al_{3.34}Mg_{0.66})(Si_8O_{20})(OH)_4]^{0.66m}(0.66m-x)Na^+\}^{x-}\cdot xNa^+$$

在石油中,胶质和沥青质相互结合成胶团,它们的基本单元结构都是以稠合芳环为核心、兼含非烃化合物的复杂混合物,难以用胶团结构式表示。

1.3.4 双电层结构模型和电动电位(ζ 电位)

电动现象的存在,说明胶体粒子表面总带有电荷。通过对电泳现象的研究及双电层结构的分析,可以从扩散双电层的观点来说明胶体粒子带电的原因。这里简单介绍双电

层结构的各种模型、黏土溶胶双电层的特点和 ζ 电位的计算。

1. Helmholtz 模型

Helmholtz 最早提出了双电层结构的模型（1879 年）。他认为,胶体粒子的双电层结构类似于简单的平行板电容器(图 1.20(a)),双电层的里层在质点表面上,相反符号的外层则在液体中,两层间距离很小,约为离子半径的数量级。按此模型,表面电位 φ_0 随距固体表面的距离 x 增大而直线下降(图 1.20(b)),到溶胶中 $\varphi = 0$。尽管此模型在早期的电动现象研究中起过一定的作用,但它不能解释电动现象,不代表实验事实。

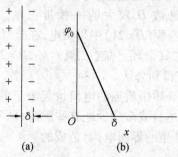

图 1.20　平行板电容器模型及电位变化

2. Gouy-Chapman 模型

平行板模型最大的问题是认为反离子平行地束缚在相邻质点表面的液相中。Gouy-Chapman 修正了这种概念(1910～1913 年),认为溶液中的反离子是扩散地分布在质点周围的空间里,由于静电吸引,质点附近处反离子浓度要大些,离质点越远,反离子浓度越小,到距表面很远处(1～10 nm)过剩的反离子浓度为零。此种扩散双电层模型及电位变化如图 1.21 所示,图中曲线 AB 表示电位随距离 x 的变化。

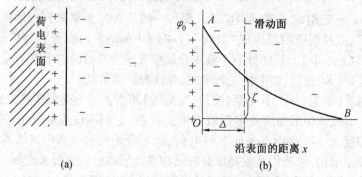

图 1.21　扩散双电层模型及电位变化

由于在水溶液中质点总是结合着一层水(其中含有部分反离子),此水和其中的反离子可视为质点的一部分,故在电泳时固-液之间发生相对移动的"滑动面"应在双电层内距表面某一距离处,该处的电位与溶液内部的电位之差即为 ζ 电位。可见, ζ 电位是表面电位 φ_0 的一部分。表面电位也称为热力学电位,它是指从粒子表面到均匀液相内部的总电位差。显然 ζ 电位的大小取决于滑动面内反离子浓度的大小,进入滑动面内的反离子越多, ζ 电位越小;反之,则越大。ζ 电位的数值可以通过电泳或电渗速度的测定计算出来。同时也只有当粒子和介质做反向移动时才能显示出来,所以 ζ 电位也称为电动电位。

扩散双电层模型解释了电动现象,区分了热力学电位和 ζ 电位,并能解释电解质对 ζ 电位的影响,但它不能解释为什么 ζ 电位可以变号,而有时还会高于表面电位的问题。

3. Stern 模型

Stern 认为(1924 年),Gouy-Chapman 模型的扩散双电层可分为两层,一层为紧靠粒子表面的紧密层(也称为 Stern 层或吸附层),其厚度 δ 由被吸附离子的大小决定。显然,在此层中电势变化的情况与平行板模型相似,呈直线下降。另一层类似于 Gouy-Chapman 模型双电层中的扩散层(电势随距离的增加呈曲线下降),其浓度由体相溶液的浓度决定。由于质点表面总有一定数量的溶剂分子与其紧密结合,因此在电动现象中,这部分溶剂分子与粒子将作为一个整体运动,在固-液相之间发生相对移动时也有滑动面存在。尽管滑动面的确切位置并不知道,但可以合理地认为它在 Stern 层之外,并深入到扩散层之中。

Stern 双电层模型及电位变化如图 1.22 所示。图中 φ_s 为 Stern 电位,它是 Stern 层与扩散层之间的电位差。由图 1.22 可见,ζ 电位略低于 Stern 电位。在足够稀的溶液中,由于扩散层厚度相当大,而固相所束缚的溶剂化层厚度通常只有分子大小的数量级,因此 ζ 和 φ_s 可认为近似相等,并无多大误差。但当电解质浓度很大时,ζ 和 φ_s 的差别也将增大,不能再视为相同了。倘若质点表面上吸附了非离子型表面活性剂或高分子物质,则滑动面明显外移,此时 ζ 与 φ_s 也会有较大的差别。特别要注意的是,当溶液中含有高价反离子或表面活性剂离子时,质点将对它们发生强的选择性吸附,此吸附目前常称为特性吸附。由于特性吸附吸附了大量的这些离子,从而使 Stern 层的电位反号(图 1.23(a)),即 φ_s 的电位符号将与 φ_0 的电位符号相反,这时胶体粒子所带电荷符号也相反。同理,若能克服静电斥力而吸附了大量的同号离子(常常是一些表面活性剂离子),则可能使 Stern 层的电位高于表面电位 φ_0(图 1.23(b))。

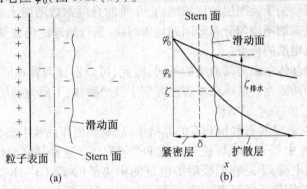

图 1.22　Stern 双电层模型及电位变化

确定反离子在粒子表面上是否产生特性吸附最方便的方法是:在被研究的体系中加入该反离子并同时测 ζ 电位,若能使粒子电荷反号,表明有特性吸附。例如,在含有高岭土的污水中(污水的 pH 值为 7.5,高岭土的等电点为 3.8)加入铝聚沉剂,当加入量超过 40×10^{-6}(质量分数)时,则电荷反号,ζ 电位由负值转变为正值(图 1.24(a));在 pH 值为 8.9 的白炭黑混悬液中加入阳离子表面活性剂,当其浓度超过 $30 \ \text{mol} \cdot \text{L}^{-1}$ 时,也可使电荷反号(图 1.24(b))。这些结果都说明铝聚沉剂或阳离子表面活性剂可在荷负电的高岭土或白炭黑表面上发生特性吸附。

Stern 模型至少在定性上能较好地解释电动现象,反映更多的实验事实,但此理论的

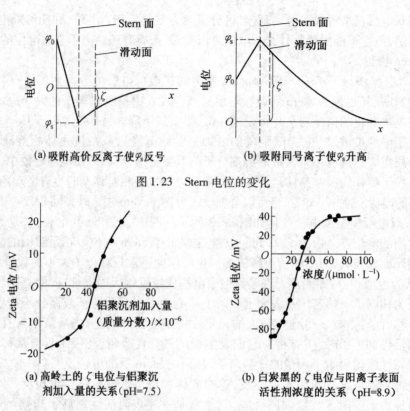

图 1.23　Stern 电位的变化

(a) 吸附高价反离子使 φ_s 反号　　　　(b) 吸附同号离子使 φ_s 升高

(a) 高岭土的 ζ 电位与铝聚沉
剂加入量的关系(pH=7.5)

(b) 白炭黑的 ζ 电位与阳离子表面
活性剂浓度的关系 (pH=8.9)

图 1.24　ζ 电位的变化

定量计算尚有困难。关于吸附层的详细结构、介质的介电常数随离子浓度和双电层电场的变化以及表面电荷的不均匀分布等问题均未解决,所以该理论仍在发展中。

4. 黏土溶胶双电层的特点

由于黏土矿物晶体层面与端面结构不同,因此,可以形成两种不同的双电层,这就是黏土胶体双电层的两重性。这一点显著地区别于其他胶体,下面分别加以介绍。

（1）黏土层面上的双电层结构

正如前面所述,在蒙脱石和伊利石的晶格里,硅氧四面体晶片中部分 Si^{4+} 可被 Al^{3+} 取代,铝氧八面体晶片中部分 Al^{3+} 可被 Mg^{2+} 或 Fe^{2+} 等取代。这种晶格取代作用造成黏土晶格表面上带永久负电荷,于是它们吸附等电量的阳离子(Na^+ , Ca^{2+} , K^+ 等)。若将这些黏土放到水里,吸附的阳离子便解离,向外扩散,结果形成了胶粒带负电的扩散双电层。黏土表面上紧密地连接着一部分水分子(氢键连接)和部分带水化壳的阳离子,构成吸附溶剂化层;其余的阳离子带着它们的溶剂化水扩散地分布在液相中,组成扩散层,如图 1.25 所示。

（2）黏土端面上的双电层结构

黏土矿物晶体端面上裸露的原子结构和层面上不同。在端面,黏土晶格中铝氧八面体与硅氧四面体原来的键被断开了。不少研究者指出,当介质的 pH 值低于 9 时,这个表面上 OH^- 解离后会露出带正电的铝离子,故可以形成正溶胶形式的双电层;而在碱性介质中,由于这个表面上的氢解离,裸露出带负电的表面($Al—O^-$)。在这种情况下所形成的双电层,其电性与层面上相同。

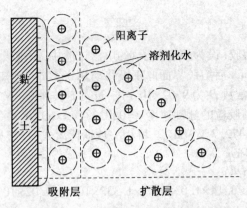

图 1.25　黏土层面的双电层结构示意图

另外,在黏土硅氧四面体的端面,通常由于 H^+ 的解离而带负电。但黏土悬浮体中常常有少量 Al^{3+} 存在,它将被吸附在硅氧四面体的断键处,从而使之带正电。黏土端面可以形成正溶胶形式的双电层,这一点与电泳实验中胶体粒子带负电并不矛盾,因为端面所带的正电荷与黏土层面上带的负电荷数量相比,是很少的,就整个胶体粒子而言,它所带的净电荷是负的,故在电场的作用下向正极运移。

5. ζ 电位的计算

设胶体粒子带电荷 q,在电场强度为 E 的电场中(若两电极间的距离为 l、电位差为 ΔV,则 $E = \Delta V/l$,即单位距离上的电位差),作用在粒子上的静电力为

$$f = qE \tag{1.16}$$

若球形粒子的半径为 r,泳动速度为 v,按 Stokes 定律,其摩擦阻力为

$$f' = 6\pi\eta r v \tag{1.17}$$

当粒子恒速泳动时,式(1.16)与式(1.17)相等,即

$$qE = 6\pi\eta r v \tag{1.18}$$

或

$$\frac{v}{E} = \frac{q}{6\pi\eta r} \tag{1.19}$$

式中,$v/E(=U)$ 为单位电场强度下带电粒子的泳动速度,称为粒子的绝对运动速度,亦称为电泳淌度 U,其单位为 $m^2 \cdot V^{-1} \cdot s^{-1}$。

一般胶体粒子的带电性质不常用其带有多少个电荷来表示,而用 ζ 电位的大小来表示。按静电学定律:

$$\zeta = \frac{q}{Dr} \tag{1.20}$$

式中,D 为双电层间液体的介电常数。将式(1.19)代入式(1.20),得

$$\zeta = \frac{6\pi\eta v}{DE} \tag{1.21}$$

可见,在一定条件下测出胶体粒子的泳动速度 v,便可根据式(1.21)计算出溶胶的 ζ 电位。

必须注意,式(1.21)仅适用于球形胶体粒子。对于棒状胶体粒子,通常在式(1.21)中乘以一个校正系数 2/3,即

$$\zeta = \frac{4\pi\eta v}{DE}$$

$$(1.22)$$

例 1.5 在 Sb_2O_3 溶胶(设为棒形粒子)的电泳试验中,两电极之间的距离为 0.385 m,电压为 182 V,通电 40 min 后溶胶界面向正极移动 0.032 m。已知该溶胶的黏度为 1.03×10^{-3} Pa · s,介质的介电常数 D 为 9.02×10^{-9} F · m^{-1}(1 F = 1 C · V^{-1}),试计算 ζ 电位。

解 根据题中数据,胶粒的泳动速度 $v = 0.032/(40\times60)$ m · $s^{-1} = 1.333\times10^{-5}$ m · s^{-1},$E = 182/0.385$ V · $m^{-1} = 472.7$ V · m^{-1}。将相关数据代入式(1.21),得

$$\zeta/V = \frac{4\pi\eta v}{DE}$$
$$= 4\times3.14\times1.03\times10^{-3}\times1.333\times10^{-5}/(9.02\times10^{-9}\times472.7)$$
$$= 0.0404$$

1.4 胶体的稳定性

胶体体系的稳定性是一个具有理论意义与应用价值的课题,历来受到人们的重视。P. Hiemenz 认为:"胶体化学是在研讨胶体稳定性过程中发展起来的",此话虽有些过头,但有一定的道理。随着工农业的迅猛发展,这一课题将日益突出并持续地讨论下去。

"稳定性"一词在胶体科学中随处可见,若欲确切理解其含义,必须注意以下 3 点:

①稳定性只具有动力学意义,故而是相对的。

②在该领域中,国内外在使用术语时未完全统一,特别是不同行业的从业人员出于传统的或职业上的原因对同一现象而有不同的称呼,那是不足为奇的。

③必须要知道问题的来龙去脉,否则容易产生误解。

1.4.1 胶体溶液的稳定性与 DLVO 理论

胶体溶液(溶胶)的稳定性是指其某种性质(如分散相浓度、颗粒大小、体系黏度和密度等)有一定程度的不变性。正是由于这些性质在"一定程度"内的变化不完全相同,就必然对稳定性有不同的理解,为此,宜用热力学稳定性、动力学稳定性和聚集稳定性来表征。

1. 热力学稳定性

胶体体系是多相分散体系,有巨大的界面能,故在热力学上是不稳定的。现已知道,微乳液在热力学上是稳定的,因而也不排斥在一定条件下可以制取热力学稳定的溶胶。

2. 动力学稳定性

动力学稳定性是指在重力场或离心力场中,胶体粒子从分散介质中析离的程度。胶体体系是高度分散的体系,分散相颗粒小,有强烈的布朗运动,能阻止其因重力作用而引起的下沉,因此,在动力学上是相对稳定的。

3. 聚集稳定性

聚集稳定性是指体系的分散度是否随时间变化。例如,体系中含一定数目的细小胶体粒子,由于某种原因团聚在一起形成一个大粒子并不再被拆散,这时体系中不存在细小胶体粒子,即分散度降低,这种现象称为体系的聚集稳定性差;反之,若体系中的细小胶体粒子长时间不团聚,则体系的聚集稳定性高。

在 20 世纪 40 年代以前,人们以研究聚沉的现象为主,所用药剂多为无机化合物,有

机化合物次之。那时,高分子化合物品种不多,且绝大部分为天然产物及其衍生物,人工合成者甚少。人们在观测胶体沉淀物的形成与性状过程中,积累了大量感性知识和可贵的数据,既导出了以无机聚沉为对象的 DLVO 理论,又发现无机电解质和高分子化合物之间的沉淀规律有很大差异。不过,那时区别两者的社会需求并不迫切,在造词用句上无须严格区分,有时把沉淀过程称为聚集作用,或聚沉作用,或絮凝作用。直到 1963 年,La Mer 等人建议用聚沉作用定义无机电解质使胶体沉淀的作用;用絮凝作用定义高分子化合物使胶体沉淀的作用;在不知为何种药剂,但能使胶体沉淀时,则笼统地称为聚集作用。约定俗成,至今仍为大多数胶体科学工作者沿用。

溶胶本质上是热力学不稳定系统,但又具有动力学稳定性,这是一对矛盾体。在一定条件下,它们可以共存;在另一条件下,它们又可以转化。有些溶胶之所以能在相当长的一段时间内保持稳定或许就是由于这个原因,例如 Faraday 制备的金溶胶放置了几十年才聚沉下来。

从扩散双电层观点来说明溶胶的稳定性已普遍为人们所采用。它的基本观点是胶体粒子带电(有一定的 ζ 电位),使粒子间产生静电斥力。同时,胶粒表面水化,具有弹性水膜,它们也起斥力作用,从而阻止粒子间的聚结。关于胶体稳定性的研究,最初只注意到质点上的电荷及静电作用,后来才注意到溶胶中粒子间也有范德华引力,这就使人们对胶体稳定性的概念有了更深入的认识。多年来,经过许多学者的工作,特别是其中的 4 位学者。苏联学者 Derjaguin 和 Landau(1941)与荷兰学者 Verwey 和 Overbeek(1948)分别独立提出胶粒之间存在范德华吸引势能和双电层排斥势能,据此对溶胶稳定性进行定量处理,形成了比较完善地解释胶体稳定性和电解质影响的理论,这就是 DLVO 理论。

该理论认为,溶胶在一定条件下是稳定存在还是聚沉,取决于粒子间的相互吸引力和静电斥力,若斥力大于吸力,则溶胶稳定;反之,则不稳定。

(1)胶体粒子间的相互吸引

胶体粒子间的相互吸引本质上是范德华引力。但胶体粒子是许多分子的聚集体,因此,胶体粒子间的引力是胶体粒子中所有分子引力的总和。一般分子间的引力与分子间距离的 6 次方成反比,而胶体粒子间的吸引力与胶体粒子间的距离的 3 次方成反比。这说明胶体粒子间有"远距离"的范德华引力,即在比较远的距离时胶体粒子间仍有一定的吸引力。

因为胶体粒子是大量分子的聚集体,故 Hamaker 假设胶体粒子间的相互作用等于组成它们的各分子对之间相互作用的加和。据此可以导出不同形状粒子间的范德华引力位能。

对于大小相同的两个球形粒子,其引力位能 E_A 为

$$E_A = -\frac{Aa}{12H} \tag{1.23}$$

式中,a 为粒子半径;H 是两粒子间的最短距离;A 是 Hamaker 常数;式中负号是因为引力位能皆规定为负值。

对于两个彼此平行的平板粒子,其引力位能 E_A 为

$$E_A = -\frac{A}{12\pi D^2} \tag{1.24}$$

式中,D 为两极之间的距离。

以上两式均表明，E_A 随距离增大而下降。Hamaker 常数 A 是一个重要的参数，它与粒子的性质有关，是物质的特性常数，具有能量单位，其值常在 10^{-20} J 左右。某些物质的 Hamaker 常数见表 1.5。

表 1.5　某些物质的 Hamaker 常数

物质	$A/\times10^{-20}$ J（宏观法）	$A/\times10^{-20}$ J（微观法）	物质	$A/\times10^{-20}$ J（宏观法）	$A/\times10^{-20}$ J（微观法）
水	3.0 ~ 6.1	3.3 ~ 6.4	石英	8.0 ~ 8.8	11.0 ~ 18.6
离子晶体	5.8 ~ 11.8	15.8 ~ 41.8	碳氢化合物	6.3	4.6 ~ 10
金属	22.1	7.6 ~ 15.9	聚苯乙烯	5.6 ~ 6.4	6.2 ~ 16.8

式(1.23)和式(1.24)是两个粒子在真空中的引力位能。对于分散在介质中的粒子，A 必须用有效的 Hamaker 常数 A_{121} 代替，对于同一物质的两个粒子：

$$A_{121} = \left(A_{11}^{1/2} - A_{22}^{1/2}\right)^2 \tag{1.25}$$

式中，A_{11} 和 A_{22} 分别表示粒子和介质本身的 Hamaker 常数。A_{121} 的值大约为 10^{-21} J 数量级，因此，人们习惯上还是用真空条件下的 Hamaker 常数。值得注意的是，由于 A 总是正值，所以 A_{121} 也是正值，这表明介质的存在使粒子彼此间的吸引力减弱，且介质的性质与质点的越接近，粒子间的吸引力越弱，越有利于该胶体稳定。

（2）胶体粒子间的相互排斥

根据扩散双电层模型，胶体粒子是带电的，其四周为离子氛所包围，如图 1.26 所示。

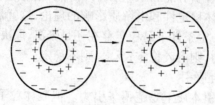

图 1.26　离子氛示意图

图 1.26 中胶体粒子带正电，外圆圈表示正电荷的作用范围。由于离子氛中的反离子的屏蔽效应，胶体粒子所带电荷的作用不可能超出扩散层离子氛的范围，即图中外圆圈以外的地方不受胶体粒子电荷的影响。因此，当两个胶体粒子趋近而离子氛尚未接触时，胶体粒子间并无排斥作用。当胶体粒子相互接近到离子氛发生重叠时（图 1.27），处于重叠区中的离子浓度显然较大，破坏了原来电荷分布的对称性，引起了离子氛中电荷重新分布，即离子从浓度较大的重叠区间向未重叠区扩散，使带正电的胶体粒子受到斥力而相互脱离。

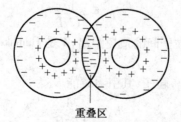

重叠区

图 1.27　离子氛重叠示意图

（3）胶体粒子间的总相互作用能

当两个胶体粒子相互接近时,体系相互作用的能量(吸引能+排斥能)变化的情况可用图1.28表示。引力势能E_A、斥力势能E_R以及总势能E_T($E_T = E_A + E_R$)都随粒子间距离的变化而变化,且在某一距离范围引力占优势,而在另一距离范围斥力占优势。

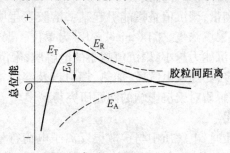

图1.28　胶体粒子间作用能和距离的关系

当粒子间距离较大时,主要为吸引力,总势能为负值;当靠近一定距离,双电层重叠,排斥力起主要作用,势能显著升高,但与此同时,粒子间的吸引力也随距离的缩短而增大;当距离缩短到一定程度后,吸引力又占优势,势能又随之下降。

从图1.28中可以看出,粒子要互相聚集在一起,必须克服一定的势垒,这就是溶胶在一定时间内具有"稳定性"的原因。

（4）外加电解质的影响

加入电解质对引力势能影响不大,但对斥力势能的影响却十分显著。电解质的加入会导致系统的总势能发生很大的变化,适当调整电解质浓度,可以得到相对稳定的胶体。

一般外界因素(如分散体系中电解质的浓度等)对范德华引力影响很小,但外界因素能强烈地影响胶粒之间的排斥位能E_R。例如,若降低胶粒的ζ电位,减少粒子的电性,则其排斥位能减小(E_0减少),聚集稳定性降低(图1.29曲线2)。这可以理解为,如果胶粒表面电位降低到某个程度(在极端情况下,ζ电位为零),使能峰降到约与横轴相切时($E_0 = 0$,图1.29曲线3),则此溶胶的聚集稳定性最低,溶胶将很快聚沉。

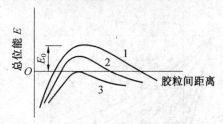

图1.29　能峰E_0逐渐减小

除胶粒带电外,溶剂化作用也是使溶胶稳定的重要原因,溶剂化膜的存在增加了胶粒彼此接近时的机械阻力;分散相粒子的布朗运动也是胶体粒子受重力影响而不下沉的原因。

综上所述,分散相粒子的带电、溶剂化作用及布朗运动是溶胶3个重要的稳定原因。

1.4.2　溶胶的聚沉

溶胶的"稳定"是有条件的,一旦稳定条件被破坏,溶胶中的粒子就合并(聚集)、长大,最后从介质中沉出,这种现象称为聚沉。

聚沉可用聚沉值来衡量,聚沉值是指能引起某一溶胶发生明显聚沉所需外加电解质的最小浓度,又称为临界聚沉浓度,常以 mmol·L^{-1} 为单位。聚沉能力是聚沉值的倒数,聚沉值越大的电解质,聚沉能力越小;聚沉值越小的电解质,聚沉能力越强。

影响聚沉的因素很多,如加入电解质、加热、辐射以及溶胶本身的一些因素都可影响溶胶的聚沉,对于加入电解质对聚沉影响的问题研究得最多。

1. 电解质的聚沉作用

在溶胶中加入电解质时,电解质中与扩散层反离子电荷符号相同的那些离子将把反离子压入(排斥)到吸附层,从而减小了胶体粒子的带电量,使 ζ 电位降低、E_0 减小(图 1.29),故溶胶易于聚沉。当电解质浓度达到某一定数值时,扩散层中的反离子被全部压入吸附层内,胶体粒子处于等电状态,ζ 电位为零,胶体的稳定性最低。如加入的电解质过量,特别是一些高价离子,则不仅扩散层反离子全部进入吸附层,而且一部分电解质离子也因被胶体粒子强烈地吸引(即前述的特性吸附)而进入吸附层,这时胶体粒子又带电,但电性和原来的相反,这种现象称为"再带电"。显然,再带电的结果使 ζ 电位反号。再带电现象如图 1.30 所示。电解质对 ζ 电位的影响如图 1.31 所示。

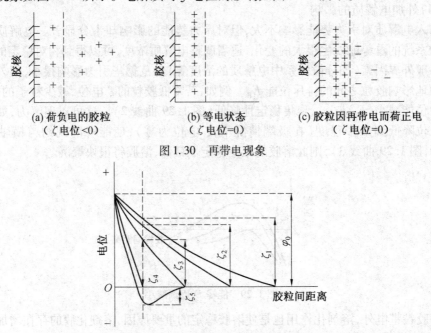

图 1.30　再带电现象

(a) 荷负电的胶粒　　(b) 等电状态　　(c) 胶粒因再带电而荷正电
(ζ电位<0)　　　　(ζ电位=0)　　　　(ζ电位=0)

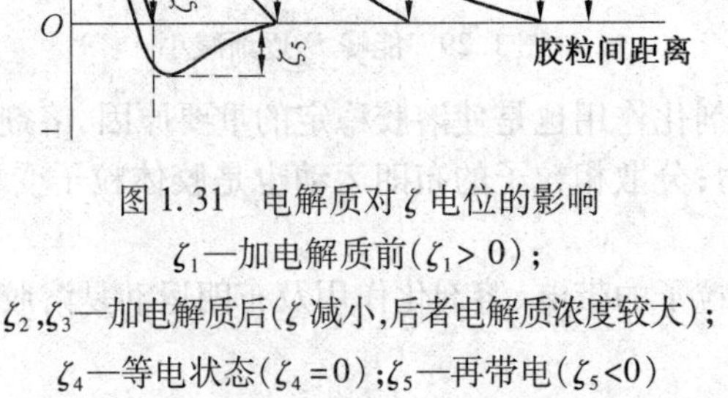

图 1.31　电解质对 ζ 电位的影响
ζ_1—加电解质前($\zeta_1 > 0$);
ζ_2,ζ_3—加电解质后(ζ减小,后者电解质浓度较大);
ζ_4—等电状态($\zeta_4 = 0$);ζ_5—再带电($\zeta_5 < 0$)

外加电解质的一些规律如下：

(1)舒尔茨-哈迪规则

电解质中，能使溶胶聚沉的离子是与胶粒带相反电荷的离子。这种离子的价数越高，聚沉值越小，聚沉能力越强，且聚沉值与异电性离子价数的 6 次方成反比。

如对于给定的溶胶，异电性离子分别为一，二，三价，则聚沉值的比例为

$$1/1^6 : 1/2^6 : 1/3^6 = (1/1)^6 : (1/2)^6 : (1/3)^6 = 100 : 1.6 : 0.14$$

如对带负电的 As_2S_3 溶胶起聚沉作用的是电解质的阳离子，KCl，$MgCl_2$，$AlCl_3$ 的聚沉值分别为 49.5 $mol \cdot m^{-3}$，0.72 $mol \cdot m^{-3}$，0.093 $mol \cdot m^{-3}$，若以 K^+ 为比较标准，其聚沉能力有如下关系：

$$Me^+ : Me^{2+} : Me^{3+} = 1 : 69 : 532$$

一般可近似表示为反离子价数的 6 次方之比，即

$$Me^+ : Me^{2+} : Me^{3+} = 1^6 : 2^6 : 3^6 = 1 : 64 : 729$$

也有许多反常现象，如 H^+ 虽为一价，却有很强的聚沉能力。

(2)感胶离子序

与胶粒带相反电荷的离子即使价数相同，其聚沉能力也有差异。

例如，具有相同阴离子的各种阳离子，其对负电性溶胶的聚沉能力大小次序为

$$H^+ > Cs^+ > Rb^+ > K^+ > Na^+ > Li^+$$

显然，这种顺序与离子的水化半径有关，Li^+ 半径最小，水化能力最强，水化半径最大，故聚沉能力最小。

具有相同阳离子的各种阴离子，其对正电性溶胶的聚沉能力大小次序为

$$F^- > Cl^- > Br^- > NO_3^- > I^- > OH^-$$

这种将同符号、同价的离子按聚沉能力排成的顺序，通常称为感胶离子序。

(3)同号离子的影响

虽然电解质中对溶胶起聚沉作用的主要是与胶粒带相反电荷的离子，其同号离子也有作用(尤其是当几种相比较的电解质反离子是同一种离子的情况)，同号离子价数越高、离子越大，对溶胶的稳定作用越大，聚沉能力越小。

例 1.6　等体积的 0.08 $mol \cdot L^{-1}$ NaBr 溶液和 0.1 $mol \cdot L^{-1}$ 的 $AgNO_3$ 溶液混合制成 AgBr 溶胶，分别加入相同浓度的下述电解质溶液，其聚沉能力的大小次序如何？

(1)KCl　(2)Na_2SO_4　(3)$MgSO_4$　(4)Na_3PO_4

解　$AgNO_3 + NaBr \longrightarrow AgBr(溶胶) + NaNO_3$

　　　0.1　0.08　　　　$AgNO_3$ 过量

即 AgBr 溶胶为正溶胶，根据舒尔茨-哈迪规则，则聚沉能力大小次序为

$$Na_3PO_4 > Na_2SO_4 \quad MgSO_4 > KCl$$

根据同号离子的影响，则聚沉能力大小次序为

$$Na_3PO_4 > Na_2SO_4 > MgSO_4 > KCl$$

2. 溶胶的相互聚沉

将两种电性不同的溶胶混合，可以发生相互聚沉作用。但仅在这两种溶胶的数量达到某一比例时才发生完全聚沉，否则可能不发生聚沉或聚沉不完全。表 1.6 是正电荷的 $Fe(OH)_3$ 溶胶(质量浓度为 3.036 $g \cdot L^{-1}$)和带负电的 As_2S_3 溶胶(质量浓度为

$2.07\ \mathrm{g \cdot L^{-1}}$)以不同比例混合时所得到的结果。

表1.6 溶胶的相互聚沉

化合物/mL		现象	混合后粒子的电荷	化合物/mL		现象	混合后粒子的电荷
$Fe(OH)_3$	As_2S_3			$Fe(OH)_3$	As_2S_3		
9	1	无变化	+	3	7	完全聚沉	不带电
8	2	长时间后浑浊	+	2	8	发生聚沉	—
7	3	立即发生聚沉	+	1	9	发生聚沉	—
5	5	立即发生聚沉	+	0.2	9.8	浑浊但不聚沉	—

溶胶的相互聚沉在日常生活中经常见到。例如,明矾的净水作用就是利用明矾($KAl(SO_4)_2 \cdot 12H_2O$)在水中水解生成荷正电的 $Al(OH)_3$ 溶胶使荷负电的胶体污物(主要是土壤胶体)聚沉,在聚沉时生成的絮状沉淀物又能夹带一些机械杂质,使水获得净化。不同牌号的墨水相混合可能产生沉淀,医院里利用血液能否相互凝结来判明血型,这些都与胶体的相互聚沉有关。

思 考 题

1. 简述憎液溶胶、亲液溶胶的特点。
2. 如何理解胶体的多分散性?
3. 大分子(高分子)与胶体的区别与联系是什么?
4. 钻井液是胶体溶液吗? 为什么?
5. 举例说明胶团的结构。
6. 简述舒尔茨–哈迪规则。

第2章

界面现象和吸附

表面(surface)化学又称为界面(interface)化学,因为任何表面都是界面(例如,一杯水的表面是气-液界面,桌子的表面是气-固界面)。本书中所说的表面都是界面,有时这两种名词混用,不加以区别。表面现象是石油开采过程中常见的普遍现象之一,例如,聚合物在地层中的吸附、捕集、滞留,原油的开采及残余油饱和度、油水相对渗透率等,都与界面现象有关。

胶体化学中所说的界面现象,不仅要讨论物体表面上会发生怎样的物理化学现象以及物体表面分子(或原子)和内部的分子(或原子)有什么不同,而且还要讨论一定量的物体经高度分散后(这时表面积将急剧增大)给体系的性质带来怎样的影响。例如,粉尘为什么会爆炸,小液珠为什么能成球,活性炭为什么能脱色,水鸟为什么能浮在水面上等,这些问题都与界面现象有关。界面现象涉及的范围很广,研究界面现象具有十分重要的意义。这里仅介绍一些基本概念及其应用。

前面所讲的内容均未曾讨论过体系表面层的特殊物理化学性质,换句话说是将体系中相的表面和相的本体完全等同起来。事实上作为一个相,分布于表面的分子和处于相内的分子,其组成结构、能量状态或受力情况等方面都是有差别的。那么是不是研究了表面现象以后,以前所研究的问题都应重新考虑,甚至是错误的呢?

问题并没有那么严重。通常的体系表面积不大,表面层上的分子数目比起相的内部来说微不足道,因而忽略表面性质,不考虑它对体系的影响,也不会妨碍一般结论的正确性。但在某些场合下特别是物质形成高度分散体系时,则因表面积大大增加,表面性质的作用就显得特别突出。

例2.1 将 1 g 水分散成半径为 10^{-9} m 的小水滴(视为球形),其表面积增加了多少倍?

解 对大水滴,其表面积为

$$A_{大}/m^2 = 4\pi r^2 = 4\pi \left(\frac{1}{4\pi/3}\right)^{\frac{2}{3}} \times 10^{-4} = 4.84 \times 10^{-4}$$

对小水滴,其总表面积为

$$A_{小总}/m^2 = \frac{10^{-6}}{4\pi/3 \times r_1^3} \times 4\pi r^2 = \frac{3 \times 10^{-6}}{r_1} = 3.0 \times 10^3$$

小水滴总表面积与大水滴表面积之比为

$$\frac{A_{小总}}{A_{大}} = \frac{3.0}{4.84} \times 10^7 = 6.2 \times 10^6$$

可以看出,将水滴分散成半径为 10^{-9} m 的小水滴时,表面积增长了上万倍。可见,与一般系统相比,达到纳米级的超细微粒具有巨大的表面积,它对体系性质的影响绝对不可忽略!

2.1 表面张力和表面能

2.1.1 净吸力和表面张力的概念

1. 净吸力

分子在体相内部与界面上所处的环境是不同的。例如在图 2.1 中,液体表面上的某分子 M 受到如图中所示的各个方向的吸引力,其中 a,b 可抵消,e 向下,并有 c,d 的合力 f(向下),故分子 M 受到一个垂直于液体表面、指向液体内部的"合吸力",通常称为净吸力。由于有净吸力存在,致使液体表面的分子有被拉入液体内部的倾向,所以任何液体表面都有自发缩小(收缩)的倾向,这也是液体表面表现出表面张力的原因。

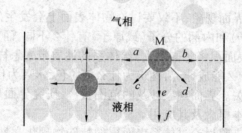

图 2.1 液体内部及表层分子受力情况示意图

2. 表面张力

为说明表面张力的问题,首先看图 2.2。由图 2.2 可见,当球形液滴被拉成扁平后(假设液体体积 V 不变),液滴表面积 S 变大,这就意味着液体内部的某些分子被"拉到"表面并铺于表面上,因而使表面积变大。当内部分子被拉到表面上时,同样要受到向下的净吸力,这表明在把液体内部分子搬到液体表面时,需要克服内部分子的吸引力而消耗功。因此,表面张力(σ)可定义为增加单位面积所消耗的功,即

$$\sigma = \frac{\text{所消耗的功}}{\text{增加的面积}} = \frac{-\delta w'_{可}}{\mathrm{d}A} \tag{2.1}$$

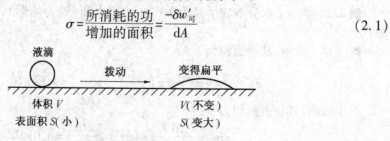

图 2.2 球形液滴变形

按能量守恒定律,外界所消耗的功储存于表面,成为表面分子所具有的一种额外的势能,也称为表面能。

因为恒温恒、压下,有

$$-\mathrm{d}G = \delta w'_{可}$$

式中,G 为表面自由焓,将其代入式(2.1),得

$$\mathrm{d}G = \sigma \mathrm{d}A$$

或

$$\sigma = \left(\frac{\partial G}{\partial A}\right)_{T,P} \tag{2.2}$$

所以表面张力又称为比表面自由焓。

表面张力的国际单位为 N/m。可以用图 2.3 的演示来说明表面张力是作用在单位长度上的力。图 2.3 为一带有活动金属丝的金属丝框,将金属丝框蘸上肥皂水后缓慢拉活动金属丝,设移动距离为 Δx,则形成面积为 $2l\Delta x$ 的肥皂膜(因为金属丝框上的肥皂膜有两个表面,所以要乘以 2)。此过程中,环境所消耗的表面功为

$$-w'_{可} = F\Delta x \tag{2.3}$$

与式(2.1)比较,则

$$-w'_{可} = \sigma \Delta A = \sigma \times 2l\Delta x \tag{2.4}$$

比较式(2.3)和式(2.4),得

$$\sigma = \frac{F}{2l} \tag{2.5}$$

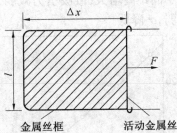

图 2.3　表面张力与表面功

从这个演示可以看到,扩大肥皂膜时,表面积变大;肥皂膜收缩时,表面积变小,这意味着表面上的分子被拉入液体内部。那么表面张力指向何处呢?

如果在金属线框中间系一线圈,一起浸入肥皂液中,然后取出,上面形成一液膜。

由于以线圈为边界的两边表面张力大小相等、方向相反,所以线圈成任意形状,可在液膜上移动,如图 2.4(a)所示。如果刺破线圈中央的液膜,线圈内侧张力消失,外侧表面张力立即将线圈绷成一个圆形,如图 2.4(b)所示,这清楚地显示出表面张力的存在。

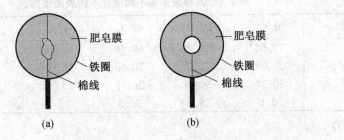

图 2.4　表面张力方向示意图

可见,在两相界面上,处处存在着一种张力,它垂直于表面的边界,指向液体方向(向着缩小表面积的方向)并与表面相切,把作用于单位边界线上的这种力称为表面张力。

综上所述,可以得出结论:分子间力可以引起净吸力,而净吸力引起表面张力;表面张力永远和液体表面相切,而和净吸力相互垂直。

2.1.2 影响表面张力的因素

表面张力是液体(包括固体)表面的一种性质,而且是强度性质。有多种因素可以影响物质的表面张力。

1. 物质本性

表面张力起源于净吸力,而净吸力取决于分子间的引力和分子结构,因此,表面张力与物质本性有关。

对纯液体或纯固体,表面张力决定于分子间形成的化学键能的大小,一般化学键越强,表面张力越大:

$$\sigma(金属键) > \sigma(离子键) > \sigma(极性共价键) > \sigma(非极性共价键)$$

2. 温度

温度升高时,一般液体的表面张力都降低,且 $\sigma-c$ 有线性关系(图2.5),其原因是:一方面温度升高时物质膨胀,分子间距离增大,故吸引力减弱,σ 降低;另一方面,温度升高两相密度差别减小,吸引力减弱,σ 降低。

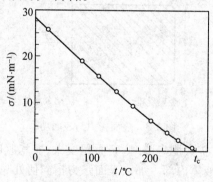

图 2.5 CCl_4 的 $\sigma-t$ 关系曲线

当温度升高到接近临界温度时,液-气界面逐渐消失,表面张力趋近于零。几种液体在不同温度下的表面张力见表2.1。

表 2.1 几种液体在不同温度下的表面张力　　　　　　　　　　单位:$mN \cdot m^{-1}$

液体	0 ℃	20 ℃	40 ℃	60 ℃	80 ℃	100 ℃
水	75.64	72.75	69.56	66.18	62.61	58.85
乙醇	24.05	22.27	20.60	19.01	—	—
甲苯	30.74	28.43	26.13	23.81	21.53	19.39
苯	31.6	28.9	26.3	23.7	21.3	—

3. 压力

表面张力一般随压力的增加而下降,但当压力改变不大时,压力对液体表面张力的影响很小。

因为压力增加,气相密度增加,表面分子受力不均匀性略有好转;另外,若是气相中有别的物质,则压力增加,促使表面吸附增加,气体溶解度增加,也使表面张力下降。

2.1.3　相界面性质

通常所说的某种液体的表面张力,是指该液体与含有本身蒸气的空气相接触时的测定值。在与液体相接触的另一相物质的性质改变时,表面张力会发生变化。Antonoff 发现,两个液相之间的界面张力是两液体已相互饱和(尽管互溶度很小)时两个液体的表面张力之差,即

$$\sigma_{1,2} = \sigma'_1 - \sigma'_2 \tag{2.6}$$

式中,σ'_1,σ'_2 分别为两个相互饱和的液体的表面张力。这个经验规律称为 Antonoff 法则。

常见有机液体与水之间的界面张力见表 2.2。

表 2.2　常见有机液体与水之间的界面张力　　　　　　　　　　单位:$mN \cdot m^{-1}$

液体	表面张力			界面张力		温度 /℃
	水层 σ'_1	有机液层 σ'_2	纯有机液体	计算值	实验值	
苯	63.2	28.8	28.4	34.4	34.4	19
乙醚	28.1	17.5	17.7	10.6	10.6	18
氯仿	59.8	26.4	27.2	33.4	33.3	18
四氯化碳	70.9	43.2	43.4	24.7	24.7	18
戊醇	26.3	21.5	24.4	4.8	4.8	18
5%(质量分数)戊醇+95%(质量分数)苯	41.4	28.0	26.0	13.4	16.1	17

在液–气界面上,表面张力是液体分子相互吸引所产生的净吸力的总和,空气分子对液体分子的吸引可以忽略,但液$_1$–液$_2$界面上,两种不同的分子也要相互吸引,因而降低了每种液体的净吸力,使新界面的张力比原有两个表面张力中较大的那个小些。

2.2　弯曲界面的一些现象

众所周知,一杯水的液面是平面,而滴定管或毛细管中的水面是弯曲液面。在细管中液面为什么是曲面? 弯曲液面有些什么性质和现象? 或者说,液面弯曲将对体系的性质产生什么影响? 这些都是这一节里要讨论的基本问题,也是界面现象中十分重要的问题。日常生活中常见的毛巾会吸水,湿土块干燥时会产生裂缝以及实验中的过冷和工业装置中的暴沸等现象都与液面或界面弯曲有关。

2.2.1　曲界面两侧压力差

通常大面积水域的表面总是平坦的,但毛细管中的液面、砂子或黏土之间毛细缝中的液面以及气泡、水珠的表面则都呈曲面,弯曲液面的一个根本特性就是曲面两侧存在压力差。实验证明,在细玻璃管的一端吹起一个肥皂泡后,必须将管的另一端口堵住,肥皂泡才能稳定存在,否则肥皂泡会自动收缩,这就是因为弯曲液面两侧有压力差。为分析弯曲界面两侧为什么有压力差,首先按图 2.6 的图示来规定凹面和凸面。

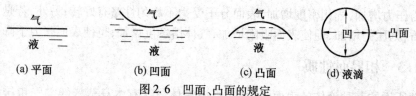

(a) 平面　　(b) 凹面　　(c) 凸面　　(d) 液滴

图 2.6　凹面、凸面的规定

现在分析处于平衡态下的一个液滴(图 2.7)。设图 2.7 中液滴的曲率半径为 R；液面上某分子因受净吸力的作用而产生一个指向液滴内部的压力为 $p_{收}$(通常称为收缩压，也称为附加压力)；液滴的外部压力(即大气压，也就是凸面的压力)为 $p_{凸}$。此液滴受到的压力为 $p_{收}+p_{凸}$。因液滴处于平衡态，故液滴的凹面上必有一个向外的与之相抗衡的压力 $p_{凹}$，即

$$p_{凹}=p_{收}+p_{凸}$$

或

$$p_{收}=p_{凹}-p_{凸}=\Delta p \tag{2.7}$$

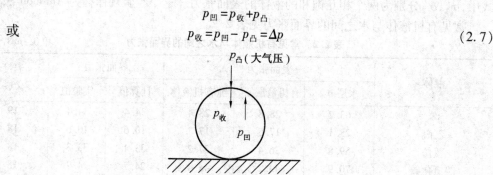

图 2.7　液滴所受到的压力

显然，收缩压 $p_{收}$ 代表了弯曲液面两侧的压力差 Δp，有些人也称它为毛细压力。上面讨论的是球形液滴的情况，现研究凸液面上以 AB 为直径的一个环作为边界，如图 2.8(a)所示的凸液面，由于环上每点的表面张力都与液面相切，且向着缩小表面积的方向，所以会产生一个向下的合力，所有点产生的总压力为 p_s，称为附加压力，指向液体内部，此时凸液面向下的总压力为 p_0+p_s。

若为凹液面(图 2.8(b))，与凸液面的情况相反，向着缩小表面积的方向使凹液面变成平面，则所有点产生的总压力 p_s 指向液体外部(即指向大气)，可见 p_s 总是指向凹液面内部(球心)。凹液面向下的总压力为 p_0-p_s，所以凹液面上所受的压力比平面上小。正是由于 p_s 这个压力差，才使人们看到通常遇到的弯曲液面。

若为平液面(图 2.8(c))，表面张力沿着与液面平行的方向作用着，环上所有点产生的表面张力都抵消掉了，所以没有附加压力 p_s。由于没有附加压力，水平液面的液体所承受的压力就等于外界的大气压力 p_0。

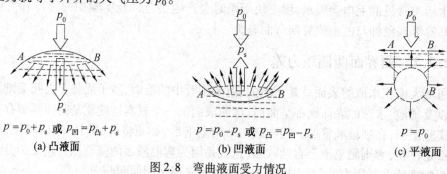

$p=p_0+p_s$ 或 $p_{凸}=p_{凸}+p_s$　　　$p=p_0-p_s$ 或 $p_{凹}=p_{凹}-p_s$　　　$p=p_0$

(a) 凸液面　　　　　　　(b) 凹液面　　　　　　　(c) 平液面

图 2.8　弯曲液面受力情况

总之,由于表面张力的作用,在弯曲表面下的液体与平面不同,在曲界面两侧有压力差,或者说表面层处的液体分子总是受到一种附加的指向凹面内部(球心)的收缩压力 $p_{收}$,且在曲率中心这一边体相的压力总是比曲面另一边体相的压力大(图 2.9)。

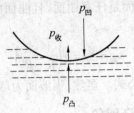

图 2.9　凹液面的 $p_{收}$ 方向

2.2.2　曲界面两侧压力差与曲率半径的关系

设有一毛细管(图 2.10)内充满液体,管端有一半径为 R 的球状液滴与之成平衡。如果对活塞稍稍施加压力减少了毛细管中液体的体积,而使液滴的体积增加 $\mathrm{d}V$,相应地其表面积增加 $\mathrm{d}A$,此时为了克服表面张力,环境所消耗的体积功应为 $p_{收}\mathrm{d}V$(即 $(p_{凹}-p_{凸})\mathrm{d}V$)。当体系达到平衡时,此功的数值和体系增加的表面能 $\sigma\mathrm{d}A$ 相等,即

$$p_{收}\,\mathrm{d}V = \Delta p\mathrm{d}V = \sigma\mathrm{d}A \tag{2.8}$$

球面积为

$$A = 4\pi R^2$$
$$\mathrm{d}A = 8\pi R\mathrm{d}R$$

球体积为

$$V = 4\pi/3R^3$$
$$\mathrm{d}V = 4\pi R^2\mathrm{d}R$$

代入式(2.8),得

$$p_{收} = \Delta p = \frac{2\sigma}{R} \tag{2.9}$$

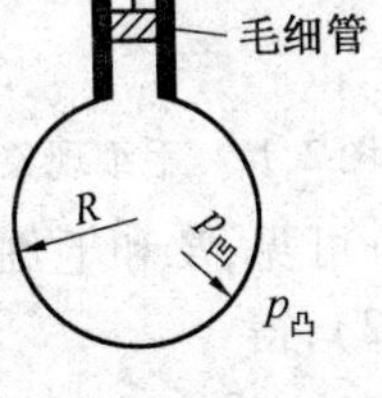

图 2.10　收缩压与曲率半径的关系

式(2.9)表明:

①液滴越小,液滴内外压差越大,即凸液面下方液相的压力大于液面上方气相的压力。
②若液面是凹的(即 R 为负),此时凹液面下方液相的压力小于液面上方气相的压力。
③若液面是平的(即 R 为无穷大),压差为零。
④该公式适用于球形液面。
式(2.9)同样适用于气相中的气泡(如肥皂泡),但肥皂泡有两个气-液界面,且两个

球形界面的半径基本相等,此时气泡内外的压力差即为

$$p_{收} = \Delta p = \frac{2\sigma}{R} + \frac{2\sigma}{R} = \frac{4\sigma}{R} \tag{2.10}$$

如果液面不是球形的一部分而是任意曲面,且曲面的主曲率半径为 R_1 和 R_2,则曲界面两侧压力差为

$$p_{收} = \Delta p = \sigma\left(\frac{1}{R_1} + \frac{1}{R_2}\right) \tag{2.11}$$

式(2.11)通常称为 Laplace 公式。显然,当液面为球形时,式(2.11)即变为式(2.9)。

2.2.3 毛细管上升和下降现象

将毛细管插入液面后,会发生液面沿毛细管上升(或下降)的现象,称为毛细现象,如图 2.11(a)所示,若液体能很好地湿润毛细管壁,则毛细管内的液面呈凹面。因为凹液面下方液相的压力比同样高度具有平面的液体中的压力低,因此,液体将被压入毛细管内使液柱上升,直到液柱的静压 $\rho g h$(ρ 为液体的密度)与曲界面两侧压力差 Δp 相等时即达到平衡,此时

$$\Delta p = \frac{2\sigma}{R} = \rho g h$$

所以

$$h = \frac{2\sigma}{\rho g R} \tag{2.12}$$

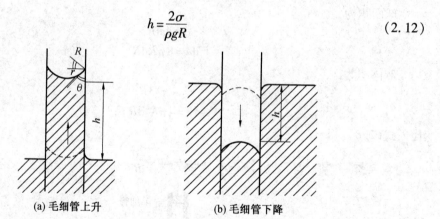

(a) 毛细管上升　　　　　(b) 毛细管下降

图 2.11　毛细现象

式中,R 为曲率半径。由图 2.11(a)可见,R 和毛细管半径 r 之间的关系为 $R = r/\cos\theta$(θ 为润湿角),将此关系代入式(2.12),得

$$h = \frac{2\sigma\cos\theta}{\rho g r} \tag{2.13}$$

显然,若 $\theta = 0°$,则

$$h = \frac{2\sigma}{\rho g r}$$

此时液柱上升高度最大,这说明液体能够完全润湿固体,若 $\theta = 180°$,则

$$h = -\frac{2\sigma}{\rho g r}$$

此时液柱下降深度最大,这说明液体不能完全润湿固体。

同样,若液体不能润湿管壁,则毛细管内的液面呈凸面(图 2.11(b)),因凸液面下方液相的压力比同高度具有平面的液体中的压力高,即比液面上方气相压力大,所以管内液柱反而下降,下降的深度 h 也与 Δp 成正比,且同样服从式(2.13)。

例 2.2　20 ℃时,汞的表面张力为 483×10^{-3} N·m^{-1},密度为 13.55×10^{3} kg·m^{-3},把内直径为 10^{-3} m 的玻璃管垂直插入汞中,管内汞液面会降低多少?已知汞与玻璃的接触角为 180°,重力加速度 $g = 9.81$ m·s^{-2}。

解　由于汞液面下降平衡时,液柱的静压 $\rho_{汞} g h$($\rho_{汞}$ 为汞的密度)与曲界面两侧压力差 Δp 相等,即

$$p_{凹} - p_{凸} = p_c = \frac{2\sigma \cos\theta}{r}$$

$$\begin{aligned} h/\text{m} &= \frac{2\sigma \cos\theta}{\rho_{汞} g r} \\ &= \frac{2 \times 483 \times 10^{-3} \times (-1)}{5 \times 10^{-4} \times 13.55 \times 10^{3} \times 9.81} \\ &= -0.014\ 5 \end{aligned}$$

即汞液面会降低 0.0145 m。

例 2.3　人们都有这样的经验,如图 2.12 所示。两块玻璃板挨着时,若中间夹了一些水,就很难将它们分开,为什么呢(设水与玻璃板的接触角 $\theta = 0°$)?

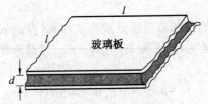

图 2.12　两块夹水的玻璃板

解　其原因是水在两玻璃板间形成柱面,产生了附加压力,其方向与大气压相反,玻璃板间的压力为 $p_0 - p_{收}$,这相当于两块玻璃板的外表面各受到 Δp 的附加压力而被压紧:

$$p_{收} = \Delta p = \sigma\left(\frac{1}{R_1} + \frac{1}{R_2}\right) = \frac{2\sigma}{d}$$

式中,$R_1 = d/2$;$R_2 = \infty$。

所以玻璃板很难分开,其所受作用力大小为 $F = p_{收} A$。

对于亲油油层,毛管力为水驱油的阻力,表面活性剂能降低亲油油层的毛管阻力:

$$p_{凹} - p_{凸} = p_c = \frac{2\sigma \cos\theta}{r} \tag{2.14}$$

式中,P_c 为毛管力;σ 为油-水界面张力;r 为毛管半径;θ 为油对岩石表面润湿角。

油对岩石表面润湿角增大,毛管阻力降低,提高了洗油效率;当油对岩石表面润湿角增大超过 90°时,活性水进入更小半径、原先进不去的毛细管,提高了波及系数。

2.2.4　弯曲液面上的饱和蒸气压

在一定温度下液体有一定的饱和蒸气压,所谓饱和蒸气压是指在密闭条件中一定温

度下,与液体或固体处于相平衡的蒸气所具有的压力。现将液体分散成粒子半径为 r 的小液滴时,小液滴的饱和蒸气压和平面液体的是否一样? 若不一样,它和液滴半径 r 有什么关系?

如果图 2.13 中具有平液面的液体与分散成半径为 r 的小液滴的外压力均为 p,小液滴凹面上所受的压力为 p'_r,则小液滴因液面弯曲其曲界面两侧就有压力差 Δp($\Delta p = p'_r - p$)。据式(2.9)可得

$$\Delta p = p'_r - p = 2\sigma_{液-气}/r$$

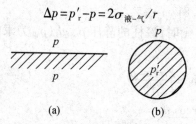

(a)   (b)

图 2.13 平液面液体与小液滴

在恒温下,如果把 1 mol 水平液面的液体转变成半径为 r 的小液滴,则自由焓的变化为

$$\Delta G = V_1 \Delta p = \frac{V_1 2\sigma_{液-气}}{r} \tag{2.15}$$

式中,V_1 为液体的摩尔体积。此处自由焓的变化是小液滴的化学位 μ_r 与平面液体的化学位 μ 之差,即 $\Delta G = \mu_r - \mu$。

设小液滴和平面液体的饱和蒸气压分别为 p_r 和 p_0(注意 p_0 和 p_r 与外压 p 及液滴凹面上所受压力 p'_r 不同)。根据气-液平衡条件:$\mu_液 = \mu_气$,以及液体化学位与其饱和蒸气压的关系式应有

$$\mu_r = \mu_0 + RT\ln p_r; \mu = \mu_0 + RT\ln p_0$$

所以

$$\Delta G = \mu_r - \mu = RT\ln \frac{p_r}{p_0} \tag{2.16}$$

比较式(2.15)和式(2.16),并考虑 $V_1 = M/\rho$(M 为液体的相对分子质量,ρ 为液体的密度),则得

$$\ln \frac{p_r}{p_0} = \frac{2\sigma_{液-气} M}{RT\rho r} \tag{2.17}$$

式(2.17)就是著名的 Kelvin 公式。

显然,由式(2.17)可见,液滴半径 r 越小,与之相平衡的蒸气压 p_r 越大,当 $r \to \infty$ 时,$p_r = p_0$。表 2.3 列出了 20 ℃ 水滴半径与相对蒸气压下不同半径水滴的饱和蒸汽压与平液面水的饱和蒸汽压的比值的关系。这个事实常被用来说明人工降雨的基本原理。例如在高空中如果没有灰尘,水蒸气可以达到相当高的过饱和程度(即比平液面时液体的饱和蒸气压高许多倍)而不致凝结成冰。因为此时高空的水蒸气压力虽然对平液面的水来说已是过饱和了,但对于将要形成的小水滴来说却尚未饱和,这意味着微小水滴难以形成。可以设想,这时如果在空中撒入凝结核心(如 AgI 小晶粒),使凝聚水滴的初始曲率半径加大,则其对应的蒸气压可以小于高空中已有的水蒸气压力,因此水蒸气将迅速凝成水

滴,形成人工降雨。

表 2.3　水滴半径与相对蒸气压的关系

水滴半径 r/cm	p_r/p_0	水滴半径 r/cm	p_r/p_0
10^{-4}	1.001	10^{-6}	1.111
10^{-5}	1.011	10^{-7}	2.95

必须注意,当液体在毛细管中形成凹液面时情况正好相反。此时曲率半径为负值,由式(2.17)可见,$p_r<p_0$,即在凹液面上方或小气泡中液体的蒸气压将小于平面时的蒸气压。且凹面越弯曲或气泡半径越小,泡内饱和蒸气压越低。众所周知,平液面的水达到沸点时其饱和蒸气压等于外压。在沸腾时液体形成的气泡必须经过从无到有、从小到大的过程。最初形成的半径极小的气泡内其蒸气压远小于外压,这意味着在外界压迫下小气泡难于形成,致使液体不易沸腾而成为过热液体。过热较多时容易发生暴沸,这也是实验室或工业上经常造成事故的原因之一。为防止暴沸,在加热液体时要加入沸石或插入毛细管。这是因为多孔的沸石中已有曲率半径较大的气泡存在,因此泡内压力不会很小,故在达到沸腾温度时液体即沸腾而不致过热。

Kelvin 公式还可用来说明溶液的过饱和现象和液体的过冷现象等。

例 2.4　在 25 ℃,半径为 10^{-6} m 的水滴与蒸汽达到平衡,试求水滴的曲面附加压力及水滴的饱和蒸汽压。已知 25 ℃ 时水的表面张力为 71.97×10^{-3} N·m^{-1},密度为 0.9971 g·cm^{-3},蒸汽压为 3.168 kPa,摩尔质量为 18.02 g·mol^{-1}。

解　由已知得

$$\Delta p/\text{Pa}=\frac{2\sigma}{r}=\frac{2\times71.97\times10^{-3}}{1\times10^{-6}}=143.9\times10^3$$

$$\ln\frac{p_r}{p_0}=\frac{2\sigma M}{RT\rho r}=\frac{2\times71.97\times10^{-3}\times18.02\times10^{-3}}{8.314\times298.15\times0.9971\times10^3\times10^{-6}}=1.049\times10^{-3}$$

所以

$$\frac{p_r}{p_0}=1.001$$

$$p_r/\text{kPa}=3.171$$

2.3　润湿和铺展

2.3.1　润湿现象和润湿角

手入水即湿,但涂油后入水就不湿了。干净玻璃上有水倒掉后,玻璃是湿的,但玻璃上有汞倒掉后玻璃上无汞,这些现象都是经常遇到的,要解释这些现象必须弄清楚润湿现象、润湿和润湿角(亦称为接触角)的概念。

润湿现象是指固体界面上一种流体被另一种流体取代的现象,而此过程称为润湿。

1. 液体对固体的润湿——黏附

液体与固体接触时液体能否润湿固体? 从热力学观点看,就是恒温、恒压下体系的表面自由焓是否降低? 如果自由焓降低就能润湿,且降低越多润湿程度越好。如图 2.14 所示为界面均为一个单位面积时,固体与液体接触时体系表面自由焓 ΔG 的变化。

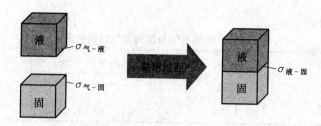

图 2.14　固体、液体接触时表面自由焓的变化

此处

$$\Delta G = \sigma_{液-固} \times 1 - \sigma_{气-液} \times 1 - \sigma_{气-固} \times 1$$
$$= \sigma_{液-固} - \sigma_{气-液} - \sigma_{气-固} \qquad (2.18)$$

当体系自由焓降低时,体系向外做的功为

$$W_a = \sigma_{气-液} \times 1 + \sigma_{气-固} \times 1 - \sigma_{液-固} \times 1$$
$$= \sigma_{气-液} + \sigma_{气-固} - \sigma_{液-固} \qquad (2.19)$$

式中,W_a 称为黏附功。W_a 越大,体系越稳定,表示液-固界面结合越牢固,或者说此液体极易在此固体上黏附。所以,$\Delta G < 0$ 或 $W_a > 0$ 是液体润湿固体的条件。

但固体的表面张力 $\sigma_{气-固}$ 和 $\sigma_{液-固}$ 难以测定,因此难于用式(2.18)或式(2.19)进行计算和衡量润湿程度,幸而人们发现润湿现象还与润湿角有关,而润湿角是可以通过实验测定的。

2. 润湿角与润湿的关系

让液体在固体表面形成液滴(图 2.15),达到平衡时,在气、液、固三相接触的交界点 O 处,沿气-液界面画切线,此切线与固-液界面之间的夹角(包括液体在内)称为润湿角 θ。

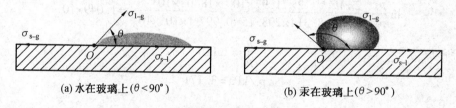

(a) 水在玻璃上($\theta < 90°$)　　　　(b) 汞在玻璃上($\theta > 90°$)

图 2.15　润湿角示意图

根据界面张力的概念,在平衡时,3 个界面张力在 O 点处相互作用的合力为零,此时液滴保持一定的形状,且界面张力与润湿角之间的关系为

$$\sigma_{气-固} = \sigma_{液-固} + \sigma_{气-液} \cos \theta \qquad (2.20)$$

式(2.20)常称为杨氏(T. Young)方程或润湿方程,将式(2.20)代入式(2.19),得

$$W_a = \sigma_{气-液} + \sigma_{气-液} \cos \theta = \sigma_{气-液}(1 + \cos \theta) \qquad (2.21)$$

可见,θ 越大,W_a 越小,液体在固体表面结合得越不牢固,液体越易从固体表面剥离下来。

2.3.2　铺展

铺展(spreading)过程表示在液-固界面取代了气-固界面的同时,气-液界面也扩大了同样的面积。如图 2.16 所示,原来 ab 界面是气-固界面,当液体铺展后,ab 界面转变为液-固界面,而且增加了同样面积的气-液界面。

图 2.16　液体在固体表面上自动铺展

在恒温、恒压下当铺展面积为一个单位面积时,体系表面自由焓的降低或对外做的功 S 为

$$S = \sigma_{气-固} - (\sigma_{液-固} + \sigma_{气-液}) \tag{2.22}$$

式中,S 称为铺展系数(实为铺展功)。当 $S>0$ 时,液体可以在固体表面上自动铺展。S 越大,铺展能力越大,当然也表示该液体在固体表面上的润湿能力越强。

至于一种液体油(O)能否在另一种互不相溶的液体水(W)上铺展,这就要由各液体本身的表面张力以及两液相之间的界面张力大小来决定。与固-液界面上铺展的情况相似,若以 $S_{O/W}$ 表示油-水界面的铺展系数,则

$$S_{O/W} = \sigma_W - \sigma_O - \sigma_{O/W} \tag{2.23}$$

当 $S_{O/W}>0$ 时,即恒温恒压下体系表面自由焓 ΔG 降低,则该种油能在水面上铺展;反之,若 $S_{O/W}<0$,即 $\Delta G>0$,则表示油不能在水面上铺展,而是在水面上形成一个"透镜"形状的油滴,如图 2.17 所示。

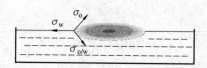

图 2.17　液体在液体表面上自动铺展

表 2.4 是 20 ℃若干种液体在水面上的铺展系数。苯、长链醇、酸、酯等都能在水面上铺展,而 CS_2 和 CH_2I_2 等不能在水面上铺展。

表 2.4　若干种液体在水面上的铺展系数(20 ℃)

液　体	$S_{O/W}$	液　体	$S_{O/W}$
异戊醇	44.0	硝基苯	3.8
正辛醇	35.7	己烷	3.4
庚醇	32.2	邻溴甲苯	−3.3
油酸	24.6	二硫化碳	−8.2
苯	9.3	二碘甲烷	−26.5

应当注意,两液体不溶实际上有时也会有少许溶解,这时铺展系数就不能只由纯液体的界面张力来决定,还要考虑溶解后溶液的表面张力及界面张力。若液-液发生少量互溶,则铺展系数就会改变。

例如,苯在水面上铺展时,开始铺展系数没有考虑到液体的互溶:

$$S_{开始}/(mN \cdot m^{-1}) = 72.75 - 28.9 - 34.6 = +9.25$$

但当苯与水有足够的时间互溶达到饱和后,则 σ_W 减少至 62.2 $mN \cdot m^{-1}$,σ_O 减少至

28.8 mN·m^{-1}：

$$S_{最后}/(mN·m^{-1}) = 62.2 - 28.8 - 34.6 = -1.2$$

此时界面的最后状态不利于铺展,这使铺展停止进行,甚至使液膜回缩,在水面上形成凸透镜状油滴。

例 2.5 293 K 时,根据表 2.5 中的数据表:

表 2.5 界面张力数据

界面	苯–水	苯–气	水–气	汞–气	汞–水	汞–苯
$\sigma/(mN·m^{-1})$	35.0	28.9	72.8	483	375	357

设界面均为一个单位面积,试计算下列情况的铺展系数及判断能否铺展:

①苯在水面上(未互溶前);

②水在汞面上;

③苯在汞面上。

解 ①$S/(mN·m^{-1}) = \sigma_{水-气}×1 - \sigma_{苯-气}×1 - \sigma_{苯-水}×1 = 72.8 - 28.9 - 35 = 8.9 > 0$
苯在水面上能铺展。

②$S/(mN·m^{-1}) = \sigma_{汞-气}×1 - \sigma_{水-气}×1 - \sigma_{汞-水}×1 = 483 - 72.8 - 375 = 35.2 > 0$
水在汞面上能铺展。

③$S/(mN·m^{-1}) = \sigma_{汞-气}×1 - \sigma_{苯-气}×1 - \sigma_{汞-苯}×1 = 483 - 28.9 - 357 = 97.1 > 0$
苯在汞面上能铺展。

2.3.3 润湿热

液体和固体接触时能否润湿,这要由润湿角 θ 的大小来决定。粉末固体虽可压片后测定与液体的润湿角,但压缩程度及表面粗糙度不同会直接影响 θ 测定结果的准确性。用动态法虽然可以求得粉末的润湿角,但误差相当大而且求得的是相对值。

固体和液体接触时,特别是粉末固体,实际上可看作气–固界面转变为液–固界面的过程(图 2.18),而液体表面并没有变化。因此这个过程也可以称为浸润过程(immersion),故润湿热(heat ofwetting)实际上是浸润热。

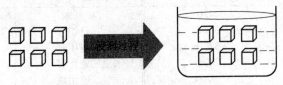

图 2.18 固体浸润

与前述讨论相似,在恒温、恒压下,若浸润面积为一个单位面积,则此过程中体系表面自由焓的变化为

$$\Delta G = \sigma_{液-固} - \sigma_{气-固} \tag{2.24(a)}$$

或

$$W_i = \sigma_{气-固} - \sigma_{液-固} \tag{2.24(b)}$$

式中,W_i 称为浸润功,它的大小可以作为液体在固体表面上取代气体能力的量度。显然,

$W_i > 0$ 是液体浸润固体的条件。另一方面,当液体浸润固体时,由于固-液分子间的相互作用必然要释放出热量,此热量称为润湿热(或浸润热),它来源于表面自由焓的减少。既然润湿热能反映固-液分子间相互作用的强弱,因此,极性固体(如硅胶、二氧化钛等)在极性液体中的润湿热较大,在非极性液体中的润湿热较小。而非极性固体(如石墨、高温热处理的炭或聚四氟乙烯等)的润湿热一般总是很小。例如,硅胶在水中的润湿热为117.15 J/g,但随着表面憎水化程度的增加,润湿热显著减小。固体润湿热的大小还与固体的粒子大小和比表面积有关,所以润湿热的单位也可用单位表面积所释放的热量表示,关于这方面的数据可参阅相关资料。

综上所述,通常所说的"润湿"是总称,实际上视具体情况的不同,有黏附、浸润和铺展 3 种类型。若将润湿方程式(2.20)分别依次代入各类功的公式——式(2.19)、式(2.24(b))和式(2.22),且假定这些润湿过程都能自发进行,即各形式的功均为正值。据此,如以接触角 θ 的大小作为各类润湿过程能否进行的判据,则

$$\theta \text{ 判据}$$

黏附功:　　　$W_a = \sigma_{\text{气-液}}(1 + \cos\theta) \geqslant 0$ 　　$\theta \leqslant 180°$

浸润功:　　　$W_i = \sigma_{\text{气-液}} \cos\theta \geqslant 0$ 　　　　$\theta \leqslant 90°$

铺展系数:　　$S = \sigma_{\text{气-液}}(\cos\theta - 1) \geqslant 0$ 　　$\theta = 0°$ (<0° 不存在)

由此可见,若液体在固体上能黏附,必须 $\theta \leqslant 180°$;欲浸润,$\theta \leqslant 90°$;欲铺展,$\theta = 0°$,要求最高。因此,人们常说铺展是润湿的最高标准,凡能铺展,必能浸润,更能黏附。

2.4　固体表面的吸附作用

2.4.1　固体表面的特点

和液体一样,固体表面上的原子或分子的力场也是不均衡的,所以固体表面也有表面张力和表面能。但固体分子或原子不能自由移动,因此,它表现出以下几个特点。

1. 固体表面分子(原子)移动困难

固体表面不像液体那样易于缩小和变形,因此,固体表面张力的直接测定比较困难。任何表面都有自发降低表面能的倾向,由于固体表面难于收缩,所以只能靠降低界面张力的办法来降低表面能,这也是固体表面能产生吸附作用的根本原因。

2. 固体表面不均匀

固体表面看上去是平滑的,但经过放大后即使磨光的表面也会有 $10^{-5} \sim 10^{-3}$ cm 的不规整性,即表面是粗糙的。这是因为在实际的表面上总是有台阶、裂缝、沟槽、位错等现象存在。

3. 固体表面层的组成不同于体相内部

由于加工方式或固体形成环境的不同,固体表面层由表向里往往呈现出多层次结构。

2.4.2　吸附作用和吸附热

活性炭脱色、硅胶吸水、吸附树脂脱酚等都是常见的吸附作用(adsorption)的例子。

活性炭、硅胶等物质产生吸附的主要原因是固体表面上的原子力场不饱和,有表面能,因而可以吸附某些分子以降低表面能。固体从溶液中吸附溶质分子后,溶液的浓度将降低,而被吸附的分子将在固体表面上浓聚,所以吸附是界面现象,是被吸附分子在界面上的浓聚。人们通常把活性炭、硅胶等比表面积相当大的物质称为吸附剂(adsorbent),把被吸附剂所吸附的物质称为吸附质(adsorbate)。既然吸附是界面现象,当然就不同于吸收(absorption),也不同于气体与固体的化学反应。吸收是整体现象,实际上是气体分子在固体中的溶解(例如 H_2 溶于钯),也相当于 CO_2 在水中的溶解。

实际工作中还有许多同时发生吸附和吸收作用的现象,例如在特细孔中的吸附(如分子筛吸附水蒸气),常称此为"吸着"(sorption)或吸混作用(persorption)。

1. 物理吸附和化学吸附

吸附是固体表面质点和气体分子相互作用的一种现象,按作用力的性质可分为物理吸附(physisorption)和化学吸附(chemisorption)两种类型。物理吸附是分子间力(范德华力),它相当于气体分子在固体表面上的凝聚。化学吸附实质上是一种化学反应。因此这两种吸附在许多性质上都有明显的别(见表 2.6)。

表 2.6　物理吸附和化学吸附的区别

主要特征	物理吸附	化学吸附
吸附力	范德华力	化学键力
选择性	无选择性	有选择性
吸附热	较小,接近于液化热,一般在每摩尔几百到几千焦耳	较大,接近于化学反应热,一般大于每摩尔几万焦耳
吸附稳定性	不稳定,易解吸	比较稳定,不易解吸
吸附层	单分子层或多分子层	单分子层
吸附速率	较快,不受温度影响,故一般不需要活化能	较慢,温度升高则速度加快,故需要活化能

总之,物理吸附仅仅是一种物理作用,没有电子转移,没有化学键的生成与破坏,也没有原子重排等;化学吸附相当于吸附剂表面分子与吸附质分子发生了化学反应,在红外、紫外–可见光谱中会出现新的特征吸收带。

应当指出,表 2.6 中所列的区别并不是绝对的,有时二者可相伴发生。例如,氧在钨表面上的吸附,有的呈分子状态(物理吸附),有的呈原子状态(化学吸附)。在气体吸附中,因为吸附是放热的,所以无论是物理吸附还是化学吸附,吸附量均随温度的升高而降低(图 2.19)。

2. 吸附热

在给定的温度和压力下,吸附都是自动进行的,所以吸附过程的表面自由焓变化 $\Delta G < 0$。而且气体分子被吸附在固体表面上时,气体分子由原来在三维空间中运动,转变为在二维空间上运动,混乱度降低,因而过程的熵变 $\Delta S < 0$。根据热力学公式 $\Delta G = \Delta H - T\Delta S$,可知吸附热 $\Delta H < 0$,即等温吸附过程是放热过程。大多数实验结果也证实了气体在固体上的吸附是放热的。但在溶液吸附中,由于溶质吸附必然伴随溶剂的脱附,前者是熵

减少的过程,后者是熵增加的过程,因此,吸附过程的总熵变并不一定是负值,所以溶液吸附比较复杂,有时吸附热 ΔH 有可能是正的,即是吸热过程。

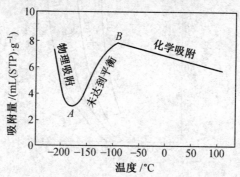

图 2.19　H_2 在 Ni 上的吸附量随温度的变化

（H_2 的压力为 26.7 kPa）

吸附热的大小直接反映了吸附剂和吸附质分子之间的作用力性质。化学吸附的吸附热大说明吸附键强,反之,说明吸附键弱。

2.4.3　吸附曲线

吸附量通常有两种表示方法:一是单位质量的吸附剂所吸附气体的体积($\Gamma = V/m$),其单位为 $m^3 \cdot g^{-1}$;二是单位质量的吸附剂所吸附气体的物质的量($\Gamma = n/m$),其单位为 $mol \cdot g^{-1}$。

吸附曲线主要反映固体吸附气体时,吸附量和温度、压力的关系。实验证明,对一定的吸附体系来说,吸附量 Γ 和温度及气体压力有关,即 $\Gamma = f(T,P)$。在一定温度下,改变气体压力并测定相应压力下的平衡吸附量,做 Γ-P 曲线,此曲线称为吸附等温线(图 2.20)。做出不同温度下的吸附等温线,并固定某一压力,做 Γ-T 曲线,此曲线称为吸附等压线(图 2.21)。在图 2.20 中固定某一吸附量做 P-T 曲线,此曲线称为吸附等量线(图 2.22)。可见这 3 种吸附曲线是相互联系的,其中任何一种曲线都可以用来描述吸附作用的规律,实际工作中使用最多的是吸附等温线。

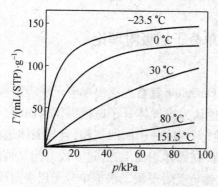

图 2.20　氨在炭上的吸附等温线

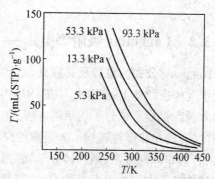

图 2.21　氨在炭上的吸附等压线

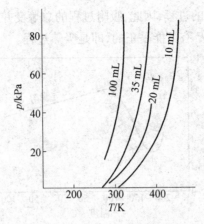

图 2.22　氨在炭上的吸附等量线

2.5　吸附等温方程式

人们总想用某些方程式对实验测得的各种类型的吸附等温线加以描述,或提出某些吸附模型来说明所得的实验结果,以便从理论上加深认识,从而产生了一些吸附理论并总结、推导出若干种吸附等温方程式。

2.5.1　Freundlich 吸附等温式

Freundlich 通过大量实验数据,总结出经验方程式,称为 Freundlich 吸附等温式:

$$V = Kp^{1/n} \tag{2.25}$$

式中,V 为吸附体积;K 为常数,与温度、吸附剂种类、采用的计量单位有关;n 为常数,与吸附体系的性质有关,通常 $n>1$,n 决定了等温线的形状。如果要验证吸附数据是否符合 Freundlich 公式,应将式(2.25)改为直线式(两边取对数):

$$\lg V = \lg K + 1/n \lg p \tag{2.26}$$

Freundlich 公式原为经验式,但现今从固体的表面是不均匀的观点出发,并假定吸附热随覆盖度增加而指数下降,则可导出式(2.25),这表明 Freundlich 公式有一定的理论依据。

2.5.2　Langmuir 吸附等温式——单分子层吸附理论

1. Langmuir 公式的推导及其意义

关于气体在固体上的吸附,早在 1916 年 Langmuir 就首先提出单分子层吸附模型,并从动力学观点推导了单分子层吸附方程式。他认为当气体分子碰撞固体表面时,有的是弹性碰撞,有的是非弹性碰撞。若是弹性碰撞,则气体分子跃回气相,且与固体表面无能量交换;若为非弹性碰撞,则气体分子就"逗留"在固体表面上,经过一段时间又可能跃回气相。气体分子在固体表面上的这种"逗留"就是吸附现象。根据单分子层吸附模型,在推导吸附方程时做了如下假设:

①气体分子碰在已被固体表面吸附的气体分子上是弹性碰撞,只有碰在空白的固体表面上时才被吸附,即吸附是单分子层的。

②不考虑气体分子间的相互作用力。

③固体吸附剂表面是均匀的,即表面上各吸附位置的能量相同。

设表面上有 S 个吸附位置,当有 S_1 个位置被吸附质分子占据时,则空白位置数为 $S_0 = S - S_1$。令 $\theta = S_1/S$,并称其为覆盖度。若所有吸附位置上都吸满分子,则 $\theta = 1$。所以 $(1-\theta)$ 代表空白表面的分数。当吸附平衡时,吸附速度和脱附速度相等,若以 μ 代表单位时间内碰撞在单位表面上的分子数,α 代表碰撞分子中被吸附的分数,因为单位表面上只有 $(1-\theta)$ 部分是空白的,所以根据假设①,吸附速度为 $\alpha\mu(1-\theta)$。根据假设②和③,单位时间、单位面积上脱附的分子数只与 θ 成正比,所以脱附速度为 $\nu\theta$(ν 为比例常数)。因此,有

$$\alpha\mu(1-\theta) = \nu\theta \tag{2.27}$$

从分子运动论推导得

$$\mu = p/(2\pi mKT)^{1/2}$$

式中,p 是气体压力;m 是气体分子的质量;K 是 Boltzmann 常数;T 是绝对温度。

将 μ 代入式(2.27)得

$$\theta = \frac{bp}{1+bp} \tag{2.28}$$

式(2.28)就是著名的 Langmuir 吸附等温式,式中 b 为常数,称为吸附系数。

若以 V_m 表示每克吸附剂表面盖满单分子层($\theta = 1$)时的吸附量(也称为饱和吸附量);V 表示在吸附平衡压力为 p 时的吸附量(均以标准状态下的体积表示),则 Langmuir 公式也可以写成

$$V = \frac{V_m bp}{1+bp} \tag{2.29}$$

可见,当压力足够低时,V 与 p 成直线关系;当压力足够大时,V 与 p 无关,吸附已经达到单分子层饱和;当压力适中时,V 与 p 呈曲线关系。

2. BET 吸附等温式——多分子层吸附理论

从实验测得的许多吸附等温线看,大多数固体对气体的吸附并不是单分子层的,尤其物理吸附基本上都是多分子层的吸附。1938 年,Brunauer,Emmett 和 Teller 3 人在 Langmuir 单分子层吸附理论的基础上,提出多分子层吸附理论,简称 BET 吸附理论。

2.6　固-气界面吸附的影响因素

固-气界面吸附是最常见的一种吸附现象。研究固-气界面吸附规律及影响因素,无论在工业生产上还是科学研究中都具有十分重要的意义。总的来说,固-气界面吸附的机理和影响因素要比溶液吸附简单,因此许多吸附理论首先出自固-气界面吸附。

影响固-气界面吸附的因素很多,当外界条件(如温度、压力)固定时,体系的性质即

吸附剂（包括催化剂）和吸附质的性质是根本因素。

2.6.1 温度

前已述及,气体吸附是放热过程,因此无论是物理吸附还是化学吸附,温度升高时吸附量减少。当然在实际工作中要根据体系的性质和需要来确定具体的吸附温度,并不是温度越低越好。

2.6.2 压力

无论物理吸附还是化学吸附,压力增加,吸附量皆增大。物理吸附类似于气体的液化,故吸附随压力的改变而可逆地变化。通常在物理吸附中,当相对压力超过 0.01 时才有较显著的吸附,当在 0.1 左右,便可形成单层饱和吸附,压力较高时易形成多层吸附。实际上一种表面化学反应的化学吸附只能是单分子层的,但它开始有显著吸附时所需的压力较物理吸附低得多。化学吸附过程往往是不可逆的,即在一定压力下吸附达到平衡后,要使被吸附的分子脱附,单靠降低压力是不行的,必须同时升高温度。因此,吸附剂或催化剂表面纯化(脱气)时,必须在真空条件下同时加热来进行。无论物理吸附还是化学吸附,吸附速率均随压力的增加而增加。

2.6.3 吸附剂和吸附质的性质

由于吸附剂(或催化剂)和吸附质品种繁多,因此,吸附行为十分复杂。主要影响因素如下:

①极性吸附剂易于吸附极性吸附质。如硅胶、硅铝催化剂等极性吸附剂易于吸附极性的水、氨、乙醇等分子。

②非极性吸附剂易于吸附非极性吸附质。如活性炭、炭黑是非极性吸附剂,故其对烃类和各种有机蒸气的吸附能力较大。炭黑的情况比较复杂,表面含氧量增加时,其对水蒸气的吸附量将增大。

③无论是极性还是非极性吸附剂,一般吸附质分子的结构越复杂、沸点越高,被吸附的能力越强。这是因为分子结构越复杂,范德华引力越大;沸点越高,气体的凝结力越大,这些都有利于吸附。

④酸性吸附剂易吸附碱性吸附质,反之亦然。

⑤吸附剂的孔结构。

2.7 固-液界面吸附

固体自溶液中的吸附是最常见的吸附现象之一。溶液吸附规律比较复杂(这主要是由于溶液中除了溶质外还有溶剂),因而固体自溶液中的吸附理论不像气体吸附那样完整,至今仍处于初始阶段。固体对气体的吸附,主要由固体表面与气体分子的相互作用的强弱来决定。而固体自溶液中的吸附,至少要考虑 3 种作用力,即在界面层上固体与溶质之间的作用力、固体与溶剂之间的作用力以及在溶液中溶质与溶剂之间的作用力。当固体和溶液接触时,总是被溶质和溶剂两种分子所占满,换句话说,溶液中的吸附是溶质和溶剂分子争夺表面的净结果。若固体表面上的溶质浓度比溶液内部的浓度大,就是正吸附,否则就是负吸附。

从吸附速度看,溶液中的吸附速度一般比气体的吸附速度慢得多,这是由于吸附质分子在溶液中的扩散速度比在气体中的扩散速度慢。在溶液中,固体表面总有一层液膜,溶质分子必须通过这层膜才能被吸附,再加上孔的因素,因此吸附速度就更慢了,这意味着溶液吸附平衡时间往往很长。

溶液吸附的应用极为广泛,例如常见的活性炭脱色、大孔吸附树脂脱酚以及岩石对表面活性剂的吸附等,它们不仅具有研究的理论意义,更有巨大的实用价值。为了更好地解决实际问题,人们必须搞清楚在不同情况下吸附的基本规律。

溶液吸附虽然比气体吸附复杂,但测定吸附量的实验方法却比较简单。只要将一定量的固体放入一定量的已知浓度的溶液中,不断振荡,当吸附达到平衡后测定溶液的浓度,从浓度的变化就可以计算每克固体吸附了多少溶质。

2.7.1 吸附剂、溶质和溶剂的极性及其他性质对吸附量的影响

1. 同系物的吸附——Traube 规则

大量的实验结果证明,同系有机物在溶液中被吸附时,"吸附量随着碳链增长而有规律地增加",这就是 Traube 规则。

2. 溶质的溶解度对吸附量的影响

实验表明,溶解度越小的溶质越容易被吸附。因为溶质的溶解度越小,说明溶质与溶剂之间的相互作用力相对地越弱,于是被吸附的倾向越大。

3. 界面张力对吸附量的影响

吸附是界面现象,可以理解为界面张力越低的物质越易在界面上吸附。

2.7.2 对高分子的吸附

高分子的吸附研究与高分子化学的整个领域密切相关。因为这里讨论的是溶液吸附,所以高分子必须是可溶的,而且主要是线性高分子(例如合成橡胶、纤维、聚乙烯等),吸附剂大多用炭(这与橡胶工业有关),溶剂大多是极性较大的有机溶剂。按目前情况看,高分子的吸附大致有以下特点:

①高分子的分子体积大,形状可变,在良溶剂中可以舒展成带状,在不良溶剂中卷曲成团,吸附时常呈"多点吸附",且脱附困难。

②由于高分子总是多分散性的(即相对分子质量有大有小),所以吸附时与多组分体系中的吸附相似,即吸附时会发生分级效应。

③由于相对分子质量大,移动慢,向固体内孔扩散时受到阻碍,所以吸附平衡极慢。

④吸附量常随温度升高而增加(也有相反的例子)。

2.7.3　对电解质的吸附

1. 离子交换吸附

离子交换吸附是指离子交换剂（也称为离子交换树脂）或某些黏土在电解质溶液中吸附某种离子时，必然有等当量的同电荷的离子从固体上交换出来。

2. 离子晶体对电解质离子的选择吸附

在由 $AgNO_3$ 和 KBr 溶液混合后制备 AgBr 沉淀时，若 KBr 溶液过量，则 AgBr 晶体表面将选择吸附 Br^-，从而使 AgBr 带负电；而若 $AgNO_3$ 溶液过量，则 AgBr 选择吸附 Ag^+，这时 AgBr 晶体带正电。此例即为离子晶体对电解质离子的选择吸附。其规律是晶体总是选择吸附与其晶格相同或相似的离子，并形成难溶盐。这个规律常称为 Fajans 规则。当然晶体选择吸附某种离子后，则反离子较多地分布在表面附近形成 Stern 层吸附。产生 Stern 层吸附的原因既有静电吸引力，也有特异性的化学作用力。离子在固体表面上的吸附常常是 Langmuir 型吸附。

思　考　题

1. 试分析液体中气泡内外的压力差。

2. 用同一支滴管滴出相同体积（设为 1 mL）的水、NaCl 稀溶液和乙醇，滴数是否相同？

3. 已知水在两块玻璃间形成凹液面，而在两块石蜡板间形成凸液面，试解释为什么两块玻璃间放一点水后很难拉开，而两块石蜡板间放一点水后很容易拉开？

4. 在毛细现象中曲面的曲率半径是毛细半径吗？

5. 为什么喷洒农药时要在农药中加表面活性剂？

6. 如何判断润湿类型和润湿过程能否进行？

第 **3** 章

表面活性剂

3.1 表面活性剂概述

在许多工业部门,表面活性剂(surfactant,也有人称为表面活性物质)是不可缺少的助剂,其优点是用量少、收效大。第二次世界大战以后,随着石油工业的发展,兴起了合成表面活性剂工业,进一步扩大了它在各个领域中的应用。如今,表面活性剂已在民用洗涤、石油、纺织、农药、医药、冶金、采矿、机械、建筑、造船、航空、食品、造纸等各个领域中得到应用。

表面活性剂有两个重要的性质,一是在各种界面上的定向吸附,另一个是在溶液内部能形成胶束(micelle),前一种性质是许多表面活性剂用作乳化剂、起泡剂、湿润剂的根据,后一种性质是表面活性剂常有增溶作用的原因。

3.1.1 表面活性剂的定义

人们在长期的生产实践中发现,有些物质的溶液甚至在浓度很小时就能大大改变溶剂的表面性质,并使之适合于生产上的某种要求,如降低溶剂的表面张力或液-液界面张力,增加润湿、洗涤、乳化及起泡性能等。日常生活中,很早使用的肥皂即是这类物质中的一种。肥皂这类物质的一个最显著的特点是,加少量到水中时就能把水的表面张力降低很多。例如,油酸钠浓度很稀时,可将水的表面张力从 $72 \ \mathrm{mN \cdot m^{-1}}$ 降至约 $25 \ \mathrm{mN \cdot m^{-1}}$ (图 3.1)。而一般的无机盐(如 NaCl 之类)水溶液浓度较稀时,对水的表面张力几乎不起作用,甚至使表面张力稍微升高。通过大量的研究,人们把各种物质的水溶液(浓度不大时)的表面张力和浓度之间的关系总结为如图 3.2 所示的 3 种类型。第一类(图 3.2 中曲线 1)是表面张力在稀溶液范围内随浓度的增加而急剧下降,表面张力降至一定程度后(此时溶液浓度仍很稀)便下降很慢或基本不再下降。第二类(图 3.2 中曲线 2)是表面张力随浓度增加而缓慢下降。第三类(图 3.2 中曲线 3)是表面张力随浓度增加而稍微上升。

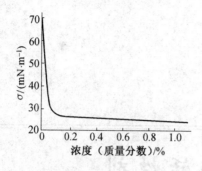 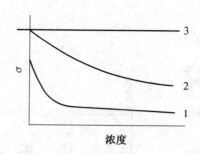

图 3.1　油酸钠水溶液的表面张力与浓度　　图 3.2　表面张力等温线的类型
　　　　的关系(25 ℃)

一般的肥皂、洗衣粉、油酸钠等水溶液具有图 3.2 中曲线 1 的性质,乙醇、丁醇、乙酸等低相对分子质量极性有机物的水溶液具有曲线 2 的性质,而 NaCl,KNO₃,HCl,NaOH 等无机盐和多羟基有机物的水溶液则具有曲线 3 的性质。

第二类物质虽能降低水的表面张力,但却不适合生产上的许多要求,如洗涤、乳化、起泡、加溶等作用。在降低溶剂表面张力上,第一类物质和第二类物质也有质的差异,第一类物质在浓度很小时表面张力便降至最小值并趋于不变,而第二类物质则无此情况。所以不能仅从是否能降低溶液表面张力一个方面来确定某物质是否为表面活性剂。随着科学技术的进步和生产的发展,人们合成了许多能满足生产要求的第一类物质,并对它们的性质和作用进行了深入的研究,从而给表面活性剂下了比较确切的定义,即表面活性剂是一种在很低浓度就能大大降低溶剂(一般为水)表面张力(或液-液界面张力)、改变体系的表面状态,从而产生润湿和反润湿、乳化和破乳、分散和凝聚、起泡和消泡以及增溶等一系列作用的化学物质。溶质使溶剂表面张力降低的性质,称为表面活性,上述第一类物质和第二类物质都有表面活性,笼统称为表面活性物质,但只有第一类物质才称为表面活性剂。

3.1.2　表面活性剂的结构特点

表面活性剂分子由性质截然不同的两部分组成,一部分是与油有亲和性的亲油基(也称为憎水基),另一部分是与水有亲和性的亲水基(也称为憎油基)。表面活性剂的这种结构特点使它溶于水后,亲水基受到水分子的吸引,而亲油基受到水分子的排斥,为了克制这种不稳定状态,就只有占据到溶液的表面,将亲油基伸向气相,亲水基伸入水中(图 3.3),从而降低了水的表面张力,即界面上的水分子位置被表面活性剂分子占据,界面上水分子减少,所以水表面自发收缩的倾向减小,这就是表面活性剂降低水(溶剂)的表面张力的原因。

肥皂的亲水基是羧酸钠(—COONa),洗衣粉(烷基苯磺酸钠)的亲水基是磺酸钠(—SO₃Na),如图 3.4,3.5 所示。亲水基有许多种,而实际能做亲水基原料的只有较少的几种,能做亲油基原料的就更少。从某种意义来讲,表面活性剂的研制就是寻找价格低廉、货源充足而又具有较好理化性能的亲油基和亲水基原料。

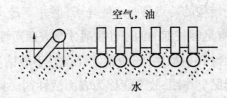

图3.3 表面活性剂分子在油(空气)-水界面上的排列示意图

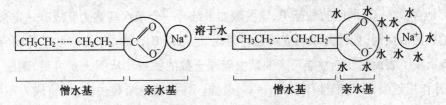

图3.4 肥皂的亲油基与亲水基示意图

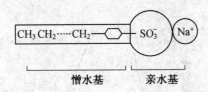

图3.5 洗衣粉有效成分(十二至十四烷基苯磺酸钠)的亲油基和亲水基示意图

亲水基(如羧酸基等)常连接在表面活性剂分子亲油基的一端(或中间)。作为特殊用途,有时也用甘油、山梨醇、季成四醇等多元醇的基团做亲水基。亲油基多来自天然动植物油脂和合成化工原料,它们的化学结构很相似,只是碳原子数和端基结构不同。表3.1列出的是具有代表性的表面活性剂的主要亲油基和水油基。

表 3.1 表面活性剂的主要亲油基和亲水基

亲油基原子团	亲水基原了团
石蜡烃基 R— 全氟(或高氟代)烷基	磺酸基 —SO₃⁻ 硫酸酯基 —O—SO₃⁻
烷基苯基 R—	羟基 —OH
烷基萘基	酰胺基 —CO—NH—
烷基酮基 R—COCH₂—	羧基 —COO⁻
聚氧丙烯基 —O(CH₂—CH(CH₃)—O)ₙ	铵基 —N⟨
(R 为石蜡烃链,碳原子数为 8~18)	卤基 —Cl,—Br 等 氧乙烯基 —CH₂—CH₂—O—

虽然表面活性剂分子结构的特点是两亲性分子,但并不是所有的两亲性分子都是表面活性剂,只有亲油部分有足够长度的两亲性物质才是表面活性剂。例如,在脂肪酸钠盐系列中,碳原子数少的化合物(甲酸钠、乙酸钠、丙酸钠、丁酸钠等)虽皆具有亲油基和亲水基,有表面活性,但不起肥皂作用,故不能称为表面活性剂。只有当碳原子数增加到一定程度后,脂肪酸钠才表现出明显的表面活性,具有一般的肥皂性质。大部分天然动植物油脂都是含 $C_{10} \sim C_{18}$ 的脂肪酸酯类,这些酸如果结合一个亲水基就会变成有一定亲油、亲水性的表面活性剂,且有良好的溶解性。因此,通常以 $C_{10} \sim C_{18}$ 作为亲油基的研究对象。图 3.6 反映了表面活性剂性能与亲油基中碳原子数的关系。从图 3.6 可见,碳原子数越多,洗涤作用越强,而起泡性却以 $C_{12} \sim C_{14}$ 最佳。如果碳原子数过多,则将成为不溶于水的物质,也就无表面活性了。

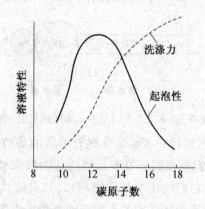

图 3.6 亲油基的碳原子数与表面活性剂性能的关系

3.2 表面活性剂的分类、结构特点和应用

3.2.1 表面活性剂的分类方法

1. 按离子类型分类

离子类型分类法是常用的分类法,它实际上是化学结构分类法。

表面活性剂溶于水后,按离解或不离解分为离子型表面活性剂和非离子型表面活性剂。离子型表面活性剂又可按产生离子电荷的性质分为阴离子型表面活性剂、阳离子型表面活性剂和两性离子型表面活性剂,如图 3.7 所示。

2. 按溶解性分类

按在水中的溶解性表面活性剂可分为水溶性表面活性剂和油溶性表面活性剂,前者占绝大多数,油溶性表面活性剂日显重要,但其品种仍不多。

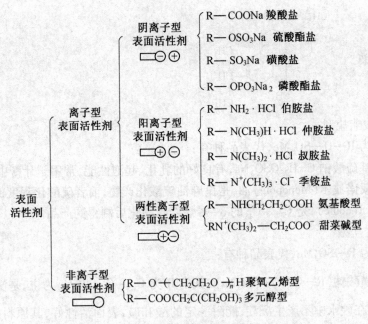

图 3.7　表面活性剂按离子类型的分类及实例

3. 按相对分子质量分类

相对分子质量大于 10 000 的称为高分子表面活性剂,相对分子质量在 1 000 ~ 10 000 的称为中分子表面活性剂,相对分子质量在 100 ~ 1 000 的称为低分子表面活性剂。

常用的表面活性剂大都是低分子表面活性剂。中分子表面活性剂有聚醚型的,即聚氧丙烯与聚氧乙烯缩合的表面活性剂,在工业上占有特殊的地位。高分子表面活性剂的表面活性并不突出,但在乳化、增溶特别是分散或絮凝性能方面有独特之处,很有发展前途。

4. 按用途分类

表面活性剂按用途可分为表面张力降低剂、渗透剂、润湿剂、乳化剂、增溶剂、分散剂、絮凝剂、起泡剂、消泡剂、杀菌剂、抗静电剂、缓蚀剂、柔软剂、防水剂、织物整理剂、匀染剂等类。

此外,还有有机金属表面活性剂、含硅表面活性剂、含氟表面活性剂和反应性特种表面活性剂。

3.2.2　各类表面活性剂的结构特点及应用

1. 阴离子型表面活性剂

(1)羧酸盐型

其通式为$(RCOO)_z Me^{z+}$(Me^{z+}为金属离子,z为价数),代表品种有:

肥皂　$R—COONa$　(R 为 $C_{16} ~ C_{18}$)

油酸钾　$C_{17}H_{33}COOK$

硬脂酸铝　$(C_{17}H_{35}COO)_3Al$

松香酸钠

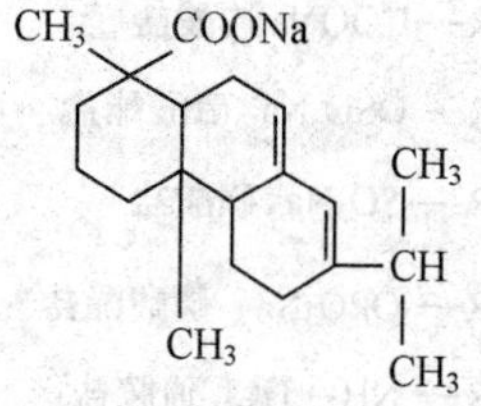

（2）硫酸酯盐型

其通式为 $R—O—SO_3Me$，代表品种有：

十二烷基硫酸钠 $C_{12}H_{25}OSO_3Na$，有良好的乳化、起泡性能，常用于牙膏中。

红油和蒙诺波尔（Monopole）油，是蓖麻油硫酸化产物，前者硫酸化程度低，后者较高。

梯波尔（Teepole），是 $C_{12} \sim C_{18}$ 的 α-烯烃经硫酸化后制得的产品。

（3）磺酸盐型

其通式为 $R—SO_3Me$，代表品种有：

烷基苯磺酸钠（R——SO_3Na），其中 R 为 $C_{12} \sim C_{14}$，以 C_{12} 为主，是洗衣粉中的有效活性物，它在硬水中不产生沉淀，能耐一定的酸和碱，表面活性好，其原料来自石油，是目前产量最大的一种合成洗涤剂原料。

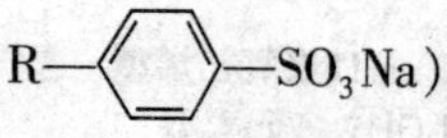

胰加漂 T（Igepon T），是油酰氯和 N-甲基牛磺酸钠反应制得的产品，分子式为

$$C_{17}H_{33}CO—\overset{CH_3}{\underset{}{N}}—CH_2CH_2—SO_3Na。$$

渗透剂 OT（Aerosol OT），是磺化琥珀酸双酯型表面活性剂的商品名称，渗透剂 OT 是其中最著名的代表，它是具有两个支链亲油基的另一种形式的磺酸盐型表面活性剂，分子式为

$$C_8H_{17}OOCCH_2$$
$$C_8H_{17}OOCCH—SO_3Na。$$

拉开粉（二异丁基萘磺酸钠，），是纺织、印染工业中常用的一种润湿剂。

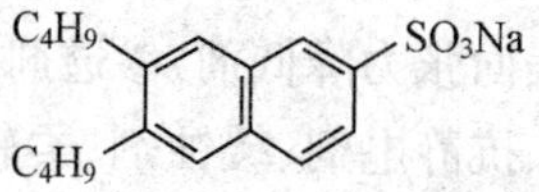

（4）磷酸酯盐型

磷酸酯盐型表面活性剂主要用作抗静电剂和乳化剂，一般使用高级醇磷酸酯盐，代表性产品有高级醇磷酸酯二钠盐，例如 $C_{16}H_{33}OPO_3Na_2$ 等；高级醇磷酸双酯钠盐，例如 $(C_{12}H_{25}O)_2PO_2Na$ 等。

2. 阳离子型表面活性剂

阳离子型表面活性剂分子在水中电离后，表面活性剂离子主体带正电荷，它们都是含氮有机化合物，也就是有机胺的衍生物，常用的是季铵盐。这类表面活性剂洗涤性能差，但杀菌力强，可用于外科手术器械的消毒和油田注水驱油时的杀菌剂。作为化纤助剂，它有良好的抗静电性和对加工纤维的柔软性，它也是良好的染色助剂及沥青和硅油等的乳化剂。代表性产品有：

十六烷基三甲基氯化铵 $\left[C_{16}H_{33}\!-\!\overset{\displaystyle CH_3}{\underset{\displaystyle CH_3}{N}}\!-\!CH_3 \right]^+ Cl^-$

十二烷基二甲基苯亚甲基溴化铵 $\left[C_{12}H_{25}\!-\!\overset{\displaystyle CH_3}{\underset{\displaystyle CH_3}{N}}\!-\!CH_2\!-\!\bigcirc \right]^+ Br^-$

十六烷基溴化吡啶 $\left[C_{16}H_{33}\!-\!N\bigcirc \right]^+ Br^-$

3. 两性离子型表面活性剂

两性离子型表面活性剂是由带正、负电荷活性基团组成的表面活性剂。这种表面活性剂溶于水后显示出极为重要的性质：当水溶液偏碱性时，它显示出阴离子表面活性剂的特性；当水溶液偏酸性时，它显示出阳离子表面活性剂的特性。

如果将等量的阴离子表面活性剂和阳离子表面活性剂混合，由于它们的相互作用则可能使它们各自的性能相互抵消。而两性表面活性剂却能灵活自如地显示出两种不同离子活性基团的特性，因此它具有独特的应用性能。有的两性离子型表面活性剂在硬水甚至在浓盐水及碱水中也能很好地溶解，并且稳定。这类表面活性剂有杀菌作用，对人体的毒性和刺激性也较小。一些典型的产品如下：

氨基酸型　十二烷基氨基丙酸钠　$C_{12}H_{25}NHCH_2CH_2COONa$

甜菜碱型　十八烷基二甲基甜菜碱　$C_{18}H_{37}\!-\!\overset{\displaystyle CH_3}{\underset{\displaystyle CH_3}{N^+}}\!-\!CH_2COO^-$

4. 非离子型表面活性剂

非离子型表面活性剂在产量和品种上仅次于阴离子型表面活性剂。它除具有良好的洗涤力外，还有较好的乳化、增溶性及较低的泡沫，在工业助剂中占有非常重要的地位。

非离子型表面活性剂在水溶液中不是离子状态，所以稳定性高，不易受强电解质无机盐类的影响，也不易受酸、碱的影响；它与其他类型表面活性剂的相容性好；在水及有机溶剂中皆有较好的溶解性能（视结构的不同而有所差别）。由于它在溶液中不电离，故在一般固体表面上不发生强烈吸附。

这类表面活性剂虽在水中不电离，但有亲水基（如氧乙烯基—CH_2CH_2O—、醚基—O—、羟基—OH 或酰胺基—$CONH_2$ 等），也有亲油基（如烃基—R）。它包括两大类，即聚乙二醇型（也称为聚氧乙烯型）表面活性剂和多元醇型表面活性剂。

（1）聚乙二醇型表面活性剂

聚乙二醇型表面活性剂的亲水性主要是由聚乙二醇基（即聚氧乙烯基 $\leftarrow CH_2CH_2O\rightarrow_n$）所致。氧化乙烯又称为环氧乙烷（EO），能与亲油基上的活泼氢原子结合，并可以按需要结合成任意长度。当多量氧乙烯基结合在亲油基上时，整个分子就变成水溶性的，结合的氧乙烯基越长水溶性就越好。如果适当地控制氧乙烯基长度，就可以制成由油溶性到水溶性的各种非离子型表面活性剂，因而制成的品种规格极多，用途也极为广泛。

这类表面活性剂在无水状态时是锯齿形的长链分子,但溶于水后则成为曲折形,亲水性的氧原子被水分子拉出来处于链的外侧,亲油性的—CH_2—基处于里面(图3.8),因而链周围就变得容易与水结合,从总体来看,好像是亲水性基团,显示出相当大的亲水性。

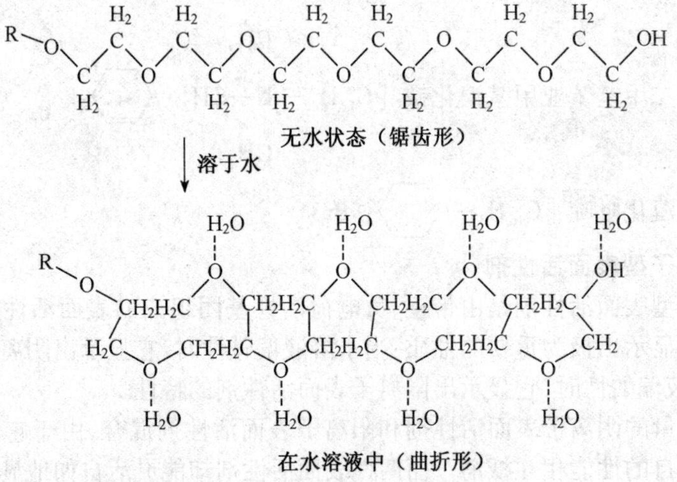

图3.8 聚乙二醇型表面活性剂的链型变化

①平平加(Peregal)型表面活性剂。平平加是商品名,其化学成分为脂肪醇聚氧乙烯醚,也称为聚氧乙烯烷基醇醚,其通式为 $RCOO(CH_2CH_2O)_nH$,R 中的碳原子数为 8~18,n 在 1~45。

②OP 型表面活性剂。OP 型表面活性剂的化学成分为烷基苯酚聚氧乙烯醚,也称为聚氧乙烯烷基苯酚醚,其通式为 R—⬡—$O(CH_2CH_2O)_nH$,R 中的碳原子数为 8~12,n 在 1~15。当 $n = 8~10$ 时,其水溶液的表面张力最低,润湿力最强。

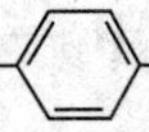

③P 型表面活性剂。P 型表面活性剂是苯酚同环氧乙烷的加成产物,其通式为 ⬡—$O(CH_2CH_2O)_nH$,n 一般为 1~40。聚氧乙烯的个数通常用数字表示在 P 的后面,如 P–30,即 ⬡—$O(CH_2CH_2O)_{30}H$。

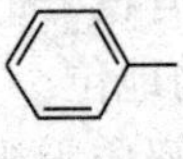

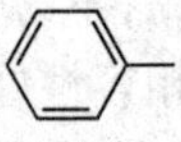

④Pluronic 型表面活性剂。Pluronic 型表面活性剂是聚丙二醇和环氧乙烷的加成产物,最初以"聚醚"商品名出现,故称为聚醚型非离子表面活性剂,其通式为

$$HO(CH_2CH_2O)_a \overset{\underset{\displaystyle CH_3}{|}}{(CH_2CHO)_b} (CH_2CH_2O)_c H$$

亲水基 　　 亲油基 　　 亲水基

亲油基被夹在两端的亲水基之中。相对分子质量 1 000~2 500 的聚丙二醇可做亲油基。工业上习惯于用 4 个数字表示这一类表面活性剂,如"2070",其分子式中 $a = c = 53$,$b = 34$。4 个数字中的头两位数 20 表示该化合物的相对分子质量约为 2 000,后两位数 70 表示聚氧乙烯部分的相对分子质量占整个相对分子质量的 70%。

⑤脂肪酸–聚氧乙烯型表面活性剂。脂肪酸–聚氧乙烯型表面活性剂的通式为

$RCOO-(CH_2CH_2O)_n-H$，R 一般有 12～18 个碳原子。

⑥其他聚乙二醇型表面活性剂。除上述 5 种聚乙二醇型非离子表面活性剂外，还有脂肪酰胺-聚氧乙烯等，通式为 $RN\begin{matrix}(CH_2CH_2O)_m-H\\(CH_2CH_2O)_n-H\end{matrix}$，R 一般有 12～18 个碳原子，$m$ 和 n 的数值不一定相同，通常都不相等。

（2）多元醇型表面活性剂

多元醇型表面活性剂的亲水基主要是羟基，但也有不少是混合型的，即在多元醇的某个羟基上再接上一个聚氧乙烯链。它们主要是脂肪酸与多羟基醇作用而生成的酯。下面列举几种常见的类型。

①司潘（Span）型。司潘型表面活性剂是山梨醇酐和各种脂肪酸形成的酯。不同的脂肪酸决定了不同的商品牌号，如司潘-20 是失水山梨醇（山梨醇酐）和月桂酸生成的酯；司潘-40 是失水山梨醇与棕榈酸生成的酯。

这类表面活性剂都是油溶性的，国内生产的为"乳化剂 S"系列产品。

②吐温（Tween）型。司潘型表面活性剂不溶于水，如欲使其水溶，可在未酯化的羟基上接聚氧乙烯，从而成为相应的吐温型。例如，吐温-80 就是由司潘-80 改性的（图3.9）。

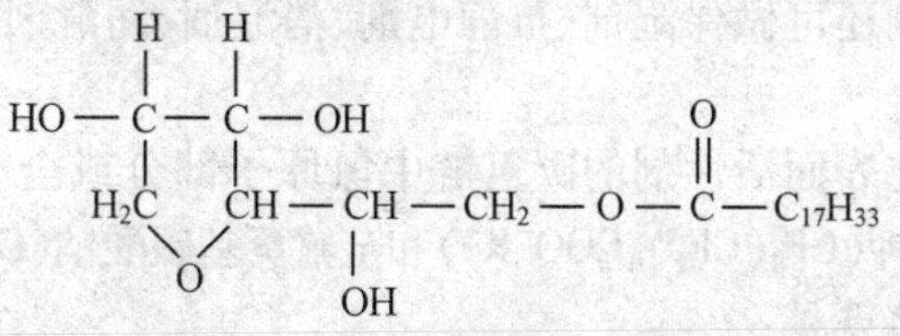

(a) 失水山梨醇油酸酯（司潘 -80）

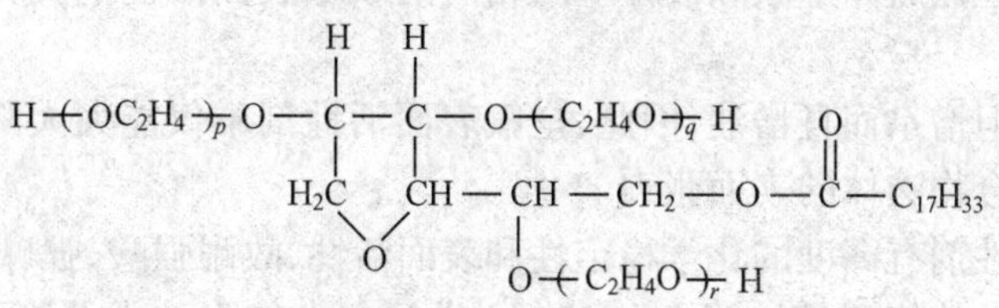

(b) 吐温 -80($p+q+r=20$)

图 3.9　司潘-80 和吐温-80

这类表面活性剂在国内生产的为"乳化剂 T"系列产品。因为它们无毒，主要用于食品工业和医药工业。

5. 高分子表面活性剂

相对分子质量在数千到 1 万以上并具有表面活性的物质，一般称为高分子表面活性剂。对于高分子表面活性剂并无严格的定义，因为高分子化合物（尤其是水溶性的）多数都具有表面活性，但不很高。

最早使用的高分子表面活性剂是天然海藻酸钠和各种淀粉。1951 年首次合成了以聚皂命名的高分子表面活性剂（即聚 1-十二烷基-4-乙烯基吡啶溴化合物），1954 年才合成出 Pluronic 型高分子表面活性剂。此后，合成高分子表面活性剂产品的开发和应用研究不断取得进展，使用范围遍及不同领域。

高分子表面活性剂按离子类型区分,有阴离子、阳离子、两性离子和非离子4种,其性质不仅与相对分子质量有关,而且与构成高聚物的单体的组成有关。高分子表面活性剂一般具有以下特征:

①降低表面张力(界面张力)的能力小,多数不形成胶束。

②由于相对分子质量高,故渗透力弱。

③起泡力差,但所形成的泡沫稳定。

④乳化力好。

⑤分散力或凝聚力优良。

⑥多数低毒。

性能①~③不如低分子表面活性剂,性能④~⑥优于低分子表面活性剂。基于上述特征,高分子表面活性剂有以下用途:

①由于高分子有提高溶液黏度的作用,故高分子表面活性剂适于做增黏剂、凝胶剂。

②高分子表面活性剂有改变流变学的特性,可做颜料、油墨等的黏弹性调整剂。

③高分子表面活性剂有黏着性及强度,可做黏结剂、结合剂和纸张增强剂。

④高分子表面活性剂易在粒子表面上吸附,可根据其浓度而分别作为凝聚剂、分散剂、胶体稳定剂。

⑤高分子表面活性剂还可做保湿剂、抗静电剂、消泡剂、润滑剂等。

6. 氟表面活性剂

氟表面活性剂是指在表面活性剂的碳氢链中氢原子部分或全部被氟原子取代了的表面活性剂,例如,全氟辛酸钾($CF_3(CF_2)_6COO^-K^+$)和全氟葵基碳酸钠($CF_3(CF_2)_8CF_2SO_3^-Na^+$)。

这类表面活性剂的特点是:

①其表面活性比碳原子数和极性基团相同的碳氢表面活性剂大得多,即其亲油性比碳氢链强。

②碳氢链不但憎水而且憎油,因此,全氟表面活性剂不仅能大大降低水的表面张力,还能降低碳氢化合物液体的表面张力。

这类表面活性剂有高度的化学稳定性和表面活性,故耐强酸、强碱、强氧化剂和高温,可做镀铬电解槽中的铬酸雾防逸剂;在"轻水"配方中作为油类及汽油火灾的高效灭火剂;做氟高分子单体乳胶的乳化剂;做既防水又防油的纺织品、纸张及皮革的表面涂敷剂;还可用于抑制挥发性有机溶剂的蒸发。

7. 有机硅表面活性剂

有机硅表面活性剂是20世纪60年代出现的一种新型特殊表面活性剂。它的分子结构与一般碳氢表面活性剂相似,也是由亲水基、中间连接基及亲油基组成。所不同的是亲油基部分中的碳氢链被含硅烷、硅亚甲基系或含硅氧烷链取代,成为有机硅表面活性剂的憎水基。而亲水基与碳氢表面活性剂一样,也是阴离子型、阳离子型、非离子型的各种基团。这类表面活性剂憎水性较强,不长的硅氧烷链就能使化合物具有表面活性。例如,$(CH_3)_3Si—O—Si(CH_3)_2CH_2—S—CH_2COOH$ 就具有明显的表面活性。在有机硅表面活性剂的分子结构中,既含有有机基团又含有硅元素,因而这种表面活性剂除具有二氧化硅的耐高温、耐气候老化、无毒、无腐蚀、生理惰性等特点外,还具有碳氢表面活性剂的较高表面活性、乳化、分散、润湿、抗静电、消泡、稳泡、起泡等性能。

目前合成的有机硅表面活性剂有下列几类。

(1)聚醚改性有机硅表面活性剂

在憎水性的聚硅氧烷分子中嵌段或接枝亲水性的聚醚基团,可生成亲水性的聚硅氧烷-聚醚共聚物,其亲水、憎水性能可以通过结合聚醚量的多少来调节。这类共聚物中的有机部分与有机硅部分之间又可分为用 Si—O—C 键联结的和用 Si—C 键联结的两大类。含 Si—O—C 键的共聚物是可水解的表面活性剂,其溶液经一段时间后会析出硅油相。而含 Si—C 键的共聚物是不可水解的表面活性剂,其水溶液很稳定。

(2)含硫酸盐或磺酸盐化合物的有机硅表面活性剂

这类有机硅表面活性剂的合成方法是,先将硅烷或含氢硅氧烷加成到不饱和的环氧化合物上生成环氧有机硅烷,然后再与亚硫酸盐(除亚硫酸氢钠外,也可用亚硫酸氢钾盐、铵盐、钙盐、锶盐、镁盐等)反应。

(3)有机硅季铵盐化合物

有机硅季铵盐化合物属阳离子有机硅表面活性剂。其合成方法是,含 Si—H 键化合物在氯铂酸或铂黑催化下加成到卤代烯烃上,生成卤代有机硅烷,然后再在惰性溶剂中与叔胺反应而得。

有机硅表面活性剂的用途十分广泛,主要有以下 6 个方面。

(1)纺织品柔软剂、整理剂

纺织品柔软剂、整理剂可用于处理天然织物、化纤和混纺纤维,处理后的纤维摩擦力小、吸湿性好、易加工而无断丝,具有黏合力,手感柔软。具有环氧基团的共聚物整理剂还有使纤维具有抗静电、耐污染及容易洗涤等优点。

(2)泡沫稳定剂、消泡剂

分子结构不同的硅表面活性剂,有的有稳泡作用,有的有消泡作用,前者可用于聚氨酯泡沫体生产及泡沫灭火剂中,后者用于油漆、甲基纤维素溶液、染料、润滑油、液压流体、维生素生产中。

(3)洗涤剂、化妆品

作为洗涤剂的有机硅表面活性剂具有低泡、高效等特点,可制成碗碟洗涤剂、皮革洗涤剂;用于玻璃的清洗,可使玻璃具有抗静电、抗起雾性能;用于洗发及修饰头发,不仅易于梳理和保持发型持久,而且使头发有丝绸般光泽和柔软感,用时对皮肤无刺激性。

(4)破乳剂、乳化剂

有机硅表面活性剂可用于原油破乳、防蜡阻塞。它作为乳化剂专用于护理化妆品。

(5)涂料

有机硅表面活性剂可作为涂料涂于木质、塑料、陶瓷、金属等表面,还可涂敷一些特殊用途的涂层,如热敏基片涂层、压力灵敏涂层、辐射处理涂层、皮革代用品表面涂层、透明塑料薄板抗静电涂层等。

(6)生产用助剂

有机硅表面活性剂还可作为润滑脱模剂、抛光剂、防霉剂等。

8. 两种新型表面活性剂

(1)Gemini 表面活性剂

Gemini 表面活性剂由一个桥连基团连接两个相同的两亲部分构成的表面活剂,类似于两个普通的相同表面活性剂分子以一桥连键连接而成。图 3.10 是桥连基团所处位置不同而形成的两种 Gemini 表面活性剂。

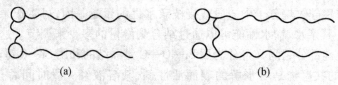

图 3.10　Gemini 表面活性剂结构示意图

Gemini 表面活性剂常译为二聚表面活性剂,双子或孪连表面活性剂。Gemini 表面活性剂与普通表面活性剂一样,也有离子型和非离子型的各种类型。Gemini 表面活性剂的桥连基团变化繁多,可柔可刚,可长可短。常见的桥连基团有碳氢链、聚氧乙烯基、聚亚甲基、聚二甲苯基、对二苯代乙烯基等。

Gemini 表面活性剂有很高的表面活性,其 CMC 值常比构成 Gemini 表面活性剂的普通表面活性剂的 CMC 低约 100 倍,σ_{CMC} 可低 $5 \sim 10$ mN·m^{-1},离子型 Gemini 表面活性剂的 Krafft 点常低于 0℃。Gemini 表面活性剂能与其他表面活性剂混合使用,有良好的协同效应。

除了影响普通表面活性剂活性大小的各种因素外,桥连基团的结构性质是决定 Gemini 表面活性剂活性的最主要因素。一般来说,桥连基团柔性好,亲水性强,且有一定长度时,在界面上桥连基因可适当弯曲,Gemini 分子排列得可较为紧密,表面张力降低得明显。

（2）Bola 表面活性剂

Bola 表面活性剂指两亲水基间连接疏水链而形成的双亲水端基的表面活性剂。此类物质依亲水基性质也可分为离子型和非离子型的;依其两亲水基间疏水链的多少和形态可分为单链、双链和半环型的(图 3.11)。

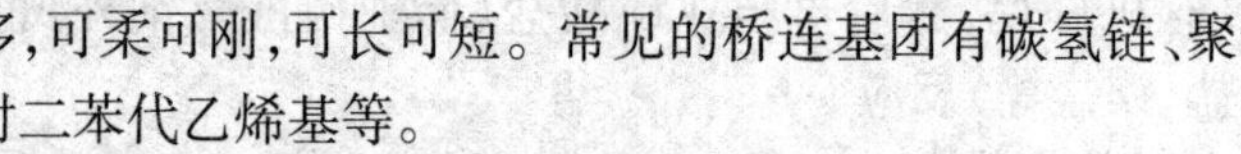

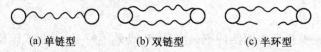

(a) 单链型　　　(b) 双链型　　　(c) 半环型

图 3.11　Bola 表面活性剂的类型示意图

Bola 表面活性剂表面活性不高(CMC 和 σ_{CMC} 都大),但 Krafft 点较低,溶解性能好。

Bola 表面活性剂在生物膜模拟方面有良好的应用前景。如在水中,可以形成 Bola 化合物的单分子层囊泡,构成高热稳定性的模拟类脂膜;可参与普通两亲化合物形成的双层脂膜,以改善其稳定性;或形成连接双层类脂膜的离子或电子通透。Bola 表面活性剂形成的有序聚集体作为化学反应的微环境在催化、纳米材料模板合成、药物缓释等方面已有应用研究的报道。

3.3　表面活性剂在界面上的吸附

表面活性剂既然能大幅度地降低溶液的表面(界面)张力,它就必然有往表面(界面)吸附的趋势。本节将介绍在一定的温度和压力下这种吸附与溶液浓度和表面(界面)张力之间的关系,同时也介绍吸附层结构以及液面吸附层的状态方程式。

3.3.1　Gibbs 吸附公式

设有 α 相和 β 相,其界面为 SS(图 3.12(a))。实验证明,在两相交界处交界面不是一个几何界面,而是一个约有几个分子层厚的过渡层,此过渡层的组成和性质都不均匀,是连续地变化着的。为便于介绍,将该薄层视作平面。在该薄层附近(但又在体相之中)画两个平行面 AA 和 BB(图 3.12(b)),使 AA 处的性质与 α 相一样,BB 处的性质和 β 相一样,这样,界面上发生的所有变化都包括在 AA 面和 BB 面之间。人们将此薄层称为表面相(surface phase)。

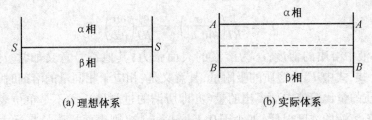

(a) 理想体系　　　　　　　　　　　(b) 实际体系

图 3.12　表面相示意图

以 V^α 和 V^β 分别代表自体相(bulk phase)α 和 β 到 SS 面时两相的体积。若在 V^α 和 V^β 中浓度皆是均匀的,则整个体系中 i 组分的总物质的量(摩尔)为 $c_i^\alpha V^\alpha + c_i^\beta V^\beta$,$c_i^\alpha$ 和 c_i^β 分别为 i 组分在 α 相和 β 相中的浓度。但因表面相中的浓度是不均匀的,故此值与实际的物质的量(mol)n_i 有差异,以 n_i^σ 表示此差值,则

$$n_i^\sigma = n_i - (c_i^\alpha V^\alpha + c_i^\beta V^\beta) \tag{3.1}$$

这个差值称为表面过剩。单位面积上的过剩,或者说组分 i 的表面过剩浓度为

$$\Gamma_i = \frac{n_i^\sigma}{A} \tag{3.2}$$

式中,Γ_i 为 i 组分的吸附量(mol·cm^{-2});A 为 SS 界面的面积。

在物理化学课程中,曾导出过两组分体系的下列公式:

$$G = n_1\mu_1 + n_2\mu_2 \tag{3.3}$$

式中,G 为自由焓;μ 为化学位。式(3.3)表示在恒温、恒压下,体系自由焓等于体系内各组分化学位与物质的量(摩尔)乘积之和。

对于表面相,表面能 σA 对 G^σ 也有贡献,故

$$G^\sigma = n_1^\sigma \mu_1^\sigma + n_2^\sigma \mu_2^\sigma + \sigma A \tag{3.4}$$

式中,G^σ 为表面相的自由焓;σ 为表面张力。因为体系在一定温度和压力下达到了平衡,故在各相和界面中,各成分的化学位 μ_1 和 μ_2 是一定的。若在恒温、恒压下,体系发生一无限小变化,则根据式(3.4),得

$$dG^\sigma = n_1^\sigma d\mu_1^\sigma + \mu_1^\sigma dn_1^\sigma + n_2^\sigma d\mu_2^\sigma + \mu_2^\sigma dn_2^\sigma + \sigma dA + Ad\sigma \tag{3.5}$$

若在恒温、恒压下体系中只有界面面积发生微小变化,则界面上组分 1 和组分 2 的数量有变化,从而过剩量 n_1^σ 和 n_2^σ 也相应地变化。表面自由焓的微小变化应为

$$dG^\sigma = \mu_1^\sigma dn_1^\sigma + \mu_2^\sigma dn_2^\sigma + \sigma dA \tag{3.6}$$

比较式(3.6)和式(3.5)两式,得

$$n_1^\sigma d\mu_1^\sigma + n_2^\sigma d\mu_2^\sigma + Ad\sigma = 0 \tag{3.7}$$

两端除以 A,得

$$-d\sigma = n_1^\sigma/A d\mu_1^\sigma + n_2^\sigma/A d\mu_2^\sigma$$

即

$$-d\sigma = \Gamma_1 d\mu_1^\sigma + \Gamma_2 d\mu_2^\sigma \tag{3.8}$$

假如表面的位置选择在溶剂(组分1)的过剩量为零之处,即 $\Gamma_1 = 0$,则式(3.8)为

$$-d\sigma = \Gamma_2 d\mu_2^\sigma \tag{3.9}$$

因为在平衡时,溶质(组分2)在表面相和体相中化学位相等,即 $\mu_2^\sigma = \mu_2$(体相中)。在体相中,$d\mu_2 = RTd\ln a_2$,代入式(3.9),得

$$\Gamma_2 = -\frac{1}{RT}\left(\frac{\partial\sigma}{\partial\ln a_2}\right)_T = -\frac{a_2}{RT}\left(\frac{\partial\sigma}{\partial a_2}\right)_T \tag{3.10}$$

式中,a_2 是溶液中溶质的活度;σ 为溶液的表面张力;其他符号意义如常。式(3.10)即 Gibbs 吸附公式,式中 Γ_2 为溶质的吸附量,其意义是:相应于相同量的溶剂时,表面层中单位面积上溶质的量比溶液内部多出的量(亦即所谓的过剩量),而不是单位表面上溶质的表面浓度。若溶液的浓度很低(如小于 $0.1\ \text{mol}\cdot\text{L}^{-1}$),则表面过剩量将远大于溶液内部的浓度,这时,吸附量 Γ 可近似地看作表面浓度。如果溶液的浓度不大,则可用浓度 c 代替活度 a_2,于是,在恒温条件下略去脚注式,式(3.10)可写为

$$\Gamma = -\frac{c}{RT}\times\frac{d\sigma}{dc} \tag{3.11}$$

3.3.2　Gibbs 公式的物理意义和有关注意事项

若一种溶质能降低溶剂的 σ(即 $d\sigma/dc$ 是负值),则根据式(3.11),Γ 为正值,即溶质在表面层中的浓度大于在溶液内部的浓度,这称为正吸附。反之,若溶质能增加溶剂的 σ(即 $d\sigma/dc$ 是正的),则 Γ 为负值,这时,溶质在表面层中的浓度小于溶液内部的浓度,这称为负吸附。显然,前述的表面活性剂都能产生正吸附。

在具体计算吸附量时,需首先通过实验作出如图 3.2 中曲线 1 和曲线 2 所示的 $\sigma-c$ 曲线,然后用作图法求出一定浓度时的 $d\sigma/dc$ 值,再根据式(3.11)计算一定温度 T 时的吸附量。

Gibbs 公式的应用范围很广,在推导时并未规定任何界面,这就表示它能适用于任何两相界面。但使用时须注意,公式中的 Γ 和 σ 指的是同一界面。倘若欲求液–液界面上的吸附却利用气–液界面的表面张力数据,那就错了。

对于非离子型表面活性剂以及其他在水中不电离的有机物(如醇),其表面吸附量可直接用式(3.11)计算。但对离子型表面活性剂以及在水中能电离的化合物,则不能简单地应用式(3.11),而必须考虑在水中电离的情况。例如,十二烷基硫酸钠、十二烷基硫酸钠以及 $C_{12}H_{25}N(CH_3)_3Br$ 等离子型表面活性剂,在水溶液中不水解,都电离为正、负离子,这时,Gibbs 公式应写成

$$\Gamma_+ = -\frac{c_+}{2RT}\times\frac{d\sigma}{dc_+} \text{ 或 } \Gamma_- = -\frac{c_-}{2RT}\times\frac{d\sigma}{dc_-} \tag{3.12}$$

式中,Γ_+ 和 Γ_- 分别为表面活性剂中正、负离子的吸附量;c_+ 和 c_- 分别为正、负离子在溶液中的浓度。

此外,在推导时对吸附层的厚度未作规定,故 Gibbs 公式无论对单层吸附还是多层吸附都适用。

关于 Gibbs 公式中的单位问题,若 σ 的单位是 dyn·cm^{-1}($=$erg·cm^{-2}),R 的单位是 8.31×10^7 erg·mol^{-1}·K^{-1},则 Γ 的单位是 mol·cm^{-2};若 σ 的单位是 mN·m^{-1}($=$mJ·m^{-2}),R 的单位是 8.31 J·mol^{-1}·K^{-1},则 Γ 的单位是 mmol·m^{-2}。

例 3.1　25 ℃下,乙醇水溶液的表面张力与浓度 c(mol·L^{-1})的关系为 $\sigma=72-0.5c+0.2c^2$,试分别计算乙醇浓度为 0.1 mol·L^{-1} 和 0.5 mol·L^{-1} 时,乙醇的表面过剩量 Γ(mmol·m^{-2})。

解　根据已知条件,当 $c=0.1$ mol·L^{-1} 时,有

$$\frac{\mathrm{d}\sigma}{\mathrm{d}c}=-0.5+0.2\times2c=-0.5+0.2\times2\times0.1=-0.46$$

代入式(3.11),可得

$$\Gamma/(\text{mmol}\cdot\text{m}^{-2})=-\frac{c}{RT}\times\frac{\mathrm{d}\sigma}{\mathrm{d}c}=-0.1/(8.31\times298)\times(-0.46)=1.86\times10^{-5}$$

当 $c=0.5$ mol·L^{-1} 时,有

$$\frac{\mathrm{d}\sigma}{\mathrm{d}c}=-0.5+0.2\times2c=-0.5+0.2\times2\times0.5=-0.3$$

代入式(3.11),可得

$$\Gamma/(\text{mmol}\cdot\text{m}^{-2})=-\frac{c}{RT}\times\frac{\mathrm{d}\sigma}{\mathrm{d}c}=-0.5/(8.31\times298)\times(-0.3)=6.06\times10^{-5}$$

3.3.3　表面活性剂在气-液界面的吸附层结构

从 σ-c 曲线可求出吸附量 Γ。若求出不同浓度下的 Γ 值,可绘出 Γ-c 曲线,称为吸附等温线。表面活性剂溶液的 Γ-c 曲线与 Langmuir 型吸附等温线相似,其特点是:

①浓度低时,Γ 和 c 呈线性关系。

②浓度高时,Γ 为常数,即 Γ 不随浓度而变化,表明溶液界面上的吸附已达饱和,饱和吸附量通常用 Γ_∞ 表示。

③浓度适中时,Γ 与 c 的关系为曲线形状。整个 Γ-c 曲线可用 Langmuir 经验公式表达:

$$\Gamma=\Gamma_\infty\times\frac{Kc}{(1+Kc)} \tag{3.13}$$

式中,K 为经验常数,它与表面活性剂的表面活性大小有关。当 c 很小时,$\Gamma=\Gamma_\infty\times Kc=K'c$;当 c 很大时,$\Gamma=\Gamma_\infty$,即吸附量为饱和吸附量。

对直链脂肪酸 RCOOH、醇 ROH、胺 RNH$_2$ 等来说,不管碳氢链的长度如何(C$_2$ ~ C$_8$),由 σ-c 曲线上算出的 Γ_∞ 基本相同,这说明在饱和吸附时每个分子在表面上所占的面积 S 是相同的,所以

$$S=\frac{1}{\Gamma_\infty N_A} \tag{3.14}$$

式中，N_A是阿伏伽德罗常数，Γ_∞ 的单位是 mol·cm^{-2}。由式（3.14）求出的 ROH 的 $S = 0.274 \sim 0.289$ nm^2，RCOOH 的 $S = 0.302 \sim 0.310$ nm^2，RNH$_2$ 的 $S = 0.27$ nm^2，以上事实说明，在饱和吸附时，表面上吸附的分子是定向排列的（图3.13），否则就无法解释不论链长短如何（如 C$_2$H$_5$COOH 和 C$_6$H$_{13}$COOH 链长之比为 1：2）每个分子所占的面积都基本相同这个实验结果。液面上分子的定向方式是亲水基向水，亲油基向空气。在油-水界面上表面活性剂分子的定向与此相似，只是亲油基（即碳氢链）伸入油相。分子在油相和水相中的分布取决于分子中极性和非极性部分强弱程度的对比，非极性部分强者分子进入油相的倾向大，分子极性部分强者分子进入水相的倾向大。分子在表面上的定向是表面化学中一个很普遍、很重要的想象，表面活性剂的许多作用也是以此为根据。

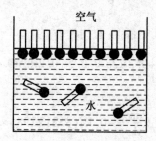

图 3.13　液面上饱和吸附层中两亲性有机分子的定向排列

除了分子面积之外，自 Γ_∞ 数据还可求出饱和吸附层的厚度 δ，若吸附物的相对分子质量为 M，密度为 ρ，则

$$\delta = \frac{\Gamma_\infty M}{\rho} \tag{3.15}$$

饱和吸附层中吸附分子是定向排列的，因此直链脂肪族同系物链长增加时，厚度也必然相应增大。计算结果表明，同系物每增加一个—CH$_2$—基时，δ 增加 $0.13 \sim 0.15$ nm，这与 X 射线结构分析的结果相符。

当浓度适中或较小时，由于表面吸附量也较小，所以表面上有足够的地方让吸附分子活动。研究结果表明，每个分子在表（界）面上占据的面积随表面活性剂浓度的增加而减小，直到最后接近分子的横截面积为止。十二烷基硫酸钠是棒状分子，长度为 1.7 nm，亲水基直径约为 0.6 nm，因此一个平躺着的分子应占据约 1 nm^2 的面积，直立的分子占据 0.28 nm^2 的面积。分子占据的最小面积与分子形状有关，如果十二烷基硫酸钠的分子是球形的，则平均每个分子占据的最小面积将是 $0.28 \div 74.02\%$ nm^2 = 0.38 nm^2。对照表 3.2 的实验数据，只有当浓度小于 3.2×10^{-5} mol·L^{-1} 时，其分子才有可能完全平躺在表面上；当浓度超过 3.2×10^{-5} mol·L^{-1} 时，表面上的表面活性剂分子必须有一部分是直立的。随着浓度的增加，直立的分子越来越多，当浓度增加到 8.4×10^{-4} mol·L^{-1} 后，表面的表面活性剂分子都直立着（图3.13）。由此对吸附层结构可作这样的推测：当表面活性剂浓度很低时，在表面上只有少数表面活性剂分子在活动，它们躺立自如，空气和水几乎直接接触，水的表面张力下降不多（图3.14（a））。当表面活性剂浓度逐渐增加时，表面上吸附的分子增多，溶液表面张力急剧下降，吸附分子躺着的越来越少，直立的越来越多（图3.14（b）），这时溶液内部的表面活性剂分子也在三三两两地把亲油基靠在一起向多聚体过渡。当浓度高到达到饱和吸附时,表面活性剂分子占据的面积接近其分子的截面积,整个表面被栅式表面活性剂分子覆盖,表面张力降至最低点,而在溶液的内部多聚体也开始形成,这种多聚体就是下面将要介绍的胶束(图3.14(c))。这种吸附显然符合 Langmuir 单层吸附模型。

表3.2　十二烷基硫酸钠分子在表面上占据的面积与溶液浓度的关系

表面活性剂浓度/ $(mol \cdot L^{-1})$	5×10^{-6}	1.26×10^{-5}	3.2×10^{-5}	5.0×10^{-5}	8.0×10^{-5}	2.0×10^{-4}	4.0×10^{-4}	8.0×10^{-4}
分子占据面积/nm²	4.75	1.75	1.00	0.72	0.58	0.45	0.39	0.34

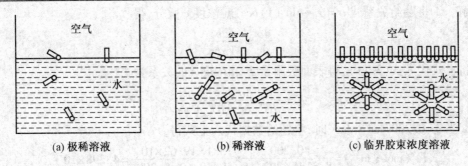

(a) 极稀溶液　　　　(b) 稀溶液　　　　(c) 临界胶束浓度溶液

图 3.14　表面活性剂溶液表面吸附层结构示意图

从上述分析可以看出,一个较好的表面活性剂应该是在其浓度较稀时就能达到吸附饱和状态,即浓度较稀时就有最低的表(界)面张力。也就是说,可以用达到最低表面张力时的浓度大小来衡量表面活性剂的表面活性。当然,不同类型的表面活性剂该浓度数值是不同的。对同一类型表面活性剂的同系物来说,如 R_8SO_4Na(R_8 代表 $C_8H_{17}—$),$R_{10}SO_4Na$,$R_{12}SO_4Na$,$R_{14}SO_4Na$ 和 $R_{16}SO_4Na$ 等,它们的表面活性随碳原子数的增加而增加,其表面张力达最低时的浓度分别为 1.3×10^{-1} mol $\cdot$ L^{-1},3×10^{-2} mol $\cdot L^{-1}$,8×10^{-3} mol $\cdot L^{-1}$,2.4×10^{-3} mol $\cdot L^{-1}$和6×10^{-4} mol $\cdot L^{-1}$。这些数据说明,在同系物中每增加一个碳原子,达到最低表面张力时的浓度约减小 2/3,这意味着每增加一个碳原子其表面活性约增加 2 倍,此种规律在其他类型的表面活性剂中也存在。应当注意,此规律是指亲油基为直链烷基的情况,若亲油基为支链或其他特殊结构,此规律不适用。

对于非离子型表面活性剂(如 $R—O(CH_2CH_2O)_nH$),其在溶液表面上吸附的情况与离子型的不同。当亲油基相同而聚氧乙烯的聚合度 n 不用时,在饱和吸附时表面上吸附分子的平均面积不同,分子所占面积随 n 值的增加而增加。表 3.3 为 $C_{12}H_{25}—O(CH_2CH_2O)_nH$ 的实验数据。

表3.3　$C_{12}H_{25}—O(CH_2CH_2O)_nH$ 的实验数据

n	4	7	14	23	30
$\Gamma/(\times 10^{-10} mol \cdot cm^{-2})$	5.2	3.86	2.82	2.07	1.79
分子面积/nm²	0.32	0.43	0.59	0.80	0.93

X 射线结构分析表明,聚氧乙烯链越长卷曲越厉害,这意味着它们在表面上定向时并非是完全伸长或直立的。聚氧乙烯链越长,卷曲构型的成分越多,杂乱无章的排列分布也

越显著,所以极限的分子面积也越大。

例 3.2 292.15 K 时,丁酸水溶液的表面张力可以表示为:$\sigma = \sigma_0 - a\ln(1+bc)$,式中,$\sigma_0$ 为纯水的表面张力,a 和 b 皆为常数。试求:

①该溶液中丁酸的表面吸附量 Γ 和浓度 c 的关系。

②若已知 $a = 13.1$ mN·m^{-1},$b = 19.62$ dm^3·mol^{-1},试计算 $c = 0.200$ mol·dm^{-3} 时的 Γ 为多少?

③当丁酸的浓度足够大,达到 $bc \gg 1$ 时,饱和吸附量 Γ_∞ 为多少?设此时液面上丁酸成单层吸附,试计算在液面上每个丁酸分子所占的截面积为多少?

解 ①将题给关系式 $\sigma = \sigma_0 - a\ln(1+bc)$ 对浓度 c 微分,得

$$\frac{\mathrm{d}\sigma}{\mathrm{d}c} = -\frac{ab}{1+bc}$$

将上式代入式(3.11),得表面吸附量 Γ 和浓度 c 的关系为

$$\Gamma = -\frac{c}{RT} \times \frac{\mathrm{d}\sigma}{\mathrm{d}c} = \frac{c}{RT} \times \frac{ab}{1+bc}$$

②当 $c = 0.200$ mol·dm^{-3} 时,将题给数据代入上式得

$$\Gamma/(\text{mol}\cdot\text{m}^{-2}) = \frac{0.200}{8.3145 \times 292.15} \times \frac{13.1 \times 19.62 \times 10^{-3}}{1+19.62 \times 0.200} = 4.298 \times 10^{-6}$$

③当 $bc \gg 1$ 时,代入上式得

$$\Gamma = -\frac{c}{RT} \times \frac{\mathrm{d}\sigma}{\mathrm{d}c} = \frac{c}{RT} \times \frac{ab}{1+bc} = \frac{c}{RT} \times \frac{ab}{bc} = \frac{a}{RT}$$

此时表面吸附量与浓度无关,表明溶质在表面的吸附已达饱和吸附,故

$$\Gamma_\infty/(\text{mol}\cdot\text{m}^{-2}) = \Gamma = a/(RT) = \frac{0.0131}{8.3145 \times 292.15} = 5.393 \times 10^{-6}$$

$$S/\text{m}^2 = 1/(\Gamma_\infty N_A) = 1/(6.02 \times 10^{23} \times 5.393 \times 10^{-6}) = 3.08 \times 10^{-19}$$

3.4 表面活性剂溶液的体相性质

3.4.1 各种性质对浓度的转折点

表面活性剂的一个重要性质,是能显著地降低水的表面张力。溶液的表面张力随表面活性剂浓度的增加而急剧下降,待浓度大到一定值(准确地说,应是一个浓度范围)后表面张力几乎不再改变,且 $\sigma-c$ 关系有一颇为明显的转折点。特别要注意的是,若表面活性剂中含有杂质,则在转折点附近将出现明显的最低点。很久以来人们就知道,皂类表面活性剂的稀溶液的性质与正常强电解质溶液相似,但高浓度时它们的性质却显著不同。例如,浓皂液的电导率与强电解质溶液有显著偏差,其他的依数性(如渗透压、冰点降低等)也都远比自理想溶液理论计算出的低。有意义的是,这些性质上的突变总是发生在某一特定的浓度范围内,即有临界浓度。图 3.15 是十二烷基硫酸钠溶液性质与浓度的关系。这个图比较典型,它表示在某一个狭窄的浓度范围内,一系列性质都出现一个转折点。这说明随着表面活性剂浓度的改变,不仅表面张力有突变点,而且其体相溶液性质也

有突变,即溶液内部的状态发生了某种突变。

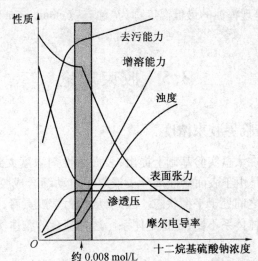

图 3.15　十二烷基硫酸钠溶液性质与浓度的关系

3.4.2　与表面活性剂溶解度有关的性质

在实际应用中,表面活性剂的水溶性或油溶性(即所谓的亲水性和亲油性)的大小对于合理选择表面活性剂是一个重要的依据,而现在主要靠经验。一般来说,表面活性剂的亲水性越强,其在水中的溶解度越大,亲油性越强,则越易溶于"油",因此表面活性剂的亲水、亲油性也可以用溶解度或与溶解度有关的性质来衡量。离子型表面活性剂在低温时溶解度较低,随着温度的升高其溶解度缓慢地增加,达到某一温度后其溶解度突然迅速增加(图 3.16)。这个温度即所谓的 Krafft 点,Krafft 点是离子型表面活性剂的特征值。由图 3.16 可见,同系物的碳氢链越长,其 Krafft 点的温度越高,因此,通过 Krafft 点可以衡量表面活性剂的亲水、亲油性。常用表面活性剂 $C_{12}SO_3Na$,$C_{12}SO_4Na$ 和 $C_{16}N(CH_3)_3Br$ 的 Krafft 点分别为 38 ℃,16 ℃ 和 25 ℃。

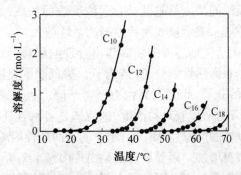

图 3.16　系列烷基苯磺酸盐的溶解度与温度的关系

非离子型表面活性剂的亲水基主要是聚氧乙烯基。升高温度会破坏聚氧乙烯基同水分子的结合,往往使非离子型表面活性剂的溶解度下降甚至析出。从实验中可以观察到,缓慢加热非离子型表面活性剂的透明水溶液,到某一定温度后溶液发生浑浊,表示表面活性剂开始析出,溶液呈现浑浊的最低温度称为"浊点"(cloud point),浊点是非离子型表面活性剂的特征值。

3.5　胶束理论

3.5.1　胶束与临界胶束浓度

1914 年,McBain 在大量实验基础上提出,表面活性剂浓度大到一定程度后所出现的反常现象(图 3.15),是由于表面活性剂分子或离子自动缔合成胶体大小的质点引起的,这种胶体质点和离子之间处于平衡状态。因此,从热力学观点看,这种具有表面活性的缔合胶体溶液和一般胶体体系不同,是稳定体系。这种缔合的胶体质点就是胶束,它具有特殊的结构。

单个的表面活性剂分子溶于水后完全被水分子包围,其亲水基受到水的吸引,亲油基受到排斥而有自水中逃离的趋势,这就意味着表面活性剂分子占据溶液表面——在表面上吸附,将其亲油基伸向空气。当表面吸附达到饱和后,如果溶液浓度仍继续增加,则溶液内部的表面活性剂分子则采取另一种逃离方式,以使体系的能量达到最低(即达到另一种新的平衡状态),此时分子中长链的亲油基通过分子间的吸引力相互缔合在一起,而亲水基则朝向水中。这样,亲水基将与水分子结合,亲油基则自身相互抱成团,形成"各得其所"的新的平衡状态。在较浓的表面活性剂溶液中表面活性剂分子或离子所形成的聚集体(即上面提到的胶体质点)称为胶束。

胶束概念的建立,有助于我们对表面活性剂溶液的性质有更清楚的认识。根据实验数据分析可以认为,当溶液浓度达到一定值后胶束开始形成,浓度越大形成的胶束数目越多。溶液中也有单个表面活性剂分子(或离子)与胶束之间的平衡。表面活性剂溶液中开始明显生成胶束的表面活性剂浓度,称为临界胶束浓度,简称 CMC。临界胶束浓度可用来衡量表面活性剂的活性大小。CMC 越小,则表示该表面活性剂形成胶束所需的浓度越低,即达到表面饱和吸附的浓度就越低,因而,改变表面性质,起到润湿、乳化、增溶、起泡等作用所需的浓度就越低,表示该表面活性剂的活性越大。

用胶束理论可对表面活性剂溶液的性质作出合理的解释。当溶液浓度在 CMC 以下时,溶液中基本上是单个表面活性剂分子(或离子),表面吸附量随浓度而逐渐增加,直至表面上再也挤不下更多的分子,此时表面张力不再下降。也就是说,σ-c 曲线上 σ 不再下降时的浓度可能正是开始形成胶束的浓度,这应该是各种性质开始与理想性质发生偏离时的浓度。浓度继续增加并超过 CMC 后,单个的表面活性剂离子的浓度基本上不再增加,而胶束浓度或胶束数目增加。因胶束表面是由许多亲水基覆盖的,故胶束本身不是表面活性的,因而不被溶液表面吸附。而胶束内部皆为碳氢链所组成的亲油基团,有溶解不溶于水的有机物的能力。胶束的形成使溶液中的质点(离子或分子)数目减少,因此依数性的变化减弱(图 3.15)。

对于离子型表面活性剂,表面活性离子形成的胶束带有很高的电荷,由于静电引力的作用,在胶束周围将吸引一些相反电荷的小离子,这就相当于有一部分正、负电荷互相抵消。另外,形成高电荷胶束后,反离子形成的离子氛的阻滞也大大增加。基于这两个原因,使得溶液的当量电导在 CMC 之后随浓度的增加而迅速下降。

非离子型表面活性剂水溶液的表面张力和浓度的关系也有转折点,这意味着也形成了胶束,也有 CMC。由于非离子型表面活性剂在水中不电离,所以没有像离子型表面活性剂水溶液那样的特殊导电性。另外,在溶解度性质上也与离子型表面活性剂不同。

两亲性高聚物同低分子表面活性剂一样,由于水溶液表面吸附亲油基而使表面张力降低,在溶液内部缔合成胶束。低分子表面活性剂表面吸附的推动力是因亲油基的富集而减小表面自由能,胶束形成的推动力是亲油基与水的相互作用,而高聚物链的非相容性排斥力,将成为形成高分子表面活性剂胶束的一个重要因素。

在高分子表面活性剂水溶液中,亲油基凝聚成胶束,可使不溶于水的油溶性物质变成具有可溶性。在非水溶液中,因为亲水性链作为胶核形成反胶束,使水或亲水性物质可能具有可溶性。

以上所有这些能形成胶束的溶液,常被称为缔合胶体溶液。

3.5.2　胶束的结构

胶束的结构问题迄今仍未完全弄清楚,这里介绍一些目前普遍的看法。

在离子型表面活性剂溶液中,单个表面活性剂离子与胶束之间可以建立平衡。此种平衡应受溶液浓度的影响,当浓度较小(即低于 CMC)时,溶液中主要是单个的表面活性剂离子;当浓度较大或接近 CMC 时,溶液中将有少量小型胶束,如二聚体或三聚体等,如图 3.17(a)(有人称为预胶束);在浓度为 CMC 或略大于 CMC 时胶束为球形,如图 3.17(b);在浓度 10 倍于 CMC 或更大的浓溶液中,胶束一般不是球形。Gebye 根据光散射数据,提出棒状胶束模型,如图 3.17(c),这种模型使人量表面活性剂分子的碳氢链与水接触面积缩小,有更高的热力学稳定性。表面活性剂的亲水基团构成棒状胶束的表面,内核由亲油基团构成。某些棒状胶束还有一定的柔顺性,可以蠕动,随着溶液浓度的不断增加,棒状胶束聚集成束,如图 3.17(d),周围是溶剂。当浓度更大时,就形成巨大的层状胶束,如图 3.17(e)。当表面活性剂浓度增大或在稀的表面活性剂溶液中外加盐时,则胶束的不对称性增加,通常为棒状。若在表面活性剂的水溶液中加入适量的非极性油和醇,则可能形成微乳液,如图 3.17(h)等。

胶束大小的量度是胶束聚集数,即缔合成胶束的表面活性剂分子(或离子)数。一般常用光散射法测量胶束聚集数,即先用光散射法测出胶束"相对分子质量"——胶束量,再除以表面活性剂单体的相对分子质量就得到胶束聚集数。也可用扩散-黏度法、电泳淌度法、超离心法等测定胶束聚集数。

非离子型表面活性剂在水溶液中胶束的形状目前尚无定论。但从已有的数据分析,当溶液浓度较稀时可能是球形胶束。

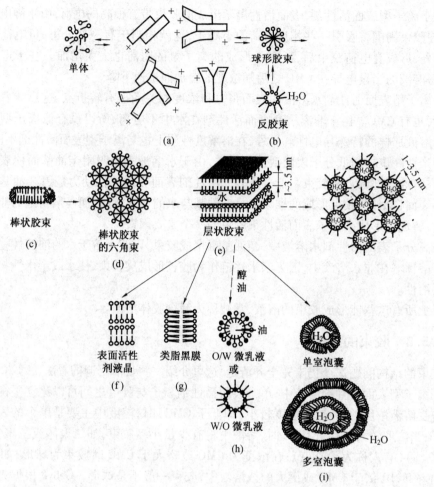

图 3.17　表面活性剂溶液中的结构形成示意图

3.5.3　临界胶束浓度的影响因素

表面活性剂的 CMC 通常都比较低,尤其是非离子型的。杂质对 CMC 有很大的影响。了解影响表面活性剂 CMC 的因素,对用好表面活性剂有重要意义。

①同系物中,若亲水基相同,亲油基中的碳氢链越长则 CMC 越小,离子型和非离子型的表面活性剂都如此。

②亲油基中的烷烃基相同时,非离子型表面活性剂的 CMC 比离子型的小得多(约小100 倍)。

③亲油基中的烷烃基相同时,无论是离子型表面活性剂还是非离子型表面活性剂,不同的亲水基对 CMC 影响较小。一般来说,亲水基的亲水性强时,其 CMC 较大。

④分子中原子种类和个数皆相同的表面活性剂,亲水基支化程度高者,其 CMC 也大。

⑤含氟表面活性剂(特别是全氟的)比同类型、同碳原子数的碳氢表面活性剂的 CMC 小得多。例如,$C_9H_{19}COOK$ 的 CMC 约为 $0.1\ mol \cdot L^{-1}$,而 $C_9F_{19}COOK$ 的 CMC 则为 $0.90 \times 10^{-3}\ mol \cdot L^{-1}$。

⑥无机盐对表面活性剂的 CMC 影响显著。从图 3.18 可以看出,加入 Na^+ 后,十二烷基硫酸钠的 CMC 显著降低,当 Na^+ 浓度为 $0.2\ mol \cdot L^{-1}$ 时,可使 CMC 下降近一倍,所有离

子型表面活性剂 CMC 都显著降低,在无机盐中起决定性作用的离子是与表面活性剂电性相反的离子,这些离子的价数越高,作用越强烈。在低浓度时,无机盐对非离子型表面活性剂不敏感。

⑦长链极性有机物对表面活性剂的 CMC 也有显著影响。由图 3.19 可看出,醇的碳氢链越长,降低其 CMC 的能力越大,其他长链有机酸或胺类也有类似性质。醇对非离子型表面活性剂 CMC 的影响不同于对离子型的,醇浓度越大使其 CMC 增加得越多。由此可见,醇对非离子型表面活性剂 CMC 的影响正好和离子型表面活性剂的情况相反。

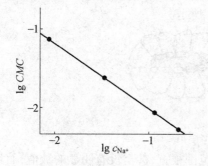

图 3.18　Na$^+$ 浓度对十二烷基硫酸钠 CMC
　　　　　的影响

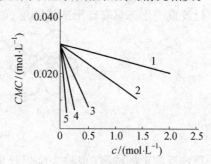

图 3.19　不同的醇浓度对十四酸钾溶液
　　　　　CMC 的影响
　　　　1—乙醇;2—正丙醇;3—正丁醇;
　　　　4—异戊醇;5—正己醇

⑧表面活性剂混合物对 CMC 的影响的问题起因于工业生产的表面活性剂往往是表面活性剂的混合物,因为原料本身就是某一组分的混合物。对于非离子型的表面活性剂,往往还有聚氧乙烯基聚合度不同的问题,因此需要对表面活性剂混合物的 CMC 有所了解。

离子型表面活性剂的混合物对 CMC 的影响如图 3.20 所示。由图 3.20 可见,两个链长不同的表面活性剂的同系混合物,链长者吸附作用较强,降低 CMC 的能力亦强。非离子型表面活性剂也有相似的情况(图 3.21 中曲线 1)。若亲油基相同,仅聚氧乙烯链长不同,则混合物(两组分)的 CMC 随成分的变化而变化的关系较平缓(图 3.21 中曲线 2),这是由于聚氧乙烯链的长短对 CMC 的影响不大。

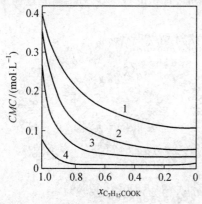

图 3.20　$C_7H_{15}COOK$ 与 RCOOK 混合物的 CMC(25℃)
RCOOK:1—$C_9H_{19}COOK$;2—$C_{10}H_{21}COOK$
3—$C_{11}H_{23}COOK$;4—$C_{13}H_{27}COOK$

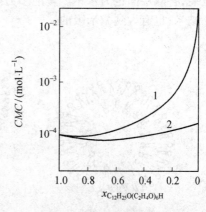

图 3.21　RO$(C_2H_4O)_n$H 混合物的 CMC(25℃)
1—$C_{12}H_{25}O{\color{black}\left(C_2H_4O\right)}_6H$ 与 $C_8H_{17}O{\color{black}\left(C_2H_4O\right)}_6H$
2—$C_{12}H_{25}O{\color{black}\left(C_2H_4O\right)}_6H$ 与 $C_{12}H_{25}O{\color{black}\left(C_2H_4O\right)}_{12}H$

3.5.4　反胶束

表面活性剂在非水溶剂(主要是非极性和弱极性溶剂)中形成的聚集体称为反胶束(reverse micelle)。在非极性溶剂中离子型表面活性剂也以中性分子形式存在,表面活性剂极性基相互作用(如形成氢键)形成反胶束的内核,非极性基留在溶剂中。由于可溶于非极性溶剂的表面活性剂都有大的疏水基,而极性基较小,故反胶束的聚集数多在几个到几十个之间,比在水中的胶束的聚集数小得多。

反胶束的形态只有球形或椭圆形,如图 3.22 所示。

(a)　　　　(b)

图 3.22　反胶束的形态示意图

形成反胶束的浓度(也称为临界胶束浓度)范围很宽,甚至没有明显的数值,而且,此数值可因溶剂不同而变化。

和在水中的表面活性剂胶束一样,反胶束也有一定的增溶能力,被增溶物主要是水、水溶液和极性有机物。水及水溶液的增溶位置在反胶束的内核,即反胶束的极性区域;极性有机物可增溶于形成反胶束的表面活性剂分子间,极性有机物的增溶可使反胶束长大。

3.5.5　囊泡

囊泡(vesicle,也译为泡囊)和脂质体(liposome)两个术语很含混。笼统地说,两亲分子形成的封闭双层结构均可称为囊泡或脂质体,也有的书上将吸附双层稳定的液滴定义为囊泡。多数人将天然的或合成的磷脂所形成的椭球形、球形的、单室或多室的封闭双层结构称为脂质体。人工合成的表面活性剂形成的这种结构称为囊泡。图 3.23 是单室和多室囊泡的示意图,单室囊泡只有一个封闭双层包围着水相,多室囊泡有多个封闭双层环环套装,各双层间也为水相。囊泡多为球形或椭球形,管状的极为少见。囊泡直径常约为几十纳米,也有大到微米级的。

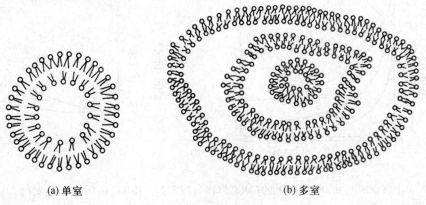

(a) 单室　　　　　　　　　　　　　(b) 多室

图 3.23　单室和多室囊泡示意图

3.6　表面活性剂的亲水亲油平衡问题

3.6.1　概述

任何表面活性剂分子的结构中,既含有亲水基也含有亲油基,因此,人们把这类分子称为"两亲性分子",有关表面活性剂的性能、应用、解释、理论等都是围绕两亲特性而派生出来的。亲水亲油平衡(hydrophile and lipophile balance,HLB)在某种意义上讲能比较综合地反映表面活性剂的这一特性,HLB 值是指表面活性剂分子中亲水和亲油基团对油或水的综合亲和力,是用来表示表面活性剂的亲水亲油性强弱的数值。

用什么方法来衡量表面活性剂分子的亲水性和亲油性的相对强弱,也就是说用什么指标将表面活性剂的结构、性能和用途联系起来,这是一个十分重要的问题。

1949 年,W. C. Griffin 在"美国化妆品化学协会期刊"上发表了题为"表面活性剂按 HLB 分类"的论文,提出了 HLB 值(hydrophile and lipophile balance number)的概念,从而将定性的非数概念 HLB 引申成为定量化的有数概念。他提出的按表面活性剂 HLB 值的大小进行分类,可大大节省按预期性能选择乳化剂、润湿剂、增溶剂和洗涤剂等的实验研究工作量。他认为 HLB 值有加和性,因而可预测混合表面活性剂的 HLB 值。他还认为,单纯从表面活性剂的化学结构,不能确定该表面活性剂的 HLB 值。他提供了两个测算非离子型表面活性剂 HLB 值的公式以及测定 HLB 值的方法——乳化法。

表面活性剂的 HLB 值均以石蜡的 HLB 为 0、油酸的 HLB 为 1、油酸钾的 HLB 为 20、十二烷基硫酸钠的 HLB 为 40 作为标准,其他表面活性剂的 HLB 值可用乳化实验对比其乳化效果而决定其值(处于 1~40 之间)。现在也可用有关公式计算出来,非离子型表面活性剂的 HLB 值处于 1~20 之间,阴离子型和阳离子型表面活性剂的 HLB 值在 1~40 均有。

3.6.2　求算 HLB 值的方法

1. HLB 值的估计法

因为 HLB 值反映表面活性剂分子的亲水性,因此由它在水中的溶解情况可以估计该表面活性剂的 HLB 值范围。表 3.4 列出 HLB 值的估计范围,表 3.5 与图 3.24 分别标出不同 HLB 值的表面活性剂用途。

表 3.4　HLB 值的估计范围

表面活性剂在水中的性状	HLB 值范围	表面活性剂在水中的性状	HLB 值范围
不分散	1~4	稳定的乳状分散体	8~10
分散不好	3~6	半透明至透明分散体	10~13
强烈搅拌后可得乳状分散体	6~8	透明溶液(完全溶解)	13 以上

表3.5 不同用途表面活性剂的 HLB 值范围

主要用途	HLB 值范围	主要用途	HLB 值范围
消泡剂	1~3	润湿剂	7~9
油包水型(W/O 型)乳化剂	3~6	洗涤剂	13~15
水包油型(O/W 型)乳化剂	8~18	增溶剂	15~18

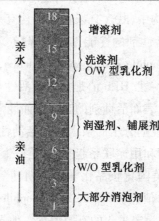

图 3.24 HLB 值与性能的对应关系

2.计算 HLB 值的基团数法

基团数法是 1957 年 Davies 提出的 HLB 值计算方法。这种方法把 HLB 看成是整个表面活性剂分子中各种结构基团贡献的总和,而每个基团对 HLB 值的贡献可用数值表示,此数值称为 HLB 基团数,按下列公式将各基团数加和起来,就是表面活性剂分子的 HLB 值:

$$HLB = 7 + \sum (亲水基的基数) + \sum (亲油基的基数) \tag{3.16}$$

亲水基和亲油基的基数见表3.6。

表3.6 亲水基和亲油基的基数

亲水基	基数	亲油基	基数
—SO_4Na	38.7	—CH—	-0.475
—SO_3Na	11.0	—CH_2—	-0.475
—COOK	21.1	—CH_3	-0.475
—COONa	19.1	=CH—	-0.475
—N(叔胺)	9.4	—CF_2—	-0.870
酯(失水山梨醇环)	6.8	—CF_3	-0.870
酯(自由)	2.4	苯环	-1.662
—COOH	2.1	—$CH_2CH_2CH_2$—O—	-0.15
—OH(自由)	1.9	$\overset{CH_3}{\underset{|}{—CH}}$—$CH_2$—O—	-0.15
—O—	1.3		
—OH(失水山梨醇环)	0.5	$\overset{CH_3}{\underset{|}{—CH_2—CH}}$—O—	-0.15
—(—CH_2CH_2O—)—	0.33		

式(3.16)对阴离子型表面活性剂、司潘、吐温及其他多元醇类表面活性剂很适用,但对平平加、OP 类表面活性剂计算结果偏低。

例 3.3　计算十二烷基磺酸钠的 HLB 值。

解　据式(3.16)和表 3.6 数据,可得

$$HLB = 7 + \sum (亲水基的基数) + \sum (亲油基的基数)$$
$$= 7 + 11.0 - 0.475 \times 12$$
$$= 12.3$$

例 3.4　计算十二烷基硫酸钠的 HLB 值。

解　据式(3.16)和表 3.6 数据,可得

$$HLB = 7 + \sum (亲水基的基数) + \sum (亲油基的基数)$$
$$= 7 + 38.7 - 0.475 \times 12$$
$$= 40$$

3. 质量分数法

质量分数法适用于计算有聚氧乙烯基的非离子型表面活性剂的 HLB 值,计算式为

$$HLB = \frac{亲水基质量}{亲水基质量 + 亲油基质量} \times 20$$
$$= 亲水基质量分数(\%) \times 20$$
$$= E \times 20 \tag{3.17}$$

显然,若此分子完全是烃类,则 $E = 0$,$HLB = 0$;若分子是聚乙二醇醚,则 $E = 1$,$HLB = 20$。因此,这类非离子型表面活性剂的 HLB 值在 0 ~ 20 之间。

例 3.5　计算聚氧乙烯(10)壬基苯酚醚的 HLB 值?

解　此活性剂的分子式为 $C_9H_{19} -\!\!\!\!\bigcirc\!\!\!\!- O\,(CH_2CH_2O)_{10}H$,其中亲水基 $-O\,(CH_2CH_2)_{10}H$ 的质量为 457,亲油基 $C_9H_{19} -\!\!\!\!\bigcirc\!\!\!\!-$ 的质量为 203,则

$$HLB = \frac{亲水基质量}{亲水基质量 + 亲油基质量} \times 20$$
$$= 457/(457 + 203) \times 20$$
$$= 13.9$$

4. 混合表面活性剂的 HLB 值

上面介绍了单个表面活性剂 HLB 值的计算,但实际工作中经常使用的是表面活性剂的混合物。基于 HLB 值是表面活性剂分子特有的指定值,故混合表面活性剂的 HLB 值具有加和性,即可按其组成的各个活性剂的质量分数加以计算:

$$HLB_{AB} = HLB_A \times A\% + HLB_B \times B\% \tag{3.18}$$

例 3.6　某混合表面活性剂中含司潘-40(30%)和吐温-80(70%),已知司潘-40 的 HLB = 6.7 和吐温-80 的 HLB = 15,求混合表面活性剂的 HLB 值。

解　　　　　　　$$HLB_{AB} = HLB_A \times A\% + HLB_B \times B\%$$
$$= 6.7 \times 30\% + 15 \times 70\%$$
$$= 12.5$$

例3.7 某混合表面活性剂中含十二烷基苯磺酸钠40%（质量分数）、聚氧乙烯（10）壬基苯酚醚60%（质量分数），求混合表面活性剂的 HLB_{AB} 值。（已知—SO_3Na 的基团数为11.0，苯环的基团数为-1.662，甲基和亚甲基的基团数均为-0.475，聚氧乙烯（10）壬基苯酚醚的亲水基、亲油基质量分别为457、203）

解 据已知数据，十二烷基苯磺酸钠的 HLB_A 值为

$$HLB_A = 7 + \sum（亲水基的基数）+ \sum（亲油基的基数）$$
$$= 7 + 11.0 - 1.662 - 0.475 \times 12$$
$$\approx 10.6$$

聚氧乙烯（10）壬基苯酚醚的 HLB_B 值为

$$HLB_B = \frac{亲水基质量}{亲水基质量+亲油基质量} \times 20$$
$$= 457/(457+203) \times 20$$
$$= 13.9$$
$$HLB_{AB} = HLB_A \times A\% + HLB_B \times B\%$$
$$= 10.638 \times 40\% + 13.9 \times 60\%$$
$$\approx 12.6$$

实际上表面活性剂 HLB 值的加和性规律不大准确，与实验测定的结果有偏差，但偏差很少大于 $1 \sim 2$，因此对大多数体系仍可应用。

3.6.3 温度对 HLB 值的影响——转相温度概念

HLB 值有很大实用价值，但仍有缺陷，主要是没有考虑温度的影响。已经知道，非离子型表面活性剂（特别是含有聚氧乙烯基的）随着温度的升高，水化作用减弱，亲水性降低，这意味着 HLB 值减小。显然，若以此类表面活性剂做乳化剂，则低温时易形成 O/W 型乳状液，高温时易形成 W/O 型乳状液。对于给定的乳状液体系，均存在一特定的转相温度 PIT（phase inversion temperature），在此温度时，该乳化剂的亲水亲油性质恰好平衡。显然，PIT 不仅与乳化剂的本性有关，它也反映了油和水两相性质的影响。因此，Shinoda（1964）认为用 PIT 表示乳化剂的亲水亲油性质更为恰当。

3.6.4 表面活性剂的乳化能力

HLB 值的大小可以说明该表面活性剂在乳化时所能形成的乳状液类型是 O/W 型还是 W/O 型，但不能说明该表面活性剂乳化能力的大小，书刊上和习惯上表示表面活性剂乳化能力大小的方法有以下 3 种。

（1）效能

表面活性剂的效能（effectiveness）即乳化能力，它是以加入表面活性剂后使溶剂（水）的表面张力降至最低值来衡量的，而不管表面活性剂浓度的大小。

（2）效率

表面活性剂的效率（efficiency）即乳化效率，它是指将溶剂（水）的表面张力降至某一定值所需的表面活性剂浓度。对比不同表面活性剂的乳化效率时，所用浓度小者则效率高。

(3)效果

效果(effect)是一种习惯表示法,即以一定浓度的表面活性剂溶液(通常为 1 g/L 的浓度)所能降低的表面张力来表示表面活性剂的效果。表面张力降得越低,效果就越好,这种方法对于评价表面活性剂的效果较为简便易行。

3.7　表面活性剂的作用及应用

3.7.1　增溶作用

1. 增溶作用的特点

增溶作用,也有称为加溶作用。很早以前,人们就知道浓的肥皂水溶液可以溶解甲苯酚等有机物,但只是在系统研究缔合胶体的性质后才对其本质有所认识。苯在水中的溶解度很小,室温下 100 g 水只能溶解约 0.07 g 苯,而在皂类等表面活性剂溶液中苯却有相当大的溶解度,100 g 1.0%(质量分数)的油酸钠溶液可以溶解约 9 g 苯,不仅对苯,对其他非极性碳氢化合物的溶解也有同样的现象。表面活性剂通过在水或油中形成的胶束使难溶的固体或液体的溶解度显著增大的现象称为增溶作用,起增溶作用的表面活性剂称为增溶剂。

增溶作用与乳化作用不同。乳化作用是增加相界面的分散过程,从而使体系的界面能大为增加,即乳状液是热力学不稳定体系;而增溶过程是被增溶物以整团的形式溶入胶束区域内,它仅仅是被增溶物在胶束中"溶解",不增加体系的界面面积,所以发生增溶作用的体系是一个热力学稳定体系。增溶作用是一个可逆的平衡过程,无论用什么方法,达到平衡后的增溶结果都是一样的,而乳状液或其他胶体溶液却无此性质。

增溶作用与真正的溶解也不相同。真正的溶解作用会使溶剂的依数性(例如冰点降低、渗透压等)出现很大的变化。但增溶(例如异辛烷溶于油酸钾溶液)后对依数性影响很少,这表明增溶时溶质并未拆散成单个分子或离子,而很可能是"整团"地溶解在肥皂溶液中,因为只有这样,质点的数目才不致有显著的增加。所以一个很自然的想法是,增溶作用可能与胶束有关。实验证明,在低于临界胶束浓度时基本上无增溶作用,只是在高于 CMC 以后增溶作用才明显地表现出来。

2. 增溶机理

根据"相似相溶"规律可说明被增溶物在胶束中的溶解,图 3.25 为不同表面活性剂对不同增溶物增溶的几种可能方式:

图 3.25(a)为非极性碳氢链溶于胶束内部;图 3.25(b)为极性长链有机物(如醇类、胺类等)与胶束中的表面活性剂分子一起穿插排列而溶解;图 3.25(c)为一些不易溶于水也不易溶于油的有机物(如某些染料、苯二甲酸二甲酯等)以吸附于胶束表面的形式而溶解;图 3.25(d)为极性有机物(如甲苯酚等)被包在非离子型表面活性剂胶束的聚氧乙烯"外壳"中,即溶于亲水性链中。

当表面活性剂浓度大时,胶束也可以是层状的,因此,有人认为被增溶物可能钻入碳氢链的层状夹缝里,这样层间距必然增大,这已被 X 射线实验证实。球状胶束增溶后直径亦增大,也已被实验证实。

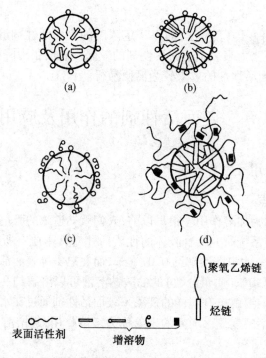

图 3.25 增溶的几种可能方式示意图

3. 影响增溶作用的因素

（1）表面活性剂的结构

这个问题相当复杂，有许多具体规律。同系的钾皂中碳氢链越长，对甲基黄染料的增溶能力越大（图 3.26）。对乙基苯的增溶也有相似的规律。

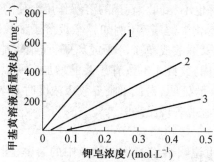

图 3.26 在钾皂中甲基黄的增溶作用
1—十四酸钾；2—十二酸钾；3—癸酸钾

对于烃类，二价金属烷基硫酸盐较之相应的钠盐有较大的增溶能力，因为前者具有较大的胶束聚集数和体积。但直链的表面活性剂较相同碳原子数的支链表面活性剂的增溶能力大，因为后者的有效链长较短。

聚乙二醇醚类非离子型表面活性剂在一定温度下对脂肪烃类的增溶量与表面活性剂本身的结构有关，当表面活性剂中的亲油基长度增加或聚氧乙烯链的长度减少时增溶能力增加。当然，极稀溶液中非离子型表面活性剂有较低的 CMC，故较之离子型表面活性剂有较强的增溶能力。

当表面活性剂具有相同的亲油链长时,不同类型表面活性剂增溶烃类和极性化合物的顺序为:

非离子型>阳离子型>阴离子型

阳离子型表面活性剂之所以比阴离子型表面活性剂的增溶能力大,可能是由于在胶束中的表面活性剂分子堆积较松的缘故。

(2)被增溶物的结构

脂肪烃类和烷基芳基烃类的增溶量随链长增加而减少,稠环芳烃的增溶量随相对分子质量的增大而减小。总之,对于被增溶物,一般是极性化合物比非极性易于增溶;芳香族化合物比脂肪族化合物易于增溶;有支链的化合物比直链化合物易于增溶。但需注意,对于具体的表面活性剂,上述规律可能有所变化。

(3)电解质

往离子型表面活性剂中加无机盐,能降低其 CMC,有利于加大表面活性剂的增溶能力。

往非离子型表面活性剂中加中性电解质,能增加烃类的增溶量,这主要是因为加入电解质后胶束的聚集数增加。

关于电解质对极性物质增溶作用的机理还不很清楚,有待进一步研究。

(4)温度

升温能增加极性和非极性物质在离子型表面活性剂中的增溶量,这是由于温度升高后热扰动增强,从而增大了胶束中提供增溶的空间。

对于非离子型表面活性剂来说,升温的影响与被增溶剂的性质有关。若被增溶物为非极性物质(例如脂肪烃类和卤代烷),随着温度的升高溶解度增加,接近于浊点时胶束聚集数剧增,必然会使它们的增溶量提高。但对极性物质来说,随着温度的升高而至浊点时,被增溶物的量常出现一最大值。例如,当温度升高超过 10 ℃,增溶量首先有一定程度的增加,温度进一步升高时,增溶量减少,因为聚氧乙烯链脱水,减少了亲水链的"外层"空间。

4. 增溶的应用

在采油工业中,利用增溶作用可提高采收率,即所谓"胶束驱油"工艺。首先配制含有水、表面活性剂(包括辅助活性剂,如脂肪醇等)和油组成的"胶束溶液",它能润湿岩层,溶解大量原油,故在岩层间推进时能有效地洗下附于岩层上的原油,从而大大提高了原油的采收率。此法的缺点是成本太高,目前用的不多。

洗涤过程也与增溶作用有关,被洗下的污垢增溶于增溶剂胶束内部,便可防止重新附着于织物上。

在生理过程中,增溶作用更具有重要的意义。例如,小肠不能直接吸收脂肪,但却能通过胆汁对脂肪的增溶而将其吸收。

3.7.2　润湿和渗透

将水滴在石蜡片上,石蜡片几乎不湿。但在水中加入一些表面活性剂后,水就能在石蜡片上铺展开。因而可通过表面活性剂改变液体对固体润湿性能。润湿的产生,实际上是由于降低了液-固界面的接触角。而渗透作用实际上是润湿作用的一个应用。当一种多孔性固体(如棉絮)未经脱脂就浸入水中时,水不容易很快浸透;如加表面活性剂后,水与棉表面的接触角降低了,水就在棉表面上铺展,即渗透入棉絮内部。相反,表面活性剂也能使原来润湿得较好的界面变得不润湿。这两种转化的情况如图3.27所示。

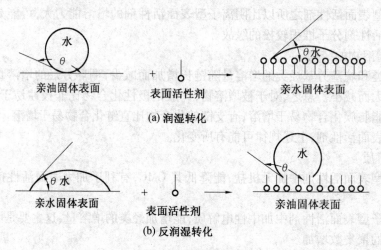

图3.27 润湿转化作用

能有效改善液体在固体表面润湿性质的表面活性剂,称为润湿剂。

值得注意的是,由润湿转变为不润湿的过程中所用表面活性剂在固体表面上必须有很强的吸附作用,这意味着此种表面活性剂必须具有特殊的结构要求。在水介质中,小的高支链结构的表面活性剂分子是优良的润湿剂。离子型表面活性剂不能作为带相反电荷基质的润湿剂,例如对带负电荷的基质,不能用阳离子型表面活性剂作为润湿剂。

在润湿转化过程中所使用的表面活性剂通常都是阴离子型和非离子型的,最常用的润湿剂是渗透剂 OT($C_8H_{17}OOCCH(SO_3Na)CH_2COOC_8H_{17}$)。十二烷基苯磺酸钠、十二烷基硫酸钠、烷基萘磺酸钠或油酸丁酯硫酸钠等也是常用的润湿剂,但前三者的缺点是起泡多,在某些情况下使用不方便。

非离子型表面活性剂中,应用得最多的是聚氧乙烯(10)异辛基苯酚醚,其主要优点是对于酸、碱、盐不敏感,起泡不多;缺点是在强碱性溶液中不溶解。

在反润湿转化中所使用的表面活性剂是氯化十二烷基吡啶[$C_{12}H_{25}-N\langle\rangle$]Cl,它在水中解离后产生活性阳离子。

1. 润湿的应用

(1)泡沫浮选

许多重要的金属(如 Mo,Cu 等)在矿脉中的含量很低,冶炼前必须设法提高其品位。为此,采用"泡沫浮选"方法。浮选过程大致如下:先将原矿磨成粉(0.01 ~ 0.1 mm),再倾入盛有水的大桶中,由于矿粉通常被水润湿,故沉于桶底。若加入一些促集剂(如黄原酸盐 ROCSSNa 之类的表面活性剂),因其易被硫化矿物(Mo,Cu 等在矿脉中常为硫化物)吸附,致使矿物表面成为亲油性的(即 θ 增加),鼓入空气后,矿粉则附在气泡上并和气泡一起浮出水面并被捕收,而不含硫化物的矿渣则仍留桶底。据此,可将有用的矿物与无用的矿渣分开。若矿粉中含有多种金属,则可用不同的促集剂和其他助剂使各种矿物分别浮起而被捕收。

（2）采油

原油储于地下砂岩的毛细孔中,油与砂岩的接触角通常都大于水与砂岩的接触角,因此在生产油井附近钻一些注水井,注入含有润湿剂的"活性水"以进一步增加水对砂岩的润湿性,从而提高注水的驱油效率,增加原油产量。

（3）农药

在喷洒农药消灭虫害时,要求农药对植物枝叶表面有良好的润湿性,以便液滴在枝叶的表面上易于铺展,待水分蒸发后,枝叶的表面上即留有薄薄一层农药。若润湿性不好,枝叶表面上的农药会聚成滴状,风一吹就滚落下来,或水分蒸发后枝叶表面上留下若干断续的药剂斑点,影响杀虫效果。为解决这个问题,均在农药中加入少量润湿剂,以增强农药对树叶的润湿性。

其他如油漆中颜料的分散稳定性问题、机器用润滑油、彩色胶片中感光剂的涂布等都要用到与润湿作用有关的问题。

2. 渗透的应用

渗透广泛应用于印染和纺织工业中。

染料溶液或染料分散液中须使用渗透剂,以使染料均匀地渗透到织物中。

纺织品在树脂整理液中处理时浸渍时间很短,很难被树脂液渗透,会造成整理渗透不匀和外部树脂偏多的现象,降低了整理效果。为改善此种情况,采用渗透剂 Triton X-100 最为合适,它是一种聚氧乙烯型非离子型的表面活性剂。

近年来,由于漂白工艺连续化,漂白速度加快,次氯酸漂白液不易均匀渗透被漂织物,达不到预期的漂白效果,因此,渗透剂的好坏直接影响织物的白度。漂白时多使用非离子型表面活性剂,因为它泡沫少,且不受大量盐的影响。

棉布的丝光过程要用20%～30%（质量分数）苛性钠溶液进行短时间浸渍,要求碱液对棉布迅速而均匀地渗透。目前常用 α-乙基己烯磺酸钠,并与助剂乙二醇单丁醚复合使用。

在纺织工业中,常用纱带沉降法测定渗透力。此法是用 5 g 未经煮练的纱带,系上砝码后,浸入表面活性剂溶液,记录纱带逐步被溶液润湿而沉降的时间,此时间可以表示渗透力的大小,沉降时间越短,渗透力越强。

3.7.3　分散与絮凝

固体粉末均匀地分散在某一种液体中的现象,称为分散。粉碎好的固体粉末混入液体后往往会聚结而下沉,而加入某些表面活性后便能使颗粒稳定地悬浮在溶液之中,这种作用称为表面活性剂的分散作用。例如,洗涤剂能使油污分散在水中,表面活性剂能使颜料分散在油中而成为油漆,使黏土分散在水中成为泥浆等。

另一方面,生产中经常需要使悬浮在液体中的颗粒相互凝聚,用表面活性剂也能达到这一目的,这称为表面活性剂的絮凝作用。例如,可用絮凝作用来解决工业污水的净化问题。

表面活性剂产生分散作用的原因有以下几个方面：

（1）降低表面张力

表面活性剂吸附于固-液界面上，降低了界面自由能，也就是减弱了自发凝聚的热力学过程。

（2）位垒

低分子表面活性剂吸附在固-液界面上时形成一层结实的溶剂化膜，阻碍颗粒互相接近。

（3）电垒

离子型表面活性剂吸附在固体颗粒表面上后，由于离子化的亲水基朝向水相，使所有的颗粒获得同性电荷，它们互相排斥，因此，颗粒在水中保持悬浮状态。

3.7.4 起泡与消泡

泡沫是气体分散在液体中所形成的体系。通常，气体在液体中能分散得很细，但由于表面能的原因，又由于气体的密度总是低于液体，因此进入液体的气体要自动地逸出，所以泡沫也是一个热力学不稳定体系。借助于表面活性剂使之形成较稳定的泡沫，这种作用称为起泡，起泡性能好的物质称为起泡剂，起泡剂往往是表面活性剂（图3.28），也可以是固体粉末和明胶等蛋白质，后者的表面活性不大，但能在气泡的界面上形成坚固的保护膜，使泡沫稳定。

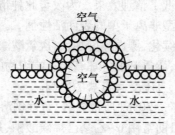

图3.28 泡在液膜上双层吸附

在泡沫体系中除了有起泡剂外，还必须有某种稳泡剂，它使生成的泡沫更加稳定。稳泡剂不一定都是表面活性剂，它们的作用主要是提高液体黏度，增强泡沫的厚度与强度。泡沫钻井泥浆中所加的起泡剂为 $C_{12} \sim C_{14}$ 烷基苯磺酸钠或烷基磺酸盐，稳泡剂是 $C_{12} \sim C_{16}$ 的脂肪醇以及聚丙烯酰胺等高聚物。

在许多过程（制糖、制中药）中，由于产生泡沫给工作增添了不少麻烦，也可能发生事故，在这种情况下，必须消泡。消泡剂实际上是一些表面张力低、溶解度较小的物质，消泡剂的表面张力低于气泡液膜的表面张力，容易在气泡液膜表面顶走原来的起泡剂，而其本身由于链短又不能形成坚固的吸附膜，故产生裂口，泡内气体外泄，导致泡沫破裂，起到消泡作用。

3.7.5 乳化与破乳

乳化作用是指表面活性剂（油包水型或水包油型乳化剂）使乳状液易于产生并在产

生后有一定稳定性的作用。这是由于乳化剂的吸附可大大降低界面张力,即降低产生乳状液所需做的界面功,从而使乳状液易于产生,同时,乳化剂在液-液界面层上吸附产生一个有一定强度的保护膜,防止乳状液中的液滴聚集变大,使乳状液具有一定的稳定性。乳化作用增加了界面能,因此乳状液是不稳定的体系。根据乳化剂结构的不同可以形成以水为连续相的水包油乳状液(O/W),或以油为连续相的油包水乳状液(W/O)。

有时为了破坏乳状液需加入另一种表面活性剂,称为破乳剂,将乳状液中的分散相和分散介质分开。例如原油中需要加入破乳剂将油与水分开。

3.7.6　去污作用

表面活性剂的去污作用是一个很复杂的过程,包括对污物表面的润湿、分散、乳化或增溶、起泡等多种过程。就其中某一种作用而言,在去污过程中究竟起了何种程度的作用,目前还不十分清楚。去污剂(洗涤剂)是指用于除去污垢的表面活性剂,常用的有油酸钠和其他脂肪酸的钠皂、钾皂、十二烷基硫酸钠或烷基磺酸钠等阴离子性表面活性剂。以污垢为例,可分为油污、尘土或它们的混合污垢。不同的污垢,要求不同的洗涤剂,一种优良的洗涤剂,需具备下列 4 种性质:

①好的润湿性能,要求洗涤剂能与被洗的固体表面密切接触。

②有良好的清除污垢能力。

③有使污垢分散或增溶的能力。

④能防止污垢再沉积于织物表面上或形成浮渣漂于液面上。

一种好的洗涤剂应能吸附在固(如织物)-水界面和污垢-水界面上。表面活性剂一般都能吸附在水-气界面上,使 σ 降低,有利于形成泡沫,但这并不表示它必然是一种好的洗涤剂。根据起泡的多少来判断洗涤剂的好坏实际上是人们的一种误解。例如,非离子型表面活性剂一般有很好的洗涤效果,但并不是好的起泡剂。表面活性剂产生泡沫的多少不是唯一判断洗涤剂好坏的指标,在工业上或用洗衣机洗涤时人们都喜欢用低泡洗涤剂。

图 3.29 为去污机理示意图,它说明油质污垢是如何从固体表面上被洗涤剂清除的。图 3.29(a)表明由于水的 σ 大,对油污润湿性能差,只靠水不容易把油污洗掉;图 3.29(b)说明加入洗涤剂后,洗涤剂分子亲油基吸附在织物表面和污垢表面上,在机械力作用下污垢逐步脱离织物表面;图 3.29(c)是洗涤剂分子在干净固体表面和污垢粒子表面上形成吸附层或增溶,使污垢脱离固体表面而悬浮在水相中,很容易被水冲走,达到洗涤目的。

单独使用洗涤剂中的有效成分(如 $C_{12} \sim C_{14}$ 烷基苯磺酸钠)其去污效果并不一定最好,添加某些助剂后可进一步提高去污力。助剂有无机助剂和有机助剂两种。无机助剂有 $NaCO_3$、三聚磷酸钠、焦磷酸钠、硅酸钠以及 Na_2SO_4 等;有机助剂有羧甲基纤维素或甲基纤维素,它们常称为污垢悬浮剂,对洗下的污垢起到分散作用。

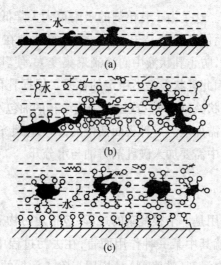

图 3.29　去污机理示意图

思 考 题

1. 表面活性剂是如何降低溶剂的表面引力的？
2. 描述表面活性剂在气–液界面的吸附层结构。
3. 为什么表面活性剂各种体相性质在某一浓度处出现转折点？
4. 试说明消泡剂如何起到消泡作用。
5. 对于洗涤剂在其浓度较低达到吸附饱和好还是在其浓度较高达到吸附饱和好？
6. 根据所学知识，试阐述洗涤剂的去污机理。

第4章

乳状液

乳状液是热力学不稳定的多相分散体系,有一定的动力稳定性,在界面电性质和聚结不稳定性等方面与胶体分散体系极为相似,故将它纳入胶体与界面化学研究领域。乳状液同样存在巨大的相界面(相间界面),所以界面现象对它们的形成和应用起着重要的作用。

4.1 概　述

乳状液(emulsion)是一种多相分散体系,它是一种液体以极小的液滴形式分散在另一种与其不相混溶的液体中所构成的,其分散度比典型的憎液溶胶低得多,有的属于粗分散体系,甚至用肉眼即可观察到其中的分散相粒子。

乳状液在工业生产和日常生活中有广泛的用途。油田钻井用的油基泥浆是一种用有机黏土、水和原油构成的乳状液。许多农药,为节省药量和提高药效,常将其制成浓乳状液或乳油,使用时掺水稀释成乳状液。雪花膏以及面霜等也是浓乳状液。油脂在人体内的输送和消化也与形成乳状液有关。

凡由水和"油"(广义的油)混合生成乳状液的过程,称为乳化(emulsification)。但有时也需要破乳(demulsion),即将乳状液破坏,使油水分离。如牛奶脱脂制奶油,原油输送和加工前除去原油中乳化的水,在某些药物的提取过程中要设法防止因乳化所造成的分离效率降低等均需破乳。

在乳状液中,一切不溶于水的有机液体(如苯、四氯化碳、原油等)统称为"油"。乳状液可分为两大类:

(1)油/水型(O/W)

油/水型即水包油型,分散相(也称为内相)为油,分散介质(也称为外相)为水。

(2)水/油型(W/O)

水/油型即油包水型,内相为水,外相为油。

其他的如多重乳状液(即水/油/水型 W/O/W 或油/水/油型 O/W/O 等)有其特殊用途,但不多见。

乳状液类型示意图如图 4.1 所示。

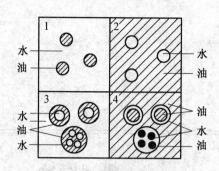

图 4.1　乳状液类型示意图

1—油/水型；2—水/油型；3—水/油/水型；4—油/水/油型

　　当液体分散成许多小液滴后,体系内两液相间的界面面积增大,界面自由能增高,体系成为热力学不稳定的,有自发地趋于自由能降低的倾向,即小液滴互碰后聚结成大液滴,直至变为两层液体。为得到稳定的乳状液,必须设法降低分散体系的界面自由能,不让液滴互碰后聚结,为此,主要是要加入一些表面活性剂,通常也称为乳化剂。此外,某些固体粉末和天然物质也可使乳状液稳定,起到乳化剂的作用。

4.2　乳状液的制备和物理性质

　　在工业生产和科学研究中,必须用一定的方式来制备乳状液,因为不同的混合方式或分散手段常直接影响乳状液的稳定性甚至类型。

4.2.1　混合方式

1.机械搅拌

　　用较高速度(4 000~8 000 r/min)螺旋桨搅拌器制备乳状液是实验室和工业生产中经常使用的一种方式。胶片生产中油溶性成色剂的分散采用的就是这种方式。此法的优点是设备简单、操作方便,缺点是分散度低、不均匀,且易混入空气。

2.胶体磨

　　将待分散的体系由进料斗加入到胶体磨中,在磨盘间切力的作用下使待分散物料分散为极细的液滴,乳状液由出料口放出。上、下磨盘间的隙缝可以调节,国内的胶体磨可以制取 10 μm 左右的液滴。

3.超声波乳化器

　　用超声波乳化器制备乳状液是实验室中常用的乳化方式,它是靠压电晶体或磁致伸缩方法产生的超声波破碎待分散的液体。大规模制备乳状液的方法则是用哨子形喷头,将待分散液体从一小孔中喷出,射在一极薄的刀刃上,刀刃发生共振,其振幅和频率由刀的大小、厚薄以及其他物理因素来控制。

4.均化器

　　均化器(homogenizer)实际是机械加超声波的复合装置。将待分散的液体加压,使之从一可调节的狭缝中喷出,在喷出过程中超声波也在起作用。均化器设备简单,操作方便,其核心是一台泵,可加压到 60 MPa,一般在 20 ~ 40 MPa 下操作。均化器的优点是分散度高,均匀,空气不易混入。国产均化器已在轻工、农药等行业中普遍使用。

4.2.2 乳化剂的加入方式

1. 转相乳化法

将乳化剂先溶于油中,在剧烈搅拌下慢慢加水,加入的水开始以细小的液滴分散在油中,是 W/O 型乳状液。再继续加水,随着水量增多,乳状液变稠,最后转相变成 O/W 型乳状液。也可将乳化剂直接溶于水中,在剧烈搅拌下将油加入,可得 O/W 型乳状液。如欲制取 W/O 型乳状液,则可继续加油,直至发生变型。用这种方法制得的乳状液液滴大小不匀,且偏大,但方法简单。若用胶体磨或均化器处理一次,可得均匀而又较稳定的乳状液。

2. 瞬间成皂法

将脂肪酸加入油相,碱加入水相,两相混合,在界面上即可瞬间生成作为乳化剂的脂肪酸盐。用这种方法只需要稍微搅拌(甚至不搅拌)即可制得液滴小而稳定的乳状液。但此法只限于用皂做乳化剂的体系。

3. 自然乳化法

将乳化剂加入油中,制成乳油溶液,使用时,把乳油直接倒入水中并稍加搅拌,就形成 O/W 型乳状液。一些易水解的农药都用此法制得 O/W 型乳状液而用于大田喷洒。医药上常用的消毒剂"煤酚皂"(亦称为来苏尔,是含肥皂的甲酚溶液)即用此法制成。

4. 界面复合物生成法

在油相中溶入一种乳化剂,在水相中溶入另一种乳化剂,当水和油相混合并剧烈搅拌时,两种乳化剂在界面上形成稳定的复合物,此法所得乳状液虽然十分稳定但使用上有一定局限性。

5. 轮流加液法

将水和油轮流加入乳化剂中,每次加入少量,形成 O/W 型或 W/O 型乳状液。这是食品工业中常用的方法。

4.2.3 乳状液的物理性质

乳状液的某些物理性质是判别乳状液类型、测定液滴大小、研究其稳定性的重要依据。

1. 液滴的大小和外观

由于制备方法不同,乳状液中液滴的大小也不尽相同。不同大小的液滴对于入射光的吸收、散射也不同,从而表现出不同的外观(见表 4.1)。由表 4.1 所列外观大致可判断乳状液中液滴的大小范围。

表 4.1 乳状液液滴的大小和外观

液滴大小/μm	外观	液滴大小/μm	外观
>>1	可以分辨出两相	0.05 ~ 0.1	灰色半透明
>1	乳白色	< 0.05	透明
0.1 ~ 1	蓝白色		

2. 光学性质

一般来说,乳状液中分散相和分散介质的折光指数是不同的,当光线射到液滴上时,有可能发生反射、折射或散射等现象,也可能有光的吸收,这取决于分散相液滴的大小。当液滴直径远大于入射光波长时,发生光的反射,若液滴透明,可能发生折射;当液滴直径远小于入射光波长时,光线完全透过,此时乳状液外观是透明的;若液滴直径略小于入射光波长(即与波长是同一数量级),发生光的散射。可见光波长为 $0.4 \sim 0.8$ μm,而一般乳状液液滴直径为 $0.1 \sim 10$ μm,故光的反射现象比较显著。液滴较小时,也出现光散射,外观呈半透明蓝灰色,而面对入射光的方向观察时呈淡红色。

乳状液一般是不透明的,呈乳白色,但若分散相与分散介质的折光指数相同,也可得到透明的乳状液。

3. 黏度

从乳状液的组成可知,外相黏度、内相黏度、内相的体积浓度、乳化剂的性质、液滴的大小等都能影响乳状液的黏度。在这些因素中,外相的黏度起主导作用,特别是当内相浓度不很大时。

乳化剂往往会大大增加乳状液的黏度,这主要是因为乳化剂可能进入油相形成凝胶,或是水相中的乳化剂胶束增溶了油等。

4. 电导

乳状液的导电性能决定于外相,故 O/W 型乳状液的电导率远大于 W/O 型乳化液的,这可以作为鉴别乳状液类型及型变的依据。利用电导率可以测定含水量较低原油中的水量。

4.3　乳状液类型的鉴别和影响乳状液稳定性的因素

4.3.1　乳状液类型的鉴别

1. 稀释法

将数滴乳状液滴入蒸馏水中,若在水中立即散开则为 O/W 型乳状液,否则为 W/O 型乳状液。

2. 染色法

往乳状液中加数滴水溶性染料(如亚甲蓝溶液),若被染成均匀的蓝色,则为 O/W 型乳状液,如内相被染成蓝色(这可在显微镜下观察),则为 W/O 型乳化状液。

3. 导电法

O/W 型乳状液的导电性好,W/O 型乳状液差。但使用离子型乳化剂时,即使是 W/O 型乳状液,或水相体积分数很大的 W/O 型乳状液,其导电性也颇为可观。

4.3.2　影响乳状液稳定性的因素

1. 乳状液是热力学不稳定体系

乳状液是高度分散的体系,为使分散相分散,就要对它做功,所做功即以表面能形式储存在油-水界面上,使体系的总能量增加。表面自由能增加的过程不是自发的,而其逆过程(即液滴自动合并以减小表面积的过程)是自发的,故从热力学观点看,乳状液是不稳定的体系。

在分散度不变的前提下,为使乳化液的不稳定程度有所减少,必须降低油-水界面张力,加入表面活性剂可以达此目的。

2. 油-水间界面的形成

在油-水体系中加入表面活性剂后,它们在降低界面张力的同时必然在界面上吸附并形成界面膜,此膜有一定的强度,对分散相液滴起保护作用,使其在相互碰撞后不易合并。

当表面活性剂浓度较低时,界面上吸附的分子较少,膜的强度也差,乳状液的稳定性也差。表面活性剂浓度增高时,膜的强度较好,乳状液的稳定性也较好。显然,要达到最佳乳化效果,所需加入的表面活性剂的量是一定的,不同乳化剂的加入量不同,这与所形成膜的强度有关。吸附分子间相互作用越强,一般所形成界面膜的强度越大。

人们发现,混合乳化剂形成的复合膜具有相当高的强度,不易破裂,所形成的乳状液很稳定。

3. 界面电荷

大部分稳定的乳状液液滴都带有电荷。这些电荷的来源与通常的溶胶一样,是由于电离、吸附或液滴与介质间摩擦而产生的。对乳状液来说,电离与吸附带电同时发生。例如,阴离子表面活性剂在界面上吸附时,伸入水中的极性基团因电离而使液滴带负电,而阳离子表面活性剂使液滴带正电,此时吸附和电离是不可分的。

4. 乳状液的黏度

增加乳状液的外相黏度,可减少液滴的扩散系数,并导致碰撞频率与聚结速率降低,有利于乳状液稳定。另一方面,当分散相的粒子数增加时,外相黏度亦增加,因而浓乳状液较稀乳状液稳定。

工业上,为提高乳状液的黏度,常加入某些特殊组分,如天然或合成的增稠剂。乳白鱼肝油(O/W型乳状液)中用的阿拉伯胶和黄蓍胶既是乳化剂也是良好的增稠剂。

5. 液滴大小及其分布

乳状液液滴大小及其分布对乳状液的稳定性有很大影响,液滴尺寸范围越窄越稳定。当平均粒子直径相同时,单分散的乳状液比多分散的稳定。

6. 粉末乳化剂的稳定作用

许多固体粉末也是良好的乳化剂。粉末乳化剂和通常的表面活性剂一样,只有当它们处在内外两相界面上时才能起到乳化剂的作用。

固体粉末处在油相、水相还是两相界面上,取决于粉末的亲水亲油性。若粉末完全被水润湿,就会进入水相;若粉末完全被油润湿,就会进入油相;只有当粉末既能被水同时又能被油润湿时,才会停留在油-水界面上。目前普遍用润湿角 θ 来衡量粉末的亲水亲油性,当 $\theta>90°$ 时,粉末大部分在油相中,即它的亲油性强,应得 W/O 型乳状液;当 $\theta<90°$ 时,粉末大部分在水相中,即它的亲水性强,应得 O/W 型乳状液;当 $\theta=90°$ 时,固体粉末在油相和水相中各占一半,即既可是 O/W 型乳状液也可以是 W/O 型乳状液,实际上得不到

稳定的乳状液。

根据上述原则,在油-水体系中加入易为水所润湿的粉末(如 SiO_2、氢氧化铁以及铜、锌、铝等的碱式硫酸盐)易形成 O/W 型乳状液,而炭黑、煤烟、松香等易被油润湿的粉末易形成 W/O 型乳状液。用粉末乳化的乳状液之所以能够稳定,主要是由于粉末集结在油-水界面上形成坚固的界面膜(图 4.2),它保护了分散相液滴,使乳状液得以稳定。

(a) O/W 型乳状液　　　　　　　　(b) W/O 型乳状液

图 4.2　固体粉末的乳化作用

4.4　乳化剂的分类与选择

4.4.1　乳化剂的分类

乳化剂是乳状液赖以稳定的关键。乳化剂的品种繁多,大致可分为以下 4 类。

1. 合成表面活性剂

合成表面活性剂目前用得最多,它又可分成阴离子型、阳离子型和非离子型三大类。阴离子型表面活性剂应用普遍,非离子型表面活性剂近年发展很快,因其具有不怕硬水、不受介质 pH 值限制等优点。

2. 高聚物乳化剂

合成的聚乙烯醇、聚氧乙烯-聚氧丙烯嵌段共聚物等可看作高聚物乳化剂。这些化合物的相对分子质量大,在界面上不能整齐排列,虽然降低界面张力不多,但它们能被吸附在油-水界面上,既可以改进界面膜的机械性质,又能增加分散相和分散介质的亲和力,因而提高了乳状液的稳定性。

常用的高聚物乳化剂有聚乙烯醇、羧甲基纤维素钠盐以及聚醚型非离子表面活性物质等。其中有些相对分子质量很大,能提高 O/W 型乳状液水相的黏度,增加乳状液的稳定性。

3. 天然产物

磷脂类(如卵磷脂)、植物胶(如阿拉伯胶)、动物胶(如明胶)、纤维素、木质素、海藻胶类(如藻朊酸钠)等可作为 O/W 型乳状液的乳化剂。羊毛脂和固醇类(如胆固醇)等可作为 W/O 型乳状液的乳化剂。天然乳化剂的乳化性能较差,使用时常需与其他乳化剂配合。天然乳化剂的价格较高,且有易于水解、对 pH 值敏感等缺点。但是,人造食品乳状液和药物乳剂等需要它们,因它们无毒甚至有益,这是合成乳化剂难以比拟的。

4. 固体粉末

一般情况下,用固体粉末稳定的乳状液液滴较粗,但可以相当稳定。常用的有黏土

（主要是蒙脱土）、二氧化硅、金属氢氧化物、炭黑、石墨、碳酸钙等。

4.4.2　乳化剂的选择

1. 选择乳化剂的一般原则

要制备有一定相对稳定性的乳状液,必须加入第三种物质,即乳化剂。由于油、水相的性质、乳化方法和预得到乳状液类型不同,不可能有万能的优良乳化剂,因此,选择乳化剂都是指对一定体系、乳化方法和要求的乳状液的类型而言的。尽管如此,选择乳化剂仍有一些可供参考的通用原则。这些原则是:

①大多有良好的表面活性,能降低表面张力,在欲形成的乳状液外相中有良好的溶解能力。

②乳化剂在油-水界面上能形成稳定的和紧密排列的凝聚膜。

③水溶性和油溶性乳化剂的混合使用有更好的乳化效果。

④乳化剂应能适当增大外相黏度,以减小液滴的聚集速度。

⑤满足乳化体系的特殊要求。如食品和乳液药物体系的乳化剂要求无毒和有一定的药理性能等。

⑥要能用最小的浓度和最低的成本达到乳化效果,乳化工艺简单。

2. 选择乳化剂的常用方法

选择乳化剂的常用方法有两种:HLB 法和 PIT 法。前者适用于各类表面活性剂,但未涉及温度、油、水体积比等因素的影响,该法的原则是乳化体系所需的 HLB 值与乳化剂的 HLB 值尽可能一致;后者只适用于非离子型表面活性剂。

4.5　乳状液的变型和破乳

4.5.1　乳状液的变型

变型也称为反相,是指 O/W 型(W/O 型)乳状液变成 W/O 型(O/W 型)的现象。变型需在某些因素作用下才能发生。在显微镜下观察变型过程,大体如图 4.3 所示。由图 4.3 可见,处于变型过程中的(b)和(c)是一种过渡状态,它表示一种乳状液类型的结束及另一种类型的开始。在变型过程中,很难区别分散相和分散介质。

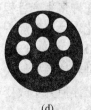

　　　(a)　　　　　　　　(b)　　　　　　　　(c)　　　　　　　　(d)

图 4.3　乳状液变型示意图

变型过程究竟是怎样进行的? Schulman 曾研究过荷负电的 O/W 型乳状液,在其中加入多价阳离子用以中和液滴上的电荷,这时液滴聚结,水相被包在油滴中,油相逐渐成为连续相,最后变成 W/O 型乳状液。

4.5.2 影响乳状液变型的因素

1. 乳化剂类型

在钠皂稳定的 O/W 型乳状液中加入钙、镁或钡等 2 价正离子 Me^{2+},便能使乳状液变型成 W/O 型乳状液,因为钠皂和 Me^{2+} 反应生成另一种构型的 2 价金属皂。当 Me^{2+} 的数量不够多时,钠皂占优势,乳状液不会变型,只有当 Me^{2+} 的数量相当大(即 2 价金属皂占优势)时,才能使乳状液变型。当钠皂数量与 2 价金属皂数量不相上下时,乳状液是不稳定的。

2. 相体积比

据球形液滴的密堆积观点,人们很早就发现,在某些体系中当内相体积分数在74%分数以下时体系是稳定的,当继续加入内相物质使其体积分数超过74%时则内相变成外相,乳状液发生变型。

3. 温度

有些乳状液在温度变化时会变型。例如,由相当多的脂肪酸和脂肪酸钠的混合膜所稳定的 W/O 型乳状液升温后,会加速脂肪酸向油相中扩散,使膜中脂肪酸减少,因而易变成由钠皂稳定的 O/W 型乳状液。用皂做乳化剂的苯/水乳状液,在较高温度下是 O/W 型乳状液,降低温度可得 W/O 型乳状液。发生变型的温度与乳化剂的浓度有关。浓度低时,变型温度随浓度增加变化很大,当浓度达到一定值后,变型温度就不再改变。这种现象实质上涉及了乳化剂分子的水化程度。

4. 电解质

在用油酸钠乳化的苯/水乳状液中加入适量 NaCl 后变为水/苯乳状液,这是由于加入电解质后减少了分散相粒子上的电势,使表面活性剂离子和反离子之间的相互作用增强,降低了亲水性,有利于变为 W/O 型乳状液。在上述实验中加入电解质时,在水相和油相中都有部分皂以固体状态析出,析出量小于20%(质量分数)时乳状液不发生变型,析出量大于20%(质量分数)时才发生变型。将水相和油相中析出的皂过滤掉,得到苯/水乳状液,说明在电解质作用下固体皂析出,而且只有在固体皂参加下才能形成水/苯型乳状液。

4.5.3 乳状液的破坏

在许多生产过程中,往往遇到如何破坏乳状液的问题。例如,原油加工前必须将其中的乳化水尽可能除去,否则设备会被严重腐蚀。又如汽缸中,凝结的水常会和润滑油乳化形成 O/W 型乳状液,为避免事故,必须将水和油分离。油和水分离的过程称为破乳。

乳状液的破坏表示乳状液不稳定。乳状液的不稳定有多种表现:它可以分层,较轻的油滴上浮但并不改变分散度(如将浮在新鲜牛奶上的奶油粒子轻轻摇动后仍可分散到牛奶中去);它可以聚集(aggregation),此时液滴聚集成团,但各液滴仍然存在并不合并;它也可以破乳,使油水完全分离。这 3 种情况如图 4.4 所示,当然,乳状液不稳定的这几种情况有区别(特别是分层和破坏),但又互相有联系,有时很难完全分清,因为聚集之后往往会导致其中的小液滴相互合并,并不断长大,最后甚至引起破坏。

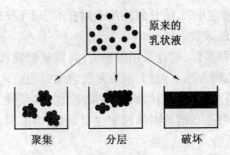

图 4.4 乳状液不稳定的 3 种表现

乳状液稳定的主要因素是应具有足够机械强度的保护膜。因此,只要是能使保护膜减弱的因素原则上都有利于破坏乳状液。下面介绍几种常用的破乳方法。

1. 化学法

在乳状液中加入反型乳化剂,会使原来的乳状液变得不稳定而破坏,因此,反型乳化剂即是破乳剂。例如,在用钠皂稳定的 O/W 型乳状液中加入少量 $CaCl_2$(加多了将会变为 W/O 型乳状液),可使原来的乳状液破坏。

在用金属皂稳定的乳状液中加酸亦可破乳,这是因为所生成的脂肪酸的乳化能力远小于皂类。此法常称为酸化破乳法。在橡胶汁中加酸得到橡胶即为应用实例之一。

在稀乳状液中加入电解质能降低其 ζ 电位,并减少乳化剂在水相中的水化度,亦能促使乳状液破坏。

2. 顶替法

在乳状液中加入表面活性大的物质,它们能吸附到油–水界面上,将原来的乳化剂顶走。它们本身由于碳氢链太短,不能形成坚固的膜,导致破乳。常用的顶替剂有戊醇、辛醇、乙醚等。

3. 电破乳法

电破乳法常用于 W/O 型乳状液的破乳。由于油的电阻率很大,工业上常用高压交流电破乳(电场强度为 2 000 V/cm 以上)。高压电场的作用为:

①极性的乳化剂分子在电场中随电场转向,从而能削弱其保护膜的强度。

②水滴极化(偶极分子的定向极化)后,水滴相互吸引,使水滴排成一串,成珍珠项链式,当电压升至某一值时,这些小水滴瞬间聚集成大水滴,在重力作用下分离出来。

4. 加热法

升温一方面可以增加乳化剂的溶解度,从而降低它在界面上的吸附量,削弱了保护膜;另一方面,升温可以降低外相的黏度,从而有利于增加液滴相碰的机会,所以升温有利于破乳。冷冻也能破乳。但只要是由足够量的乳化剂制得的乳状液,或者用效率较高的乳化剂制得的乳状液,一般在低温下都可保持稳定。

5. 机械法

机械法破乳包括离心分离、泡沫分离、蒸馏和过滤等,通常先将乳状液加热再经离心分离或过滤。过滤时,一般是在加压下将乳状液通过吸附剂(干草、木屑、砂土或活性炭等)或多孔滤器(微孔塑料、素烧陶瓷),由于油和水对固体的润湿性不同,或是吸附剂吸附了乳化剂等,都可以使乳状液破乳。

泡沫分离是利用起泡的方法,使分散的油滴附在泡沫上而被带到水面并分离,此法通常适用于 O/W 型乳状液的破乳。

总之,破乳的方法多种多样,究竟采用哪种方法,需根据乳状液的具体情况来确定,在许多情况下常联合使用几种方法。例如,油田要使含水原油破乳,往往是加热、电场、表面活性剂三者并举。原油是 W/O 型乳状液,它是借皂、树脂(胶质)等表面活性物质而稳定的。同时,沥青质粒子和微晶石蜡等固体粉末也有乳化作用,且是 W/O 型乳化剂。能使原油破乳的物质具有以下特点:

①能将原来的乳化剂从液滴界面上顶替出来,而自身又不能形成牢固的保护膜。

②能使原来作为乳化剂的固体粉末(如沥青质粒子或微晶石蜡)完全被原油或原油中的水润湿,使固体粉末脱离界面进入润湿它的那一相,从而破坏了保护层。

③破乳的物质是一种 O/W 型乳化剂,目前常用的是聚醚型表面活性剂——聚氧乙烯-聚氧丙烯的嵌段共聚物,国内常用的破乳剂商品名称是 SP-169。它们能强烈地吸附在油-水界面上,顶替原来存在的保护膜,使保护作用减弱,有利于破乳。表面活性剂分子链上聚氧乙烯基团较多,而且用于破乳的量不多,故在界面上吸附的分子大致是平躺着的,分子间的引力不大,界面膜厚度较薄、强度差,因而易于破乳。

4.6　微乳状液

通常所说的乳状液颗粒大小常为 $0.1 \sim 50 \ \mu m$,在普通光学显微镜下可观测到。从外观看,除极少数分散相和分散介质的折光指数相同的情况外,一般都是乳白色、不透明的体系,故有人称为"宏观状液"(macroemulsion),简称乳状液。1943 年,Schulman 等人往乳状液中滴加醇,制得透明或半透明、均匀并长期稳定的体系。经大量研究发现,此种乳状液中的分散相颗粒很小,常为 $0.01 \sim 0.20 \ \mu m$。此种由水、油、表面活性剂和助活性剂(如醇类)4 个组分以适当的比例自发形成的透明或半透明的稳定体系,称为微乳状液(microemulsion),简称微乳液或微乳。

实际上微乳状液在生产上早就有应用,早期的一些地板抛光蜡液、机械切削油等都是微乳状液。20 世纪 60 年代中期,在石油开采的三次采油中利用微乳状液使采收率有很大的提高。用微乳状液驱油采收率普遍提高 10% 以上,油层的砂岩经处理后,其渗透率亦大为提高并长期保持不变。这项研究引起国内外石油行业的普遍重视,正在积极开展研究。常见微乳状液的配方是原油、石油磺酸钠、低碳酸(丙醇、丁醇、戊醇)和水。但要想取得大规模的应用,还有相当多的问题有待解决。

4.6.1　微乳状液的微观结构

在乳状液中,有 O/W,W/O 及多重乳状液(如 W/O/W 等)3 种类型。微乳状液也有3 个结构类型,即 O/W,W/O 与双连续相结构。

双连续相结构是经理论与实验证实了的。在其结构范围内,任何一部分油形成的油珠链网组成油连续相。同样,体系中的水也形成水珠链网连续相。油珠链网与水珠链网相互贯穿与缠绕,形成了油、水双连续相结构,它具有 O/W 和 W/O 两种结构的综合

第4章 乳 状 液

特性。

4.6.2 助表面活性剂的作用

在微乳状液形成过程中,助表面活性剂的作用可能有以下3方面。

1.降低界面张力

对单一表面活性剂而言,当其浓度增至 CMC 后,其界面张力(σ)不再降低,而加入一定浓度的助表面活性剂(通常为中等链长的醇),则能使 σ 进一步降低,甚至可能为负值。热力学稳定的微乳状液,通常是在 $\sigma < 10^{-2}$ mN/m 后自发生成。

某些离子型表面活性剂(如 AOT(二(2-乙基己基)磺基琥珀酸钠))亦能使油-水界面降至 10^{-2} mN/m 以下,因而不需要助表面活性剂也能形成微乳状液(W/O 型)。非离子型表面活性剂在 HLB 值附近,也具有此性能。

2.增加界面膜流动性

加入助表面活性剂可增加界面膜的柔性,使界面更易流动,减少微乳状液生成时所需的弯曲能,使微乳状液液滴容易生成。

3.调节表面活性剂的 HLB 值

这点不是主要的,但起到微调表面活性剂 HLB 值的作用,使之更合适些。

4.6.3 微乳状液的制备

微乳状液形成时不需要外力,主要是匹配体系中的各种成分。目前采用 HLB 法、PIT 法、表面活性剂分配法、盐度扫描法等来寻找这种匹配关系。

盐度扫描法可以使我们对微乳状液有较多的了解。

当体系中油的成分、油-水体积比(通常为1)、表面活性剂与助表面活性剂的比例及浓度确定后,改变体系中的盐度(若由低往高增加),往往可得到 3 种状态,即 WinsorI,WinsorIII 与 WinsorII,如图 4.5 所示。WinsorI 指 O/W 型微乳状液和剩余油达到平衡状态;WinsorIII 指双连续型微乳状液(也称为中相微乳液)与剩余油及剩余水平达到三相平衡的状态;WinsorII 指 W/O 型微乳状液和剩余水达到平衡的状态。

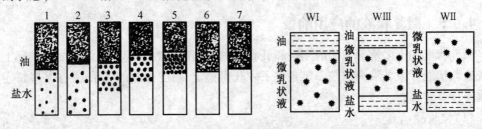

图 4.5 石油磺酸钠(TRS—10—410)/异丁醇/油/盐水的
体系相态随盐度的变化(从 1→7,盐度增加)

●—O/W 型乳状液;○—W/O 型乳状液

1,2—WinsorI 型;3,4,5—WinsorIII 型;6,7—WinsorII 型

当体系中盐量增加时,水溶液中的表面活性剂和油受到"盐析"而析离,盐也压缩微乳状液的双电层,斥力下降,液滴易接近,含盐量增加,使 O/W 型微乳状液进一步增溶油

· 103 ·

的量,从而使微乳状液中油滴密度下降而上浮,导致形成新"相"。

对于这种扫描法,若改变组成中其他成分也能达到这种效果。

4.6.4 微乳状液的性质

为了解微乳状液的本质,下面根据一些实验结果,归纳出若干微乳状液的理化性质。

1. 光学性质

微乳状液为澄清、透明或半透明的分散体系,多数有乳光,颗粒大小常在 0.2 μm 以下,故在普通光学显微镜下不能观察到其颗粒。

2. 颗粒大小及均匀性

据光散射、超离心沉降及电子显微镜等方法的研究,发现颗粒一般都小于 0.1 μm。用电子显微镜观察微乳状液时,发现颗粒越细分散度越窄,当颗粒大小为 0.03 μm 时,颗粒皆为同样大小的圆球。一般乳状液的粒度分布较宽,即颗粒大小非常悬殊。

3. 导电性质

与一般的乳状液相似,若外相为水,导电性就大;若外相为油,则导电性差,因此,不能根据导电性来区分宏乳状液和微乳状液。

4. 稳定性

微乳状液很稳定,长时间放置也不分层和破乳。若把它放在 100 个重力加速度的超离心机中旋转 5 min 也不分层,而宏乳状液这时是要分层的。

5. 超低界面张力

表面活性剂加入水中后水的表面张力一般从 72 mN/m 降至 30～40 mN/m,在油-水界面上其界面张力下降得更低,可从 50 mN/m 左右降至几个或十几个毫牛顿每米。此时,再加如醇类等辅助剂,界面张力还可进一步降低,甚至达到超低界面张力,即 10^{-6}～10^{-2} mN/m,这已被众多实验证实。

6. 碳链数的相关性

正构阴离子表面活性剂中碳原子数目应等于油分子中碳原子数目加上辅助剂分子中的碳原子数目,若符合此相关性,可得较合适的微乳状液组分匹配。

4.6.5 微乳状液的应用前景

微乳状液在许多情况下的应用是和乳状液的应用联系在一起的。许多配方实际上是形成宏乳状液。微乳液只有在一定条件下才获得稳定、高度分散的体系,并在某些特定方面取得良好效果。

(1)化妆品

宏乳状液的稳定性不是令人非常满意的,若更换成微乳状液则不论是稳定性还是外观(透明性)和功能都会有改善。

(2)脱模剂

过去用无机粉体做脱模剂较多,给操作人员带来不便。现今在橡胶、塑料等行业改用喷涂宏乳状液或微乳状液,既提高了工效、改善了成品质量,又减少了环境污染,深受欢迎。

（3）洗井液

油井在生产一段时间以后，由于蜡、沥青、胶质等的黏附，使出油量下降，这就需要用一种液体注入井中清洗，使出油量恢复正常。洗井液的配方很多，而微乳状液是其中之一，它对地层压力系数较低的油井更为有利，因为它的密度低且不使地层膨胀。

（4）三次采油

油井自喷称为一次采油。注水、注蒸汽、火烧、动力机械抽油等依附于动力而出油者称为二次采油。在注水驱油等方法中，再附加化学药剂或生物制剂而出油的措施称为三次采油。三次采油的办法也是多种多样的，微乳状液是办法之一，且成功的希望较大。因为微乳状液在一定范围内既能和水又能和油混溶，能消除油、水间的界面张力，故洗油效率最高。德国、美国等都已有单井成功的先例。我国除石油系统外，山东大学胶体化学研究所、中国科学院感光化学研究所等单位和油田结合，在这方面也开展了许多工作，取得不少成果。但它能否大面积推广使用，则受技术上和经济上诸多因素制约。不过，三次采油势在必行，因为三次采油所采收的是残存于油层中多达 60%（质量分数）以上的原油。21 世纪将会有更多的石油开采人员从事这方面的工作。

（5）超细粒子及复杂形态无机材料的制备

将微乳状液作为微反应器可进行纳米粒子制备。在 Triton X-100/n-己醇/环己烷/水的 W/O 型微乳状液中制备了球形和立方形硫酸钡纳米粒子。在双连续相的微乳液通道中进行矿化反应制备了微米级网状结构的磷酸钙。在双连续相微乳薄膜中制备出文石型碳酸钙蜂窝状薄膜。

（6）微乳状液中的催化作用

某些发生在有机物和无机物之间的反应，由于它们在水和有机溶剂中溶解度相差太大，难以找到适当的反应介质，在微乳状液中却可使这类反应进行。微乳状液使某些化学反应得以进行和加速的原因有：

①微乳状液体系对有机物和无机盐都有良好的溶解能力，且微乳液为高度分散体系，有极大的相接触面积，对促使反应物接触和反应十分有利。例如，在 O/W 型微乳液中，半芥子气氧化为亚砜反应仅需 15 s，而在相转移催化剂作用下的两相体系中进行需 20 min。

②某些极性有机物在微乳状液中可以一定的方式定向排列，从而可控制反应的方向。如在水溶液中苯酚硝化得到邻位和对位硝基苯酚的比例为 1∶2。在 AOT 参与形成的 O/W 型微乳中苯酚以其酚羟基指向水相，因而使水相中的 NO_2^+ 易攻击酚羟基的邻位，可得到 80% 的邻硝基苯酚。

③微乳状液中表面活性剂端基若带有电荷，常可使有一定电荷分布的有机反应过渡态更稳定，而过渡态稳定有利于反应进行和速率常数增大。例如，已知苯甲酸乙酯水解反应的过渡态是负电分散的，实验测得在阳离子表面活性剂十六烷基三甲基溴化铵参与形成的 O/W 型微乳中，该反应的活化能大大降低。表面活性剂、助表面活性剂的性质，微乳的组成比，外加电解质等都可影响微乳状液对化学反应的作用。这些影响都表现在改变微乳相区的面积和形状，以及改变微乳液滴的大小和界面层性质。

总之，关于微乳状液的研究和应用，虽然已经取得不少成果，但关于深层次的问题仍有待进一步探索和总结。

思 考 题

1. 乳状液按结构如何分类?
2. 如何鉴别乳状液的类型?
3. 试比较乳状液与胶束溶液、微乳液的区别与联系。
4. 举例说明乳状液的应用。

第2篇　钻井化学

钻井化学是研究如何用化学方法解决钻井和固井过程中遇到的问题。由于钻井和固井过程中遇到的问题主要来自钻井液和水泥浆,因此钻井化学可分为钻井液化学和水泥浆化学。

钻井液化学是通过研究钻井液组成、性能及其控制与调整,达到优质、快速、安全、经济地钻井目的。在钻井液性能的控制与调整中,化学法是重要的方法。为了掌握这一方法,必须了解各种钻井液处理剂类型、结构、性能及其作用机理,这是钻井液化学的主要组成部分。

水泥浆化学是通过研究水泥浆的组成、性能及其控制与调整,达到封隔漏失层、复杂地层和保护产成、套管的目的。因此,水泥浆外加剂和外掺料的类型、结构、性能及其作用机理成为水泥浆化学的主要组成部分。

黏土是配制钻井液的重要原材料,它的主体矿物为黏土矿物。黏土矿物的结构和基本特性与钻井液的性能、控制及其调整密切相关,所以应对黏土矿物的结构和基本特性有一个基本的了解。

因此,在本篇中将黏土矿物单独编成一章,而钻井液化学和水泥浆化学编成另外两章。

第**5**章

黏土矿物的晶体构造与性质

黏土矿物是黏土的主体矿物,它的主体结构及其基本特性对钻井液的性能有直接影响。

5.1 黏土矿物的基本构造

虽然黏土矿物种类繁多,结构也不相同,但都有相同的基本构造单元,这些基本构造单元组成基本构造单元片,再由这些基本构造单元片组成基本结构层,最后由这些基本结构层组成各种黏土矿物。

5.1.1 基本构造单元及基本构造单元片

黏土矿物有两种基本构造单元,即硅氧四面体和铝氧八面体。这两种基本构造单元组成两种基本构造单元片(又称为晶片)。

1.硅氧四面体与硅氧四面体片

硅氧四面体由一个硅原子等距离地配上 4 个比它大得多的氧原子构成(图 5.1)。从图 5.1 可以看到,在硅氧四面体中,3 个氧原子位于同一平面上,称为底氧原子,剩下一个位于顶端,称为顶氧原子。

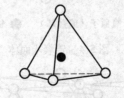

○ 氧原子　● 硅原子

图 5.1　硅氧四面体

硅氧四面体片是由多个硅氧四面体共用底氧原子形成的(图 5.2)。因此,每个硅氧四面体片均有底氧原子面和顶氧原子面,显然,底氧原子面比顶氧原子面含有更多的氧原子。硅氧四面体片可在平面上无限延伸,形成六方网络的连续结构(图 5.3),该结构中的六方网络内切圆直径约为 0.228 nm,硅氧四面体片厚度约为 0.5 nm。

2.铝氧八面体与铝氧八面体片

铝氧八面体由一个铝原子与 6 个羟基配位而成(图 5.4)。

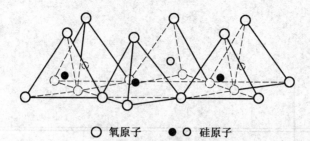

○ 氧原子　　● ○ 硅原子

图 5.2　硅氧四面体片

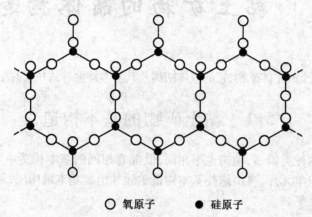

○ 氧原子　　● 硅原子

图 5.3　硅氧四面体片的六方网格结构

同样,铝氧八面体片是以共用羟基的形式构成的。铝氧八面体片有两个相互平行的羟基面,铝氧八面体片中所有羟基都分布在这两个平面上(图 5.5)。

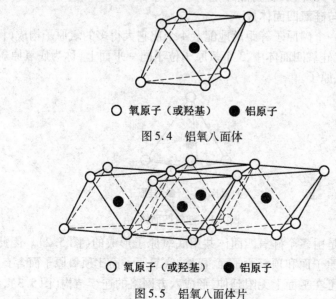

○ 氧原子（或羟基）　　● 铝原子

图 5.4　铝氧八面体

○ 氧原子（或羟基）　　● 铝原子

图 5.5　铝氧八面体片

5.1.2　基本结构层

黏土矿物的基本结构层(又称为单元晶层)是由硅氧四面体片与铝氧八面体片按不同比例结合而成的。

1. 1∶1 层型基本结构层

1∶1 层型基本结构层是由 1 个硅氧四面体片与 1 个铝氧八面体片结合而成的,它是层状构造的硅铝酸盐黏土矿物最简单的晶体结构。

在 1∶1 层型的基本结构层中,硅氧四面体片的顶氧原子构成铝氧八面体片的一部分,取代了铝氧八面体片的部分羟基。因此,1∶1 层型的基本结构中有 5 层原子面,即 1 层硅原子面、1 层铝原子面、1 层氧原子面、1 层羟基面和 1 层氧-羟基混合面。高岭石的晶体结构是由这种基本结构构成的。

2. 2∶1 层型基本结构层

2∶1 层型基本结构层是由 2 个硅氧四面体片夹着 1 个铝氧八面体片结合而成的。2 个硅氧四面体片的顶氧原子分别取代了铝氧八面体片的两个羟基面上的部分羟基。因此,2∶1 层型的基本结构中有 7 层原子面,即 1 层铝原子面、2 层硅原子面、2 层氧原子面和 2 层氧-羟基混合面。蒙脱石的晶体结构是由这种基本结构层构成的。

5.1.3　由基本结构层重复堆叠引申出来的概念

黏土矿物分别由上述两种基本结构层堆叠而成。当两个基本结构层重复堆叠时,相邻基本结构层之间的空间称为层间域,存在于层间域中的物质称为层间物。若层间物为水,则这种水称为层间水,若层间域中有阳离子,则这种阳离子称为层间阳离子。相邻本结构层的相对应晶面间的垂直距离称为晶层间距。这些都是由基本结构层重复堆叠引申出来的重要概念。

5.2　黏土矿物

黏土矿物有高岭石、蒙脱石、伊利石、绿泥石、坡缕石、海泡石等,其中以前三者最为常见。

5.2.1　高岭石

高岭石的基本结构层是由 1 个硅氧四面体片和 1 个铝氧八面体片结合而成的,属于 1∶1 层型黏土矿物。基本结构层沿层面(即直角坐标系的 a 轴和 b 轴)无限延伸,沿层面垂直方向(即直角坐标系的 c 轴)重复堆叠而构成高岭石黏土矿物晶体,其晶层间距约为 0.72 nm(图 5.6)。

在高岭石的结构中,晶层的一面全部由氧原子组成,另一面全部由羟基组成。晶层之间通过氢键和分子间力紧密联结,水不易进入其中。

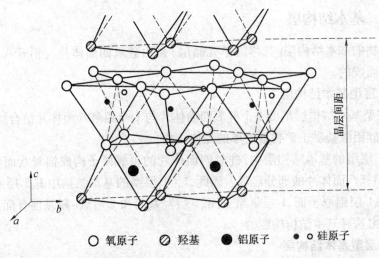

○ 氧原子　◇ 羟基　● 铝原子　· 硅原子

图5.6　高岭石的晶体结构

高岭石很少晶格取代。所谓晶格取代,是指硅氧四面体中的硅原子或铝氧八面体中的铝原子被其他原子(通常为低一价的金属原子)所取代,例如硅原子被铝原子取代、铝原子被其他原子取代等。晶格取代的结果是使晶体的电价产生不平衡,为了平衡电价需在晶体表面结合一定数量的阳离子。这些只是为了补偿电价而结合的阳离子是可以互相交换的,所以称为可交换阳离子(又称为补偿阳离子)。由于高岭石体表面很少晶格取代,所以它的晶体表面就只有很少的可交换阳离子。

在黏土矿物中,高岭石属于非膨胀型的黏土矿物,这可从其晶层间存在氢键和晶体表面只有很少的可交换阳离子两方面理解。

5.2.2　蒙脱石

蒙脱石的基本结构层是由2个硅氧四面体片和1个铝氧八面体片组成的,属于2:1层型黏土矿物。在这个基本结构层中,所有硅氧四面体的顶氧原子均指向铝氧八面体。硅氧四面体片与铝氧八面体片通过共用氧原子联结在一起。基本结构层沿a轴和b轴方向无限延伸,沿c方向重复堆叠而构成蒙脱石黏土矿物晶体(图5.7)。

在黏土矿物中,蒙脱石属膨胀型黏土矿物,这一方面是由于在蒙脱石结构中,晶层的两面全部由氧原子组成,晶层间的作用力为分子间力(不存在氢键),联结松散,水易于进入其中;另一方面是由于蒙脱石有大量的晶格取代,在晶体表面结合了大量的可交换阳离子,水进入晶层后,这些可交换阳离子在水中解离,形成扩散双电层,使晶层表面带负电而互相排斥,产生通常看到的黏土膨胀。

由于蒙脱石的上述特性,所以它的晶层间距是可变的,一般为$0.96 \sim 4.00$ nm。

蒙脱石的晶格取代主要发生在铝氧八面体片中,由铁原子或镁原子取代铝氧八面体中的铝原子,硅氧四面体中的硅原子很少被取代。晶体被取代后,在晶体表面可结合各种可交换阳离子。当可交换阳离子主要为钠离子时,该蒙脱石称为钠蒙脱石;当可交换阳离子主要为钙离子时,该蒙脱石称为钙蒙脱石。此外,还有氢蒙脱石、锂蒙脱石等。

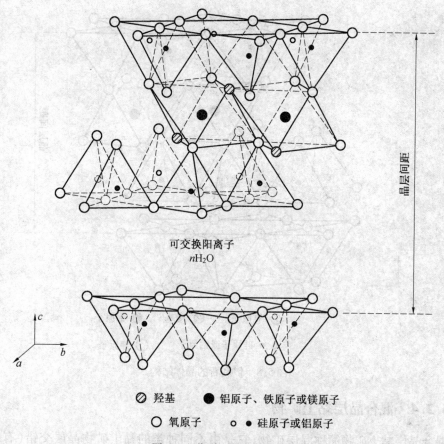

可交换阳离子
$n\mathrm{H_2O}$

⊘ 羟基　　● 铝原子、铁原子或镁原子

○ 氧原子　　○ • 硅原子或铝原子

图 5.7　蒙脱石的晶体结构

　　膨润土的主要成分是蒙脱石,它是一种重要的钻井液材料。一级膨润土主要为钠蒙脱石,称为钠土;二级膨润土主要为钙蒙脱石,称为钙土。它们可作为钻井液的悬浮剂和增黏剂。

5.2.3　伊利石

　　伊利石的基本结构层与蒙脱石相似,也是由 2 个硅氧四面体片和 1 个铝氧八面体片组成的,属于 2∶1 层型黏土矿物(图 5.8)。

　　伊利石与蒙脱石在结构上的不同之处在于晶格取代主要发生在硅氧四面体片中(约有 1/6 的硅原子被铝原子取代),而且补偿电价的可交换阳离子主要为钾离子,由于负电荷主要在硅氧四面体晶片中,离晶层表面近,钾离子与晶层的负电荷产生静电引力。此外钾离子直径(0.266 nm)与硅氧四面体片中的六方网络结构内切圆直径(0.288 nm)相近,使其易进入六方网络结构中而更加接近晶格取代后的铝原子,静电吸力大。在静电吸力的作用下,钾离子不易从硅氧四面体片中的六方网络结构释出,所以晶层结合紧密,水不易进入其中,因此伊利石属非膨胀型黏土。伊利石晶层间距比较稳定,一般为 1.0 nm。

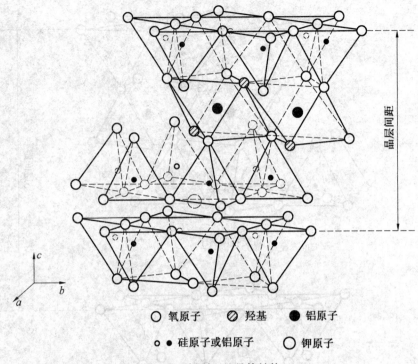

晶层间距

○ 氧原子　　⊘ 羟基　　● 铝原子

○ ● 硅原子或铝原子　　◯ 钾原子

图5.8　伊利石的晶体结构

5.2.4　混合晶层黏土矿物

混合晶层黏土矿物简称混层矿物,它是由不同种类的黏土矿物晶层交错(有序或无序)堆叠形成的一类黏土矿物。在地层岩样中常见有伊利石和蒙脱石的混层矿物(简称伊蒙混层)和绿泥石与蒙脱石的混层矿物(简称绿蒙混层)。通常,混层矿物比相应单一黏土矿物遇水更易膨胀、分散。

5.3　黏土矿物的性质

黏土矿物的下列属性与钻井液性能密切相关。

5.3.1　带电性

黏土矿物表面的带电性是指黏土矿物表面在与水接触情况下的带电符号和带电量。黏土矿物表面的带电性有以下两个来源:

1. 可交换阳离子的解离

黏土矿物表面都有一定数量的可交换阳离子。当黏土矿物与水接触时,这些可交换阳离子就从黏土表面解离下来,以扩散的方式排列在黏土矿物表面周围,形成扩散双电层,使黏土矿物表面带负电。因此,黏土矿物表面可交换阳离子的数量越多,表面所带的电量就越多,解离后表面的负电性越强。

黏土矿物表面的带电量可用阳离子交换容量（cation exchange capacity，CEC）表示。阳离子交换容量是指 1 kg 黏土矿物在 pH 值为 7 的条件下所能交换下来的阳离子总量（以一价阳离子物质的量表示），单位为 $mmol \cdot kg^{-1}$。

不同类型的黏土矿物有不同的阳离子交换容量。表 5.1 为各种黏土矿物的阳离子交换容量。从表 5.1 可以看到，蒙脱石的阳离子交换容量最大，高岭石的阳离子交换容量最小。

通常，晶格取代数量越大的黏土矿物，阳离子交换容量越大。但也有例外，如伊利石晶格取代的数量在黏土矿物中是最多的，但由于晶格取代的位置处于硅氧四面体片中，离晶层表面较近，加上可交换阳离子为钾离子，不易被其他阳离子交换，从而使伊利石的阳离子交换容量小于蒙脱石的阳离子交换容量。

表 5.1　黏土矿物的阳离子交换容量

黏土矿物	阳离子交换容量/$(mmol \cdot kg^{-1})$
高岭石	30 ~ 150
蒙脱石	800 ~ 1 500
伊利石	200 ~ 400
绿泥石	100 ~ 400
坡缕石	100 ~ 200
海泡石	200 ~ 450

2. 表面羟基与 H^+ 或 OH^- 的反应

黏土矿物存在两类表面羟基：一类是存在于黏土矿物晶层表面上的羟基（图 5.6）；另一类是在黏土矿物边缘断键处产生的表面羟基。后一类表面羟基通过下列过程产生：

$$>Al-O-Al< \xrightarrow{断键} >Al-O \ + \ >Al \xrightarrow{H^+ 和 OH^-} 2 \ >Al-OH$$

（铝氧八面体）　　　　　　　　　　　　　　　　　（形成表面羟基）

$$>Si-O-Si< \xrightarrow{断键} >Si-O \ + \ >Si \xrightarrow{H^+ 和 OH^-} 2 \ >Si-OH$$

（硅氧四面体）　　　　　　　　　　　　　　　　　（形成表面羟基）

在酸性或碱性条件下，这些表面羟基可与 H^+ 或 OH^- 反应，使黏土矿物表面带不同符号的电性。在酸性条件下，黏土矿物表面的羟基可与 H^+ 反应，使黏土矿物表面带正电：

$$>Al-OH \ + \ H^+ \longrightarrow \ >Al-OH_2^+$$

$$>Si-OH \ + \ H^+ \longrightarrow \ >Si-OH_2^+$$

在碱性条件下，黏土矿物表面的羟基可与 OH^- 反应，使黏土矿物表面带负电：

$$>Al-OH \ + \ OH^- \longrightarrow \ >Al-O^- \ + \ H_2O$$

$$>Si-OH \ + \ OH^- \longrightarrow \ >Si-O^- \ + \ H_2O$$

在一定的酸性或碱性条件下，由断键处的表面羟基所产生的带电量与黏土矿物的分散度有关。表5.2是在碱性条件下测得的高岭石的阳离子交换容量与颗粒大小的关系。从表5.2可以看到,高岭石的分散度越大,阳离子交换容量就越大。这是由于分散度越大,高岭石边缘的断键越多,由此产生的表面羟基的数量也越多,因此阳离子交换容量就越大。

表5.2　高岭石的阳离子交换容量与颗粒大小的关系

颗粒大小/μm	0.05~0.1	0.1~0.25	0.25~0.5	0.5~1	2~4	5~10	10~20
阳离子交换容量/(mmol·kg^{-1})	95	54	39	38	36	26	24

上述两种来源的带电性的代数和决定了黏土矿物的最后带电性。在一般情况下,黏土矿物表面带负电,其阳离子交换容量在表5.1所示的范围内。

5.3.2　吸附性

吸附性是指物质在黏土矿物表面浓集的性质。在研究黏土矿物表面吸附性时,黏土矿物称为吸附剂,而浓集在其上的物质则称为吸附质。吸附质在吸附剂表面的浓集称为吸附。

黏土矿物表面的吸附可分为物理吸附、化学吸附和离子交换吸附。

1. 物理吸附

物理吸附是指吸附剂与吸附质之间通过分子间力而产生的吸附。由氢键产生的吸附也属于物理吸附。非离子型表面活性剂(如聚氧乙烯烷基醇醚和聚氧乙烯烷基苯酚醚)和非离子型聚合物(如聚乙烯醇和聚丙烯酰胺)在黏土矿物表面上的吸附是既通过分子间力,也通过氢键而产生的吸附,所以都属于物理吸附。

2. 化学吸附

化学吸附是指吸附剂与吸附质之间通过化学键而产生的吸附。阳离子型表面活性剂(如十二烷基三甲基氯化铵)和阳离子型聚合物(如聚二烯丙基二甲基氯化铵)都可在水中解离,产生表面活性剂阳离子和聚合物阳离子。这些阳离子均可与带负电的黏土矿物表面形成离子键而吸附在黏土矿物表面,所以它们的吸附属于化学吸附。

3. 离子交换吸附

对于带电晶体颗粒,遵循电中性原则,将等当量地吸附带相反电荷的离子。一般来说,被吸附的离子可以与溶液中同电荷的离子发生交换作用,这种作用称为离子交换吸附。

5.3.3　膨胀性

膨胀性是指黏土矿物与水接触后体积增大的特性。

根据晶体结构,黏土矿物可分为膨胀型黏土矿物和非膨胀型黏土矿物。蒙脱石属于膨胀型黏土矿物,它的膨胀性是由于其有大量的可交换阳离子所产生的。当它与水接触时,水可进入晶层间,使可交换阳离子解离,在晶层表面建立了扩散双电层,从而产生负电性,晶层间负电荷互相排斥,引起晶层间距加大,使蒙脱石表现出膨胀性。高岭石、伊利石等属于非膨胀型黏土矿物,它们的膨胀性有其各自的原因。高岭石是因为它只有少量的晶格取代,而层间存在氢键;伊利石是因为它的晶格取代主要发上在硅氧四面体片中,而且晶层间可交换阳离子为钾离子,同样可使晶层联结紧密。

各种黏土都会吸水膨胀,只是不同的黏土矿物水化膨胀的程度不同而已,黏土水化膨胀受三种力制约:表面水化力、渗透水化力和毛细管作用。表面水化是由黏土晶体表面直接吸附水分子或通过所吸附的可交换性阳离子间接吸附水分子而导致的水化。渗透水化是由于晶层之间的阳离子浓度大于溶液内部的浓度,会引起水发生浓度差扩散进入层间,增加晶层间距。当黏土表面吸附的阳离子浓度高于介质中浓度时,便产生渗透压,从而引起水向黏土晶层间扩散,水的这种扩散程度受电解质的浓度差影响,这就是渗透水化膨胀的机理。早在 1931 年,这一理论就应用于钻井液,使用可溶性盐以降低钻井液和坍塌页岩中液体之间的渗透压,后来进一步发展了饱和盐水钻井液、氯化钙钻井液等。

5.3.4　凝聚性

凝聚性是指一定条件下的黏土矿物颗粒(准确地说应为小片)在水中发生联结的性质。

这里讲的一定条件,主要是指电解质(如氯化钠、氯化钙等)的一定浓度。由于随着电解质浓度增加,黏土矿物颗粒表面的扩散双电层被压缩,边、面上的电性减小。当电解质超过一定浓度时,就可引起黏土矿物颗粒发生联结。

1. 分散体系稳定性的概念

分散体系的稳定性包括两个方面,即动力(沉降)稳定性和聚结稳定性。

(1)动力稳定性

动力稳定性是指在重力作用下分散相颗粒是否容易下沉的性质。一般用分散相下沉速度的快慢来衡量动力稳定性的好坏。例如,在一个玻璃容器中注满钻井液,静止 24 h后,分别测定上部与下部的钻井液密度,其差值越小,则动力稳定性越强,说明颗粒沉降速度很慢。

(2)聚结稳定性

聚结稳定性是指分散相颗粒是否容易自动地聚结变大的性质。不管分散相颗粒的沉降速度如何,只要它们不自动降低分散度聚结变大,该胶体就是聚结稳定性好的体系。

动力稳定性与聚结稳定性是两个不同的概念,但是它们之间又有联系。如果分散相颗粒自动聚结变大,所受重力增大,必然引起下沉。因此,失去聚结稳定性,最终必然失去动力稳定性。由此可见,在上述两种稳定性中,聚结稳定性是最根本的。

2. 黏土颗粒的分散与聚结

(1)黏土颗粒间的作用力

黏土颗粒的分散与聚结同样是颗粒间的引力和斥力综合作用的结果。由于在黏土颗粒上不同部位带电数不同,水化膜厚度不同,与胶体颗粒相比,有其特殊性:黏土颗粒间的引力包括多分子间的引力和棱角边缘的静电引力;黏土颗粒间的斥力包括颗粒间的静电斥力和水化膜产生的机械阻力。

(2)黏土颗粒的联结方式

黏土颗粒是片状的,其连接方式有端端联结(边边联结)、端面联结(边面联结)和面面联结 3 种方式,如图 5.9 所示。

(a) 端端联结　　　(b) 端面联结　　　(c) 面面联结

图 5.9　黏土颗粒的联结方式

(3)黏土颗粒的分散与聚结

当钻井液中的黏土颗粒具有很强的电动电位时,水化能力强,水化膜厚,颗粒间的静电斥力和机械阻力使黏土颗粒不能靠近,保持高度分散状态(图 5.10(a))。

当钻井液中黏土颗粒的电动电位不太大时,黏土水化也不太好,黏土颗粒棱角边缘处水化很差,这时黏土颗粒能以端-端和端-面方式连接,形成空间网架结构,黏土颗粒呈絮凝状态(图 5.10(b))。

如果黏土颗粒的电动电位进一步降低到很小的数值,甚至为零,黏土颗粒水化非常差,黏土颗粒会以面-面方式结合,颗粒变粗,形成聚结(图 5.10(c))。在这种状态下,钻井液稳定性很差,性能变坏,不能满足钻井要求。

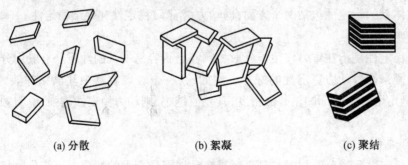

(a) 分散　　　　　(b) 絮凝　　　　　(c) 聚结

图 5.10　黏土颗粒的分散与聚结

思 考 题

1.为什么高岭石属非膨胀型黏土矿物?

2.为什么蒙脱石属膨胀型黏土矿物?

3.蒙脱石的 CEC 大,为什么?

4.蒙脱石与伊利石都是 2∶1 层型的黏土矿物,但蒙脱石属膨胀型黏土矿物,而伊利石属于非膨胀型黏土矿物,为什么?

第6章

钻井液化学

钻井液(原称泥浆)是指油气钻井过程中以其多种功能满足钻井工作需要的各种循环流体。它可以是液体或气体,因此,钻井液应确切地称为钻井流体。

6.1　钻井液的功能与组成

6.1.1　钻井液的功能

钻井液在钻井过程中起着重要作用。图 6.1 是钻井过程中液体钻井液的循环过程。从图 6.1 中可以看到,钻井液池中的钻井液在钻井液泵的作用下经过地面管线、立柱、水龙带进入钻杆,然后通过钻头水眼喷向井底,再携带着被钻头破碎的岩屑从钻杆与地层(或套管)之间的环空上返至地面,在地面经振动筛等固控设备将岩屑除去后,返回钻井液池,循环使用。

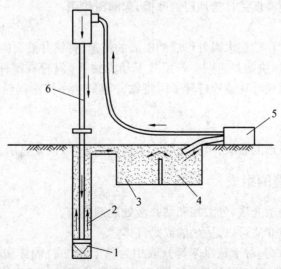

图 6.1　液体钻井液的循环过程

1—钻头;2—钻井液循环方向;3—沉淀池;4—钻井液池;5—钻井液泵;6—方钻杆

钻井液有下列功能：

1. 冲洗井底

钻井液可在钻头水眼处形成高速的液流,喷向井底,可将由于钻井液压力与地层压力差而被压持在井底的岩屑冲起,起冲洗井底的作用。

2. 携带岩屑

钻井液循环时,当钻井液在环空中的上返速度大于岩屑的沉降速度时,钻井液可将井底被钻头破碎的岩屑携至地面,以保持井眼清洁,这是钻井液首要和最基本的功用。

3. 悬浮岩屑和固体密度调整材料

当停止循环时,钻井液处于静止状态,其中的膨润土颗粒可互相联结,形成空间网架结构,可将井内的岩屑悬浮在钻井液中,使钻屑和细砂等不会很快下沉,防止沉砂卡钻等情况的发生。若钻井液中加有固体密度调整材料(如重晶石),则在停止循环时,钻井液也可将它悬浮起来。

4. 平衡地层压力

钻井液的液柱压力必须与地层压力相平衡才能达到防止井涌、井喷或钻井液大量漏进地层的目的。通过选择合适钻井液密度来控制钻井液的液柱压力,使之与地层压力相平衡。

5. 稳定井壁

钻井液具有良好的滤失造壁性能,在井壁上形成一层薄而韧的泥饼,以稳固已钻开的地层并阻止液相侵入地层,减弱泥页岩水化膨胀和分散能力。此外,适当密度的钻井液在井眼内产生的液柱压力可对井壁提供有效的力学支持,起稳定井壁的作用。

6. 冷却与润滑钻头

钻井液可将钻井过程中钻具(钻头和钻柱)与地层摩擦产生的热量及井底地层热量带至地面,起冷却作用。同时,由于钻井液的存在,使钻头和钻柱均在液体内旋转,因此在很大程度上能有效地降低钻具与地层的摩擦,起润滑作用。

7. 传递功率

钻井液可通过它在钻头水眼处形成的极高的流速,将钻井液泵的功率传至井底,提高钻头的岩破能力,并加快钻井速度。若用井下动力钻具(涡轮或螺杆钻具)钻井,钻井液还可以在高速流经涡轮叶片或螺杆转子时将钻井液的功率传给涡轮或螺杆,并带动钻头破碎岩石。

8. 获取地层信息

通过钻井液携带出的岩屑,可以获取许多地层信息,如油气显示、地层物性等。

6.1.2　钻井液的组成

钻井液一般由分散介质、分散相和钻井液处理剂组成。

钻井液中的分散介质可以是水、油或是气体。

钻井液中的分散相,对于悬浮体其分散相为黏土和(或)固体密度调整材料;对于乳状液其分散相为油(O/W 型乳状液)或水(W/O 型乳状液);对于泡沫其分散相为气体。

钻井液处理剂是为调节钻井液性能而加入钻井液中的化学剂。其按元素组成可分为无机钻井液处理剂(包括无机的酸、碱、盐和氧化物等)和有机钻井液处理剂(如表面活性剂和高分子等);若按用途则可分为下列15类,即钻井液pH值控制剂、钻井液降滤失剂、钻井液降黏剂、钻井液增黏剂、钻井液絮凝剂、钻井液润滑剂、页岩控制剂(又称为防塌剂)、解卡剂、钻井液除钙剂、钻井液起泡剂、钻井液乳化剂、钻井液缓蚀剂、温度稳定剂、密度调整材料和堵漏材料。其中最后两类之所以称为材料是因为它们的用量较大,一般超过5%(质量分数)。

6.2 钻井液密度及其调整

6.2.1 钻井液密度及其对钻井的影响

单位体积钻井液的质量称为钻井液密度。钻井液密度是确保安全、快速钻井和保护油气层的一个十分重要的参数,如果密度过高,将引起钻井液过度增稠、易漏失(容易压漏地层)、钻速下降、对油气层损害加剧和钻井液成本增加等一系列问题;而密度过低,则容易发生井涌甚至井喷,还会造成井塌、井径缩小和携岩能力下降。

6.2.2 钻井液密度的调整

钻井液密度的调整包括降低钻井液密度和提高钻井液密度。

可用加水、混油或充气的方法降低钻井液密度,因为水、油和气体的密度都低于钻井液密度,也可用机械或化学凝聚的方法清除钻井液中的无用固体来降低钻井液密度。对于提高钻井液密度可用加入高密度材料的方法提高钻井液密度。

高密度的材料有两类,一类是高密度的不溶性矿物或矿石(见表6.1)的粉末。这些粉末可悬浮在黏土矿物颗粒形成的空间网架结构中,提高钻井液密度。由于重晶石来源广、成本低,所以它成为目前使用最多的高密度材料。

表6.1 高密度的不溶性矿物或矿石

名称	主要成分	密度/$(g \cdot cm^{-3})$
石灰石	$CaCO_3$	2.7~2.9
重晶石	$BaSO_4$	4.2~4.6
菱铁矿	$FeCO_3$	3.6~4.0
钛铁矿	$TiO_2 \cdot Fe_3O_4$	4.7~5.0
磁铁矿	Fe_3O_4	4.9~5.2
黄铁矿	F_eS_2	4.9~5.2

另一类是高密度的水溶性盐(见表6.2)。这些盐可溶于钻井液中,提高钻井液密度。

表6.2 高密度的水溶性盐

水溶性盐	盐的密度/$(g \cdot cm^{-3})$	饱和水溶液密度/$(g \cdot cm^{-3})$
KCl	1.398	1.16(20 ℃)
NaCl	2.17	1.20(20 ℃)
$CaCl_2$	2.15	1.40(60 ℃)
$CaBr_2$	2.29	1.80(10 ℃)
$ZnBr_2$	4.22	2.30(40 ℃)

在使用水溶性盐提高钻井液密度时要加入缓蚀剂,防止盐对钻具的腐蚀。同时要注意盐从钻井液中的析出温度。图6.2为盐水析冰或析盐温度随盐水密度的变化曲线。从图6.2可以看到,曲线(如 NaCl 曲线)分成两部分,在低密度(曲线左侧)时,盐水温度降至一定程度所析出的是冰,该温度称为盐水的冰点,随着盐水密度的增加,盐水的冰点降低;在高密度(曲线右侧)时,盐水温度降至一定程度所析出的固体不是冰而是盐,该温度称为析盐温度,随着盐水密度的增加,盐水的析盐温度陡然上升。因此在使用水溶性盐做高密度材料时,应要求钻井液的使用温度高于该钻井液密度下的析盐温度。为防止析盐对钻井液性能的影响,可在钻井液中加入盐结晶抑制剂。可用的盐结晶抑制剂是氨基多羧酸盐(图6.3)。

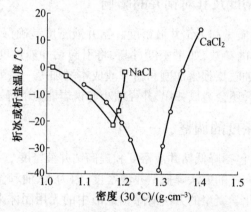

图 6.2　盐水析冰或析盐温度随盐水密度的变化

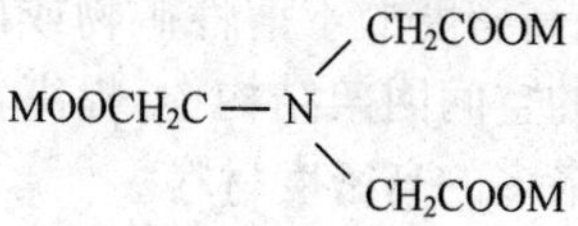

$$CH_2COOM$$
$$MOOCH_2C — N$$
$$CH_2COOM$$

(a) 次氨基三乙酸盐 (NTA)

$$MOOCH_2C \qquad CH_2COOM$$
$$N — CH_2CH_2 — N$$
$$MOOCH_2C \qquad CH_2COOM$$

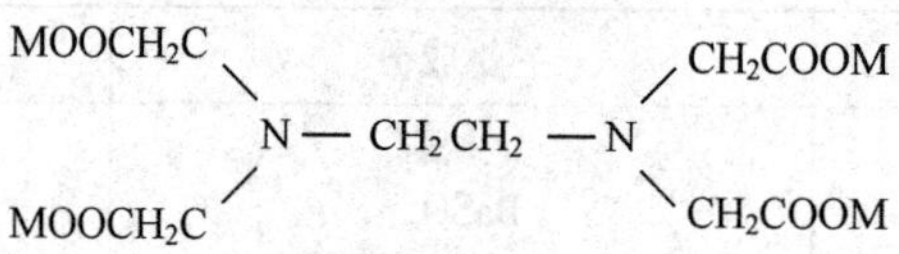

(b) 乙二胺四乙酸盐 (EDTA)

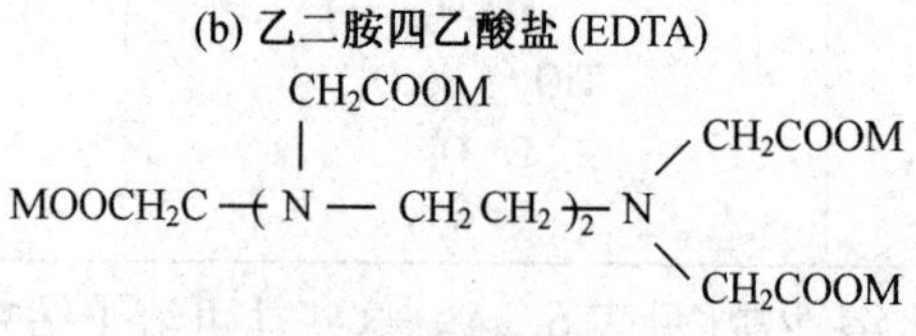

$$CH_2COOM \qquad CH_2COOM$$
$$MOOCH_2C — (N — CH_2CH_2)_2 N$$
$$CH_2COOM$$

(c) 二乙烯三胺五乙酸盐 (DTPA)

图 6.3　氨基多羧酸盐

图6.3分子式中的 M 可为 K,Na 或 NH$_4$。氨基多羧酸盐溶于钻井液后,即通过离子交换转变为相应的盐(如高密度材料为钙盐时即转变为钙盐),它可选择性地吸附在刚析出的盐晶表面,使它发生畸变,不利于盐继续在其表面析出,起控制析盐作用。

6.2.3　钻井液密度调整材料的用量计算

下面以重晶石和水为例,讨论在各种情况下确定密度调整材料的用量计算。

例6.1　使用重晶石将 $100\ m^3$ 密度为 $1.20\ g\cdot cm^3$ 的钻井液加重到密度为 $1.30\ g\cdot cm^{-3}$。

(1)如果最终体积无限制,求重晶石(密度为 $4.20\ g\cdot cm^{-3}$)的用量。

(2)如果最终体积为 $100\ m^3$,求重晶石的用量。

解　设钻井液加重前密度为 ρ_1、体积为 V_1,加重后密度为 ρ_2、体积为 V_2,加重剂密度为 ρ、体积为 V、质量为 m。

加重前后体积关系式:

$$V_2 = V_1 + V = V_1 + m/\rho \qquad\qquad ①$$

加重前后质量关系式:

$$\rho_2 V_2 = \rho_1 V_1 + m \qquad\qquad ②$$

由式①、式②得

$$V_2 = V_1(\rho - \rho_1)/(\rho - \rho_2) \qquad\qquad ③$$
$$m = (V_2 - V_1)\rho \qquad\qquad ④$$

$$
\begin{aligned}
(1)\ V_2/m^3 &= V_1(\rho - \rho_1)/(\rho - \rho_2) \\
&= 100 \times (4.2 - 1.20)/(4.2 - 1.30) \\
&= 103.45 \\
m/kg &= (V_2 - V_1)\rho \\
&= (103.45 - 100) \times 4.2 \times 10^3 \\
&= 14\ 490
\end{aligned}
$$

(2)若最终体积受限制,加重前需排放掉一部分钻井液,由式③变形得到应该保留的原钻井液的体积,再由④式计算加重剂用量:

$$
\begin{aligned}
V_1/m^3 &= V_2(\rho - \rho_2)/(\rho - \rho_1) \\
&= 100 \times (4.2 - 1.30)/(4.2 - 1.20) \\
&= 96.67 \\
m/kg &= (V_2 - V_1)\rho \\
&= (100 - 96.67) \times 4.2 \times 10^3 \\
&= 13\ 986
\end{aligned}
$$

实际情况下,加入重晶石粉,会导致钻井液过度增稠,因此在加重钻井液的同时,应该加一定量的水。

例6.2　将 $100\ m^3$ 钻井液从密度为 $1.20\ g\cdot cm^{-3}$ 增至 $1.30\ g\cdot cm^{-3}$,并且每 $100\ kg$ 重晶石需同时加入 $10\ kg$ 水以防止钻井液过度增稠,试计算:当钻井液最终体积仍为 $100\ m^3$ 时,重晶石的用量以及加重前应排放的原钻井液体积(已知重晶石的密度为 $4.2\ g\cdot cm^{-3}$)。

解　每 $100\ kg$ 重晶石加入 $10\ kg$ 水,其重晶石密度相当于:

$$(100 + 10)/[100/(4.2 \times 10^3) + 10/(1 \times 10^3)]kg\cdot m^{-3} = 3.25 \times 10^3\ kg\cdot m^{-3}$$

设钻井液加重前密度为 ρ_1、体积为 V_1,加重后密度为 ρ_2、体积为 V_2,加重剂密度为 ρ、体积为 V、质量为 m。

加重前后体积关系式：

$$V_2 = V_1 + V = V_1 + m/\rho \qquad ①$$

加重前后质量关系式：

$$\rho_2 V_2 = \rho_1 V_1 + m \qquad ②$$

由式①、式②得

$$V_2 = V_1(\rho - \rho_1)/(\rho - \rho_2) \qquad ③$$

$$m = (V_2 - V_1)\rho \qquad ④$$

若最终体积受限制，加重前需排放掉一部分钻井液，由式③变形得到应该保留的原钻井液的体积，再由④式计算加重剂用量：

$$\begin{aligned}
V_1/\text{m}^3 &= V_2(\rho - \rho_2)/(\rho - \rho_1) \\
&= 100(3.25 - 1.30)/(3.25 - 1.20) \\
&= 95.12
\end{aligned}$$

$$\begin{aligned}
m/\text{kg} &= (V_2 - V_1)\rho \\
&= (100 - 95.12) \times 3.25 \times 10^3 \\
&= 15\,860
\end{aligned}$$

$$15\,860 \times 100/(100 + 10)\,\text{kg} = 14\,418\ \text{kg}$$

例 6.3 某井内有密度为 $1.20\ \text{g} \cdot \text{cm}^{-3}$ 的钻井液 $150\ \text{m}^3$，欲将其密度降为 $1.15\ \text{g} \cdot \text{cm}^{-3}$，需加水多少 m^3？

解 设钻井液加水前密度为 ρ_1、体积为 V_1，加水后密度为 ρ_2、体积为 V_2，加入水的密度为 ρ、体积为 V、质量为 m。

加水前后体积关系式：

$$V_2 = V_1 + V = V_1 + m/\rho \qquad ①$$

加水前后质量关系式：

$$\rho_2 V_2 = \rho_1 V_1 + m \qquad ②$$

由式①、式②得

$$\begin{aligned}
V_2/\text{m}^3 &= V_1(\rho - \rho_1)/(\rho - \rho_2) \\
&= 150(1 - 1.20)/(1 - 1.15) \\
&= 200
\end{aligned}$$

$$(V_2 - V_1)/\text{m}^3 = (200 - 150) = 50$$

6.3　钻井液的酸碱性及其控制

钻井液的酸碱性与钻井密切相关，酸碱性的强弱直接与钻井液中黏土颗粒的分散程度有关，因此会在很大程度上影响钻井液的黏度、切力和其他性能参数。

钻井液的酸碱性可用 pH 值表示。钻井液的 pH 值一般控制在弱碱性（pH 值为 8～11）范围，因为在此范围内，钻井液中的黏土有适当的分散性，便于控制和调整钻井液性能；钻井液处理剂有足够的溶解性，可使处理剂充分发挥其效能；对 Ca^{2+} 和 Mg^{2+} 在钻井液中的浓度有一定的抑制性，钻井液对钻具有低的腐蚀性。

由于维持钻井液碱性的无机离子除了 OH^- 外,还可能有 CO_3^{2-} 和 HCO_3^-,而 pH 值不能反映钻井液中这些离子的种类和质量浓度,因此除了 pH 值外,还常使用碱度来表示钻井液的酸碱性。

碱度是指用浓度为 $0.01\ mol \cdot L^{-1}$ 的标准硫酸中和 1 mL 样品至酸碱中和指示剂变色时所需的体积(单位用 mL 表示)。被测定碱度的样品应为钻井液的滤液,以防止硫酸与钻井液中的成分产生的非中和反应所带来的影响。

从碱度的定义可以看到,钻井液的碱度越大,则其碱性越强。

之所以能用碱度判断产生碱性的离子来源,是因为用标准浓度硫酸滴定样品时,维持钻井液碱性的离子是随 pH 值降低而先后参与反应的。若在样品中加入酚酞和甲基橙,当 pH 值达到 8.3 时,酚酞使样品变色,表明下列反应基本进行完全:

$$OH^- + H^+ \longrightarrow H_2O$$

$$CO_3^{2-} + H^+ \longrightarrow HCO_3^-$$

此时溶液中的 HCO_3^- 不参与反应,人们把用酚酞做酸碱中指示剂测得的碱度称为酚酞碱度(记为 P_f)。当 pH 值达到 4.3 时,甲基橙又使样品变色,表明 HCO_3^- 与 H^+ 的反应也基本进行完全:

$$HCO_3^- + H^+ \longrightarrow CO_2 \uparrow + H_2O$$

同样人们把用甲基橙做酸碱中和指示剂测得的碱度称为甲基橙碱度(记为 M_f)。

根据酚酞碱度与甲基橙碱度关系,可判别钻井液的碱性来源:

当 $P_f = 0$ 时,说明没有发生 $OH^- + H^+ \longrightarrow H_2O$,$CO_3^{2-} + H^+ \longrightarrow HCO_3^-$ 两个反应,即样品中没有 OH^-,CO_3^{2-},钻井液碱性主要来源于 HCO_3^-。

当 $P_f = M_f$ 时,说明酚酞和甲基橙同时发生变色,那么溶液中一定不会有 HCO_3^- 存在,如果没有 HCO_3^- 存在也不会发生反应 $CO_3^{2-} + H^+ \longrightarrow HCO_3^-$,即也不存在 CO_3^{2-},所以只发生了反应 $OH^- + H^+ \longrightarrow H_2O$ 钻井液碱性主要来源于 OH^-。

当 $P_f = 1/2 M_f$ 时,说明酚酞和甲基橙先后发生变色,酚酞变色所用的标准硫酸体积与此后使甲基橙变色所用的标准硫酸体积相等,也就是 CO_3^{2-} 与 HCO_3^- 应是等物质的量的,又因为 $CO_3^{2-} + H^+ \longrightarrow HCO_3^-$,即 $CO_3^{2-} \longrightarrow HCO_3^-$,样品中一定不存在 HCO_3^-,若有 HCO_3^- 存在必须有等物质的量的 OH^- 存在,根据 HCO_3^- 与 OH^- 不能共存,因此钻井液碱性主要来源于 CO_3^{2-}。

测定碱度的另一目的是根据测得的 P_f 和 P_m 值确定钻井液中悬浮固相的储备碱度。所谓储备碱度,主要是指未溶石灰构成的碱度。当 pH 值降低时,石灰会不断溶解,这样一方面可为钙处理钻井液不断地提供 Ca^{2+};另一方面有利于使钻井液的 pH 值保持稳定。钻井液的储备碱度(单位为 $kg \cdot m^{-3}$)通常用体系中未溶 $Ca(OH)_2$ 的含量表示,其计算式为

$$储备碱度 = 0.742(P_m - f_w P_f)$$

式中,f_w 为钻井液中水的体积分数。

例 6.4　对某种钙处理钻井液的碱度测定结果为:用 $0.01\ mol \cdot L^{-1}\ H_2SO_4$ 滴定 1.0 mL 钻井液滤液,需 $1.0\ mL\ H_2SO_4$ 达到酚酞终点,$1.1\ mL\ H_2SO_4$ 达到甲基橙终点。再取钻井液样品,用蒸馏水稀释至 50 mL,使悬浮的石灰全部溶解。然后用 $0.01\ mol \cdot L^{-1}$ H_2SO_4 进行滴定,达到酚酞终点所消耗的 H_2SO_4 为 7.0 mL。已知钻井液的总固相含量为

10%（质量分数），油的含量为0。试计算钻井液中悬浮 $Ca(OH)_2$ 的量。

解 悬浮 $Ca(OH)_2$ 的量即钻井液的储备碱度，根据碱度测定结果可知，$P_f = 1.0$ mL，$M_f = 1.1$ mL，$P_m = 7.0$ mL，$f_w = 1 - 0.10 = 0.90$，由式(6.1)可求得

$$悬浮 Ca(OH)_2 的量/(kg \cdot m^{-3}) = 0.742(P_m - f_w P_f)$$
$$= 0.742 \times (7.0 - 0.90 \times 1.0)$$
$$= 4.526$$

根据现场经验，钙处理钻井液中悬浮石灰的量一般保持在 $3 \sim 6$ kg $\cdot$ m^{-3} 范围内较为适宜，可见该钻井液中所保持的量满足要求。由于该例中测得的 P_f 和 M_f 值十分接近，表明滤液中 CO_3^{2-} 和 HCO_3^- 几乎不存在，滤液的碱性主要是由于 OH^- 的存在而引起的。

在钻井液中 CO_3^{2-} 和 HCO_3^- 均为有害离子，它们会破坏钻井液的流变性和降滤失性能，用 M_f 和 P_f 的比值可相对表示它们的污染程度。当 $M_f/P_f = 3$ 时，表明 CO_3^{2-} 浓度较高，即已出现 CO_3^{2-} 污染；如果 $M_f/P_f \geqslant 5$ 时，则为严重的 CO_3^{2-} 污染，根据其污染程度，可采取相应的处理措施。

在实际应用中，也可用碱度代替 pH 值表示钻井液的酸碱性。具体要求是：一般钻井液的 P_f 最好保持在 $1.3 \sim 1.5$ mL 范围，而 M_f/P_f 控制在 3 以内。

钻井液酸碱性可用 pH 值控制剂（或称为碱度控制剂）控制。由于钻井液通常用在弱碱性范围，所以钻井液使用的 pH 值控制剂均为碱性化学剂。

常用下列 pH 值控制剂，而提高 pH 值的方法是加入烧碱、纯碱、熟石灰等碱性物质。

1. 氢氧化钠

氢氧化钠可在水中解离，直接给出 OH^-：

$$NaOH \longrightarrow Na^+ + OH^-$$

因此氢氧化钠有很强的 pH 值控制能力。氢氧化钠解离产生的 Na^+ 可使钻井液中的钙土转变为钠土，有利于提高钻井液的稳定性，但它也可使井壁的页岩膨胀、分散，因而不利于井壁稳定。常温下，10%（质量分数）NaOH 水溶液，pH 值为 12.9。

氢氧化钾也可在水中解离，直接给出 OH^-：

$$KOH \longrightarrow K^+ + OH^-$$

因此氢氧化钾控制 pH 值的能力与氢氧化钠相同。与氢氧化钠不同的是，氢氧化钾解离产生的 K^+ 对井壁的页岩有抑制膨胀、分散作用，有利于提高井壁的稳定性。

2. 碳酸钠

碳酸钠是通过在水中解离和碳酸根在水中水解，间接产生 OH^- 起调整钻井液 pH 值的作用的：

$$Na_2CO_3 \longrightarrow 2Na^+ + CO_3^{2-}$$
$$CO_3^{2-} + H_2O \longrightarrow HCO_3^- + OH^-$$
$$HCO_3^- + H_2O \longrightarrow H_2CO_3 + OH^-$$

碳酸钠在控制钻井液 pH 值的同时，还可以起降低钻井液中 Ca^{2+} 和 Mg^{2+} 浓度的作用：

$$Ca^{2+} + CO_3^{2-} \longrightarrow CaCO_3 \downarrow$$
$$Mg^{2+} + 2OH^- \longrightarrow Mg(OH)_2 \downarrow$$
$$Mg^{2+} + CO_3^{2-} \longrightarrow MgCO_3 \downarrow$$

因此碳酸钠可用作钻井液除钙剂或除镁剂。

碳酸钠对钻井液中的钙土和井壁的页岩有与氢氧化钠同样的作用,因而产生相同的影响。常温下,10%(质量分数)Na_2CO_3水溶液,pH 值为 11.1;而饱和的 $Ca(OH)_2$水溶液,pH 值为 12.1。

6.4　钻井液的滤失性及其控制

6.4.1　钻井液的滤失性

在钻井过程中,当钻头钻过渗透性地层时,由于钻井液的液柱压力一般总是大于地层空隙压力,在压差作用下,钻井液的液体(自由水)便会渗入地层,这种特性常称为钻井液的滤失性。在液体发生渗滤的同时,钻井液中的固相颗粒会附着并沉积在井壁上形成一层泥饼(细小颗粒可能渗入岩层至一定深度),随着泥饼逐渐加厚以及在压差作用下被压实,会对裸眼井壁有效地起到稳定和保护作用,这就是钻井液所谓的造壁性。

钻井液的滤失性可用钻井液滤失量衡量,钻井液滤失量是指钻井液在一定温度、一定压差和一定时间内通过一定面积的滤液面所得的滤液体积(单位用 mL 表示)。通常,滤失量少的钻井液一般可在滤液面上形成薄而韧、结构致密、耐冲刷和低摩阻系数的优质滤饼。

钻井液的滤失量可按不同的标准分类。若按测定过程中钻井液是否流动分类,可分为静滤失量和动滤失量;若按测试温度和压差的不同分类,可分为常规滤失量(即在温度为 24 ℃ ± 3 ℃,压差为 0.69 MPa,渗滤面积为 45.8 cm²,时间为 30 min 下测得的滤失量)和高温高压滤失量(即在温度为 150 ℃ ±3 ℃,压差为 3.45 MPa,渗滤面积为 45.8 cm²,时间为 30 min 下测得的滤失量)。图 6.4 为钻井液常规滤失量测试仪的示意图。用该仪器可测出常规条件下钻井液的静滤失量及所形成的滤饼厚度。

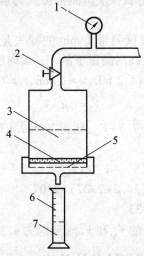

图 6.4　钻井液常规滤失量测试仪的示意图

1—压力表;2—通气阀;3—钻井液;4—滤饼;5—滤纸;6—量筒;7—钻井液滤液

可根据滤失前后的一些边界条件和 Darcy 公式,推导钻井液的静滤失方程。

由滤失前后固相体积不变,即钻井液中的固相与滤饼中的固相相等,可得

$$(V_f + AL)f_{sm} = ALf_{sc} \tag{6.1}$$

式中,V_f 为钻井液滤失量,m^3;A 为渗滤面积,m^2;L 为滤饼厚度,m;f_{sm} 为钻井液中固相的体积分数;f_{sc} 为滤饼液中固相的体积分数。

整理式(6.1),可得

$$V_f = AL(f_{sc}/f_{sm} - 1) \tag{6.2}$$

由 Darcy 公式,得

$$\frac{dV_f}{dt} = \frac{kA\Delta p}{\mu L} \tag{6.3}$$

式中,k 为滤饼渗透率,m^2;Δp 为滤饼两侧压力差,Pa;μ 为滤液黏度,$Pa \cdot s$。

将式(6.2)代入式(6.3)并积分,可得

$$V_f = A\left[\frac{2k\Delta p(f_{sc}/f_{sm} - 1)t}{\mu}\right]^{1/2} \tag{6.4}$$

式(6.4)称为钻井液静滤失方程。

由静滤失方程可以看到,钻井液滤液失量与渗滤面积成正比;与滤液时间、滤饼渗透率、固相含量因子($f_{sc}/f_{sm} - 1$)、滤饼两侧压力差(或称为渗滤压差)的平方根成正比;与滤液黏度的平方根成反比。

由于一定流速的钻井液经过一定时间的流动后,它对井壁滤饼的冲蚀速率可与固体颗粒在滤饼上的沉积速率相等,即滤饼厚度趋于不变,因此可假设 k 和 L 均为常数。在此条件下将式(6.3)积分,可得动滤失方程:

$$V_f = \frac{kA\Delta pt}{\mu L} \tag{6.5}$$

从式(6.4)和式(6.5)可以看到,影响静滤失量的因素同样对动滤失量有影响,但影响程度不同。温度因素虽然没有直接反应到静滤失方程和动滤失方程中,但它可通过影响滤液的黏度起作用。

例 6.5 使用高温高压滤失仪测得 1 min 的滤失量为 6.5 mL,7.5 min 的滤失量为 14.2 mL。试确定这种钻井液在高温高压下的 V_{sp}(瞬时滤失量)和 V_{HTHP}。

解 已知 $V_1 = 6.5$ mL,$V_2 = 14.2$ mL,$t_1 = 1$ min,$t_2 = 7.5$ min,将已知条件代入下式:

$$V_f = C\sqrt{t} + V_{sp}$$

即 $6.5 = C\sqrt{1} + V_{sp}$,$14.2 = C\sqrt{7.5} + V_{sp}$,解得 $V_{sp} \approx 2.07$ mL,由于 V_{sp} 不可忽略,30 min 的滤失量为

$$V_{30}/mL = 2 \times (V_{7.5} - V_{sp}) + V_{sp}$$
$$= 2 \times (14.2 - 2.07) + 2.07$$
$$= 26.33$$

考虑渗滤面积后,该钻井液的 V_{sp} 和 V_{HTHP} 分别为 4.14 mL,52.66 mL。

6.4.2 钻井液滤失性能与钻井的关系

为了防止地层流体进入井筒,钻井液的静液柱压力必须大于地层空隙内流体的压力,因此,在此压差作用下钻井液就有侵入渗透性地层的趋势。为了维持井眼的稳定以及减

少钻井液固、液相侵入地层与损害油气层,就必须控制钻井液的滤失性能,如果井内钻井液滤失性控制不当,必然要产生两方面问题,即滤失量过大和滤饼过厚。

1. 滤失量过大和滤饼过厚的危害

钻井液循环时,对于井壁为泥页岩的地层,滤失量过大会引起地层岩石水化膨胀、剥落,使井径扩大或缩小。由于井径扩大或缩小,又会引起卡钻、钻杆折断等事故;对于储层(特别是低渗和黏土含量高的储层),滤失量过大则会引起储层渗透率的下降。如果在井壁上形成的泥饼过厚,则会减小井的有效直径,钻具与井壁的接触面积增大,从而可能引起各种复杂问题,如起下钻遇阻、旋转扭矩增大以及高的波动压力,功率消耗增加,甚至引起井壁坍塌或造成井漏、井涌等事故;厚的泥饼易引起压差卡钻事故,使钻井成本上升;泥饼过厚会造成测井工具、打捞工具不能顺利下至井底;泥饼过厚还会影响测试结果的准确性,甚至不能及时发现低压生产层。

2. 对钻井液滤失性能的要求

一般来说,要求钻井液形成的泥饼一定要薄、致密而坚韧。钻井液的滤失量则要控制适当,在实际钻进过程中,钻井液的滤失量是不断变化的,总的原则是:井浅时可放宽,井深时应从严;钻裸眼时间短时可放宽,钻裸眼时间长须从严;非储层可放宽,储层须从严;使用不分散性处理剂时可适当放宽,使用分散性处理剂时要从严;钻井液矿化度高者可放宽,钻井液矿化度低者应从严。总之,要从钻井实际出发,以井下情况是否正常为依据,适时测定并及时调整钻井液的滤失量。

对一般地层,标准滤失量应尽量控制在 10 mL 以内,高温、高压滤失量不应超过20 mL,但有时可适当放宽,某些油基钻井液体系正是通过适当放宽滤失量来提高钻速的。

钻遇易坍塌地层时,滤失量需严格控制,标准滤失量最好不大于 5 mL。

在钻开油气层时,应尽力控制滤失量,以减轻对油气层的损害。一般情况下,API 滤失量应小于 5 mL;模拟井底温度的高温、高压滤失量应小于 15 mL。

6.4.3　钻井液滤失性的控制

钻井液的滤失性对油层保护、井壁稳定和高渗透层渗滤面上厚滤饼的形成有重要影响。

可用钻井液降滤失剂控制钻井液的滤失量。能降低钻井液滤失量的化学剂称为钻井液降滤失剂。

1. 钻井液降滤失剂的分类

钻井液降滤失剂有下列几类:

(1)改性褐煤(又称为改性腐殖酸)

褐煤是煤的一类,其中含 20% ~ 80%(质量分数)的腐殖酸。腐殖酸不是单一化合物,而是分子大小不同和结构组成不同的化合物的混合物。这些化合物都有一个含芳香环的骨架,该骨架中的芳香环可由亚烷基、羰基、醚基或亚胺基连接起来。芳香环周围有许多羧基、羟基,有时还有甲氧基。图 6.5 所示是一个说明腐殖酸分子结构的假想式。

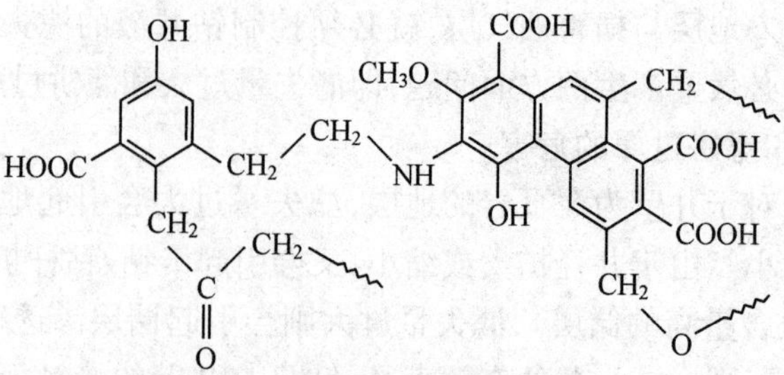

图6.5 腐殖酸分子结构的假想式

腐殖酸的相对分子质量为 $10^2 \sim 10^6$，难溶于水，但可与碱反应，生成水溶性的腐殖酸盐，也可通过硝化、磺甲基化提高它的水溶性。因此，图6.6 所示的改性褐煤可用作钻井液降滤失剂。

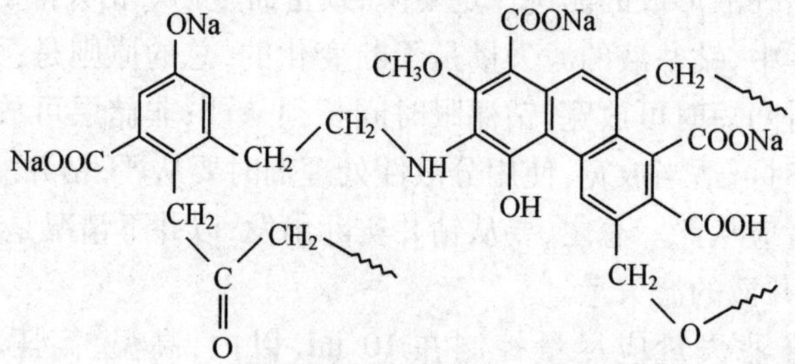

(a) 腐殖酸钠 (煤碱剂 , Na–Hm)

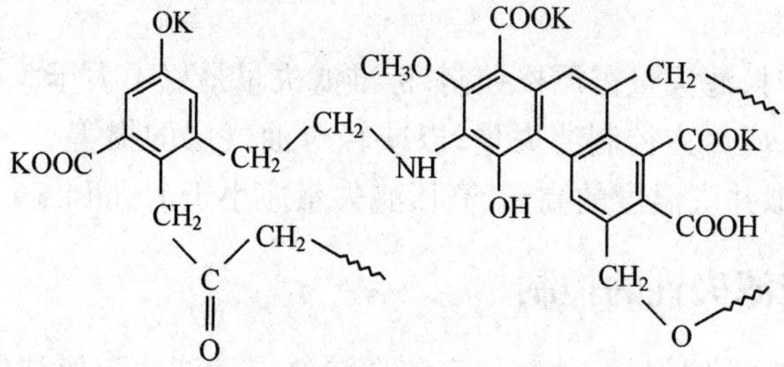

(b) 腐殖酸钾 (K–Hm)

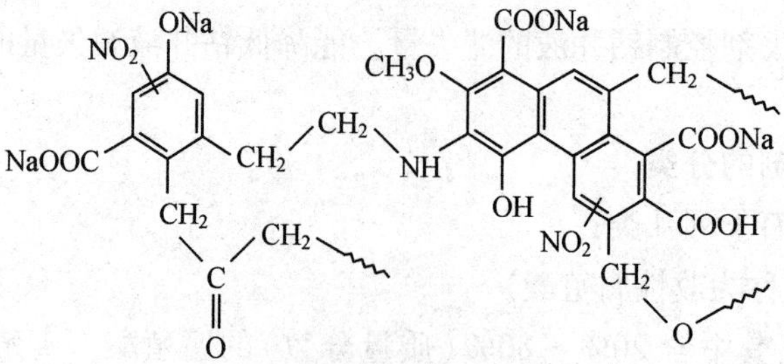

(c) 硝基腐殖酸钠 (Na–NHm)

图6.6 改性褐煤

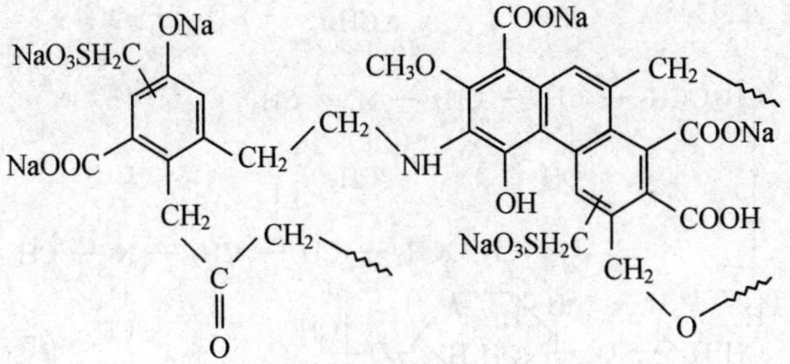

(d) 磺甲基腐殖酸钠 (Na–SMHm)

续图 6.6

图 6.6 所示的改性褐煤(改性腐殖酸)各有特点:腐殖酸钠耐温(达 180 ℃),但不耐盐;腐殖酸钾耐温、不耐盐,但兼有抑制页岩膨胀、分散的作用;硝基腐殖酸钠和磺甲基腐殖酸钠耐温(达 200 ℃)、耐盐(达 3×10^4 mg·L^{-1}),并耐钙、镁离子(达 500 mg·L^{-1})。

(2)改性淀粉

淀粉是一种天然高分子,由直链淀粉和支链淀粉组成。支链淀粉是一种可溶性淀粉,直链淀粉是一种不溶性淀粉。在玉米、马铃薯等淀粉中,直链淀粉含量为 20%~30%(质量分数),支链淀粉含量为 70%~80%(质量分数)。为使淀粉能用作钻井液降滤失剂,可对淀粉进行碱化、羧甲基化、羟乙基化、季铵化等化学改性,在淀粉中引入亲水性基团。

图 6.7 所示的改性淀粉可用作钻井液降滤失剂。

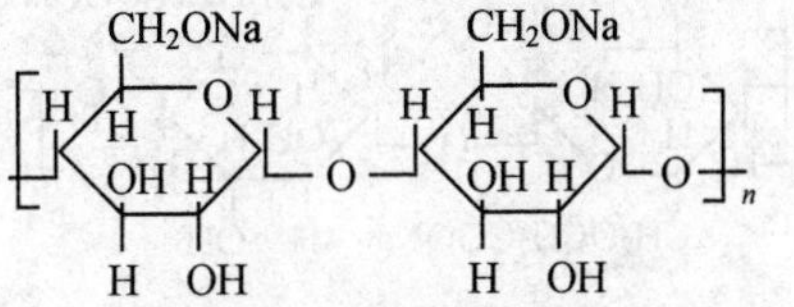

(a) 碱淀粉（预胶化淀粉）

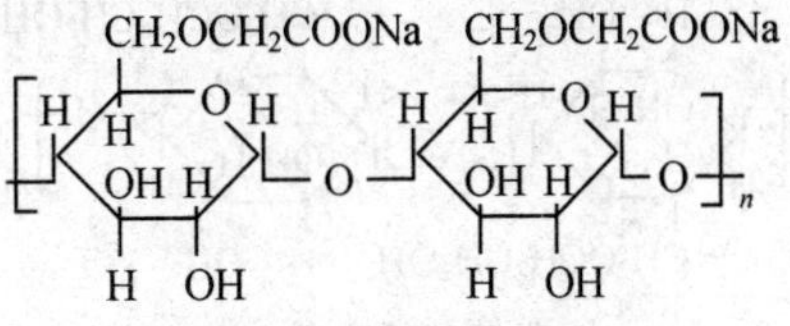

(b) 钠羧甲基淀粉 (Na–CMS)

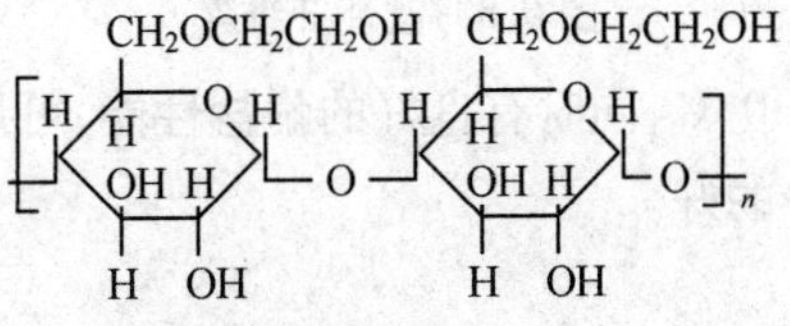

(c) 羧乙基淀粉 (HES)

图 6.7　改性淀粉

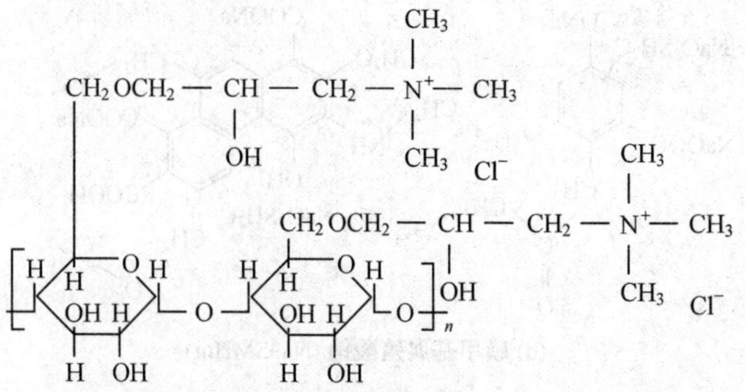

(d) 环氧丙级三甲基氯化铵与淀粉的反应产物

续图 6.7

改性淀粉可耐温至 120 ℃。由于改性淀粉分子链具有刚性,所以有良好的耐盐性能,可用在饱和盐水中。改性淀粉的主要缺点是生物稳定性差。

(3)改性纤维素

纤维素也是一种天然高分子,由于分子链上的羟基形成分子内和分子间氢键而产生结晶,所以不溶于水。也可以对纤维素进行羧甲基化、羟乙基化等化学改性,在纤维素中引入亲水性基团,使它能溶于水。

图 6.8 所示的改性纤维素可用作钻井液降滤失剂。

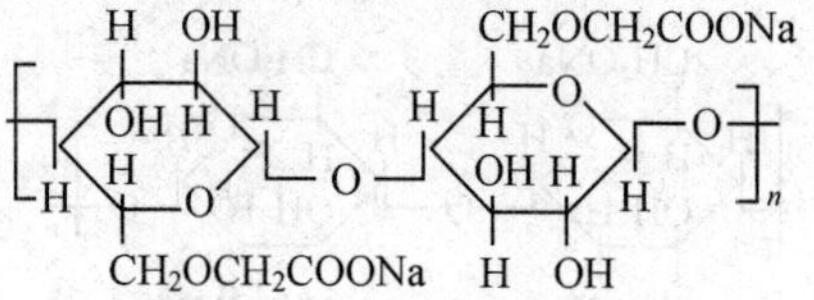

(a) 钠羧甲基纤维素 (Na–CMC)

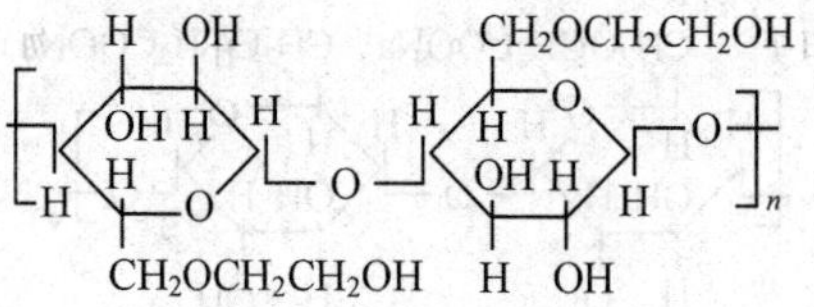

(b) 羟乙基纤维素 (HEC)

图 6.8　改性纤维素

改性纤维素可耐温至 130 ℃,同时有良好的耐盐性能,可用在饱和盐水中。改性纤维素的生物稳定性比改性淀粉的好。

(4)改性树脂

这里的树脂主要指酚醛树脂。合成这些树脂的酚可以是苯酚,也可以是木质素中酚基丙烷单元中的酚和褐煤(腐殖酸)中的酚。

图 6.9 所示的改性树脂可用作钻井液降滤失剂。

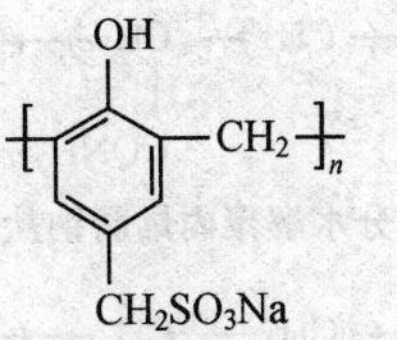

(a) 磺甲基酚醛树脂 (SMP)

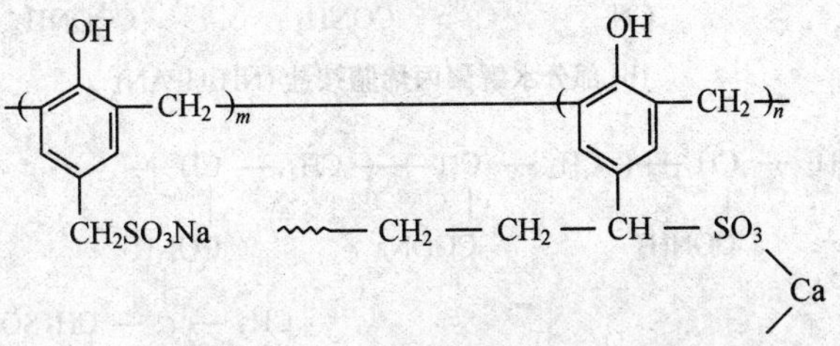

(b) 磺甲基酚醛树脂与磺化木质素树脂的缩合物 (SLSP)

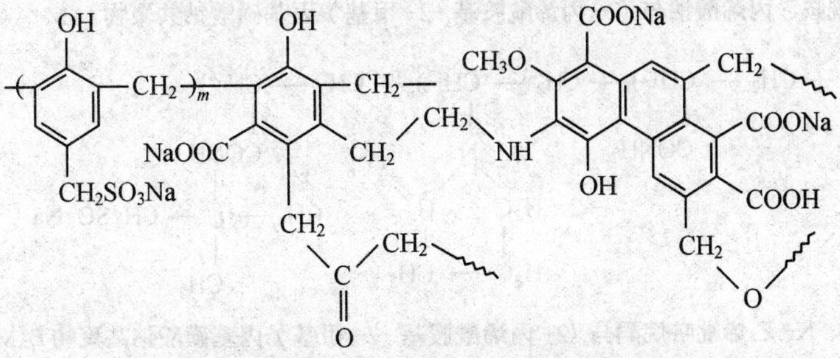

(c) 磺甲基酚醛树脂与褐煤树脂的缩合物

图 6.9　改性树脂

由于上述改性树脂主链含芳香环,同时含强亲水基团(—SO₃Na),所以它们有良好的耐温、耐盐、耐钙镁离子性能,如磺甲基酚醛树脂可耐温至 200 ℃,耐钙全 $2×10^3$ mg·L⁻¹,可在饱和盐水中使用;磺甲基酚醛树脂与褐煤树脂的缩合物可耐温至 180 ℃,耐钙至 $2×10^3$ mg·L⁻¹,也可在饱和盐水中使用。

使用时,改性树脂存在起泡沫的问题,可用消泡剂(如戊醇、聚二甲基硅氧烷等)消泡。

(5)烯类单体聚合物

烯类单体主要包括丙烯腈、丙烯酰胺、丙烯酸、(2-丙烯酰胺基-2-甲基)丙基磺酸钠和 N-乙烯吡咯烷酮等。它们可通过共聚合成二元共聚物或三元共聚物。这些共聚物可通过水解和(或)化学改性提高其水溶性。

图 6.10 所示的烯类单体聚合物可用作钻井液降滤失剂。

在这些烯类单体共聚物中,不同单体引入的不同链节可使共聚物具有不同的性能。共聚物中的丙烯腈、(2-丙烯酰胺基-2-甲基)丙基磺酸钠、N-乙烯吡咯烷酮链节可给共聚物带来耐温、耐盐的性能;丙烯酰胺链节使共聚物有好的吸附性能;丙烯酸钠链节使共聚物有好的水溶性能,但使共聚物的耐钙能力降低。

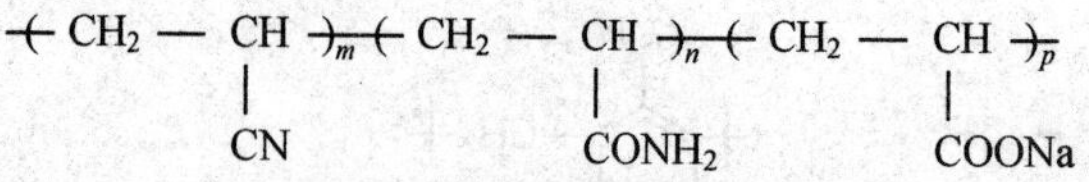

$$+CH_2-CH\xrightarrow{}_m CH_2-CH\xrightarrow{}_n CH_2-CH\xrightarrow{}_p$$
$$\qquad\quad|\qquad\qquad\quad|\qquad\qquad\quad|$$
$$\qquad\quad CN\qquad\qquad CONH_2\qquad\quad COONa$$

(a) 部分水解聚丙烯腈钠盐 (Na–HPAN)

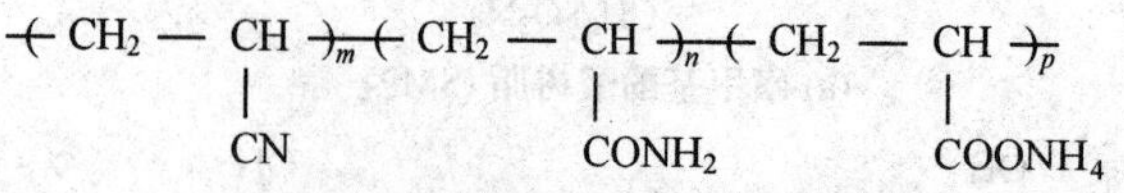

$$+CH_2-CH\xrightarrow{}_m CH_2-CH\xrightarrow{}_n CH_2-CH\xrightarrow{}_p$$
$$\qquad\quad|\qquad\qquad\quad|\qquad\qquad\quad|$$
$$\qquad\quad CN\qquad\qquad CONH_2\qquad\quad COONH_4$$

(b) 部分水解聚丙烯腈铵盐 (NH₄HPAN)

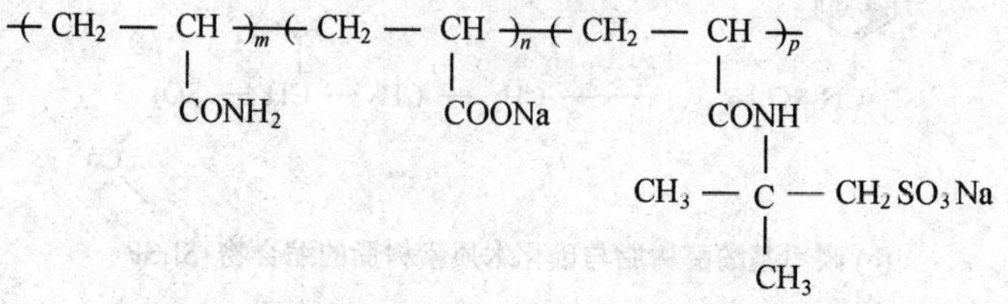

$$+CH_2-CH\xrightarrow{}_m CH_2-CH\xrightarrow{}_n CH_2-CH\xrightarrow{}_p$$
$$\qquad\quad|\qquad\qquad\quad|\qquad\qquad\quad|$$
$$\qquad\quad CONH_2\qquad\quad COONa\qquad\quad CONH$$
$$\qquad\qquad\qquad\qquad\qquad\qquad\qquad\qquad|$$
$$\qquad\qquad\qquad CH_3-C-CH_2SO_3Na$$
$$\qquad\qquad\qquad\qquad\quad|$$
$$\qquad\qquad\qquad\qquad\quad CH_3$$

(c) 丙烯酰胺、丙烯酸钠与（2-丙烯酰胺基-2-甲基）丙基磺酸钠共聚物 (AM-AA-AMPS)

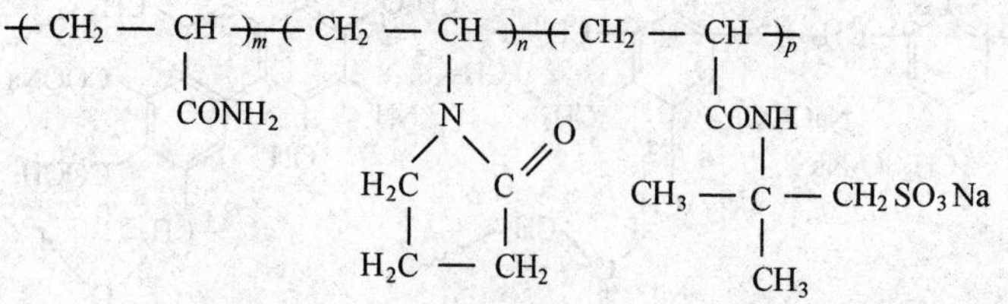

$$+CH_2-CH\xrightarrow{}_m CH_2-CH\xrightarrow{}_n CH_2-CH\xrightarrow{}_p$$
$$\qquad\quad|\qquad\qquad\quad|\qquad\qquad\quad|$$
$$\qquad\quad CONH_2\qquad\quad N\qquad\qquad CONH$$
$$\qquad\qquad\qquad H_2C\qquad C=O\qquad CH_3-C-CH_2SO_3Na$$
$$\qquad\qquad\qquad H_2C-CH_2\qquad\qquad\quad CH_3$$

(d) 丙烯酰胺、N-乙烯吡咯烷酮与（2-丙烯酰胺基-2-甲基）丙基磺酸钠共聚物 (AM-VP-AMPS)

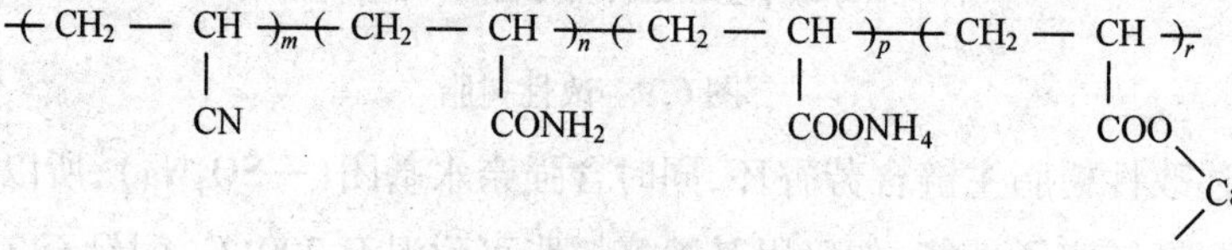

$$+CH_2-CH\xrightarrow{}_m CH_2-CH\xrightarrow{}_n CH_2-CH\xrightarrow{}_p CH_2-CH\xrightarrow{}_r$$
$$\qquad\quad|\qquad\qquad\quad|\qquad\qquad\quad|\qquad\qquad\quad|$$
$$\qquad\quad CN\qquad\qquad CONH_2\qquad\quad COONH_4\qquad COO$$
$$\qquad\qquad\qquad\qquad\qquad\qquad\qquad\qquad\qquad\qquad Ca$$

(e) 部分水解聚丙烯腈钙盐 (Ca-HPAN)

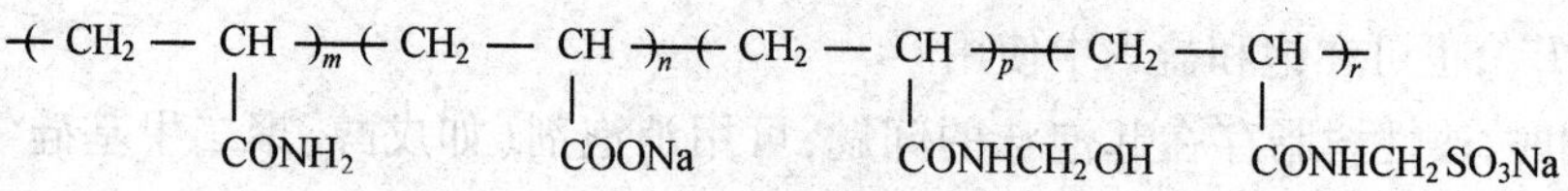

$$+CH_2-CH\xrightarrow{}_m CH_2-CH\xrightarrow{}_n CH_2-CH\xrightarrow{}_p CH_2-CH\xrightarrow{}_r$$
$$\qquad\quad|\qquad\qquad\quad|\qquad\qquad\quad|\qquad\qquad\quad|$$
$$\qquad\quad CONH_2\qquad\quad COONa\qquad\quad CONHCH_2OH\qquad CONHCH_2SO_3Na$$

(f) 部分水解磺化聚丙烯酰胺 (SHPAM)

图 6.10　烯类单体聚合物

2. 钻井液降滤失剂的作用机理

上述 5 类钻井液降滤失剂主要通过下列机理起到降低钻井液滤矢量的作用。

（1）增黏机理

上述 5 类钻井液降滤失剂都是水溶性高分子,它们溶在钻井液中可提高钻井液的黏度。从式(6.4)和式(6.5)可以看到,钻井液黏度的提高可降低钻井液的滤矢量。

（2）吸附机理

上述 5 类钻井液降滤失剂都可通过氢键吸附在黏土颗粒表面,使黏土颗粒表面的负电性增加和水化层加厚,提高了黏土颗粒的聚结稳定性,使黏土颗粒保持较小的粒度并有合理的粒度大小分布,这样可产生薄而韧、结构致密的优质滤饼,降低滤饼的渗透率。从式(6.4)和式(6.5)可以看到,渗透率降低,钻井液的滤矢量减少。

(3)捕集机理

捕集是指高分子的无规线团(或固体颗粒)通过架桥而滞留在孔隙中的现象。若高分子的无规线团(或固体颗粒)的直径为 d_c,孔隙的直径为 d_p,则捕集产生的条件为

$$d_c = (1/3 \sim 1) d_p$$

上述 5 类钻井液降滤失剂都是高分子,它们由许多不同相对分子质量的物质组成。这些物质在水中蜷曲成大小不同的无规线团,当这些无规线团的直径符合在滤饼孔隙中捕集的条件时,就被滞留在滤饼的孔隙中,降低滤饼的渗透率,减少钻井液的滤矢量。

(4)物理堵塞机理

对于 d_c 大于 d_p 的高分子无规线团(或固体颗粒),虽然它们不能进入滤饼的孔隙,但可通过封堵滤饼孔隙的入口而起到减少钻井液滤矢量的作用,这种降低钻井液滤矢量的机理称为物理堵塞机理,它不同于捕集机理。

6.5 钻井液的流变性及其调整

钻井液流变性是指在外力(泵送、搅拌)作用下,钻井液发生流动和变形的特性,其中流动性是主要的方面。钻井液的流变性与钻井液对井底的冲洗能力、对钻屑的携带和悬浮能力、对功率的传递能力和井壁稳定等直接相关。

6.5.1 基本概念

1. 流态

流体的流态可分为层流和紊流两种类型。层流是指流体质点呈层状流动,流动的每层(流动层)的流速不等,但都与流动方向平行;紊流是指流体质点完全呈不规则流动,在整个流体体积内充满小漩涡,质点的宏观速度基本相同。

对于钻井液,由于其中的分散相存在结构,所以它从静止到层流之间还存在一种塞流流态。塞流是指流体的流动像塞状物一样移动,各质点流速相等。各种流态之间都存在过渡流态,称为过渡流。

钻井液的流态如图 6.11 所示。

塞流   过渡流   层流   过渡流   紊流

图 6.11 钻井液的流态

2. 剪切力和剪切应力

当流体的液态处在层流时,相邻流动层的流速是不相等的,因此它们之间存在内摩擦

力,或称为剪切力。如图 6.12 所示。若将剪切力除以相邻流动层的接触面积,即为剪切应力。它可用下面的定义式表达:

$$\tau = \frac{F}{A} \tag{6.6}$$

式中,τ 为剪切应力;F 为剪切力;A 为相邻流动层的接触面积。

3. 剪切速率

当流体的流态处在层流时,相邻流动层之间的速度差除以它们之间的垂直距离称为剪切速率。如图 6.13 所示,它们用下面的定义式表达:

$$\dot{\gamma} = \frac{\mathrm{d}v}{\mathrm{d}Z} \tag{6.7}$$

式中,$\dot{\gamma}$ 为剪切速率;$\mathrm{d}v$ 为相邻流动层之间的速度差;$\mathrm{d}Z$ 为相邻流动层之间的垂直距离。

在钻井液循环过程的不同位置,有不同的剪切速率:①沉砂池,$10 \sim 20 \ \mathrm{s}^{-1}$;②环形空间,$15 \sim 150 \ \mathrm{s}^{-1}$;③钻杆内,$10^2 \sim 10^3 \ \mathrm{s}^{-1}$;④钻头水眼,$10^4 \sim 10^5 \ \mathrm{s}^{-1}$。

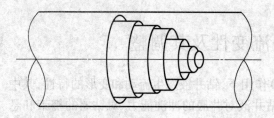

图 6.12 液体在圆管内的流速分布

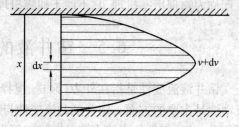

图 6.13 液体在圆管内的流速变化分布

4. 牛顿黏度与表观黏度

牛顿内摩擦定律为

$$\tau = \mu \dot{\gamma} \tag{6.8}$$

或

$$\mu = \frac{\tau}{\dot{\gamma}} \tag{6.9}$$

式中,μ 为牛顿黏度。

符合牛顿内摩擦定律的流体称为牛顿流体。图 6.14 中曲线 a 为牛顿流体的剪切应力与剪切速率之间的关系。可以看到,牛顿流体的剪切应力与剪切速率之间的关系线为一过原点的直线,即剪切应力与剪切速率成正比,牛顿黏度在不同剪切速率下是常数。

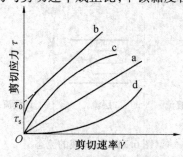

图 6.14 牛顿流体的剪切应力与剪切速率之间的关系
a—牛顿流体;b—塑性流体;c—假塑性流体;d—膨胀性流体

　　不符合牛顿内摩擦定律的流体称为非牛顿流体。非牛顿流体的黏度随剪切速率而变化。若非牛顿流体的黏度仍按式(6.9)定义,则由该定义式得到的非牛顿流体的黏度称为表观黏度,即对非牛顿流体,有

$$\mu_a = \frac{\tau}{\dot{\gamma}} \tag{6.10}$$

式中,μ_a 为表观黏度。

　　由于钻井液属非牛顿流体,钻井液的表观黏度随剪切速率而变化,所以在评价钻井液性能时,表观黏度通常指剪切速率为 1 022 s^{-1} 时对应的表观黏度。

　　5. 触变性

　　一些非牛顿流体在机械作用下变稀(或变稠),在机械作用消除后则变稠(或变稀)的性质称为触变性。

　　钻井液具有触变性。钻井液的触变性是用旋转黏度计测定的,测定时,先将钻井液放在旋转黏度计中在 600 $r \cdot min^{-1}$(相当于剪切速率为 1 022 s^{-1})下搅拌 10 s,然后在 3 $r \cdot min^{-1}$(相当于剪切速率为 5.11 s^{-1})的条件下分别测定钻井液静置 10 s 和 10 min 时的剪切应力,这两个剪切应力之差可用于表征钻井液的触变性。

6.5.2　钻井液的流变模式

　　钻井液的流变性是以钻井液的剪切应力与剪切速率之间的关系表征的。剪切应力与剪切速率之间的关系曲线称为流变参数,表示流变曲线的数学式称为流变模式,流变模式中的常数称为流变参数。有下列的流变模式适用于钻井液。

　　1. 宾汉模式

　　一般的钻井液属于塑性流体。从图 6.12 中曲线 b 可以看出,塑性流体当 $\dot{\gamma} = 0$ 时,$\tau \neq 0$,也就是说,施加的力超过一定值的时候才开始流动,这种使流体开始流动的最低剪切应力(τ_s)称为静切应力(又称为静切力、切力或凝胶强度)。当剪切应力超过 τ_s 时,在初始阶段剪切应力和剪切速率的关系不是一条直线,表明此时塑性流体还不能均匀地被剪切,黏度随剪切速率增大而降低。继续增加剪切应力,当其数值大到一定程度之后,黏度不再随剪切速率增大而发生变化,此时流变曲线变成直线。此直线段的斜率称为塑性黏度 μ_p(或 PV)。延长直线段与剪切应力轴相交于一点 τ_0,通常将 τ_0(也可表示为 YP)称为动切应力(常简称为动切力或屈服值)。

　　塑性黏度和动切力是钻井液的两个重要流变参数。

　　引入动切力之后,塑性流体流变曲线的直线段即可用直线方程描述为

$$\tau = \tau_0 + \mu_p \dot{\gamma} \tag{6.11}$$

式中,τ_0 为动切力(屈服值),Pa;μ_p 为塑性黏度(不随剪切速率而变化,反映了在层流情况下内摩擦作用的强弱),Pa·s(或 mPa·s)。

　　式(6.11)即是塑性流体的流变模式,因是宾汉首先提出的,该式常称为宾汉模式,并将塑性流体称为宾汉塑性流体。

　　塑性流体上述流动特性与它的内部结构有关。一般情况下,钻井液中的黏土颗粒在不同程度上处在一定的絮凝状态,因此,要使钻井液开始流动,就必须施加一定的剪切应

力,破坏絮凝时形成的这种连续网架结构,这个力即静切应力,由于它反映了所形成结构的强弱,因此又将静切应力称为凝胶强度。

将式(6.11)代入式(6.10),可得

$$\mu_a = \frac{\tau_0}{\gamma} + \mu_p \tag{6.12}$$

从式(6.12)可以看到,宾汉流体的表观黏度是由塑性黏度和 $\tau_0/\dot{\gamma}$ 两部分组成的。由于 $\tau_0/\dot{\gamma}$ 取决于宾汉流体中结构的强弱,所以称为结构黏度。

用膨润土配制的钻井液的流变性一般符合宾汉模式。图6.15所示是这类钻井液的流变曲线。

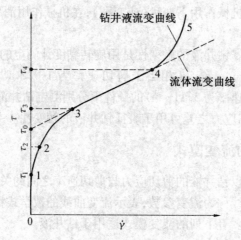

图6.15　钻井液的流变曲线

从图6.15可以看到,这类钻井液的流变曲线(0→1→2→3→4→5)可将流动过程分成5个阶段:

①静止阶段(0→1):当所受的剪切应力小于 τ_1 时,钻井液不发生流动。

②塞流阶段(1→2):当所受的剪切应力大于 τ_1 时,只有接近管壁的钻井液结构破坏,产生塞流流动。

③塞流-层流过滤阶段(2→3):当所受的剪切应力继续增大($\tau_2 \to \tau_3$)时,钻井液内部结构逐渐破坏,流动由塞流向层流过渡。

④层流阶段(3→4):当所受的剪切应力大于 τ_3 后,钻井液内部的结构破坏与结构恢复处于平衡状态,钻井液呈层流流动。

⑤紊流阶段(4→5):当所受的剪切应力大于 τ_4 时,钻井液开始进入紊流状态,此后已不能再用宾汉模式对钻井液流变性进行描述。

图6.6表明,钻井液的流变性只有在层流阶段(3→4)才符合宾汉流体的流变模式。τ_1 为从静止到流动的最小剪切应力,称为静切力(用 τ_s 表示),它反映钻井液在静止状态下结构的强弱。相应地,将钻井液流变曲线的直线段(3→4)的延长线与 τ 轴的交点的剪切应力称为动切力(用 τ_0 表示),它反映钻井液在流动状态下结构的强弱。

2.幂律模式

图6.14中曲线c的流变曲线可用下面的幂律模式表示:

$$\tau = K\dot{\gamma}^n \quad (n<1) \tag{6.13}$$

式中,K 为稠度系数,$Pa \cdot s^n$;n 为流性指数,无因次量。

符合幂律模式的流体称为幂律流体,流性指数小于 1 的幂律流体称为假塑性流体。幂律流体的特点是流体一接触到剪切应力就开始流动,所以流变曲线为一过坐标原点的曲线。

幂律模式中的流性指数与流体的结构强弱有关,结构越强,流性指数越小。稠度系数则与流体的内摩擦有关,流体相邻流动层间的内摩擦力越大,稠度系数越大。

将式(6.13)两边取对数,可得

$$\lg \tau = \lg K + n\lg \dot{\gamma} \tag{6.14}$$

从式(6.14)可以看到,将 $\lg \tau$ 对 $\lg \dot{\gamma}$ 作图,可得直线。直线的斜率即为流性指数,直线的截距即为 $\lg K$。

用聚合物配制的钻井液,大多数符合幂律模式。

下式为有屈服值的幂律流体($n<1$)的流变曲线,该流变曲线可用下面的修正模式表示:

$$\tau = \tau_s + K\dot{\gamma}^n \tag{6.15}$$

式中,τ_s 为屈服值(又称为静切力)。

3. 卡森动模式

卡森动模式是一个经验式,其一般表达式为

$$\tau^{1/2} = \tau_c^{1/2} + \mu_\infty^{1/2}\dot{\gamma}^{1/2} \tag{6.16}$$

若用 $\dot{\gamma}^{1/2}$ 除式(6.16)的两边,可得

$$\mu_a^{1/2} = \mu_\infty^{1/2} + \tau_c^{1/2}\dot{\gamma}^{-1/2} \tag{6.17}$$

式中,τ_c 为卡森动切力(或称卡森动屈服值),Pa;μ_∞ 为极限高剪切黏度,$mPa \cdot s$。

符合卡森动模式的流体称为卡森动流体。卡森动模式中的卡森动屈服值反映流体结构的强弱,极限剪切黏度则反映流体在高剪切速率下内摩擦的大小。卡森动屈服值和极限剪切黏度可用图解法求得。

卡森动模式比宾汉模式和幂律模式适用的剪切速率范围更宽。

6.5.3 钻井液流变性的调整

钻井液流变性的调整主要是调整钻井液的黏度(指表观黏度)和切力(指静切力和动切力)。

在钻井过程中,钻井液黏度和切力过大或过小都会产生不利的影响。钻井液黏度和切力过大会使钻井液流动阻力过大、能耗过高,严重影响钻速,此外还会引起钻头泥包、卡钻、钻屑在地面不易除去和钻井液脱气困难等问题;钻井液黏度和切力过小,则会影响钻井液携岩和井壁稳定。

可用调整钻井液中固相含量的方法调整钻井液的黏度和切力。虽然这是首先考虑使用的方法,但它的使用有一定的限度,因为固相含量的变化还会影响钻井液的其他性能。

在调整固相含量的基础上,还可用流变性调整剂调整钻井液的黏度和切力。

流变性调整剂有以下两类:

1. 降黏剂

降黏剂是指能降低钻井液黏度和切力的流变性调整剂。

按化学组成,降黏剂还可进一步分为:

(1)改性单宁

单宁主要用五倍子单宁(WD)与葡萄糖酯化而成(图 6.16)。

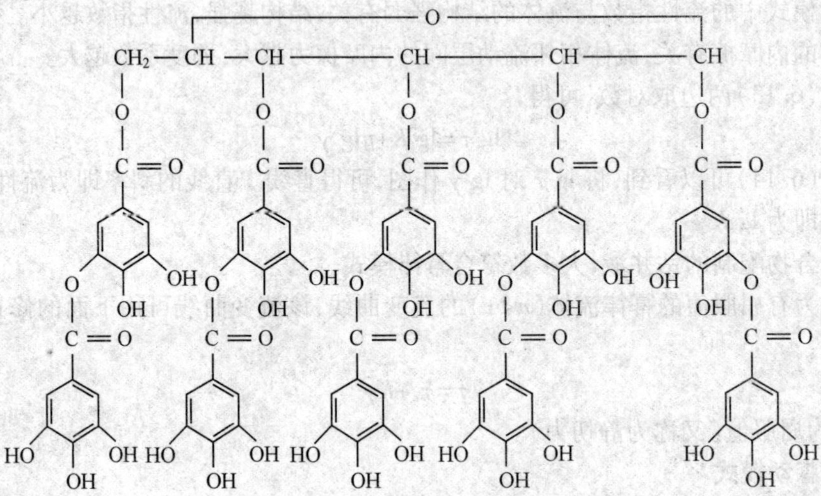

图 6.16　五倍子单宁的结构式

五倍子单宁可在水中水解生成双五倍子酸和葡萄糖:

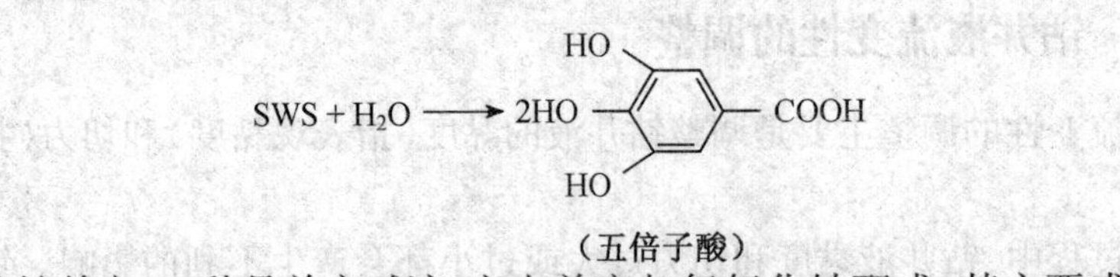

$$WD + 5H_2O \longrightarrow 5 \quad (\text{双五倍子酸,SWS}) + C_6H_{12}O_6 \quad (\text{葡萄糖})$$

双五倍子酸进一步水解生成五倍子酸:

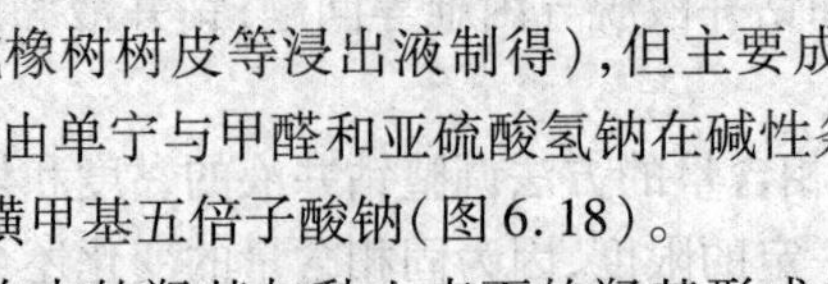

$$SWS + H_2O \longrightarrow 2 \quad (\text{五倍子酸})$$

有 3 种改性单宁,一种是单宁碱液,它由单宁与氢氧化钠配成,其主要成分为双五倍子酸钠和五倍子酸钠(图 6.17),它们可合称为单宁酸钠(NaT);另一种是栲胶碱液,虽然它来自栲胶(由红柳树根或橡树树皮等浸出液制得),但主要成分仍是单宁酸钠;还有一种是磺甲基单宁(SMT),它由单宁与甲醛和亚硫酸氢钠在碱性条件下反应制得,主要成分为磺甲基双五倍子酸钠和磺甲基五倍子酸钠(图 6.18)。

改性单宁是通过其结构中的羟基与黏土表面的羟基形成氢键而吸附在黏土颗粒表面,其他极性基团如—COONa,—SO₃Na 和—ONa 在水中解离,形成扩散双电层,提高黏土颗粒表面的负电性并增加水化层厚度,将黏土颗粒形成的结构拆散,起降低黏度和切力的作用,即改性单宁适合做有黏土颗粒形成结构的钻井液的降黏剂。

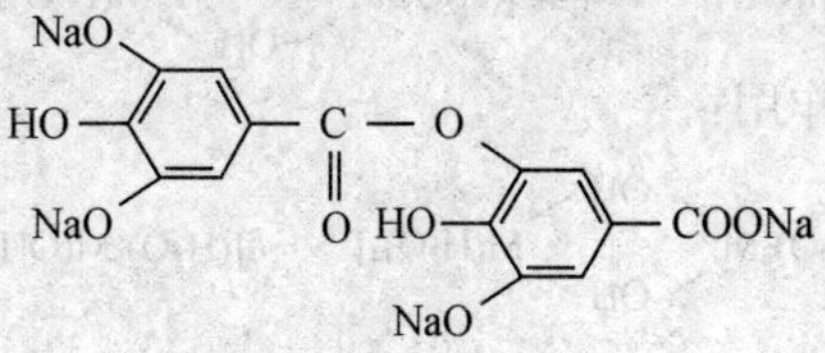

(a) 双五倍子酸钠

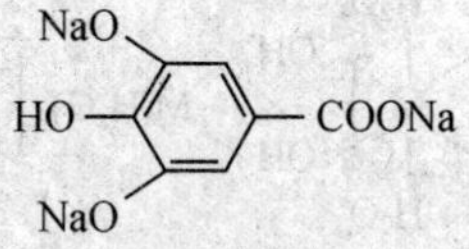

(b) 五倍子酸钠

图 6.17　双五倍子酸钠和五倍子酸钠

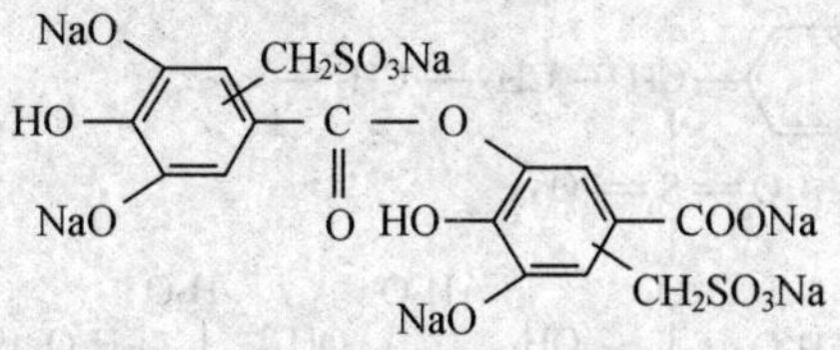

(a) 磺甲基双五倍子酸钠

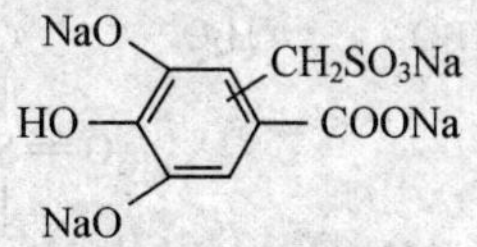

(b) 磺甲基五倍子酸钠

图 6.18　磺甲基双五倍子酸钠和磺甲基五倍子酸钠

(2)改性木质素磺酸盐

木质素磺酸盐是亚硫酸盐造纸法中产生的副产物,其基本结构单元可用图 6.19 所示的结构式表示。

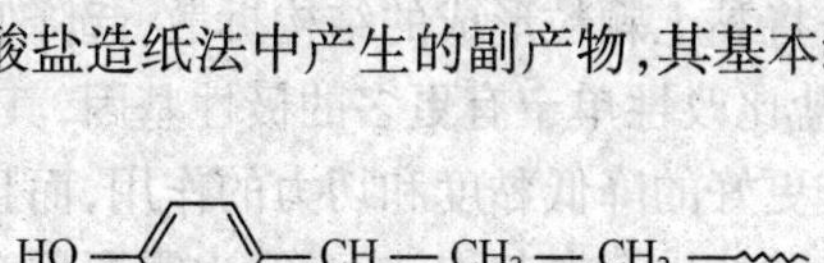

M′=Na 或 1/2Ca

图 6.19　木质素磺酸盐的结构式

三价金属离子 M^{3+}(如 Fe^{3+},Cr^{3+})可在水中通过下列反应生成多核羟桥络离子:

①络合:

$$M^{3+}+6H_2O \longrightarrow [(H_2O)_6M]^{3+}$$

②水解:

$$[(H_2O)_6M]^{3+} \longrightarrow [(H_2O)_5M(OH)]^{2+}+H^+$$

③羟桥作用：

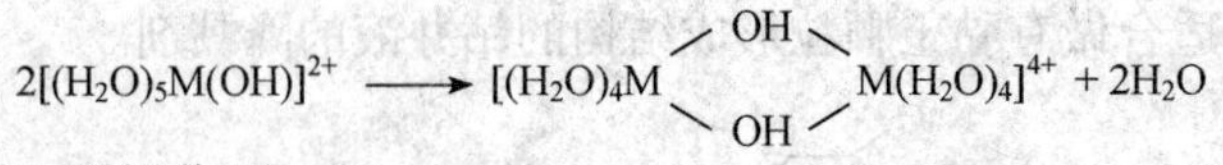

$$2[(H_2O)_5M(OH)]^{2+} \longrightarrow [(H_2O)_4M \overset{OH}{\underset{OH}{\diagup}} M(H_2O)_4]^{4+} + 2H_2O$$

④进一步水解和羟桥作用：

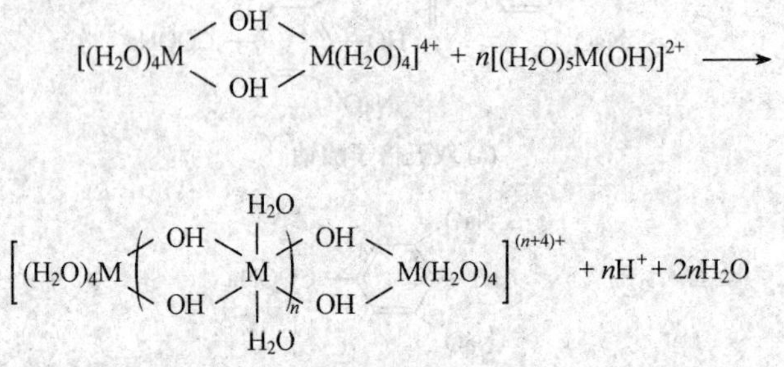

$$[(H_2O)_4M \overset{OH}{\underset{OH}{\diagup}} M(H_2O)_4]^{4+} + n[(H_2O)_5M(OH)]^{2+} \longrightarrow$$

$$\left[(H_2O)_4M \left\{ \begin{array}{c} OH \\ | \\ OH \end{array} \underset{n}{\overset{\overset{H_2O}{|}}{M}} \begin{array}{c} OH \\ | \\ OH \end{array} \right\} M(H_2O)_4 \right]^{(n+4)+} + nH^+ + 2nH_2O$$

（三价金属的多核羟桥络离子）

而木质素磺酸盐可参与此三价金属的多核羟桥络离子的配位。若三价金属离子为 Fe^{3+} 或 Cr^{3+}，则可用它们的多核羟桥络离子将木质素磺酸盐改性，形成图 6.20 所示的结构。

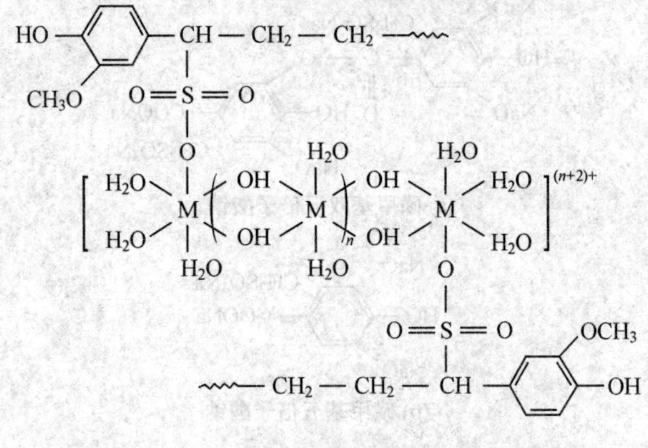

图 6.20 铁铬木质素磺酸盐（FCLS；M＝Fe 或 Cr）

铁铬木质素磺酸盐也是通过氢键吸附在黏土颗粒表面的，可提高黏土颗粒表面的负电性并增加水化层的厚度，将黏土颗粒形成的结构拆散，起降低黏度和切力的作用。

由于铁铬木质素磺酸盐比改性单宁有更多的极性基因，其中包括耐盐、耐温的磺酸盐基团，所以它比改性单宁有更好的降低黏度和切力的作用，而且耐盐、耐温。

使用时，铁铬木质素磺酸盐也存在起泡沫问题，也需要用消泡剂消泡。

考虑到铁铬木质素磺酸盐中的铬对环境的污染，人们也研制了一系列的无铬木质素磺酸盐，如铁、锆、钛等的木质素磺酸盐。

（3）烯类单体低聚物

低聚物是指相对分子质量较小（$1 \times 10^3 \sim 6 \times 10^3$）的聚合物。图 6.21 所示的烯类单体低聚物可用作降黏剂。

烯类单体低聚物通过氢键吸附在黏土颗粒的羟基表面。若低聚物中还有阳离子链节，它还通过阳离子链节吸附在黏土颗粒的负电表面。其余未吸附链节的极性基团则通过增加黏土颗粒表面的负电性和水化层厚度，拆散黏土颗粒联结所产生的结构，起降低黏度和切力的作用。此外,对由聚合物(高聚物)配得的钻井液,低聚物还可通过竞争吸附使吸附在黏土表面的聚合物解吸下来,破坏黏土与聚合物组成的结构,起降低黏度和切力的作用。因此,对于由聚合物配得的钻井液,烯类单体低聚物是特别适用的降黏剂,能起到改性单宁和改性木质素所起不到的降低黏度和切力的作用。

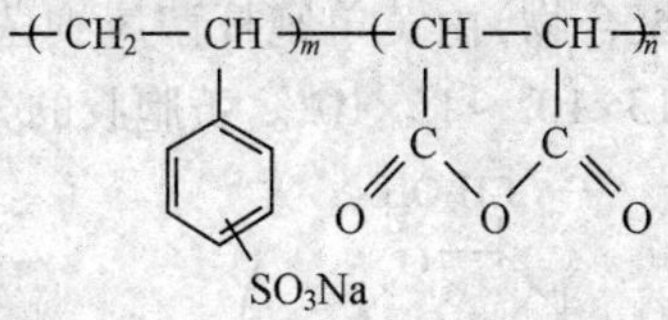

(a) 苯乙烯磺酸钠与顺丁烯二酸酐共聚物 (SSMA)

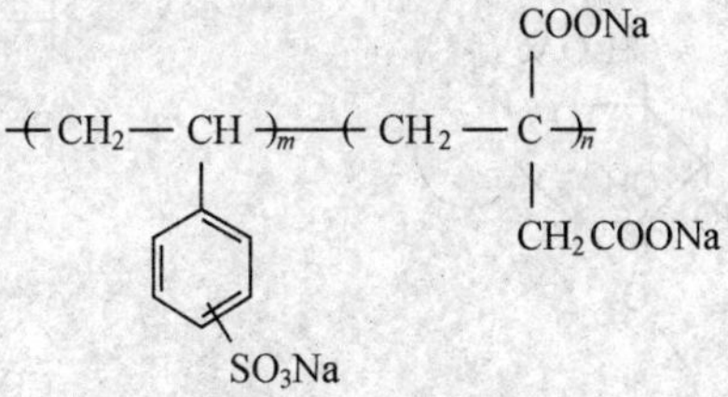

(b) 苯乙烯磺酸钠与衣康酸共聚物

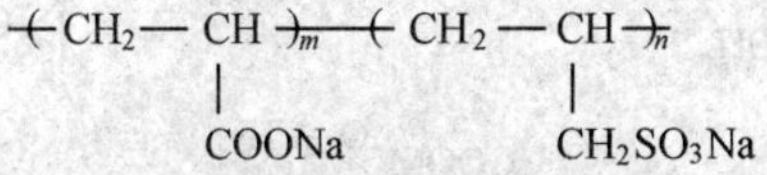

(c) 丙烯酸钠与丙烯磺酸钠共聚物

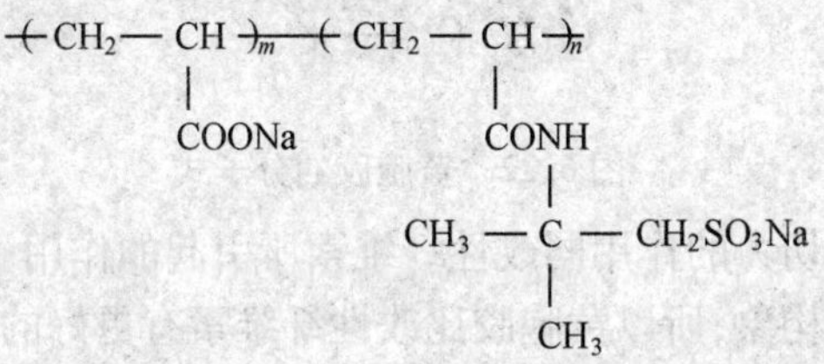

(d) 丙烯酸钠与 (2- 丙烯酰胺基 -2- 甲基) 丙基磺酸钠共聚物

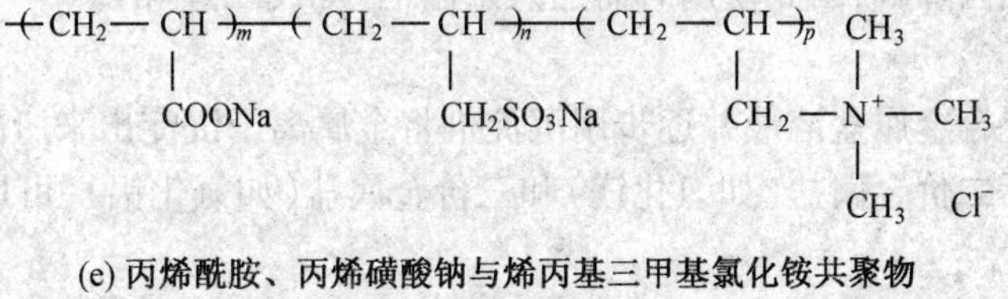

(e) 丙烯酰胺、丙烯磺酸钠与烯丙基三甲基氯化铵共聚物

图 6.21　烯类单体低聚物

2. 增黏剂

增黏剂是指能提高钻井液黏度和切力的流变性调整剂。有以下 3 类重要的增黏剂:

(1)改性纤维素

适合做钻井液增黏剂的改性纤维素主要是钠羧甲基纤维素和羟乙基纤维素。聚合度和取代度越高的改性纤维素越适合做增黏剂。

改性纤维素主要通过下列机理起提高黏度和切力的作用:

①通过分子中极性基因的水化和分子间的互相纠缠，对钻井液中的水起稠化作用。

②通过在黏土颗粒表面吸附，增加黏土颗粒体积，提高其流动时所产生的阻力。

③通过桥接吸附，在黏土颗粒间形成结构，产生相应的结构黏度。

(2)黄胞胶

黄胞胶(又称为 XG 生物聚合物)由黄单胞杆菌属细菌将碳水化合物发酵制得，相对分子质量为 2×10^6，有的高达 $13\times10^6\sim15\times10^6$。黄胞胶的分子式如图 6.22 所示。

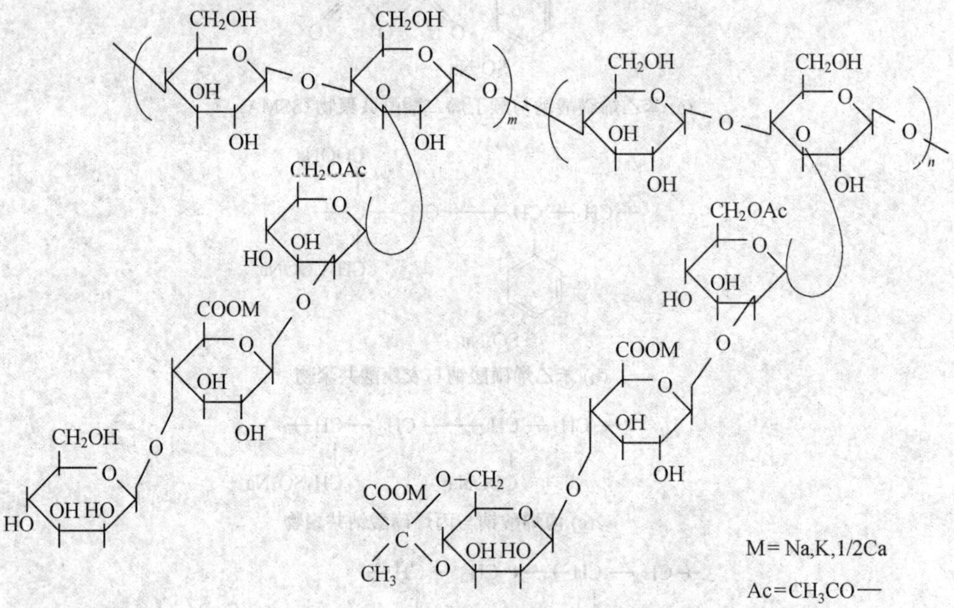
CH2OH
OH
COOM
CH2OAc
HO
M= Na,K,1/2Ca
Ac=CH3CO—

图 6.22　黄胞胶的分子式

黄胞胶提高黏度和切力的作用同改性纤维素所引起的作用。由于黄胞胶分子中有长支链阻碍它采取蜷曲的构象，所以黄胞胶比改性纤维素有更好的提高黏度和切力的作用，更耐盐、耐钙，可用作配制饱和盐水钻井液的增黏剂。黄胞胶耐温可达 93 ℃。它最主要的缺点是易为细菌降解，因此使用时需加入杀菌剂(如戊二醛等)。

(3)正电胶

正电胶是混合金属盐溶液并逐步用沉淀剂将金属离子沉淀出来所配得的增黏剂。可用的金属盐包括二价金属盐(如氯化镁)和三价金属盐(如氯化铝)，可用的沉淀剂一般为氨水。

对于二价金属盐，当沉淀剂加至该金属氢氧化物的溶度积时，即沉淀下来。生成的沉淀将按 Fajans 法则，优先吸附二价金属离子和其他高价金属离子，并与其阴离子组成扩散双电层，生成表面带正电的沉淀。

对于三价金属盐，沉淀剂的加入可使它与水分子络合的离子通过水解、羟桥作用和进一步的水解、羟桥作用，生成该三价金属的多核羟桥络离子(图 6.23)。

继续加入沉淀剂，多核羟桥络离子中的核数增加，络离子的价数增加，直至达到三价金属氢氧化物的溶度积，生成沉淀。沉淀表面也按 Fajans 法则吸附尚存在于溶液中的高价金属离子(特别是多核羟桥络离子)，使沉淀表面带正电。

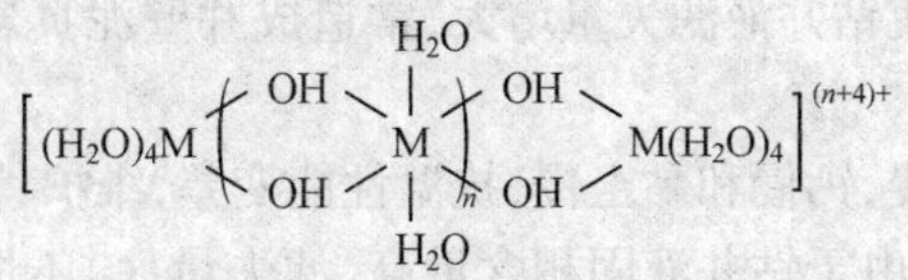

$$\left[(H_2O)_4M\left\{\begin{array}{c}H_2O\\OH\\|\\\overset{|}{\underset{|}{M}}\\OH\\H_2O\end{array}\right.\!\!\!_n\!\!\!\left.\begin{array}{c}OH\\M(H_2O)_4\\OH\end{array}\right]^{(n+4)+}$$

图 6.23　多核羟桥络离子

若将混合金属盐用沉淀剂沉淀下来,则可得到带正电的混合金属氢氧化物(mixed metal hydroxide,MMH),即正电胶。

正电胶周围的扩散双电层离子都是水化了的。水分子在水化层中按其极性定向排列,其带正电的一端朝外,即正电胶表面的水化层外侧是带正电的,它可通过静电作用与带负电的黏土颗粒表面联结,形成结构,产生结构黏度,起提高钻井液黏度和切力的作用。

正电胶提高钻井液黏度和切力的作用有以下特点:

①与黏土颗粒只形成结构,但不产生电性中和,因此不会引起黏土颗粒聚沉。

②在剪切应力作用下,结构易于破坏,使钻井液的剪切稀释特性更加突出。

正电胶特别适合做水基钻井液的增黏剂。

6.6　钻井液中的固相及其含量的控制

6.6.1　钻井液中的固相

钻井液中的固相可按不同的标准进行分类:

①若按来源分类,固相可分为配浆黏土、岩屑、密度调整材料和处理剂中的固相物质等。

②若按在钻井液中是否有用分类,固相可分为有用固相和无用固相。黏土和密度调整材料为有用固相,岩屑和砂粒为无用固相。

③若按表面的化学活性分类,固相可分为表面活性固相和表面惰性固相。前者如膨润土,它的表面易与水和一些处理剂发生作用;后者如石英、长石、重晶石以及造浆率极低的黏土等。

④若按密度分类,固相可分为高密度($\geq 2.7\ \mathrm{g\cdot cm^{-3}}$)固相和低密度($< 2.7\ \mathrm{g\cdot cm^{-3}}$)固相。前者如重晶石($4.2\sim 4.6\ \mathrm{g\cdot cm^{-3}}$),后者如膨润土和钻屑(密度为 $2.4\sim 2.7\ \mathrm{g\cdot cm^{-3}}$)。

⑤若按颗粒直径分类,固相可分为胶体粒子($< 2\ \mu\mathrm{m}$)、泥($2\sim 74\ \mu\mathrm{m}$)、砂($> 74\ \mu\mathrm{m}$)等。

6.6.2　钻井液固相含量对钻井的影响

钻井液固相含量通常用钻井液中全部固相的体积占钻井液总体积的百分数来表示。

1.钻井液固相含量与井下安全的关系

在钻井过程中,由于被破碎岩屑的不断积累,特别是其中的泥页岩等易水化分散岩屑的大量存在,在固控条件不具备的情况下,钻井液的固相含量会越来越高。过高的固相含量往往对井下安全造成很大的危害,其中包括:

①使钻井液流变性能不稳定,黏度、切力偏高,流动性和携岩效果变差。

②使井壁上形成厚的滤饼,而且质地疏松,摩擦系数大,从而导致起下钻遇阻,容易造成黏附卡钻。

③滤饼质量不好会使钻井液滤失量增大,常造成井壁泥页岩水化膨胀、井径缩小、井壁剥落或坍塌。

④钻井液易发生盐侵、钙侵和黏土侵,抗温性能变差,维护其性能的难度明显增大。

⑤在钻遇油气层时,由于钻井液固相含量高、滤失量大,还将导致钻井液浸入油气层的深度增加,降低近井壁地带油气层的渗透率,使油气层损害程度增大,产能下降。

2. 钻井液固相含量对钻速的影响

钻井液中固相含量增加是引起钻速下降的一个重要原因,随着固相含量增大钻速显著下降,特别是在较低固相含量范围内钻速下降更快,在固相含量超过 10%(体积分数)之后,对钻速的影响就相对较小了,如图 6.24 所示。此外,钻井液对钻速的影响还与固相的类型、固相颗粒尺寸和钻井液类型等因素有关。

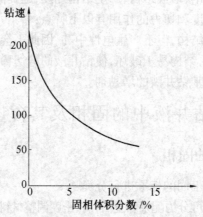

图 6.24　固相含量对钻速的影响

不同固相类型对钻速的影响不同,一般认为重晶石、砂粒等惰性固相对钻速的影响较小,钻屑、低造浆率劣土的影响居中,高造浆率膨润土对钻速的影响最大;钻井液中小于 1 μm 的亚微米颗粒要比大于 1 μm 的颗粒对钻速的影响大 12 倍,因此,如果钻井液中小于 1 μm 的亚微米颗粒越多,造成钻速下降的幅度越大;在相同固相含量条件下,使用不分散聚合物钻井液时的机械钻速比分散钻井液要大得多,固相含量与钻井液密度密切相关,在满足密度要求的情况下,固相含量尽可能小一些。

6.6.3　钻井液固相含量的控制方法

通常用固相所占有的体积分数表示钻井液的固相含量,需要注意的是,对于含盐量小于 1% 的淡水钻井液,很容易由实验结果求出钻井液中固相的体积分数;但对于含盐量较高的盐水钻井液,被蒸干的盐和固相会共存于蒸馏器中。此时须扣除由于盐析出引起体积增加的部分,才能确定钻井液中的实际固相含量。在这种情况下,钻井液固相含量的计算式如下

$$f_s = 1 + f_w C_f - f_o \tag{6.18}$$

式中　f_s, f_w, f_o ——分别为钻井液中固相,水和油的体积分数;

C_f ——考虑盐析出而引入的体积校正系数,显然它总是大于 1 的无量纲常数。

在不同盐度下的 C_f 值可使用表 6.3 查得。

表 6.3　20℃时不同质量浓度 NaCl 水溶液的密度和 C_f 值

质量浓度 /mg·L^{-1}	质量分数 /%	密度 /g·cm^{-3}	C_f	质量浓度 /mg·L^{-1}	质量分数 /%	密度 /g·cm^{-3}	C_f
0	0	0.998 2	1	154 110	14	1.100 9	1.054
10 050	1	1.005 3	1.003	178 600	16	1.116 2	1.065
20 250	2	1.012 5	1.006	203 700	18	1.131 9	1.075
41 100	4	1.026 8	1.013	229 600	20	1.147 8	1.087
62 500	6	1.041 3	1.020	256 100	22	1.164 0	1.100
84 500	8	1.055 9	1.028	279 500	24	1.180 4	1.113
107 100	10	1.070 7	1.036	311 300	26	1.197 2	1.127
130 300	12	1.085 7	1.045				

例 6.6　密度为 1.44 g/cm^3 的盐水钻井液被蒸干后,得到 6% 的油和 74% 的蒸馏水。已知钻井液中 Cl$^-$ 含量为 79 000 mg/L,试确定该钻井液的固相含量。

解　首先求出钻井液中 NaCl 的质量浓度:

$$[NaCl] = \frac{23.0+35.5}{35.5} \times [Cl^-] = 16.5 \times 79\,000 = 130\,350 \ (mg/L)$$

由表 6.3 查得,NaCl 的质量分数(盐度)为 12%,该盐水钻井液的固相体积校正系数为 1.045。因此

$$f_s = 1 - f_w C_f - f_o = (1 - 0.74 \times 1.045 - 0.06) \times 100\% = 16.7\%$$

6.6.4　钻井液固相含量的控制方法

控制钻井液中的固相含量有下列方法:

1. 稀释法

稀释法是指向钻井液中加入分散介质(如水、油),使钻井液固相含量降低的方法。由于分散介质的加入还会影响钻井液的其他性能,所以很少使用此此法。

2. 沉降法

沉降法是指钻井液循环至地面时,通过一个面积较大的池子,使较大的固相颗粒沉降下来的方法。在上部地层钻井时,常用此法控制固相含量。

3. 机械设备法

机械设备法是指通过机械设备(如振动筛、除砂器、除泥器、离心机等)将较大的固体颗粒分离出去的方法。

4. 化学控制法

化学控制法是指加入絮凝剂使钻井液中的固相颗粒聚集变大而有利于用沉降法或机械设备除去固相的方法,此方法可除去 5 μm 以下的固相颗粒,而单纯的沉降法和机械设备法只能除去 5 μm 以上的固相颗粒。

6.6.5 钻井液絮凝剂

钻井液絮凝剂是指能使钻井液中的固相颗粒聚集变大的化学剂。

钻井液絮凝剂主要是水溶性的聚合物,如图6.25所示。

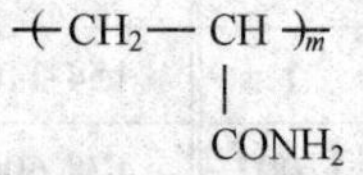

$$\left[CH_2 - CH \right]_m$$
$$| $$
$$CONH_2$$

(a) 聚丙烯酰胺 (PAM)

$$\left[CH_2 - CH \right]_m \left[CH_2 - CH \right]_n$$
$$| \qquad\qquad |$$
$$CONH_2 \qquad COONa$$

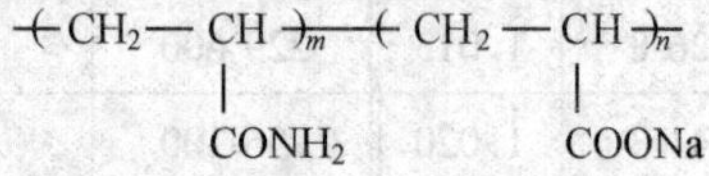

(b) 部分水解聚丙烯酰胺 (HPAM)

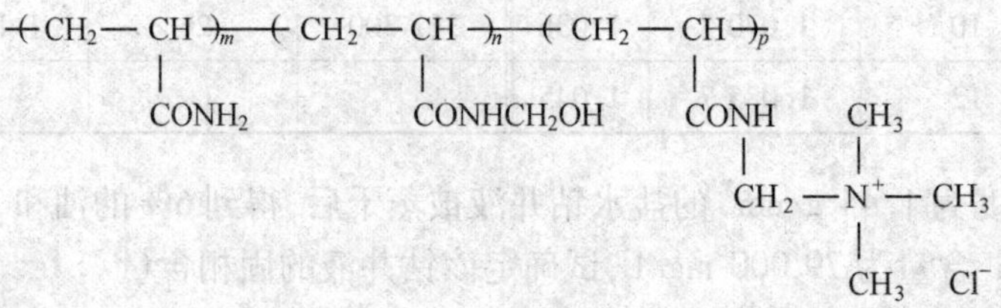

$$\left[CH_2 - CH \right]_m \left[CH_2 - CH \right]_n \left[CH_2 - CH \right]_p$$
$$| \qquad\qquad | \qquad\qquad |$$
$$CONH_2 \qquad CONHCH_2OH \qquad CONH \quad CH_3$$
$$CH_2 - N^+ - CH_3$$
$$CH_3 \quad Cl^-$$

(c) 丙烯酰胺、羟甲基丙烯酰胺与丙烯酰胺基亚甲基三甲基氯化铵共聚物 (CPAM)

图6.25 钻井液絮凝剂

在这些絮凝剂中,非离子型聚合物(如PAM)和阴离子型聚合物(如HPAM)通过桥接-蜷曲的机理起絮凝作用,即聚合物分子可同时吸附在两个或两个以上的颗粒表面,将它们桥接起来,再通过分子链的蜷曲,使这些颗粒发生絮凝。阳离子型聚合物(如CPAM)除了通过上述絮凝机理起作用外,还通过电性中和机理起作用,从而有更好的絮凝效果。

虽然上述的絮凝剂都有絮凝作用,但它们有各自的特点,如PAM是一种非选择性絮凝剂,它可絮凝劣质土(如岩屑,它在水中表面带有较少的负电荷),也可絮凝优质土(如膨润土,它在水中表面带有较多的负电荷),属完全絮凝剂;HPAM则是一种选择性絮凝剂,由于它有带负电($-COO^-$)的链节,所以它只能通过氢键吸附在带负电较少的劣质土上,使劣质土絮凝下来,留下优质土;对于带阳离子、非离子链节的CPAM,由于它的酰胺基和羟甲基可通过氢键吸附在黏土的羟基表面,而其阳离子基团又可通过静电作用吸附在黏土上的负电表面,所以它比PAM和HPAM有更强、更快的絮凝作用。

HPAM是最常用的钻井液絮凝剂,影响HPAM絮凝作用的因素主要有:

1. 相对分子质量

相对分子质量越高,絮凝效果越好,因为分子链越长能将较远的固体颗粒絮凝在一起。HPAM的相对分子质量超过1×10^6时才有絮凝作用,作为钻井液絮絮剂用的HPAM,要求相对分子质量超过3×10^6。

2. 水解度

HPAM有一个絮凝作用最佳的水解度(30%)。若水解度太低,则影响HPAM分子链的伸展,减小絮凝作用;若水解度太高,则影响HPAM在黏土负电表面的吸附,也减少絮凝作用。

3. 浓度

HPAM 也有一个絮凝最佳的使用浓度,浓度太低,絮凝不完全;浓度太高,HPAM 与黏土颗粒可形成网络结构而不利于絮凝。

4. pH 值

pH 值越低,HPAM 中—COO^- 与 H^+ 结合为—COOH 的数量越多,分子链由于链段静电斥力减小而更蜷曲,絮凝作用减小;pH 值越高,黏土越趋于分散,越不利于絮凝。

对于 HPAM,絮凝最佳 pH 值为 7~8。

6.7 钻井液的润滑性及其改善

钻井液的润滑性能通常包括泥饼的润滑性能和钻井液本身的润滑性两方面。钻井液和泥饼的摩阻系数是评价钻井液润滑性能的两个主要技术指标。钻井液的润滑性对钻井工作影响很大,特别是钻超深井、火斜度井、水平井和丛式井时,钻柱的旋转阻力和提拉阻力会大幅度提高。

由于影响钻井扭矩和阻力以及钻具磨损的主要可调节因素是钻井液的润滑性能,因此钻井液的润滑性能对减少卡钻等井下复杂情况,保证安全、快速钻进起着至关重要的作用。

6.7.1 钻井液的润滑性

钻井液的摩阻系数相当于物理学中的摩擦系数,用专用仪器进行测定,空气的摩阻系数为 0.5,清水的摩阻系数为 0.35,柴油的摩阻系数为 0.07,大部分油基钻井液的摩阻系数为 0.08~0.09,各种水基钻井液的摩阻系数为 0.20~0.35,如加有油品或各类润滑剂,则可降到 0.10 以下。

一般来说,普通井钻井液的摩阻系数在 0.20 左右就可以满足钻井要求,水平井则要求钻井液的摩阻系数应尽可能保持在 0.08~0.10,以保持较好的摩阻控制。除油基钻井液外,其他类型钻井液的润滑性能很难满足水平井钻井的需要,需要改善钻井液的润滑性能。

从提高钻井经济技术指标来讲,润滑性能良好的钻井液具有以下优点:

①减小钻具的扭矩、磨损和疲劳,延长钻头轴承的寿命。

②减小钻柱的摩擦阻力,缩短起下钻时间。

③能用较小的动力来转动钻具。

④能防止黏附卡钻,减少钻头泥包。

6.7.2 钻井作业中的摩擦现象

随着密封轴承的出现,改善钻井液润滑性能的目的主要是为了降低钻井过程中钻柱的扭矩和阻力。在钻井过程中,摩擦可分为以下 3 种情况:

(1)边界摩擦

两接触面间有一层极薄的润滑膜时的摩擦称为边界摩擦(图 6.23(a))。在有钻井液的情况下,钻铤在井眼中的运动属于边界摩擦。

（2）干摩擦

干摩擦（图6.26（b））又称为障碍摩擦，属于无润滑摩擦，如空气钻井中钻具与岩石接触时的摩擦，或井壁极不规则情况下，钻具直接与部分井壁岩石接触时的摩擦。

（3）流体摩擦

两个相对运动的接触面之间存在流体，由两接触面间流体的黏滞性引起的摩擦称为流体摩擦（图6.26（c））。在钻进过程中，钻具与井壁不直接接触，间隙中有钻井液存在时的摩擦就是流体摩擦。

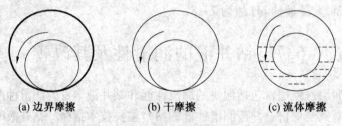

(a) 边界摩擦　　　　(b) 干摩擦　　　　(c) 流体摩擦

图6.26　三种不同摩擦示意图

在钻进过程中的摩擦是混合摩擦，即部分接触面为边界摩擦，部分为流体摩擦。在钻井作业中，摩擦系数是两个滑动或静止表面间的相互作用以及润滑剂所起作用的综合体现。

在钻井作业中的摩擦现象较为复杂，摩擦阻力的大小不仅与钻井液的润滑性能有关，还和钻柱、套管、地层、井壁泥饼表面的粗糙度，接触表面的塑性，接触表面所承受的负荷，流体黏度与润滑性，流体内固相颗粒的含量和大小，井壁表面泥饼润滑性，井斜角，钻柱质量，滤失作用等因素有关，其中钻井液的润滑性能是主要可调节因素。

6.7.3　钻井液润滑性的改善

可在钻井液中加入润滑剂来改善钻井液的润滑性。能改善钻井液润滑性的物质称为钻井液润滑剂。有以下两类钻井液润滑剂：

1. 液体润滑剂

液体润滑剂主要是油，其中包括植物油（如豆油、棉籽油、蓖麻油）、动物油（如猪油）和矿物油（如煤油、柴油和机械润滑油）。

由于油的黏度高于水的黏度，所以它在钻柱和井壁摩擦中不易从摩擦面上被挤出，通过将钻柱与井壁之间的干摩擦变为湿摩擦起减低摩阻作用，因此可以改善钻井液的润滑性。

为了使油在摩擦面上形成均匀的油膜，可在钻井液中加入表面活性剂。表面活性剂可在摩擦面上形成吸附层。由于钻柱表面具有亲水性（因有氧化膜），井壁表面也具有亲水性，所以按极性相近规则吸附的表面活性剂可使这些表面反转为亲油表面，从而使油能在钻柱和井壁表面形成均匀的油膜，强化油的润滑作用。

可用的表面活性剂主要是水溶性的表面活性剂，如图6.27所示。

由于水溶性的表面活性剂可用作水包油乳状液的乳化剂，因此可先将作为钻井液润滑剂的油、强化油润滑作用的表面活性剂和水一起配成水包油乳状液，再加入钻井液中使用。

在钻井液中只加入表面活性剂也有改善钻井液润滑性的作用，但其效果远比不上油与表面活性剂同时使用的效果。

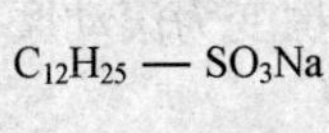

$$C_{12}H_{25} - SO_3Na \qquad C_{12}H_{25} - \!\!\!\left\langle \bigcirc \right\rangle\!\!\! - SO_3Na$$

(a) 十二烷基磺酸钠 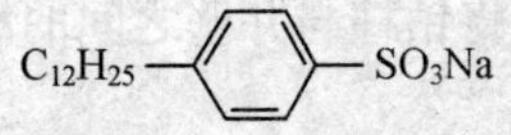　　　　(b) 十二烷基苯磺酸钠

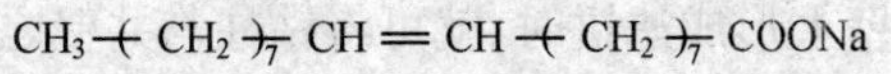

$$CH_3 \!+\! CH_2 \!+_7\! CH = CH \!+\! CH_2 \!+_7\! COONa$$

(c) 油酸钠

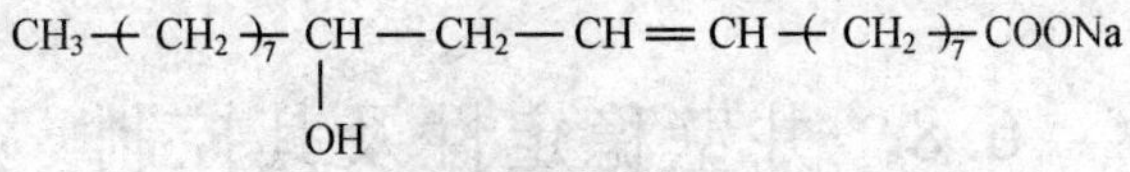

$$CH_3 \!+\! CH_2 \!+_7\! CH - CH_2 - CH = CH \!+\! CH_2 \!+_7\! COONa$$
$$\qquad\qquad\qquad | $$
$$\qquad\qquad\qquad OH$$

(d) 蓖麻酸钠

$$C_8H_{17} - \!\!\!\left\langle \bigcirc \right\rangle\!\!\! - O - CH_2CH_2OH$$

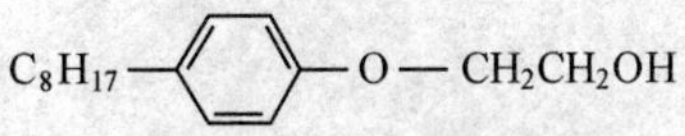

(e) 聚氧乙烯辛基苯酚醚 -10(OP-10)

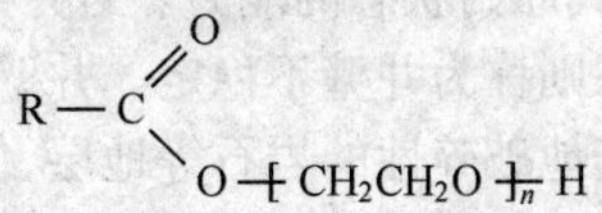

$$\qquad\qquad O$$
$$\qquad\qquad \|$$
$$R - C - O \!+\! CH_2CH_2O \!+_n\! H$$

(f) 聚氧乙烯高碳羧酸酯 (R= $C_{21} \sim C_{25}$; n= 20)

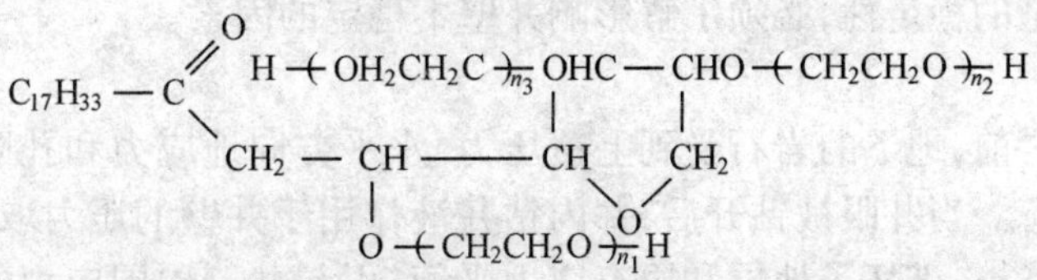

$$C_{17}H_{33} - C$$

(g) 山梨糖醇酐单油酸酯聚氧乙烯醚 (Tween-80; $n_1+n_2+n_3$= 21~26)

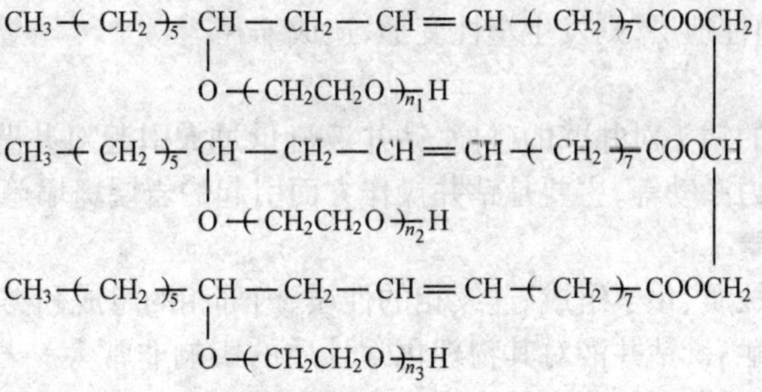

$$CH_3 \!+\! CH_2 \!+_5\! CH - CH_2 - CH = CH \!+\! CH_2 \!+_7\! COOCH_2$$
$$O \!+\! CH_2CH_2O \!+_{n_1}\! H$$
$$CH_3 \!+\! CH_2 \!+_5\! CH - CH_2 - CH = CH \!+\! CH_2 \!+_7\! COOCH$$
$$O \!+\! CH_2CH_2O \!+_{n_2}\! H$$
$$CH_3 \!+\! CH_2 \!+_5\! CH - CH_2 - CH = CH \!+\! CH_2 \!+_7\! COOCH_2$$
$$O \!+\! CH_2CH_2O \!+_{n_3}\! H$$

(h) 聚氧乙烯蓖麻油 (EL-40)

图 6.27　水溶性的表面活性剂

2. 固体润滑剂

固体润滑剂主要有以下两种：

（1）固体小球

常用的固体小球是塑料小球和玻璃小球。

塑料小球可用聚酰胺（尼龙）小球和聚苯乙烯与二乙烯苯共聚物小球，它们具有耐温、抗压和化学惰性等优点，适用于做各类钻井液的润滑剂。

玻璃小球可用不同成分的玻璃（钠玻璃、钙玻璃）制成，具有耐温、化学惰性等优点，成本比塑料小球低，但抗压强度比塑料小球差，且易下沉。

固体小球都是通过将钻柱与井壁之间的滑动摩擦变为滚动摩擦起降低摩阻作用的。

(2)石墨

石墨是碳的片状结晶体,具有熔点高、硬度低、化学惰性等优点。若将它分散在钻井液中,当它通过滤失在井壁上形成滤饼时,就可将钻柱与井壁之间的摩擦变成低硬度石墨晶体片间和钻柱与低硬度石墨晶体片间相对移动的摩擦,起降低摩阻的作用。

石墨适用于做各类钻井液的润滑剂。

6.8　井壁稳定性及其控制

6.8.1　井壁稳定性

井壁稳定性是指井壁保持其原始状态的能力。若井壁能保持其原始状态称为井壁稳定;若井壁不能保持其原始状态则称为井壁不稳定。井壁不稳定问题一般发生在页岩、盐岩、非胶结或胶结差的砂岩及其他破碎性的岩石等地层,但最常见、占比例最大、影响最严重的是页岩地层。

为了保持井壁的稳定性,必须了解影响井壁不稳定的因素。

1. 力学因素

地层被钻开之前,地下的岩石受到上覆压力、水平方向地应力和孔隙压力的作用下,处于应力平衡状态。当井眼被钻开后,井内钻井液作用于井壁的压力取代了所钻岩层原先对井壁岩石的支撑,破坏了地层和原有应力平衡,引起井壁周围应力的重新分布,如井壁周围岩石所受应力超过岩石本身的强度则产生剪切破坏,对于脆性地层就会发生坍塌,井径扩大,而对于塑性地层,则发生塑性变形,造成缩径。

2. 工程因素

起下钻过程中的钻头对井壁的碰撞、钻井液流量过大引起对井壁的过度冲刷和起下钻速度过快引起压力激动等,主要是钻井操作方面引起的岩层坍塌等现象。

3. 物理化学因素

钻井液的综合性质、化学组成、连续相的性质、内部相的组成和类型等,特别是页岩层与钻井液中的水接触后,钻井液对其物理化学性质的影响非常大。若页岩层主要含膨胀性黏土,则与水接触后可引起页岩的膨胀和分散;若页岩层主要含非膨胀性黏土(如伊利石、高岭石),则与水接触后可引起黏土的剥落,而使地层不稳定。

6.8.2　井壁稳定性的控制方法

由于引起井壁不稳定的因素不同,所以井壁稳定性的控制方法也不相同。

若由地质因素引起井壁不稳定,则可采用适当提高钻井液密度或化学固壁(如用水玻璃与井壁矿物中可交换的钙、镁离子反应生成硅酸钙、硅酸镁固结井壁)的方法解决。

若由工程因素引起井壁不稳定,则可用改进钻井工艺的方法加以预防。

若由物理化学因素引起井壁不稳定,则主要通过改进钻井液性能,如调整钻井液密度和加入页岩抑制剂等方法解决。调整钻井液密度的方法前面已经介绍过,这里只介绍加入页岩抑制剂的方法。

6.8.3　页岩抑制剂

能抑制页岩膨胀和(或)分散(包括剥落)的化学剂称为页岩抑制剂。

页岩抑制剂有下列几种：

1. 盐

这里的盐主要指无机盐(如氯化钠、氯化铵、氯化钾、氯化钙等)和有机盐(如甲酸钠、甲酸钾、乙酸钠、乙酸钾等)，它们都是水溶性盐。当超过一定浓度时，任何水溶性盐都有稳定页岩的作用。盐是通过压缩页岩表面扩散双电层的厚度，减小 ζ 电位起稳定页岩的作用。

虽然任何水溶性盐都有稳定页岩的作用，但稳定页岩的效果不同。在水溶性盐中，稳定页岩效果最好的是钾盐和铵盐，这是因为它们的阳离子直径(见表 6.4)与黏土硅氧四面体底由氧原子形成的六角氧环直径(0.288 nm)相近，它们可进入黏土的晶层而不易释出，使被它们中和了表面负电性的黏土片能联结在一起，有效地抑制页岩的膨胀。

表 6.4　一些阳离子的离子直径

离子	离子直径/nm	离子	离子直径/nm
Li^+	0.120	Cs^+	0.340
Na^+	0.196	NH_4^+	0.286
K^+	0.266	Ca^{2+}	0.212
Rb^+	0.300	Mg^+	0.156

2. 阳离子型表面活性剂

图 6.28 所示的阳离子型表面活性剂有稳定页岩的作用。

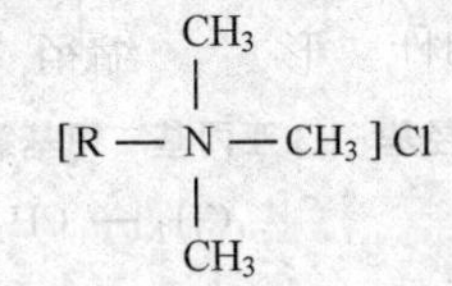

$$[R-\overset{\overset{\displaystyle CH_3}{|}}{\underset{\underset{\displaystyle CH_3}{|}}{N}}-CH_3]Cl$$

(a) 烷基三甲基氯化铵 (R= C_{12}~C_{18})

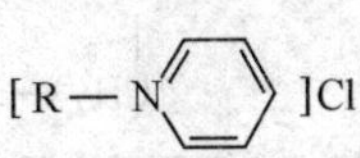

$$[R-N\bigcirc]Cl$$

(b) 烷基氯化吡啶 (R= C_{12}~C_{18})

图 6.28　阳离子型表面活性剂

阳离子型表面活性剂一般是指季铵盐型、吡啶型和胺盐型。其稳定泥页岩的机理如下：

①有机阳离子基团可取代泥页岩晶体表面的 K^+、Na^+、Ca^{2+} 等金属阳离子而吸附在泥页岩颗粒表面上，形成一层亲油憎水的吸附层，将水与泥页岩分开；

②阳离子型表面活性剂分子可通过分子间力及氢键吸附到泥页岩颗粒表面上，吸附后的阳离子的有机基团伸向空间，形成一层亲油憎水的吸附层，将水与泥页岩分开；

③可中和泥页岩表面的负电荷，防止水化膨胀。

阳离子型表面活性剂主要通过起活性作用部分的阳离子在页岩表面吸附，中和了页岩表面的负电性并使页岩表面反转为亲油表面而起稳定页岩的作用。

有些低分子有机阳离子化合物(图 6.29)也具备稳定页岩的作用。

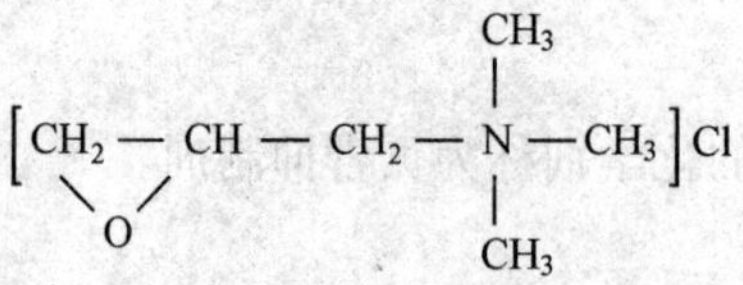

(a) 环氧丙基三甲基氯化铵 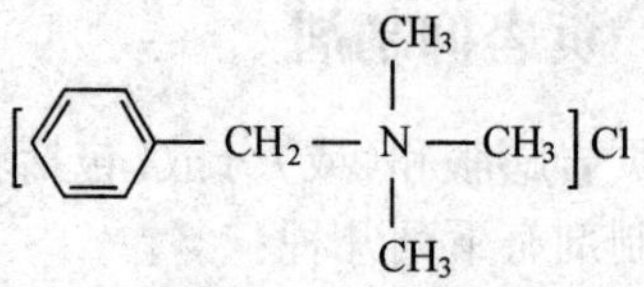　　　　　　　　(b) 苄基三甲基氯化铵

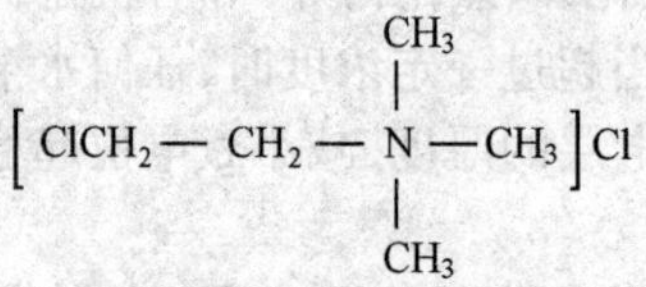

(c) 2- 氯乙基三甲基氯化铵 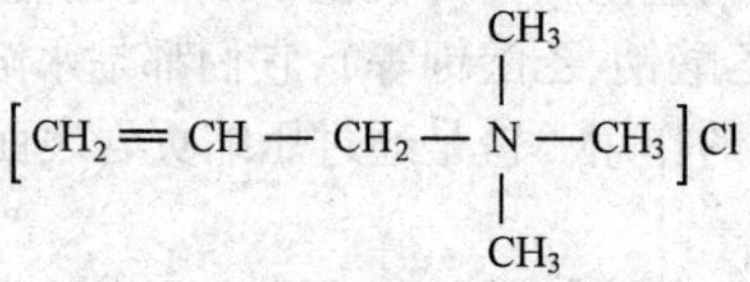　　　　　　　　(d) 烯丙基三甲基氯化铵

图 6.29　低分子有机阳离子化合物

3. 阳离子型聚合物

图 6.30 所示的阳离子型聚合物有稳定页岩的作用。

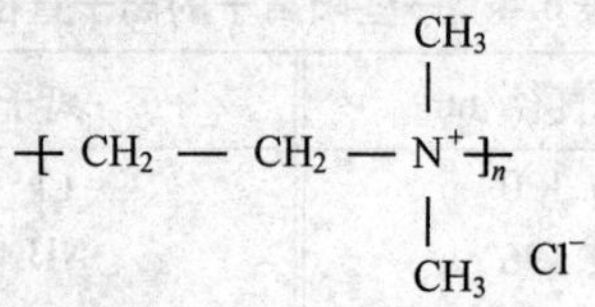

(a) 聚 1,2- 亚乙基二甲基氯化铵

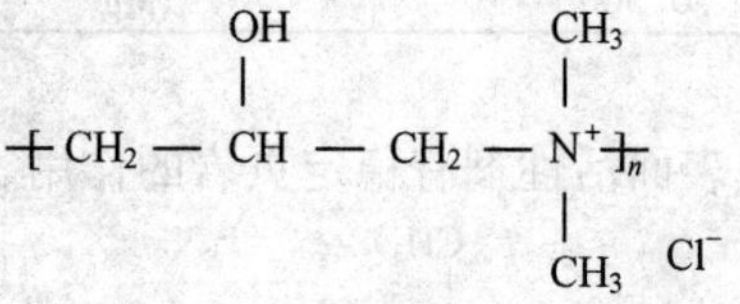

(b) 聚 2- 羟基 -1,3 亚丙基二甲基氯化铵

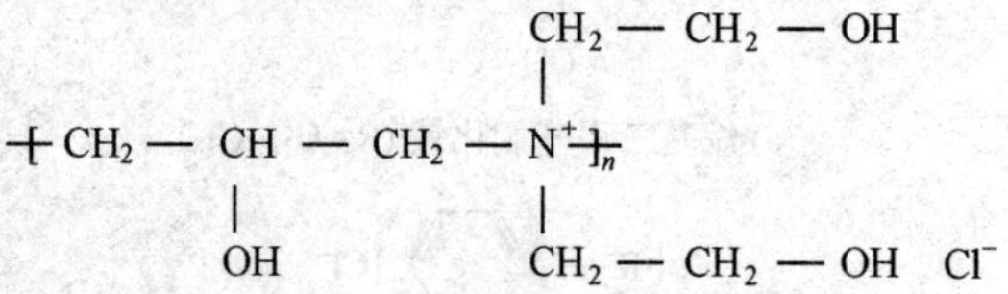

(c) 聚 2- 羟基 -1,3 亚丙基二羟乙基氯化铵

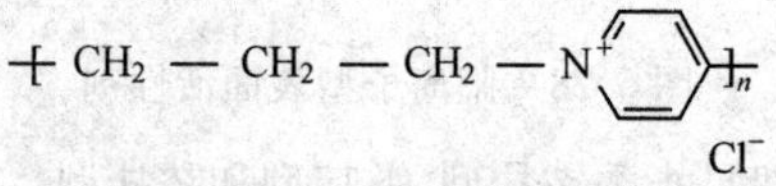

(d) 聚 1,3 亚丙基氯化吡啶

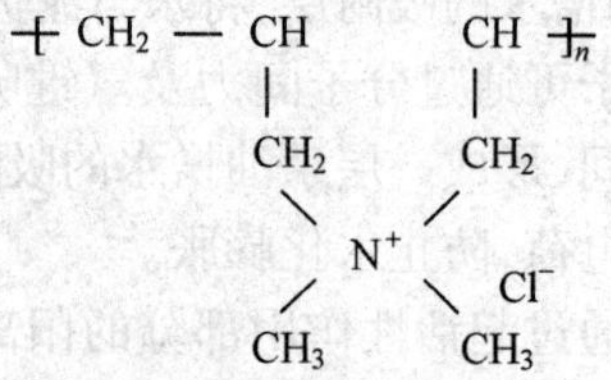

(e) 聚二烯丙基二甲基氯化铵

图 6.30　阳离子型聚合物

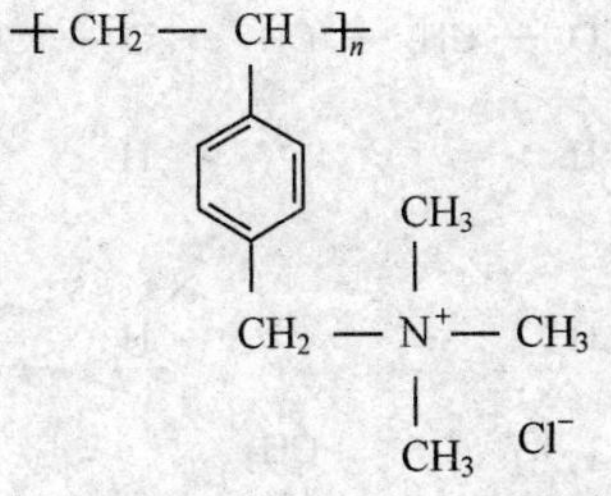

$$\begin{array}{c} +CH_2 - CH \overline{)}_n \\ \end{array}$$

(f) 聚对苄乙烯基三甲基氯化铵

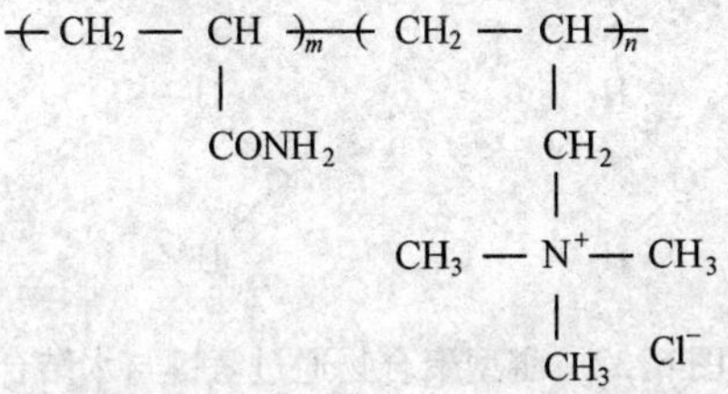

(g) 丙烯酰胺与丙烯基三甲基氯化铵共聚物

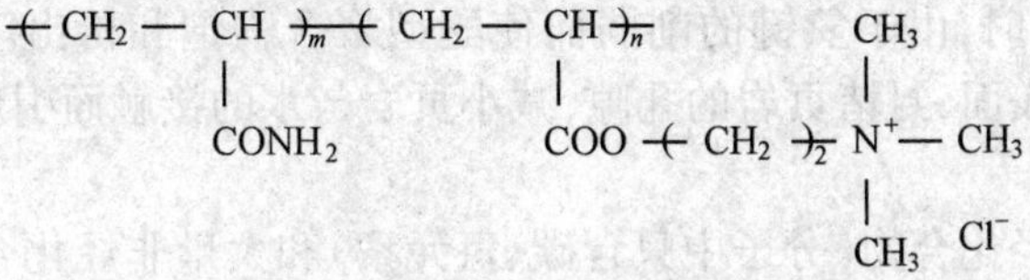

(h) 丙烯酰胺与丙烯酸 -1,2- 亚乙酯基三甲基氯化铵共聚物

续图 6.30

阳离子型聚合物稳定泥页岩的机理如下：

①电离的阳离子将泥页岩表面的低价阳离子 K^+、Na^+、Ca^{2+} 等交换下来，阳离子型聚合物通过分子间力及氢键吸附到泥页岩颗粒表面上，形成一层有机阳离子保护膜，将水与泥页岩分开，同时可中和泥页岩表面的负电荷，抑制了水化膨胀；

②由于阳离子链长，且有较多的吸附基团，可同时吸附多个泥页岩颗粒，限制了泥页岩颗粒的水化、分散和运移。

4. 非离子型聚合物

在非离子型聚合物中，主要用醚型聚合物，如图 6.31 所示。

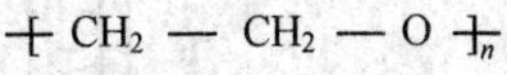

(a) 聚乙二醇

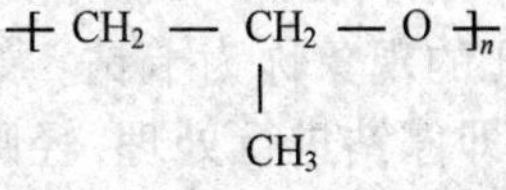

(b) 聚丙二醇

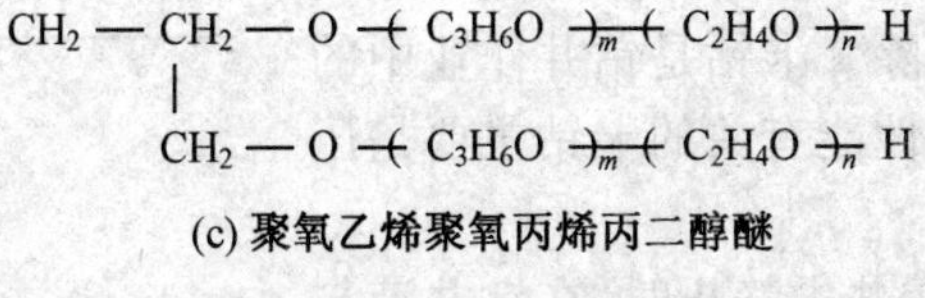

(c) 聚氧乙烯聚氧丙烯丙二醇醚

图 6.31　醚型聚合物

这些醚型聚合物都是通过氢键(以虚线表示)与水分子结合而溶于水中的(图 6.32)。

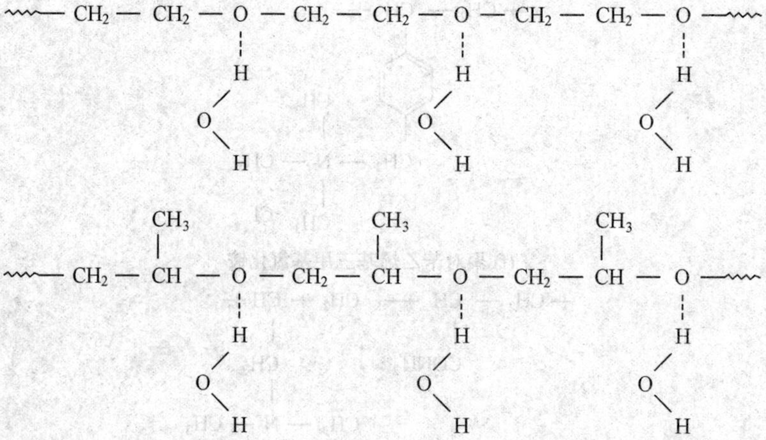

$$\sim\!\!\text{CH}_2-\text{CH}_2-\text{O}-\text{CH}_2-\text{CH}_2-\text{O}-\text{CH}_2-\text{CH}_2-\text{O}\!\!\sim$$

图 6.32　醚型聚合物通过氢键与水结合

　　一定浓度的醚型聚合物,在地面温度下是水溶的,但当温度升高至一定数值(即循环至一定的地层深度)时,由于氢键的削弱而使醚型聚合物饱和析出。这些析出的醚型聚合物可黏附在页岩表面,封堵页岩的孔隙,减小页岩与水的接触而引起稳定页岩的作用。

5. 改性沥青

　　沥青是由少量烃化合物(分子中只含碳、氢元素)和大量非烃化合物(分子中除含碳、氢元素外还含氧、硫、氮等元素)组成的。有两种重要的沥青改性产物,一种是氧化沥青,它是由常压蒸馏或减压蒸馏所得的渣油或裂化渣油在高温(200~220 ℃)下用空气氧化所得的产物,主要用在油基钻井液中;另一种是磺化沥青,它是由沥青用磺化剂(如浓硫酸、发烟硫酸或三氧化硫)磺化而成的,主要成分是沥青磺酸盐,可分散在水基钻井液中使用。

　　改性沥青也是通过其黏附在页岩表面,封堵页岩的孔隙,形成憎水油膜,减小页岩与水接触而起稳定页岩的作用。

6.9　卡钻与解卡

　　钻井过程中,钻具在井下既不能转动又不能上下活动而被卡死的现象称为卡钻。如果油气井发生卡钻,必须立即停钻进行处理,轻则延误钻井时间,严重时甚至导致井的报废,给钻井工程带来极大损失。对于卡钻,首先要以预防为主,但一旦发生,必须设法尽快加以解除。卡钻是钻井作业中的一种常见事故,与钻井液性能有关的卡钻主要是压差卡钻(或称为黏附卡钻)。

　　压差卡钻是指钻具在井中静止时,在钻井液与地层孔隙压力之间的压差作用下,紧压在井壁泥饼上而导致的卡钻(图 6.33)。

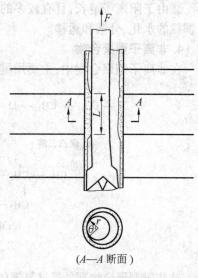

(A—A 断面)

图 6.33　压差卡钻

6.9.1　压差卡钻的特征

压差卡钻具有以下特征：

①压差卡钻是在钻具静止状态发生的，对于静止多长时间才可能发生压差卡钻，这和井身结构、井眼质量、钻具的组合、钻井液体系性能有极大的关系。

②压差卡钻前后钻井液循环正常，进出口流量平衡，泵压没有变化。

③压差卡钻后卡点的位置一般不会在井口或钻头处，而是在粗直径钻铤、扶正器或钻柱与薄弱地层所接触的位置。

④压差卡钻后若钻具活动不及时，卡点可能上移甚至可能移到套管鞋附近。

6.9.2　压差卡钻的成因

在钻井过程中，由于井眼轨迹客观上存在或大或小的曲率，钻具浮重、轴向拉伸挤压、弹性变形产生的侧向力，使钻具紧贴井壁上的滤饼。当钻具运动时，钻具与井壁滤饼被一层钻井液薄膜所润滑，液柱压力通过这层钻井液传递到钻具四周，钻具对井壁的作用力仅表现为钻具自身产生的侧向力。

当钻具静止时，钻具自身产生的侧向力使钻具挤走了与滤饼间的钻井液，若钻具自身产生的侧向力大于滤饼的抗承压力时，钻具进一步向滤饼中嵌入，滤饼中的孔隙水被驱入地层，滤饼内的孔隙压力逐渐降低，最终使滤饼内颗粒间应力消失而形成一个封闭接触面，使液柱压力无法传入接触面，作用在钻具上的液柱压力失衡，其合力指向封闭接触面一侧的钻具面，此时钻具对井壁的作用力不仅是钻具自身产生的侧向力，更主要的是液柱压力作用在钻具一侧所产生的强大挤压力。这个强大挤压力和钻具侧向力是阻止钻具运动的黏附压力，一般钻具侧向力产生的黏附压力较小，强大的挤压力产生的黏附压力却很大。若忽略侧向力，摩擦阻力可表示为

摩擦阻力＝压力×摩阻系数

＝黏附面积×黏附压差×摩阻系数

即
$$F = r\theta L(\rho_m gh - p_p)f \tag{6.19}$$

式中，F 为摩擦阻力；r 为卡钻处钻柱半径；θ 为滤饼黏附钻杆的包角；L 为黏附长度；ρ_m 为钻井液密度；h 为卡钻部位井深；P_p 为地层压力；f 为滤饼与钻杆的摩阻系数。

当钻具上下运动或旋转时，在压差作用下，就会有一个与运动方向相反的摩擦阻力 F。钻具上提时，若摩擦阻力 F 和钻具浮重之和大于钻机提升力，则钻具上提遇卡；钻具下放时，若摩擦阻力 F 大于钻具浮重，则钻具下放受阻；若转盘转动时，转盘扭矩小于钻具与井壁摩擦阻力 F，则钻具不能转动，此时钻具完全卡死。

6.9.3　压差卡钻的解卡方法

为了将钻具从井内提起，就要减小压差卡钻钻柱与井壁之间的摩擦阻力，可采用降低钻井液密度、减小黏附面积和降低滤饼与钻杆的摩阻系数等方法。降低摩阻系数是主要的解卡方法，此方法需要用解卡剂。解卡剂是指能降低滤饼与钻杆之间的摩阻系数从而达到解卡目的的化学剂。

解卡剂可用前面介绍过的钻井液液体润滑剂,通常用沥青稠化的柴油做钻井液液体润滑剂。为使该稠化柴油乳化在水中,使用复配的乳化剂,其中包括水溶性表面活性剂(如聚氧乙烯烷基醇醚)和油溶性表面活性剂(如油酸钙)。

由于柴油和沥青所含的荧光物质会影响录井和测井的资料解释,所以解卡剂也有只用表面活性剂的。例如,烷基磺酸钠或烷基苯磺酸钠加上低分子醇(如乙醇、丙醇)和盐(如氯化钠)调整亲水亲油平衡性质后也可用作解卡剂,但其解卡效果比不上有稠化柴油存在的解卡剂。

若钻井液是用石灰石粉加重或卡钻地层为碳酸盐岩,则可采用稀盐酸浸泡解卡。

6.10 钻井液的漏失与地层的堵漏

6.10.1 钻井液的漏失

在钻井过程中,井眼内钻井液大量流入地层的现象称为钻井液的漏失。

根据漏失地层的特点,可将钻井液的漏失分为以下 3 类:

1. 孔隙型漏失

孔隙型漏失通道是以孔隙为基础,由喉道连接而成的不规则的孔隙体系(图 6.34(a))。孔隙型漏失一般发生在高渗透的砂岩地层或砾岩地层,这类漏失的特点是漏失速度不快($0.5 \sim 10 \ m^3 \cdot h^{-1}$),表现为泵压有所下降,井口返出钻井液的量较平时少,钻井液池的液面缓慢下降。

2. 裂缝型漏失

裂缝在地层中的分布和发育极不均匀,其形状可以是直线,也可以是曲线和波浪形,其表面可以是光滑的,亦可以是粗糙的,裂缝段长可以从几米到几十米(图 6.34(b))。引起钻井液漏失的裂缝包括灰岩、砂岩地层中天然存在的裂缝(天然裂缝)和由钻井液压力将灰岩、砂岩地层压开所形成的裂缝(人工裂缝),这类漏失的特点是漏失的速度较快($10 \sim 100 \ m^3 \cdot h^{-1}$),表现为钻井液池的液面迅速下降。

3. 洞穴型漏失

洞穴的形态也极不规则,且大小和长度不等,呈网状交织分布,没有明显主通道,也没有固定的延伸方向(图 6.34(c))。洞穴型漏失一般只出现在灰岩地层,这类漏失的特点是漏失速度很快(大于 $100 \ m^3 \cdot h^{-1}$),钻井液有进无出。

此外,还有孔隙裂缝型和洞穴裂缝型,这两种类型是前三类的混合型。

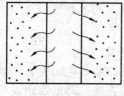
(a) 孔隙型漏失

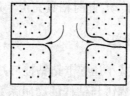
(b) 裂缝型漏失

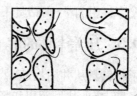
(c) 洞穴型漏失

图 6.34 钻井液漏失的类型

6.10.2　地层的堵漏

对漏失地层的封堵称为地层的堵漏。地层堵漏使用的材料称为堵漏材料。不同的漏失地层需使用不同的堵漏材料。

1. 孔隙型漏失地层的堵漏

孔隙型漏失地层的堵漏可用下列堵漏材料：

(1)硅酸凝胶

这种堵漏材料是先将水玻璃加到盐酸中配成硅酸溶胶,再将硅酸溶胶注入漏失地层,经过一定时间后即形成硅酸凝胶,将漏失地层堵住。

(2)铬冻胶

这种堵漏材料是将 HPAM 溶于水中,再加入重铬酸钠($Na_2Cr_2O_7 \cdot 2H_2O$)和亚硫酸钠配成的。将配得的堵漏材料注入漏失地层后,堵漏材料中的亚硫酸钠将重铬酸钠中的 Cr^{6+} 还原为 Cr^{3+},然后组成铬的多核羟桥络离子,将水中的 HPAM 交联成铬冻胶,将漏失地层堵住。

(3)酚醛树脂

这种堵漏材料是由苯酚与甲醛预缩聚配成的。若在预缩聚时保持甲醛过量,则这种堵漏材料注入地层后可继续缩聚形成不溶、不熔的酚醛树脂,将漏失地层堵住。

也可用脲醛树脂封堵孔隙型漏失地层。

对于特别严重的孔隙型漏失地层,也可用下面的裂缝型漏失地层或洞穴型漏失地层所使用的堵漏材料进行堵漏。

2. 裂缝型漏失地层或洞穴型漏失地层的堵漏

裂缝型漏失地层或洞穴型漏失地层的堵漏可用下列堵漏材料：

(1)纤维性材料

可用植物纤维(如短棉绒)或矿物纤维(如石棉纤维)封堵裂缝型漏失地层或洞穴型漏失地层。这些纤维性材料可悬浮在携带介质(如水、稠化水或钠土的悬浮体)中注入漏失地层,它们可在裂缝的窄部或洞穴的进口堆叠成滤饼,将漏失地层堵住。

(2)颗粒性材料

将植物性材料(如核桃壳、花生壳、玉米芯等)和矿物性材料(如黏土、硅藻土、珍珠岩、石灰岩等)粉碎至一定粒度后可用作堵漏材料。当将这些堵漏材料注入漏失地层时,若堵漏材料的颗粒直径大于裂缝窄部宽度的 1/3 或洞穴进口直径的 1/3,就可通过颗粒的桥接产生滞留,形成滤饼,将漏失地层堵住。

在颗粒性材料中,水泥是一种特殊的矿物性材料,它在漏失地层形成滤饼后,即可通过一系列的水化反应(后面要讲到)固结起来,对漏失地层产生高强度的堵塞。

水泥可与其他矿物性堵漏材料混合使用,充当无机胶结剂,提高其他矿物性堵漏材料对漏失地层的封堵强度。

6.11 钻井液体系

钻井液体系是指一般地层和特殊地层(如岩盐层、石膏层、页岩层、高温层等)钻井用的各类钻井液。钻井液体系通常按分散介质分成 3 类,即水基钻井液、油基钻井液和气体钻井流体。

6.11.1 水基钻井液

水基钻井液是以水做分散介质的钻井液,由水、膨润土和处理剂配成。它又可进一步分为非抑制性钻井液、抑制性钻井液、水包油型钻井液和泡沫钻井液。

1. 非抑制性钻井液

非抑制性钻井液是以降黏剂为主要处理剂配成的水基钻井液。由于降黏剂是通过拆散黏土颗粒间结构而起降低黏度和切力作用的,所以降黏剂又称为分散剂。以降黏剂为主要处理剂配成的水基钻井液又称为分散型钻井液。

这种钻井液具有密度高(超过 $2\ \mathrm{g\cdot cm^{-3}}$)、滤饼致密且坚韧、滤失量低、耐高温(超过 200 ℃)的特点。

由于这种钻井液中黏土亚微米颗粒(直径小于 $1\ \mu\mathrm{m}$ 的颗粒)的含量高(超过固相质量的 70%),因此对钻井速度有不利的影响。

为保证这种钻井液的性能,要求钻井液中膨润土含量控制在 10%(质量分数)以内,并且随密度增加和温度升高而相应减少,同时要求钻井液中的盐含量小于 1%(质量分数),pH 值必须超过 10,以使降黏剂的作用得以发挥。

这种钻井液适用于在一般地层打深井(深度超过 4 500 m 的井)和高温井(温度在 200 ℃以上的井),但不适用于打开油层、岩盐层、石膏层和页岩层。

2. 抑制性钻井液

抑制性钻井液是以页岩抑制剂为主要处理剂配成的水基钻井液。由于页岩抑制剂可使黏土颗粒保持在较粗的状态,因此这种钻井液又称为粗分散钻井液。它是为了克服非抑制性钻井液的缺点(亚微米黏土颗粒含量高和耐盐能力差)而发展起来的。

这种钻井液可按页岩抑制剂的不同进行再分类:

(1)钙处理钻井液

钙处理钻井液是以钙处理剂为主要处理剂的水基钻井液。

可用的钙处理剂包括石灰、石膏和氯化钙等,它们分别称为石灰处理钻井液(又称为石灰钻井液)、石膏处理钻井液(又称为石膏钻井液)和氯化钙处理钻井液(又称为氯化钙钻井液)。

钙处理钻井液具有抗钙侵、稳定页岩和控制钻井液中黏土分散性等特点。

为了保证这种钻井液的性能,要求石灰处理钻井液的 pH 值在 11.5 以上,$\mathrm{Ca^{2+}}$ 质量浓度为 0.12~0.20 $\mathrm{g\cdot L^{-1}}$,过量的石灰(补充与钻屑离子交换所消耗的 $\mathrm{Ca^{2+}}$)质量浓度为 3~6 $\mathrm{g\cdot L^{-1}}$;要求石膏处理钻井液的 pH 值为 9.5~10.5,$\mathrm{Ca^{2+}}$ 质量浓度为 0.6~1.5 $\mathrm{g\cdot L^{-1}}$,过量的石膏(也是补充与钻屑离子交换所消耗的 $\mathrm{Ca^{2+}}$)质量浓度为 6~12 $\mathrm{g\cdot L^{-1}}$;要求氯化

钙处理钻井液的 pH 值为 $10 \sim 11$，Ca^{2+} 质量浓度为 $3 \sim 4$ g · L^{-1}。

钙处理钻井液需加入少量降黏剂，使钻井液颗粒处于适度的分散状态，以维持钻井液稳定的使用性能。

这种钻井液特别适用于石膏层的钻井。

（2）钾盐钻井液

钾盐钻井液是以聚合物钾盐或聚合物铵盐和氯化钾为主要处理剂配成的水基钻井液。

钾盐钻井液具有抑制页岩膨胀、分散，控制地层造浆，防止地层坍塌和减少钻井液中黏土亚微米颗粒含量的特点。

为了保证这种钻井液的性能，要求钻井液的 pH 值控制在 $8 \sim 9$ 范围，钻井液滤液中 K^+ 的质量浓度大于 18 g · L^{-1}。

钾盐钻井液主要用于页岩层的钻井。

（3）盐水钻井液

盐水钻井液是以盐（氯化钠）为主要处理剂配成的水基钻井液。盐的质量浓度从 10 g · L^{-1}（其中 Cl^- 的质量浓度约为 6 g · L^{-1}）直到饱和（其中 Cl^- 的质量浓度约为 189 g · L^{-1}）。在盐水钻井液中，盐含量达到饱和的钻井液称为饱和盐水钻井液。

盐水钻井液具有耐盐，耐钙、镁离子，对页岩层稳定能力强，滤液对油气层伤害小等特点。

为了保证这种钻井液的性能，在配制钻井液时，最好使用耐盐黏土（如海泡石）和耐盐，耐钙、镁离子的处理剂。为了防止盐水对钻具的腐蚀，应加入缓蚀剂。对饱和盐水钻井液，还应加入盐结晶抑制剂，以防止盐结晶析出。

盐水钻井液适用于海上钻井或近海滩及其他缺乏淡水地区的钻井。饱和盐水钻井液主要用于岩盐层、页岩层和岩盐与石膏混合层的钻井。

（4）硅酸盐钻井液

硅酸盐钻井液是以硅酸盐为主要处理剂配成的水基钻井液。

由于硅酸盐中的硅酸根可与井壁表面和地层水中的钙、镁离子反应，产生硅酸钙、硅酸镁沉淀并沉积在井壁表面形成保护层，因此硅酸盐钻井液具有抗钙侵和控制页岩膨胀、分散的能力。使用时要求钻井液的 pH 值为 $11 \sim 12$，因 pH 值低于 11 时，硅酸根可转变为硅酸而使处理剂失效。

硅酸盐钻井液特别适用于石膏层和石膏与页岩混合层的钻井。

（5）聚合物钻井液

聚合物钻井液是以聚合物为主要处理剂配成的水基钻井液。

由于聚合物的桥接作用，使钻井液中的黏土颗粒保持在较粗的状态，同时由于聚合物的吸附，使钻屑的表面受到吸附层的保护而不分散成更细的颗粒，因此用聚合物钻井液钻井，可以有更高的钻井速度。

聚合物钻井液又称为不分散钻井液。

（6）正电胶钻井液

正电胶钻井液是以正电胶为主要处理剂的水基钻井液。

这种钻井液具有携岩能力强、稳定井壁性能好、对油气层有保护作用等特点,适用于水平井钻井和打开油气层。

3.水包油型钻井液

若在水基钻井液中加入油和水包油型乳化剂,就可配成水包油型钻井液。

配制水包油型钻井液的油可用矿物油或合成油。前者主要为柴油或机械油(简称机油),其中影响测井的荧光物质(芳香烃物质)可用硫酸精制法除去;后者主要为不含荧光物质的有机化合物,如图 6.35 所示。

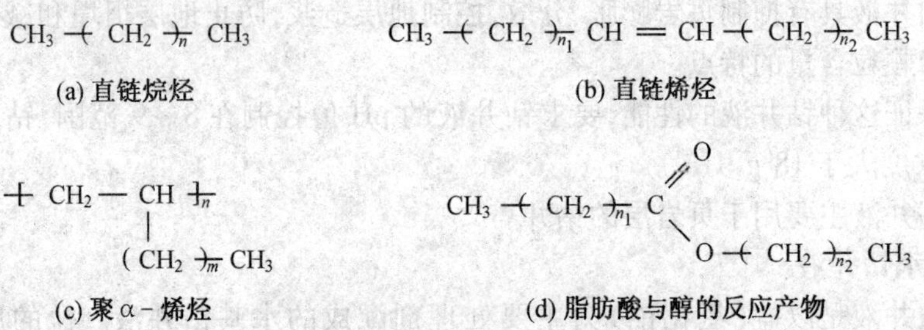

$$CH_3 + CH_2 \frac{}{n} CH_3 \qquad CH_3 + CH_2 \frac{}{n_1} CH = CH + CH_2 \frac{}{n_2} CH_3$$

(a) 直链烷烃 \qquad (b) 直链烯烃

(c) 聚 α-烯烃 \qquad (d) 脂肪酸与醇的反应产物

图 6.35 配制水包油型钻井液的合成油

在使用时要求上述合成油的性质与矿物油的性质相近,即 25 ℃时密度为 0.76 ~ 0.86 $g \cdot cm^{-3}$,黏度为 2 ~ 6 mPa·s。

用于配制水包油型钻井液的乳化剂都是水溶性表面活性剂如图 6.36 所示。

$$R — SO_3Na \qquad R — OSO_3Na \qquad R — O + CH_2CH_2O \frac{}{n} H$$

(a) 烷基苯磺酸钠 \qquad (b) 烷基醇硫酸酯钠盐 \qquad (c) 聚氧乙烯烷基醇醚

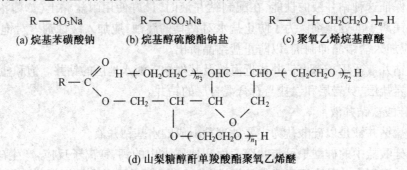

(d) 山梨糖醇酐单羧酸酯聚氧乙烯醚

图 6.36 配制水包油型钻井液的乳化剂

水包油型钻井液具有润滑性能好、滤失量低、对油气层有保护作用等特点。

水包油型钻井液适用于易卡钻或易产生钻头泥包地层的钻井。

4.泡沫钻井液

若在水基钻井液中加入起泡剂并通入气体,就可配成泡沫钻井液。由于它以水做分散介质,所以属于水基钻井液。

配制泡沫钻井液的气体可用氮气和二氧化碳气体。

配制泡沫钻井液的起泡剂可用水溶性表面活性剂,如烷基磺酸钠、烷基苯磺酸钠、烷基硫酸酯钠盐、聚氧乙烯烷基醇醚等。

泡沫钻井液中的膨润土含量由井深和地层压力决定。

泡沫钻井液具有摩阻低、携岩能力强、对低压油气层有保护作用等特点。

为了保证这种钻井液的性能,要求钻井液在环空中的上返速度大于 $0.5\ \mathrm{m\cdot s^{-1}}$。泡沫钻井液主要用于低压易漏地层的钻井。

6.11.2　油基钻井液

油基钻井液是以油做分散介质的钻井液,由油、有机土和处理剂组成。油基钻井液中还包含水,并可按水的含量将油基钻井液分成以下两类。

1. 纯油相钻井液

油基钻井液中水含量小于10%(质量分数)的油基钻井液称为纯油相钻井液。

配制纯油相钻井液的油可用矿物油(如柴油、机油等)和合成油(如直链烷烃、直链烯烃、聚α-烯烃等)。

配制纯油相钻井液的有机土是用图6.37所示的季铵盐型表面活性剂处理膨润土制得的。

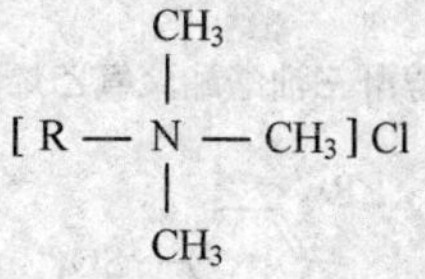

$$[\ R-\overset{\overset{\textstyle CH_3}{|}}{\underset{\underset{\textstyle CH_3}{|}}{N}}-CH_3\ ]\ Cl$$

(a) 烷基三甲基氯化铵 ($R= C_{12}\sim C_{18}$)

$$[\ R-\overset{\overset{\textstyle CH_3}{|}}{\underset{\underset{\textstyle CH_3}{|}}{N}}-CH_2-\bigcirc\ ]\ Cl$$

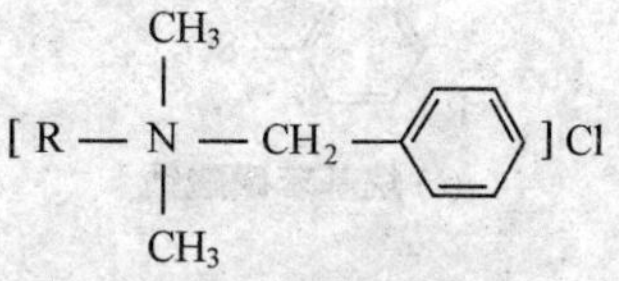

(b) 烷基苄基二甲基氯化铵 ($R= C_{12}\sim C_{18}$)

图6.37　季铵盐型表面活性剂

季铵盐型表面活性剂在膨润土颗粒表面吸附,可将表面转变为亲油表面,从而使其易在油中分散。

配制纯油相钻井液主要使用的处理剂为降滤失剂(如氧化沥青)和乳化剂(如硬脂酸钙)。

纯油相钻井液具有耐温、防塌、防卡、防腐蚀、润滑性能好和保护油气层等特点,但缺点是成本高、污染环境和不安全。

纯油相钻井液适用于页岩层、岩盐层和石膏层的钻井,并特别适用于高温地层钻井和打开油气层。

2. 油包水型钻井液

若在纯油相钻井液中加入水(含量大于10%(质量分数))和油包水型乳化剂,就可配成油包水型钻井液。

配制油包水型钻井液的乳化剂主要是油溶性表面活性剂,如图6.38所示。

油包水型钻井液同样具有纯油相钻井液的特点,但它的成本低于纯油相钻井液;油包水型钻井液与纯油相钻井液有相同的使用范围。

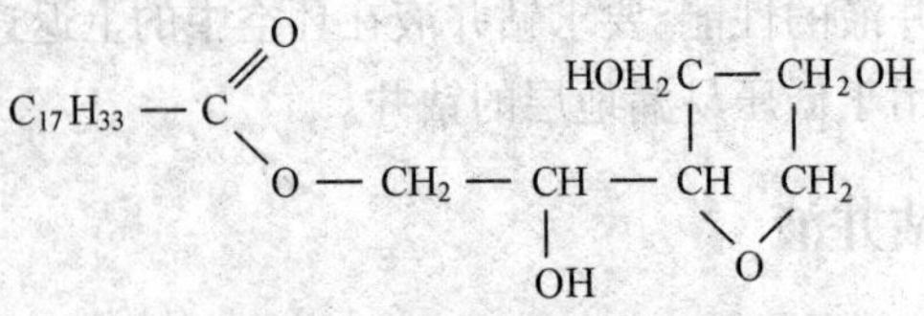

(a) 山梨糖醇酐单油酸酯 (Span-80)

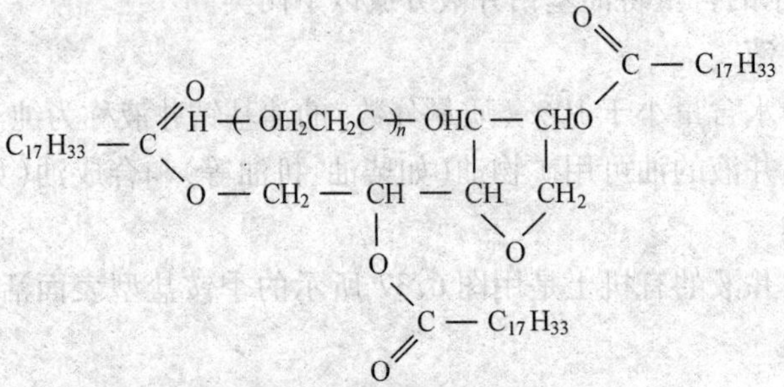

(b) 山梨糖醇酐三油酸酯聚氧乙烯醚 (Span-85)

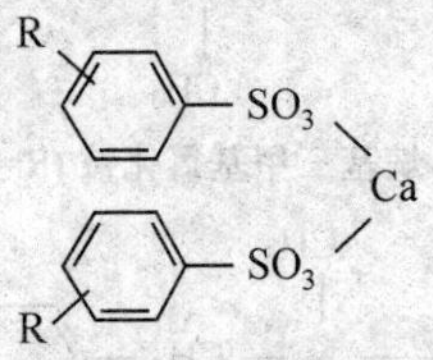

(c) 烷基苯磺酸钙

图 6.38　油溶性表面活性剂

6.11.3　气体钻井流体

起钻井液作用的气体(如空气、天然气)称为气体钻井流体。

为保证岩屑的携带,气体钻井流体的环空上返速度必须大于 $15\ m\cdot s^{-1}$

气体钻井流体具有提高钻速和保护油气层等优点,但存在干摩擦和易着火或爆炸等缺点,当地层出水后也易造成卡钻、井塌等事故。

气体钻井流体适用于漏失层、低压油气层及严重缺水地区的钻井。

思　考　题

1. 试分析当 $M_f/P_f=1.5$ 时,钻井液碱性主要来源于哪种离子?

2. 钻井液配浆材料膨润土虽为有用固相,但用量也要以够用为度,不宜过大,为什么?

3. 钻井对钻井液滤失性能的一般要求是什么?

4. 阐述起钻、下钻和开泵是如何产生压力激动的,可采取哪些控制措施?

5. 阴离子型絮凝剂能把钻井液中劣质土絮凝下来,留下优质土,它是如何起到选择性的?

6. 简述降低泥饼摩擦系数的具体途径。

第 **7** 章

水泥浆化学

水泥浆是固井中使用的工作液。这里提到的固井是一种作业,该作业是由套管向井壁与套管的环空注入水泥浆并使其上返至一定高度,随后水泥浆变成水泥石将井壁与套管固结起来的过程。

7.1 水泥浆的功能与组成

7.1.1 水泥浆的功能

水泥浆的功能是固井。固井可以达到下列目的:

1. 固定和保护套管

钻井过程中所下的套管都必须通过固井作业将其固定起来。此外,套管外的水泥石可减小地层对套管的挤压,起保护套管的作用,并防止管壁腐蚀。

2. 封隔油、气、水层及严重漏失层和其他复杂层

封隔井眼内的油、气、水层,以便于后一步的钻进或其他生产。当钻遇严重漏失层时,可采取降低钻井液密度和(或)加堵漏材料的方法钻井,钻完严重漏失层后,也必须下套管固井,并将漏失层封隔起来,使它不影响后面的钻井工作。当钻遇其他复杂层(如易坍塌地层)时,也可在钻完该层后用下套管固井的方法解决。

3. 保护高压油气层

当钻遇高压油气层时,易发生井喷事故,要提高钻井液密度以平衡地层压力,钻完高压油气层后,必须下套管固井,将高压油气层保护起来。

7.1.2 水泥浆的组成

水泥浆由水、油井水泥、外加剂和外掺料组成。

1. 水

配制水泥浆的水可以是淡水或盐水(包括海水)。

2. 油井水泥

油井水泥是波特兰水泥(也就是硅酸盐水泥)的一种。对油井水泥的基本要求是:
①水泥能配成流动性良好的水泥浆,这种性能应在从配制开始到注入套管被顶替到

环形空间内的一段时间里始终保持。

②水泥浆在井下的温度及压力条件下保持稳定性。

③水泥浆应在规定的时间内凝固并达到一定的强度。

④水泥浆应能和外加剂相配合,可调节各种性能。

⑤形成的水泥石应有很低的渗透性能等。

根据上述基本要求从硅酸盐水泥中特殊加工而成的适用于油、气井固井专用的水泥就称为油井水泥。

(1)油井水泥的各组分

①硅酸三钙($3CaO \cdot SiO_2$,简称 C_3S)是油井水泥的主要成分,一般的含量为 40% ~ 65%(质量分数)。它对水泥的强度,尤其是早期强度有较大的影响。高早期强度水泥中 C_3S 的含量可达 60% ~65%(质量分数),缓凝水泥中 C_3S 的含量为 40% ~45%(质量分数)。

②硅酸二钙($2CaO \cdot SiO_2$,简称的 C_2S)的含量一般为 24% ~30%(质量分数)。它是一种缓慢水化矿物,其水化反应缓慢,强度增长慢,因此对水泥石后期强度影响较大。

③铝酸三钙($3CaO \cdot Al_2O_3$,简称 C_3A)是促进水泥快速水化的化合物,是决定水泥初凝和稠化时间的主要因素。它对水泥的最终强度影响不大,但对水泥浆的流变性及早期强度有较大影响。它对硫酸盐极为敏感,因此抗硫酸盐的水泥应控制其含量在 3%(质量分数)以下,但对于有较高早期强度的水泥,其含量可达 15%(质量分数)。

④铁铝酸四钙($4CaO \cdot Al_2O_3 \cdot Fe_2O_3$,简称 C_4AF)对强度影响较小,水化速度仅次于 C_3A,早期强度增长较快,含量为 8% ~12%(质量分数)。

上述 4 种组分水化后的抗压强度随时间变化如图 7.1 所示。图中的抗压强度是将一定尺寸的水泥试样在自动加荷的强度试验机中垂直受力直到破坏测得的。

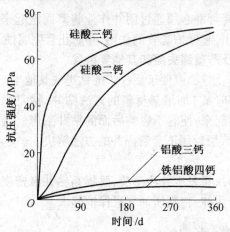

图 7.1　水泥各组分水化后的抗压强度随时间变化

从图 7.1 可以看到,水泥水化后的早期强度主要取决于硅酸三钙,晚期强度主要取决于硅酸三钙和硅酸二钙,而铝酸三钙和铁铝酸四钙对早期强度和晚期强度的影响都较小。

此外,水泥中还含有石膏、碱金属硫酸盐、氧化镁和氧化钙等,这些组分对水泥水化速率和水泥固化后的性能都有一定的影响。

(2)油井水泥的分类

由于油井水泥要适应的井深从几百米到几千米,井下温度变化范围可达 100 ℃ 以上,压力变化值可达几十个兆帕,固井施工所用时间可以从几十分钟到几个小时,要适应的井下情况是千差万别的。因此,单一品种的油井水泥是无法满足工程需要的。针对不同的工艺要求,油井水泥分为几种类型。

我国油井水泥的分类与美国 API(美国石油学会)的标准接近。

①API 水泥的分类。

按 API(American Petroleum Institute)标准,把油井水泥分为 9 类,即 A,B,C,D,E,F,G,H,J 级,其中 A,B,C 级为基质水泥,D,E,F 级水泥在烧制时允许加入调节剂,G,H 级允许加入石膏,J 级应符合其 J 级标准。

API 标准的水泥适用范围见表 7.1。

表 7.1　API 标准的水泥使用范围

API 级别	使用深度范围 /m	类　型			备　注
		普通	抗硫酸盐型		
			中	高	
A		●	—	—	普通水泥,无特殊性能要求
B	0 ~ 1 830	—	●	●	中热水泥,分中、高抗硫酸盐型
C		●	●	●	早强水泥,分普通型、中、高抗硫酸盐型
D	1 830 ~ 3 050	—	●	●	用于中温中压条件,分中、高抗硫酸盐型
E	3 050 ~ 4 270	—	●	●	基质水泥加缓凝剂,高温、高压条件,分中、高抗硫酸盐型
F	3 050 ~ 4 880	—	●	●	基质水泥加缓凝剂,超高压、超高温条件,分中、高抗硫酸盐型
G	0 ~ 2 440	—	●	●	基质水泥,分中、高抗硫酸盐型
H		—	●	●	
J	3 660 ~ 4 880	●	—	—	普通型,超高温

A 级:适用深度范围为 0 ~ 1 830 m,温度至 76.7 ℃,仅有普通型一种,无特殊性能要求。

B 级:适用深度范围为 0 ~ 1 830 m,属中热水泥,温度至 76.7 ℃,有中抗硫酸盐型和高抗硫酸盐型两种。

C 级:适用深度范围为 0 ~ 1 830 m,温度至 76.7 ℃,属高早期强度水泥,分普通型、中抗硫酸盐及高抗硫酸盐三种。

D 级:适用深度范围为 1 830 ~ 3 050 m,温度为 76 ~ 127 ℃,为基质水泥加缓凝剂,用于中温、中压条件,分为中抗硫酸盐及高抗硫酸盐两种。

E 级:适用深度范围为 3 050 ~ 4 270 m,温度为 76 ~ 143 ℃,为基质水泥加缓凝剂,用于高温、高压条件,分为中抗硫酸盐及高抗硫酸盐两种。

F 级:适用深度范围为 3 050 ~ 4 880 m,温度为 110 ~ 160 ℃,为基质水泥加缓凝剂,用于超高温、超高压条件,分为中抗硫酸盐及高抗硫酸盐两种。

G 级及 H 级:适用深度范围为 0 ~ 2440 m,温度为 0 ~ 93 ℃,为两种基质水泥,加入调节剂后可用于较大的范围,分为中抗硫酸盐及高抗硫酸盐两种。

J级:适用深度范围为 3 660 ~ 4 880 m,温度为 49 ~ 160 ℃,仅有普通型一种。

②国产以温度系列为标准的油井水泥。

按我国石油行业(SY)标准分类,油井水泥根据适用的地层温度分为 45 ℃,75 ℃,95 ℃和 120 ℃ 4 个级别,见表 7.2。

表 7.2 我国油井水泥质量标准及水泥物理性能

检验项目及类别		水泥分类			
		45 ℃水泥	75 ℃水泥	95 ℃水泥	120 ℃水泥
适用井深/m		0 ~ 1 500	1 500 ~ 2 500	2 500 ~ 3 500	3 500 ~ 5 000
MgO 含量(质量分数)/%		5	5	5	6
SO₃ 含量(质量分数)/%		3.5	3.5	3	3
静止流动度/mm		>200	>200	>180	>160
水泥浆流动度/mm		>240	>240	>220	>220
自由水(析水)/%		<<1.0	<1.0	<1.0	<1.0
凝结时间	温度/℃	45±2	75±2	95±2	120±2
	时间范围/min	初凝 90 ~ 150 / 终凝 不迟于 90	初凝 115 ~ 180 / 终凝 不迟于 90	初凝 180 ~ 270 / 终凝 不迟于 90	初凝 以稠化时间 / 终凝 30Bc 190
强度		不低于 3.5 MPa 常压 48 h>4.0 MPa (抗折)	不低于 4.0 ~5.5 MPa 常压 48 h (抗折)	不低于 5.5 MPa 常压 48 h (抗折)	120 ℃,养护压力 2.1 MPa 抗压强度 48 h>15 MPa

45 ℃:用于表层及浅层,深度小于 1 500 m。

75 ℃水泥:用于井深 1 500 ~ 3 200 m,当超过 3 500 m 时应加入缓凝剂,温度超过 110 ℃时,应加入不少于 28%(质量分数)的硅粉。

95 ℃水泥:用于井深 2 500 ~ 3 500 m,当温度超过 110 ℃时,应加入不少于 28%(质量分数)的硅粉。

120 ℃水泥:用于井深 3 500 ~ 5 000 m,当用于 4 500 ~ 5 000 m 井深时,应加入缓凝剂及降失水剂。

3.水泥浆的外加剂与外掺料

为了调节水泥浆的性能,需在其中加入一些特殊物质,其加入量小于或等于水泥质量 5%的物质称为外加剂,其加入量大于水泥质量 5%的物质称为外掺料。

若按用途分类,可将水泥浆外加剂与外掺料合在一起分成 7 类,即水泥浆促凝剂、水泥浆缓凝剂、水泥浆减阻剂、水泥浆降滤失剂、水泥浆膨胀剂、水泥浆密度调整外掺料和水泥浆防漏外掺料。

7.2 水泥浆的密度及其调整

固井时,为使水泥浆能将井壁与套管间的钻井液替换得彻底,应要求水泥浆密度大于钻井液密度,但又以不压漏地层为度。

配制水泥浆时,水与水泥的质量比称为水灰比。通常要使水泥完全水化,需要的水为水泥质量的 20% 左右即可,但此时水泥浆基本不能流动,要使水泥浆能流动,加水量应达到水泥质量的 45% ~50%,调节出的水泥浆的密度为 $1.8 \sim 1.9 \ g \cdot cm^{-3}$。根据地层情况的不同,水泥浆的密度需调整至不同的范围。若水泥浆的密度不在所要求的范围内,则可用调整水泥浆密度外掺料调整。调整水泥浆密度外掺料又可进一步分为降低水泥浆密度外掺料和提高水泥浆密度外掺料。

7.2.1　降低水泥浆密度外掺料

能降低水泥浆密度的物质称为降低水泥浆密度外掺料。在低压油气层或易漏地层固井时,需在水泥浆中加入降低水泥浆密度外掺料。

降低水泥浆密度外掺料有下列几种:

1. 黏土

黏土的固相密度($2.4 \sim 2.7 \ g \cdot cm^{-3}$)低于水泥的固相密度($3.05 \sim 3.2 \ g \cdot cm^{-3}$)。若以部分黏土替代水泥配制水泥浆,则可将水泥浆的密度降低。这是密度较低的固体降低水泥浆密度的部分替代机理。

此外,黏土还有下面讲到的其他密度较低固体(粉煤灰、膨胀珍珠岩和空心玻璃微珠)所没有的降低水泥浆密度的机理,即稠化机理。由于黏土(特别是钠膨润土)对水有优异的稠化作用,因此可大幅度增加水泥浆中的水(其密度为 $1 \ g \cdot cm^{-3}$)含量,从而有效地起到降低水泥浆密度的作用。

黏土在水泥浆中的加入量一般为水泥质量的 5% ~32%,可用于配制密度为 $1.3 \sim 1.8 \ g \cdot cm^{-3}$ 的水泥浆。

若配制水泥浆的水为淡水或低浓度盐水,则降低水泥浆密度外掺料可用膨润土;若配制水泥浆的水为高浓度盐水,则降低水泥浆密度外掺料应使用抗盐黏土,如坡缕石或海泡石,因为它们不受盐含量影响,具有良好的抗盐性。

2. 粉煤灰

粉煤灰是粉煤燃烧产生的空心颗粒,主要组成为二氧化硅(见表 7.3)。粉煤灰的固相密度(约为 $2.1 \ g \cdot cm^{-3}$)比水泥的固相密度低。

表 7.3　一种粉煤灰组成的分析结果

组成	w(组成)/%	组成	w(组成)/%
SiO_2	55 ~65	CaO	1 ~3
Al_2O_3	25 ~35	MgO	<4
Fe_2O_3	3 ~5	烧失量	<2

若用粉煤灰部分替代水泥配制水泥浆,则可降低水泥浆的密度。用粉煤灰可以配制密度为 $1.6 \sim 1.8 \ g \cdot cm^{-3}$ 的水泥浆。

3. 膨胀珍珠岩

膨胀珍珠岩是通过珍珠岩高压熔融,然后迅速减压、冷却所产生的多孔性固体。固体中的孔隙是由珍珠岩中的结晶水在高温减压时汽化形成的。膨胀珍珠岩的固相密度(约为 $2.4 \ g \cdot cm^{-3}$)低于水泥的固相密度。

若以部分膨胀珍珠岩替代水泥配制水泥浆,则可将水泥浆的密度降低。用膨胀珍珠岩可配制密度为 $1.1 \sim 1.2$ g·cm^{-3} 的水泥浆。

4. 空心玻璃微珠

空心玻璃微珠是将熔融的玻璃通过特殊喷头喷出产生的。空心玻璃微珠的粒径为 $20 \sim 200$ μm,壁厚为 $0.2 \sim 0.4$ μm,表观密度为 $0.4 \sim 0.6$ g·cm^{-3}。

若用空心玻璃微珠部分替代水泥配制水泥浆,则可将水泥浆的密度降低。用空心玻璃微珠可以配制密度为 $1.0 \sim 1.2$ g·cm^{-3} 的水泥浆。

此外,也可用空心陶瓷微珠(表观密度约为 0.7 g·cm^{-3})和空心脲醛树脂微珠(表观密度约为 0.5 g·cm^{-3})配制低密度水泥浆。

7.2.2　提高水泥浆密度外掺料

能提高水泥浆密度的物质称为提高水泥浆密度外掺料。在高压油气层固井时,需在水泥浆中加入提高水泥浆密度外掺料。

提高水泥浆密度外掺料有以下两类:

1. 高密度固体粉末

高密度固体有重晶石、菱铁矿、钛铁矿、磁铁矿、黄铁矿等。若将这些高密度固体磨成一定粒度的粉末并加入水泥浆中,则可提高水泥浆的密度。用高密度固体粉末可配得密度为 $2.1 \sim 2.4$ g·cm^{-3} 的水泥浆。

2. 水溶性盐

水溶性盐是通过提高水相密度而提高水泥浆密度的。水溶性盐主要用氯化钠,可将水泥浆密度提高到 2.1 g·cm^{-3}。

此外,也可通过加入水泥浆减阻剂(后面要讲到),在保证水泥浆流变性的前提下,大幅度降低水泥浆的水灰比,从而提高水泥浆的密度。

7.3　水泥浆的稠化及稠化时间的调整

7.3.1　水泥浆的稠化

1. 水与水泥混合后的行为

水与水泥混合后的行为主要表现为水泥浆逐渐变稠,水泥浆的这种逐渐变稠的现象称为水泥浆稠化。水泥浆稠化的程度用稠度表示,水泥浆的稠度是用稠化仪通过测定一定转速的叶片在水泥浆中所受的阻力得到的,单位为 Bc。水泥浆稠化速率用稠化时间表示,水泥浆的稠化时间是指水泥浆从配制开始到其稠度达到规定值所用的时间。例如 API 标准中规定的这一数值是从开始混拌到水泥浆稠度达到 100 Bc(水泥稠度单位)所用的时间为水泥浆的稠化时间。API 标准中规定在初始的 $15 \sim 30$ min 时间内,稠化值应当小于 30 Bc。好的稠化情况是在现场总的施工时间内,水泥浆的稠度在 50 Bc 以内。为使水泥浆顺利注入井壁与套管之间的环空,应要求稠化时间等于注水泥浆施工时间(即从配水泥浆到水泥浆上返至预定高度的时间)加上 1 h。水泥浆稠化时间由水泥浆稠度随时间变化的曲线决定。图 7.2 为一种典型水泥浆的稠度随时间变化的曲线。

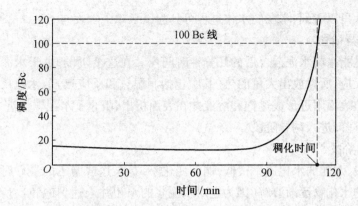

图 7.2　水泥浆的稠度随时间变化的曲线

2. 水泥各组分的水化反应

水泥浆稠化是由水泥水化引起的。在水中,水泥各组分可发生下列水化反应:

$$3CaO \cdot SiO_2 + 2H_2O \longrightarrow 2CaO \cdot SiO_2 \cdot H_2O + Ca(OH)_2$$
（硅酸三钙）

$$2CaO \cdot SiO_2 + H_2O \longrightarrow 2CaO \cdot SiO_2 \cdot H_2O$$
（硅酸二钙）

$$3CaO \cdot Al_2O_3 + 6H_2O \longrightarrow 3CaO \cdot Al_2O_3 \cdot 6H_2O$$
（铝酸三钙）

$$4CaO \cdot Al_2O_3 \cdot Fe_2O_3 + 7H_2O \longrightarrow 3CaO \cdot Al_2O_3 \cdot 6H_2O + CaO \cdot Fe_2O_3 \cdot H_2O$$
（铁铝酸四钙）

水化产生的 $Ca(OH)_2$ 还可分别与 $3CaO \cdot Al_2O_3$ 和 $4CaO \cdot Al_2O_3 \cdot Fe_2O_3$ 发生水化反应:

$$3CaO \cdot Al_2O_3 + Ca(OH)_2 + (n-1)H_2O \longrightarrow 4CaO \cdot Al_2O_3 \cdot nH_2O$$
$$4CaO \cdot Al_2O_3 \cdot Fc_2O_3 + 4Ca(OII)_2 + 2(n-2)H_2O \longrightarrow 8CaO \cdot Al_2O_3 \cdot Fe_2O_3 \cdot 2nH_2O$$

3. 水泥水化过程

可用量热法研究水泥的水化过程。图 7.3 为水泥水化时的放热速率随时间变化的示意图。

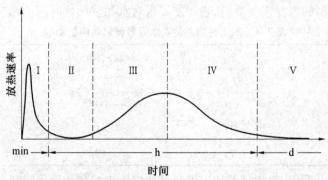

图 7.3　水泥水化时的放热速率随时间变化的示意图

Ⅰ—预诱导阶段;Ⅱ—诱导阶段;Ⅲ—固化阶段;Ⅳ—硬化阶段;Ⅴ—终止阶段

从图7.3可以看到,水泥的水化过程可分为以下5个阶段:

(1)预诱导阶段

此阶段是指水与水泥混合后的几分钟时间内。在这个阶段,由于水泥干粉被水润湿并开始水化反应,所以放出大量的热(其中包括润湿热和反应热)。水化反应生成的水化物在水泥颗粒表面附近形成过饱和溶液并在表面析出,阻止了水泥颗粒进一步水化,使水化速率迅速下降,进入诱导阶段。

(2)诱导阶段

在此阶段,水泥的水化速率很低,稠度变化小,是泵送或施工的最好时期。但由于水泥表面析出的水化物逐渐溶解(因为它对水泥浆的水相并未达到饱和),所以在此阶段后期,水化速率有所增加。

(3)固化阶段

在此阶段,水泥表面析出的水化物被溶解后,阻隔能力减小,水化速率增大,水泥水化产生大量的水化物,它们首先溶于水中,随后饱和析出,在水泥颗粒间形成网络结构,使水泥浆固化。

(4)硬化阶段

在此阶段,水泥颗粒间的网络结构变得越来越密,水泥石的强度越来越高,因此渗透率越来越低,水的运动能力下降,影响未水化的水泥颗粒与水的接触,水化速率越来越低。

(5)终止阶段

在此阶段,渗入水泥石的水越来越少,直至不能渗入,从而使水泥的水化停止,完成了水泥水化的全过程。

7.3.2　水泥浆稠化时间的调整

为满足施工要求,需调整水泥浆的稠化时间。能调整水泥浆稠化时间的物质称为调凝剂。调凝剂又可分为促凝剂和缓凝剂。

1.水泥浆促凝剂

能缩短水泥浆稠化时间的调凝剂称为水泥浆促凝剂。

氯化钙是典型的水泥浆促凝剂,它的加入量对水泥浆稠化时间的影响见表7.4。

表7.4　氯化钙加入量对水泥浆稠化时间的影响

$w(CaCl_2)/\%$	稠化时间/min		
	32 ℃	40 ℃	45 ℃
0	240	180	152
2	77	71	61
4	75	62	59

从表7.4可以看到,氯化钙的加入可明显地缩短水泥浆的稠化时间。

氯化钙主要通过压缩析出水化物表面的扩散双电层,使它在水泥颗粒间形成具有高渗透性的网络结构,有利于水的渗入和水化反应的进行而起促凝作用。

表7.5为氯化钙加入量对水泥石早期抗压强度的影响。表7.5表明,氯化钙除能起促凝作用外,还能提高水泥石早期的抗压强度。

表7.5 氯化钙加入量对水泥石早期抗压强度的影响

$w(CaCl_2)/\%$	抗压强度/MPa		
	6 h	12 h	24 h
0	2.6	5.9	12.5
2	7.8	16.6	27.6
4	9.2	17.9	31.2

其他水溶性盐(如氯化物、碳酸盐、磷酸盐、硫酸盐、铝酸盐、低分子有机酸盐等)均有与氯化钙类似的促凝作用。

2.水泥浆缓凝剂

能延长水泥浆稠化时间的调凝剂称为水泥浆缓凝剂。

(1)水泥浆缓凝剂的分类

①硼酸及其盐,如图7.4所示。

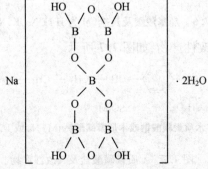

(a) 硼酸

(b) 四硼酸钠

(c) 五硼酸钠

图7.4 硼酸及其盐

②膦酸及其盐,如图7.5所示。

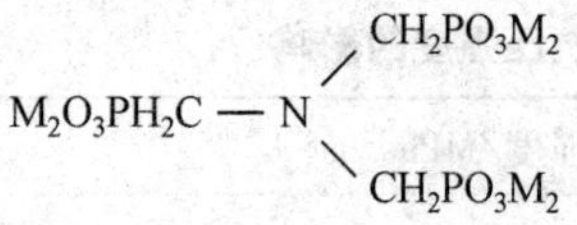

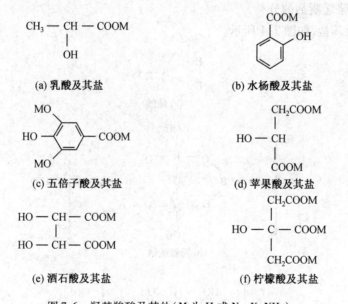

M₂O₃PH₂C — N — CH₂PO₃M₂
                   |
                  CH₂PO₃M₂

(a) 次氨基三亚甲基膦酸及其盐 (ATMP)

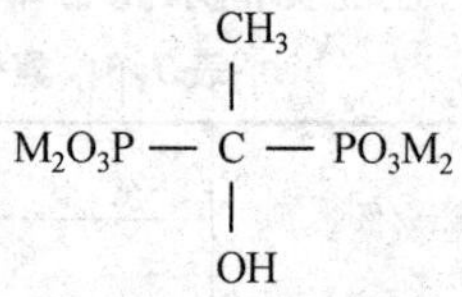

M₂O₃P — C — PO₃M₂
         |
        CH₃
         |
        OH

(b) 次乙基羟基二膦酸及其盐 (HEDP)

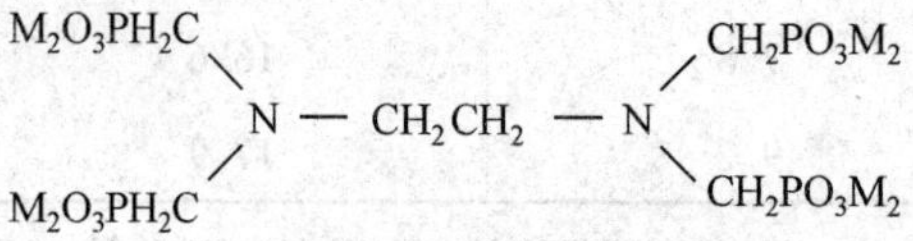

M₂O₃PH₂C — N — CH₂CH₂ — N — CH₂PO₃M₂
M₂O₃PH₂C /   \ CH₂PO₃M₂

(c) 乙二胺四亚甲基膦酸及其盐 (EDTMP)

图7.5 膦酸及其盐(式中的 M 为 H 或 Na,K,NH₄等)

③羟基羧酸及其盐,如图7.6所示。

CH₃ — CH — COOM
        |
        OH

(a) 乳酸及其盐

COOM
OH (苯环)

(b) 水杨酸及其盐

MO、HO、MO (苯环) — COOM

(c) 五倍子酸及其盐

CH₂COOM
|
HO — CH
|
COOM

(d) 苹果酸及其盐

HO — CH — COOM
HO — CH — COOM

(e) 酒石酸及其盐

CH₂COOM
|
HO — C — COOM
|
CH₂COOM

(f) 柠檬酸及其盐

图7.6 羟基羧酸及其盐(M 为 H 或 Na,K,NH₄)

④木质素磺酸盐及其改性产物,如图7.7所示。

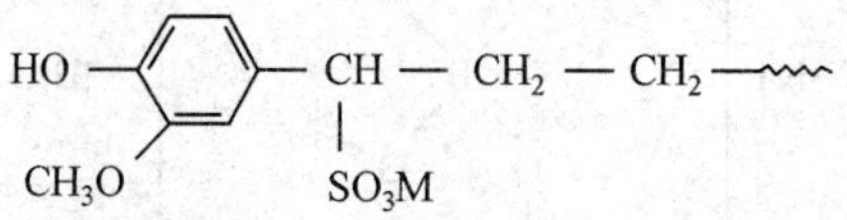

HO (苯环) — CH — CH₂ — CH₂ ～～～
CH₃O |
           SO₃M

(a) 木质素磺酸钠或木质素磺酸钙 (M=Na 或 1/2Ca)

图7.7 木质素磺酸盐及其改性产物

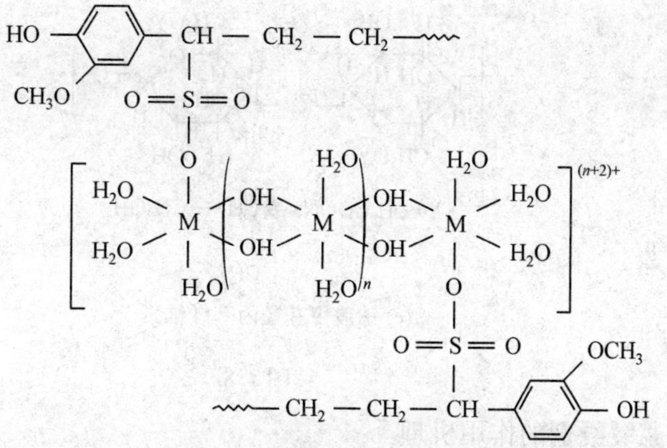

(b) 铁铬木质素磺酸钠 (M=Fe 或 Cr)

续图 7.7

⑤水溶性聚合物,如图 7.8 所示。

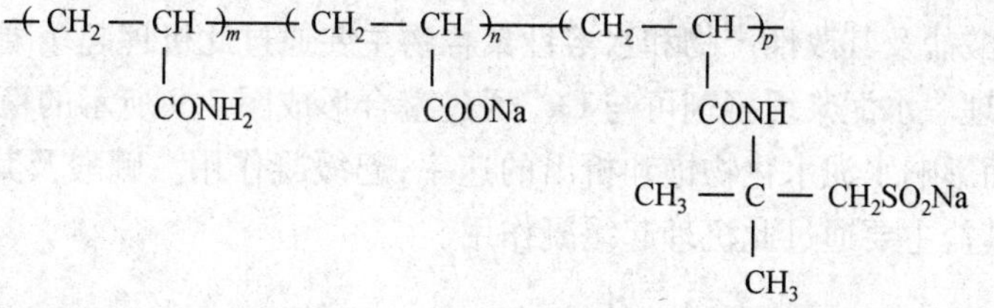

(a) 丙烯酰胺、丙烯酸钠与（2-丙烯酰胺基-2-甲基）丙基磺酸钠共聚物

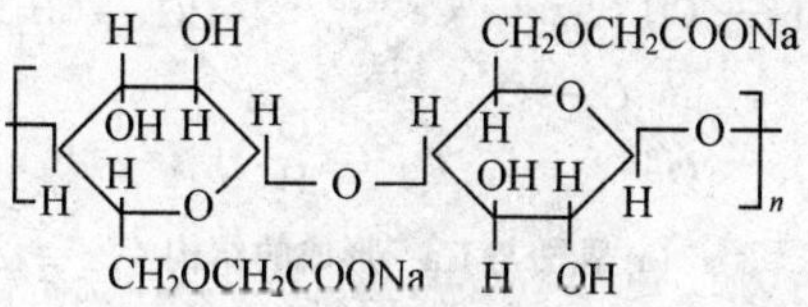

(b) 钠羧甲基纤维素

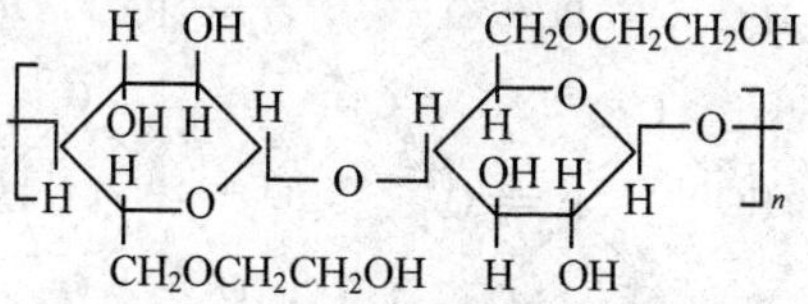

(c) 羟乙基纤维素

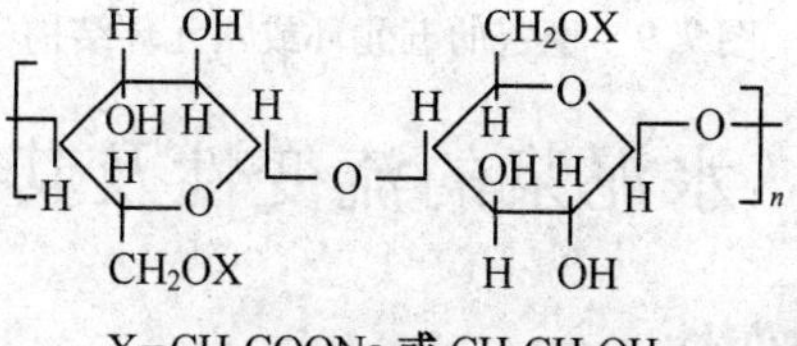

X=CH$_2$COONa 或 CH$_2$CH$_2$OH

(d) 钠羧甲基羟乙基纤维素

图 7.8　水溶性聚合物

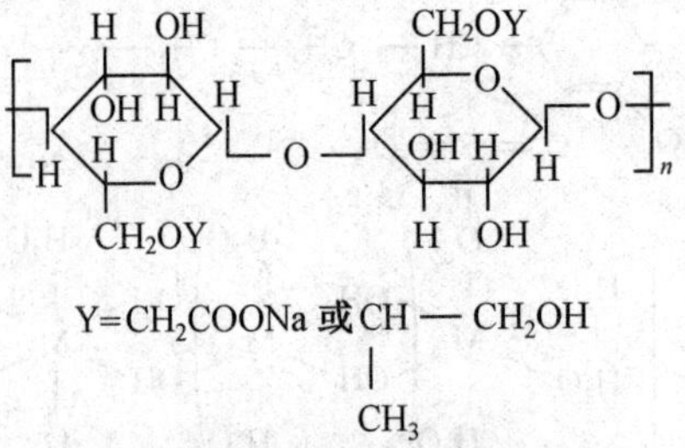

Y=CH$_2$COONa 或 CH — CH$_2$OH
|
CH$_3$

(e) 钠羧甲基羟丙基纤维素

续图 7.8

(2)水泥浆缓凝剂的作用机理

上述水泥浆缓凝剂主要通过以下两个机理起缓凝作用：

①吸附机理。水泥浆缓凝剂可吸附在水泥颗粒表面，阻碍其与水接触；也可吸附在饱和析出的水泥水化物表面，影响其在固化阶段和硬化阶段形成网络结构的速率，起缓凝作用。木质素磺酸盐及其改性产物和水溶性聚合物主要通过此机理起缓凝作用。

②螯合机理。水泥浆缓凝剂可与 Ca^{2+} 通过螯合形成图 7.9 所示的稳定的五元环或六元环结构，从而影响水泥水化物饱和析出的速率，起缓凝作用。硼酸及其盐、羟基羧酸及其盐、膦酸及其盐主要通过此机理起缓凝作用。

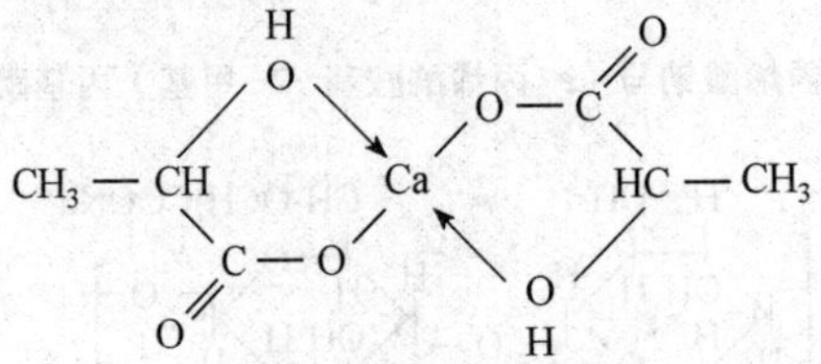

(a) 乳酸与 Ca^{2+} 形成的结构

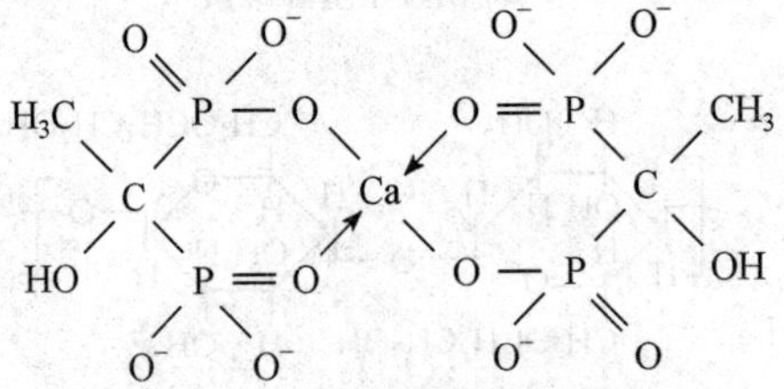

(b) HEDP 与 Ca^{2+} 形成的结构

图 7.9 稳定的五元环或六元环结构

7.4 水泥浆的流变性及其调整

7.4.1 水泥浆的流变性

水泥浆的流变性与水泥浆注入时的流动阻力有关，也与水泥浆对钻井液的顶替效率和固井质量有关。

水泥浆有与钻井液类似的流变性,这是由于水泥在水中与黏土在水中有类似的带电性和凝聚性。水泥与黏土在水中的性质之所以类似,可从水泥是以黏土为主要原料和水泥颗粒也可以在水中产生羟基表面等方面理解。因此,可用描述钻井液流变性的几种流变模式描述水泥浆的流变性。

7.4.2 水泥浆流变性的调整

由于水泥浆中固相含量很高,流动阻力很大,因此水泥浆流变性的调整主要是降低水泥浆的流动阻力,可通过加入水泥浆减阻剂降低水泥浆的流动阻力。

水泥浆减阻剂与钻井液的降黏剂有相同的作用机理,它们都是通过吸附作用,提高水泥颗粒表面的负电性并增加水化层厚度,从而使水泥颗粒形成的结构被拆散,进而起减阻作用的。

可用的水泥浆减阻剂有以下几类:

(1)羟基羧酸及其盐

如乳酸、五倍子酸、柠檬酸、水杨酸、苹果酸和酒石酸及这些酸的盐等。

这类减阻剂具有热稳定性高、抗盐性强、缓凝作用好等特点。

(2)木质素磺酸盐及其改性产物

如木质素磺酸钠、木质素磺酸钙和铁铬木质素磺酸盐等。

这类减阻剂具有与羟基羧酸及其盐类似的特点,但使用时需加消泡剂消泡。

(3)烯类单体低聚物

如聚乙烯磺酸钠、聚苯乙烯磺酸钠、乙烯磺酸钠与丙烯酰胺共聚物、苯乙烯磺酸钠与顺丁烯二酸钠共聚物等。

上述低聚物的相对分子质量一般为 $2 \times 10^3 \sim 6 \times 10^3$。

烯类单体低聚物具有热稳定性高、不起泡、不缓凝和减阻效果好等特点。

(4)磺化树脂低缩聚物

重要的磺化树脂如磺化烷基萘甲醛树脂(图 7.10)。

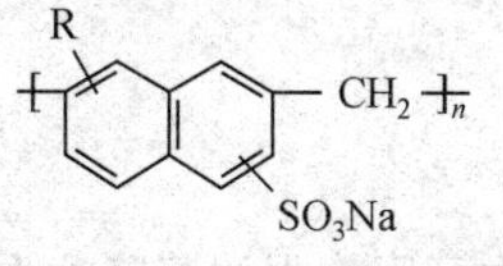

图 7.10 磺化烷基萘甲醛树脂

这种磺化树脂的相对分子质量为 $2 \times 10^3 \sim 4 \times 10^3$,它具有烯类单体低聚物的特点,但有一定的缓凝作用。

7.5 水泥浆的滤失性及其控制

7.5.1 水泥浆的滤失性

为保证水泥浆的流动,应当使水的加入量比完全水化所用的水量要多出很多,现场用水量一般达到水泥质量的 50% 左右,才能使水泥浆的流动性良好。水泥浆在凝固之后,多余的水就析出,析出的水为高矿化度自由水,可以渗入地层,若发生在生产层就造成严重污染,如果析出的水不能进入地层,有可能留在水泥石中形成孔道,会造成流体上窜的通道,破坏水泥石的封隔性及降低水泥石的强度。一般未加化学剂处理的水泥浆的常规滤失量大于 1 500 mL,比钻井液的滤失速率高得多,因此,水泥浆的失水量应当通过加入处理剂的方法尽量使之降低。

不同的固井目的对水泥浆滤失量有不同的要求:一般固井要求常规滤失量小于 250 mL;深井固井要求常规滤失量小于 50 mL;油气层固井要求常规滤失量小于 20 mL。

此外,地层渗透性不同,对水泥浆滤失性的要求也不相同。渗透性越好的地层,要求水泥浆的滤失量越低。

水泥浆的滤失理论及其影响因素与钻井液的相同。

7.5.2 水泥浆滤失量的控制

为将水泥浆滤失量控制在要求的范围内,可加入水泥浆降滤失剂。

水泥浆降滤失剂有以下 3 类:

1. 固体颗粒

可将膨润土、石灰石、沥青和热塑性树脂等固体粉碎成不同粒度的颗粒,用作水泥浆降滤失剂。

固体颗粒主要通过捕集机理和物理堵塞机理起降滤失作用。

2. 胶乳

胶乳是由乳液聚合所产生的分散体系。乳液聚合是一种制造聚合物的方法,该方法是在搅拌下借助乳化剂的作用将不溶于水的单体(或单体的低聚物)乳化在水中进行聚合反应。胶乳中液珠的直径为 $0.05 \sim 0.50 \ \mu m$。

稳定的胶乳是通过黏稠液珠在地层孔隙结构中产生叠加的 Jamin 效应起降滤失作用的;不稳定的胶乳则是通过液珠在地层孔隙表面成膜,降低地层的渗透率而起降滤失作用的。

3. 水溶性聚合物

图 7.11 所示的水溶性聚合物可用作水泥浆降滤失剂。

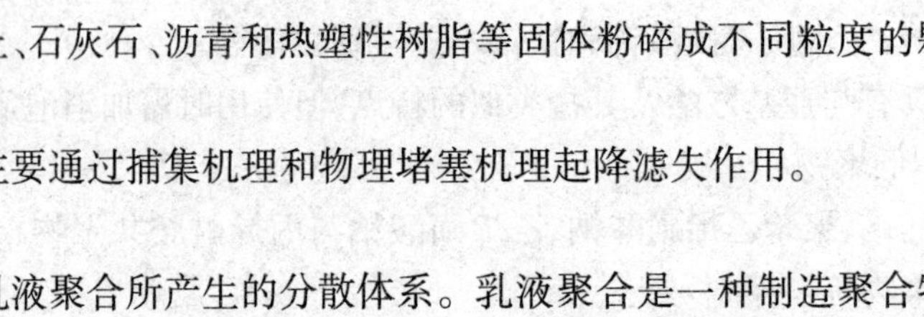

(a) 聚乙烯醇　　　　　　　　(b) 聚N-乙烯吡咯烷酮

图 7.11　水溶性聚合物

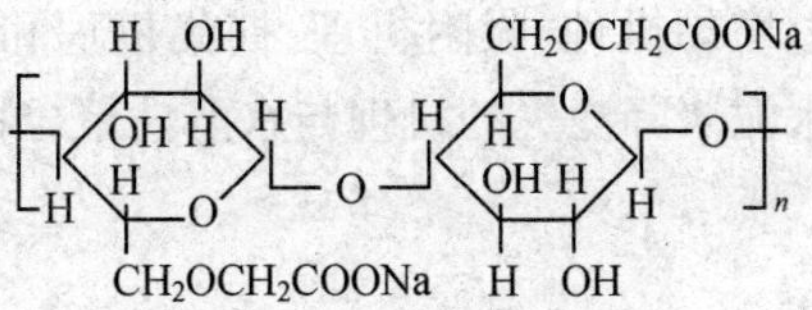

(c) 钠羧甲基纤维素

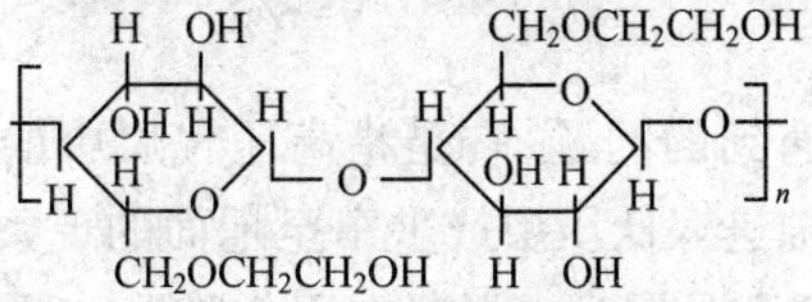

(d) 羟乙基纤维素

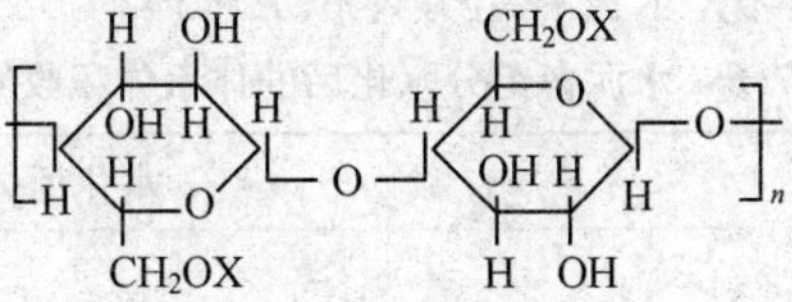

X=CH₂COONa 或 CH₂CH₂OH

(e) 钠羧甲基羟乙基纤维素

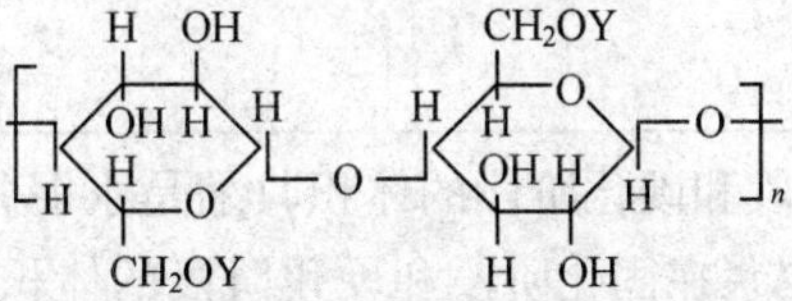

Y=CH₂COONa 或 CH — CH₂OH
|
CH₃

(f) 钠羧甲基羟丙基纤维素

(g) 支链型的聚 1,2- 亚乙基亚胺

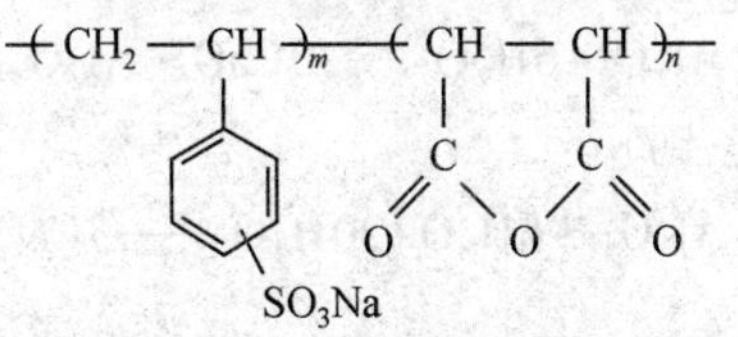

(h) 磺化苯乙烯与顺丁烯二酸酐共聚物

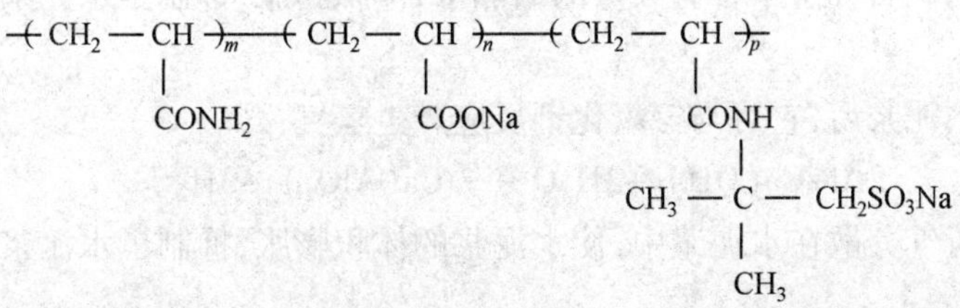

(i) 丙烯酰胺、丙烯酸钠与（2- 丙烯酰胺基 -2- 甲基）丙基磺酸钠共聚物

续图 7.11

水溶性聚合物主要通过增黏机理、吸附机理、捕集机理和（或）物理堵塞机理起降滤失作用。水溶性聚合物使水泥浆降滤失的机理与水溶性聚合物使钻井液降滤失的机理相同。

7.6 气窜及其控制

气窜是固井过程中常遇到的问题，它是指高压气层中的气体沿着水泥石与井壁和（或）水泥石与套管间的缝隙进入低压层或上窜至地面的现象。水泥石与井壁和（或）水泥石与套管间之所以形成缝隙是因为水泥浆在固化阶段和硬化阶段出现体积收缩现象，水泥各组分水化后的体系体积（水泥各组分体积加水体积）收缩率见表7.6。

表7.6 水泥各组分水化后的体系体积收缩率

水泥的组分	水化后体系的体积收缩率/%
$3CaO \cdot SiO_2$	5.3
$2CaO \cdot SiO_2$	2.0
$3CaO \cdot Al_2O_3$	23.8
$4CaO \cdot Al_2O_3 \cdot Fe_2O_3$	10.0

显然，水泥浆在固化阶段和硬化阶段的体积收缩是水泥各组分水化后体系体积收缩的综合结果。为了减小水泥浆在固化阶段和硬化阶段的体积收缩，可使用水泥浆膨胀剂（或称为防气窜剂）。下面是几种常用的水泥浆膨胀剂：

1. 半水石膏

将半水石膏加入水泥浆后，它首先水化生成二水石膏，然后与铝酸三钙水化物反应生成钙矾石：

$$CaSO_4 \cdot 1/2H_2O + 3/2H_2O \longrightarrow CaSO_4 \cdot 2H_2O$$
（半水石膏）

$$3CaO \cdot Al_2O_3 + 6H_2O \longrightarrow 3CaO \cdot Al_2O_3 \cdot 6H_2O$$
（铝酸三钙）

$$3(CaSO_4 \cdot 2H_2O) + 3CaO \cdot Al_2O_3 \cdot 6H_2O + 20H_2O \longrightarrow 3CaO \cdot Al_2O_3 \cdot 3CaSO_4 \cdot 32H_2O$$
（钙矾石）

反应生成的钙矾石分子中含有大量的结晶水，体积膨胀，抑制了水泥浆的体积收缩。

2. 铝粉

将铝粉加入水泥浆后，它可与氢氧化钙反应产生氢气：

$$2Al + Ca(OH)_2 + 2H_2O \longrightarrow Ca(AlO_2)_2 + 3H_2 \uparrow$$

反应产生的氢气分散在水泥浆中，使水泥浆的体积膨胀，抑制了水泥浆的体积收缩。

3. 氧化镁

将氧化镁加入水泥浆后，它可与水反应生成氢氧化镁：

$$MgO + H_2O \longrightarrow Mg(OH)_2$$

由于氧化镁的固相密度为 $3.58\ \mathrm{g\cdot cm^{-3}}$，氢氧化镁的固相密度为 $2.36\ \mathrm{g\cdot cm^{-3}}$，所以氧化镁与水反应后体积增大，抑制了水泥浆的体积收缩。

图 7.12 为由氧化镁引起的水泥浆体积膨胀率随时间和温度的变化。

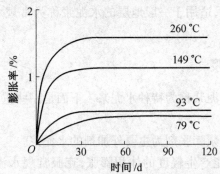

图 7.12　由氧化镁引起的水泥浆体积膨胀率随时间和温度的变化

由于由氧化镁引起的水泥浆体积膨胀率随温度的升高而增大，所以氧化镁适用于高温固井。

为了减小水泥石的渗透性，防止气体渗漏，还可在水泥浆中加入水溶性聚合物、水溶性表面活性剂和胶乳等。水溶性聚合物通过提高水相黏度或物理堵塞减小水泥石的渗透性；水溶性表面活性剂通过气体渗入水泥石孔隙后产生泡沫的叠加 Jamin 效应减小水泥石的渗透性；胶乳则通过黏稠的聚合物油珠在水泥石的孔隙中产生的叠加 Jamin 效应和（或）通过成膜作用减小水泥石的渗透性。

7.7　水泥浆的漏失及其处理

漏失一般应控制在钻井阶段，即在钻井液循坏过程中就必须将漏失地层堵好。但由于水泥浆的密度比相应钻井液的密度大些，因此在注水泥浆过程中有时仍会发生水泥浆漏失。

对水泥浆漏失可采取两种方法处理：一种方法是在确保固井质量的前提下尽量减小水泥浆的密度和（或）减小水泥浆的流动压降，以保证注水泥浆时井下压力低于相应钻井液循环时的最大井下压力；另一种方法是在注水泥浆前注入加有堵漏材料的隔离液，并在水泥浆中也加入堵漏材料。这些堵漏材料主要是纤维性材料（如短棉绒、石棉纤维）或颗粒性材料（如核桃壳、花生壳、玉米芯、黏土、硅藻土、膨胀珍珠岩、石灰岩等的颗粒）。

在这些堵漏材料中，若为表面惰性材料（如核桃壳），则其加入不会对水泥浆的稠化时间和水泥石的强度产生影响；若为表面活性材料（如黏土），则要注意其加入会对水泥浆的稠化时间和水泥石的强度产生影响。

7.8　水泥浆体系

水泥浆体系是指一般地层和特殊地层固井用的各类水泥浆。

7.8.1 常规水泥浆

由水泥(包括 API 标准中的 9 种油井水泥和 SY 标准中的 4 种水泥)、淡水及一般水泥浆外加剂与外掺料配成,适用于一般地层的水泥浆称为常规水泥浆。这类水泥浆的配制和施工都较简单。

7.8.2 特种水泥浆

适用于特殊地层的水泥浆称为特种水泥浆。下面是一些重要的特种水泥浆:

1. 膨胀水泥浆

膨胀水泥浆是以水泥浆膨胀剂为主要外加剂的水泥浆。

这类水泥浆固化时,能产生轻度的体积膨胀,克服常规水泥浆固化时体积收缩的缺点,改善水泥石与井壁和水泥石与套管间的连接,防止气窜发生。

常用的水泥浆膨胀剂为半水石膏、铝粉、氧化镁等,加有这些水泥浆膨胀剂的水泥浆分别称为半水石膏水泥浆、铝粉水泥浆、氧化镁水泥浆等。

2. 含盐水泥浆

含盐水泥浆是以无机盐为外加剂的水泥浆。

常用的无机盐为氯化钠和氯化钾,这类水泥浆适用于岩盐层和页岩层的固井。

3. 胶乳水泥浆

胶乳水泥浆是以胶乳(如聚乙酸乙烯酯胶乳、苯乙烯与甲基丙烯酸甲酯共聚物胶乳等)为主要外加剂的水泥浆。

水泥浆中的胶乳可提高水泥石与井壁和水泥石与套管间的胶结强度,降低水泥浆的滤失量和水泥石的渗透性,因而有良好的防气窜性能。

4. 触变水泥浆

触变水泥浆是以触变性材料为外掺料的水泥浆。半水石膏是最常用的触变性材料,若在水泥浆中加入 8% ~12% 水泥质量的半水石膏,就可配得触变水泥浆。

由于半水石膏水化物可与铝酸三钙水化物反应生成钙矾石,这种钙矾石为针状结晶,它可沉积在水泥颗粒间形成凝胶结构,但这种凝胶结构很容易被切力所破坏,恢复水泥浆的流动状态。若消除切力,它又逐渐建立起凝胶结构,因此半水石膏的加入可使水泥浆具有触变性,成为触变水泥浆。

触变水泥浆主要用于易漏地层的固井。当触变水泥浆进入漏失层时,水泥浆前缘流速逐渐减慢(因为是径向流)而逐渐形成凝胶结构,流动阻力逐渐增加,直至水泥浆不再进入漏失层,水泥浆固化后,漏失层即被有效地堵住。

由于钙矾石生成时体积膨胀,可以补偿水泥浆固化时体积的收缩,因此用半水石膏配得的触变水泥浆还可用于易发生气窜地层的固井。

5. 防冻水泥浆

防冻水泥浆是以防冻剂和促凝剂为主要外加剂的水泥浆。

加入防冻剂的目的是使水泥浆在低温(低于 $-3\ ℃$)下仍有良好的流动性;加入促凝

剂的目的是使水泥浆在低温下仍能有满足施工要求的稠化时间和产生足够强度的水泥石。

最常用的防冻剂是无机盐(如氯化钠、氯化钾)和低分子醇(如乙醇、乙二醇),最常用的低温促凝剂是铝酸钙和石膏。

6. 高温水泥浆

高温水泥浆是以活性二氧化硅为外掺料,能用于高温(高于110 ℃)地层固井的水泥浆。

常规水泥浆之所以不适用于高温是因为高温下水泥水化物中的 $2CaO \cdot SiO_2 \cdot H_2O$ 会由 β 晶相转变为 α 晶相,体积收缩,破坏了水泥石的完整性,导致水泥石抗压强度下降和渗透率增大。为使常规水泥浆能用于高温条件,可在水泥浆中加入活性二氧化硅外掺料(加入量为水泥质量的35%),降低水泥浆中氧化钙对二氧化硅物质的量的比值,抑制 $2CaO \cdot SiO_2 \cdot H_2O$ 由 β 晶相向 α 晶相的转变,并生成一系列耐温、低渗透、高强度的水化物,如在 110 ℃生成 $5CaO \cdot 6SiO_2 \cdot 5H_2O$(雪硅钙石),在 150 ℃生成 $6CaO \cdot 6SiO_2 \cdot H_2O$(硬硅钙石)等。

7. 泡沫水泥浆

泡沫水泥浆是由水、水泥、气体、起泡剂和稳泡剂配成的。可用的气体为氮气或空气;可用的起泡剂为水溶性表面活性剂(如烷基苯磺酸盐、烷基硫酸酯钠盐、聚氧乙烯烷基苯酚醚等);可用的稳泡剂为水溶性聚合物(如钠羧甲基纤维素、羟乙基纤维素等)。

泡沫水泥浆最突出的优点是密度低、强度高,适用于高渗透层、裂缝层、溶洞层的固井。

8. 钻井液转化水泥浆

可在钻井液中加入高炉矿渣(简称矿渣)、能提高 pH 值的活化剂和其他外加剂(如减阻剂和缓凝剂)配成水泥浆,这种水泥浆称为钻井液转化水泥浆。

矿渣是在炼钢过程中产生的废渣,主要组成为 CaO,SiO_2 和 Al_2O_3。一种有代表性矿渣的组成见表7.7。

表7.7 一种有代表性矿渣的组成

组成	w(组成)/%	组成	w(组成)/%
CaO	37.62	MgO	10.95
SiO_2	34.39	Fe_2O_3	3.72
Al_2O_3	11.43		

从表7.7可以看到,矿渣与水泥的组成相近,它与水泥不同的是必须在 pH 值超过 12 的条件下使用,因为在此碱性条件下矿渣的主要组成首先溶解、水化,然后析出形成网络结构,使体系固化。

钻井液转化水泥浆是利用矿渣在碱性条件下固化的特性配成的。若在钻井液中首先加入矿渣,使它在钻井过程中能在井壁表面形成含矿渣的滤饼,然后在固井时加入能提高体系 pH 值的活化剂(如氢氧化钠、氢氧化钾、碳酸钠等)和其他外加剂,就可将钻井液转化为水泥浆用于固井。滤饼中的矿渣也可在活化剂的作用下固化,提高固井质量。

这种钻井液转化水泥浆在固井中的使用可减少水泥浆外加剂的用量,并可减小废弃钻井液对环境的污染。

思 考 题

1. 简述水泥浆的功能。

2. 如何确定某种油井水泥的注水泥施工时间?

3. 硅酸三钙对水泥的强度,尤其是早期强度有较大的影响,而硅酸二钙对水泥石后期强度影响较大,为什么?

4. 水泥水化时的放热速率随时间变化的示意图为什么出现两个峰值?

5. 阐述降低水泥浆密度外掺料——黏土的作用机理。

6. 氧化镁作为水泥浆膨胀剂是如何抑制水泥浆体积收缩的?

第3篇 采油化学

采油化学是研究如何用化学方法解决采油过程中遇到的问题。采油过程中遇到的问题有油层的问题,也有油水井的问题。

油层的问题集中表现在原油采收率不高。虽然油田不同,驱油方式不同,原油采收率也不同,但目前大多数油田的原油采收率超不过50%,这意味着,有相当数量的原油采不出来。提高原油采收率的主要方法是使用各种驱油剂,所谓驱油剂是指为了提高原油采收率而从油田注入井注入油层将油驱至油井的物质。驱油剂有各自的性质,它们通过不同的机理,使原油的采收率得到提高。

油水井(包括近井地带)也存在各种问题,油井问题主要有下面5个,即油井出砂、油井结蜡、油井出水、稠油井开不起来以及由于各种原因引起油井产量的降低,这就是通常讲的油井的砂、蜡、水、稠、低五大问题。而注水井问题类似油井,也有出砂、水注不进去及注入剖面不均匀等问题。解决油水井问题,也多用化学方法。

因此,本篇主要讲解决油层问题和油水井问题的化学方法,前一个问题称为油层的化学改造,后一个问题称为油水井的化学改造,分两章讲述。

第 8 章

油层的化学改造

油层之所以要改造,是由于原油的采收率低,例如用注水的方法开采(水驱),原油采收率一般只能达到 30% ~ 40%,大部分原油仍留在地下采不出来。原油采收率低的原因是油层的不均质性,使驱油剂沿高渗透层突入油井而波及不到渗透性较小的油层。这里涉及一个波及系数的概念,波及系数是指被驱替流体驱扫过的油藏体积占原始油藏体积的百分数,但是,驱油剂波及到的油层,由于油层表面的润湿性和毛细管的阻力效应(Jamin 效应),油也不可能全采出来,因而又有一个洗油效率的概念。洗油效率是指驱替流体波及范围内驱走的原油体积与驱替流体波及范围内总含油体积之比。根据波及系数和洗油效率的概念,可以得出

原油采收率=波及系数×洗油效率

因此,提高原油采收率有两个途径:一个途径是提高波及系数;另一个途径是提高洗油效率。

提高波及系数的主要方法是改变驱油剂和(或)油的流度。流度是流体通过孔隙介质能力的一种量度,它的定义式为

$$\lambda = k/\mu \qquad\qquad (8.1)$$

式中,λ 为流体的流度;k 为孔隙介质对流体的有效渗透率;μ 为流体的黏度。

驱油剂的流度远大于油的流度,因此驱油时驱油剂易于沿高渗透层突入油井。为了提高驱油剂的波及系数,必须减小驱油剂的流度和(或)增加油的流度。

提高洗油效率的主要方法是改变岩石表面的润湿性和减少毛细管阻力效应的不利影响。

至今已发展了 4 种改造油层的方法:

(1)化学驱油法(化学驱)

化学驱油法又可分为聚合物驱油法(聚合物驱)、表面活性剂驱油法(表面活性剂驱)、碱驱油法(碱驱)和它们的组合驱油法(复合驱)。

(2)混相驱油法(混相驱)

混相驱油法又可分为烃类混相驱油法(烃类混相驱)和非烃类混相驱油法(非烃类混相驱)。

(3)热力采油法(热采)

热力采油法又可分为热水驱油法(热水驱)、蒸汽驱油法(蒸汽驱)和油层就地燃烧法

（火烧油层）。

（4）微生物采油法（微生物驱）

微生物采油法又可分为激活油藏本源微生物的采油法和注入适合微生物的采油法。

由于化学驱油法和混相驱油法与化学密切相关，所以这里只介绍这两种驱油法。

8.1 聚合物驱

8.1.1 聚合物驱的概念

聚合物驱是以水溶性高分子聚合物溶液做驱油剂的驱油法，聚合物驱也称为聚合物溶液驱、聚合物强化水驱、稠化水驱和增黏水驱。

油田常用的两类聚合物，一类聚合物是部分水解聚丙烯酰胺（HPAM）；另一类聚合物是黄胞胶（XC）。

8.1.2 聚合物对水的稠化能力

图 8.1 是聚合物溶液黏度随聚合物质量浓度变化的关系图。从图 8.1 可以看到，HPAM 与 XC 对水有优异的稠化能力。

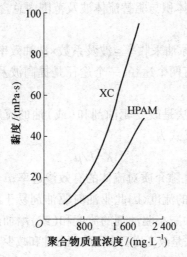

图 8.1　HAPM 和 XC 对水的稠化

（黏度在 23 ℃, 6 r·min⁻¹, $w(NaCl)$ 为 1% 的条件下测得）

聚合物对水的稠化能力是由下列原因产生的：

①当聚合物超过一定浓度时，聚合物分子会互相纠缠形成结构，产生结构黏度。

②聚合物链中的亲水基团在水中溶剂化（水化）。

③若为离子型聚合物，则可在水中解离，形成扩散双电层，产生许多带电符号相同的链段（由若干链节组成，是链中能独立运动的最小单位），使聚合物分子在水中形成松散的无规线团，因而有好的增黏能力。

8.1.3　聚合物溶液的黏弹性

聚合物溶液是一种黏弹体,它既有黏性(液体的性质),也有弹性(固体的性质)。

聚合物溶液的黏性前面已经介绍了。聚合物溶液的弹性可在它通过岩心的孔喉结构受到拉伸作用时表现出来(图8.2)。聚合物溶液的弹性是由拉伸作用下聚合物分子采取较伸直的构象,而在拉伸作用消失后聚合物分子采取较蜷曲的构象所引起的。

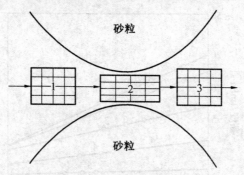

图8.2　聚合物溶液通过孔喉结构时表现出的弹性

1—用此网格表示聚合物分子受拉伸前的状态;

2—用此网格表示聚合物分子受拉伸时的状态;

3—用此网格表示聚合物分子受拉伸后的状态

可用黏弹仪(如 Haake RS150 型黏弹仪)测定聚合物溶液的黏弹性。测定时,用小振幅振荡方式向聚合物溶液施加正弦变化的剪切,测得相应的应力与应变随时间的变化,由此算得储能模量(G')和损耗模量(G'')。前者与聚合物溶液的弹性相关,后者与聚合物溶液的黏性相关。对比储能模量与损耗模量的大小,就可判别聚合物溶液在该条件下的黏性与弹性究竟哪个占主要地位。

8.1.4　聚合物在孔隙介质中滞留

聚合物可通过吸附和捕集两种形式在孔隙介质中滞留。

1. 吸附

吸附是指聚合物分子通过色散力、氢键等作用力而浓集在岩石孔隙结构表面的现象。

2. 捕集

捕集是直径小于孔隙直径的聚合物分子的无规线团通过"架桥"而留在孔隙中的现象(图8.3)。

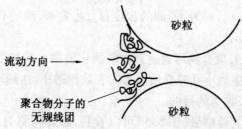

图8.3　聚合物分子在孔隙中的捕集

由于聚合物分子在孔隙结构中滞留,增加了流体在孔隙结构中的流动阻力,所以岩石对水的有效渗透率减小。

8.1.5　聚合物的盐敏效应

聚合物的盐敏效应是指盐对聚合物溶液黏度产生特殊影响的效应,如图8.4所示。从图8.4可以看到,盐的含量对 HPAM 溶液的黏度有明显的影响。

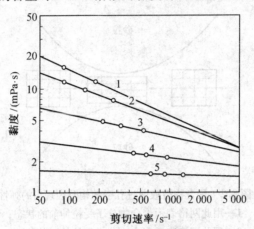

图 8.4　HPAM 的盐敏效应

$w(NaCl)$:1—0;2—0.01%;3—0.1%;4—0.5%;5—10%

HPAM 的盐敏效应是由于 HPAM 周围由羧基与钠离子所形成的扩散双电层受到盐的压缩作用所引起的。盐加入前,HPAM 的扩散双电层使链段带负电而互相排斥,HPAM 分子形成松散的无规线团,因而对水有好的稠化能力;盐加入后,盐对扩散双电层的压缩作用,使链段的负电性减小,HPAM 分子形成紧密的无规线团,因而对水的稠化能力大大减小。

8.1.6　聚合物驱提高原油采收率的机理

聚合物驱通过以下两种机理起提高原油采收率的作用。

1.减小水油流度比机理

根据流体流度的概念,可以写出水油流度比的定义式:

$$M_{wo} = \frac{\lambda_w}{\lambda_o} = \frac{k_w/\mu_w}{k_o/\mu_o} = \frac{k_w\mu_o}{k_o\mu_w} \tag{8.2}$$

式中,M_{wo} 为水油流度比;λ_w,λ_o 为水、油的流度;k_w,k_o 为水、油的有效渗透率;μ_w,μ_o 为水、油的黏度。

从式(8.2)可以看到,聚合物可通过对水的稠化增加水的黏度,通过在孔隙表面的吸附和在孔隙介质中的捕集减小孔隙介质对水的有效渗透率,达到减小水油流度比,增加波及系数,从而提高原油采收率的目的。

从平板模型的驱油实验结果(图8.5)可以看到,聚合物驱与水驱相比有更大的波及系数,因此有更高的原油采收率。

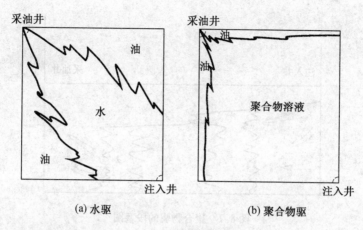

(a) 水驱　　　　　　　　　(b) 聚合物驱

图 8.5　水驱与聚合物驱的波及系数

2. 聚合物溶液黏弹性驱油机理

图 8.6 所示为聚合物溶液弹性起驱油作用。从图 8.6 可以看到,当聚合物溶液经过孔喉结构受拉伸作用时,溶液中的聚合物分子采取较伸直的构象,但当它离开孔喉结构时拉伸作用消失,溶液中聚合物分子则采取较蜷曲的构象,从而使溶液向流动方向的法线方向膨胀,显示出弹性,驱出水驱不能驱出的砂粒间的残余油,达到提高聚合物溶液洗油效率的目的。

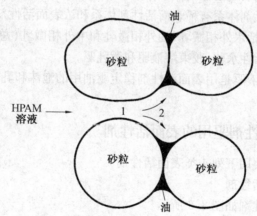

图 8.6　聚合物溶液弹性起驱油作用
1—聚合物溶液受拉伸作用位置;2—聚合物溶
液起弹性作用位置

8.1.7　聚合物驱的段塞

图 8.7 为聚合物驱的段塞图。从图 8.7 可以看到,在聚合物溶液段塞前后都注有淡水段塞,这两个段塞是为了防止高矿化度的水(地层水或注入水)引起聚合物(特别是部分水解聚丙烯酰胺)的盐敏效应而注入的。

目前,聚合物驱的矿场试验所用的聚合物主要为 HPAM。

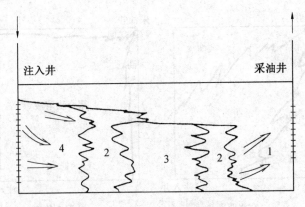

图 8.7 聚合物驱的段塞图

1—残余油;2—淡水;3—聚合物溶液;4—水

8.2 表面活性剂驱

8.2.1 表面活性剂驱的概念

表面活性剂驱是以表面活性剂体系作为驱油剂的驱油法。

驱油用的表面活性剂体系有稀表面活性剂体系和浓表面活性剂体系。前者包括活性水和胶束溶液;后者包括水外相微乳、油外相微乳和中外相微乳(总称为微乳)。因此,表面活性剂驱又可分为活性水驱、胶束溶液驱和微乳驱。

由于泡沫驱、乳状液驱是用表面活性剂稳定驱油用的泡沫和乳状液,所以也包括在表面活性剂驱之中。

8.2.2 表面活性剂驱用的表面活性剂

表面活性剂驱主要用下列 4 类表面活性剂:

1. 磺酸盐型表面活性剂

磺酸盐型表面活性剂如图 8.8 所示。

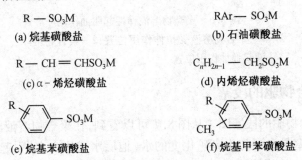

(a) 烷基磺酸盐　　$R — SO_3M$

(b) 石油磺酸盐　　$RAr — SO_3M$

(c) α-烯烃磺酸盐　　$R — CH = CHSO_3M$

(d) 内烯烃磺酸盐　　$C_nH_{2n-1} — CH_2SO_3M$

(e) 烷基苯磺酸盐

(f) 烷基甲苯磺酸盐

图 8.8 磺酸盐型表面活性剂

2. 羧酸盐型表面活性剂

羧酸盐型表面活性剂如图 8.9 所示。

R — COOM　　　　　　　　　　　　RAr — COOM

(a) 脂肪酸盐　　　　　　　　　　　　(b) 石油羧酸盐

图 8.9　羧酸盐型表面活性剂

3. 聚醚型表面活性剂

聚醚型表面活性剂如图 8.10 所示。

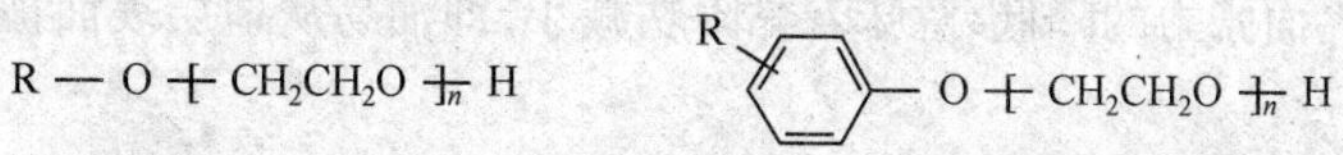

R — O $+$ CH$_2$CH$_2$O $+_n$ H

(a) 平平加型表面活性剂

(b) OP 型表面活性剂

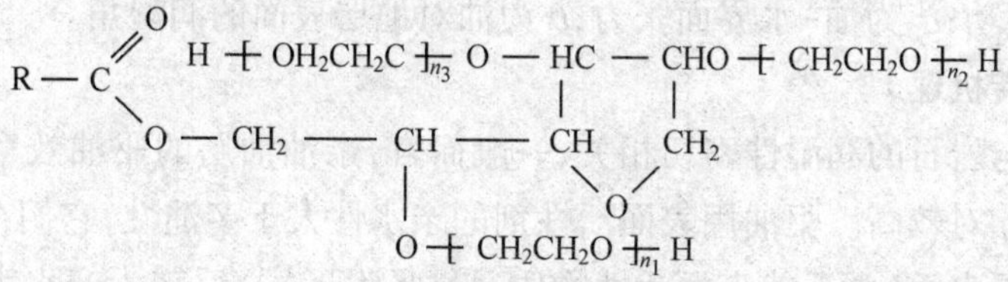

(c) Tween 型表面活性剂

图 8.10　聚醚型表面活性剂

4. 非离子–阴离子型表面活性剂

非离子–阴离子型表面活性剂如图 8.11 所示。

R — O $+$ CH$_2$ — CH — O $+_m$ $+$ CH$_2$CH$_2$O $+_n$ R' SO$_3$M

(a) 聚氧乙烯聚氧丙烯烷基醇醚磺酸盐

R — O $+$ CH$_2$ — CH — O $+_m$ $+$ CH$_2$CH$_2$O $+_n$ R'COOM

(b) 聚氧乙烯聚氧丙烯烷基醇醚羧酸盐

R — O $+$ CH$_2$ — CH — O $+_m$ $+$ CH$_2$CH$_2$O $+_n$ R' SO$_3$M

(c) 聚氧乙烯聚氧丙烯烷基醇醚硫酸酯盐

R — O $+$ CH$_2$ — CH — O $+_m$ $+$ CH$_2$CH$_2$O $+_n$ PO$_3$M$_2$

(d) 聚氧乙烯聚氧丙烯烷基醇醚磷酸酯盐

图 8.11　非离子–阴离子型表面活性剂（M = Na, K, NH$_4$ 等）

　　地层表面通常带负电。为了减少表面活性剂的损耗,驱油用的表面活性剂一般不用阳离子型表面活性剂或非离子–阳离子型表面活性剂。

8.2.3 活性水驱

活性水属于稀表面活性剂体系,其中的表面活性剂浓度小于临界胶束浓度,以活性水作为驱油剂的驱油法称为活性水驱。它是最简单的表面活性剂驱,通过下列机理提高原油的采收率。

1. 低界面张力机理

表面活性剂在油-水界面上吸附,可以降低油-水界面张力。从下面的黏附功公式可以看到,油-水界面张力的降低,意味着黏附功减小,即油易从地层表面被洗下来,提高了洗油能力:

$$W_a = \sigma(1+\cos\theta) \tag{8.3}$$

式中,W_a 为黏附功;σ 为油-水界面张力;θ 为油对地层表面的润湿角。

2. 润湿反转机理

驱油效率与岩石的润湿性密切相关,一般而言,亲油油层的驱油效率较低,而亲水油层的驱油效率相对较高。驱油用表面活性剂的亲水性大于亲油性,它们在地层表面吸附,可使亲油的地层表面(由天然表面活性物质通过吸附形式)反转为亲水表面,油对地层表面的润湿角增加(图 8.12 和图 8.13)。从式(8.3)可以看到,油对地层表面润湿角的增加,可减小黏附功,也即提高了洗油效率。

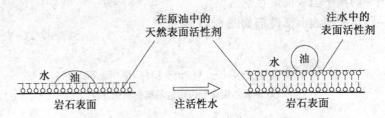

图 8.12 表面活性剂使地层表面润湿反转

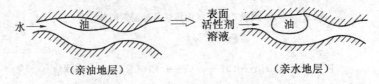

图 8.13 岩石润湿性对效率的影响

3. 降低亲油油层的毛管阻力

在油田水驱油过程中,表面活性剂能降低亲油表面的毛管阻力,对于亲油表面,毛管力为水驱油的阻力,如图 8.14(a)所示,水要想向右推移,施加的压力必须大于毛管阻力,毛管力为

$$P_c = \frac{2\sigma}{r}\cos\theta \tag{8.4}$$

式中,p_c 为毛管力;σ 为油、水界面张力;r 为毛管半径;θ 为油对岩石表面润湿角。当

$\theta < 90°$时,毛管力指向凹面内部,与施加的压力方向相反,即毛管力为阻力,θ增大,则毛管阻力减小;当$\theta = 90°$时,毛管阻力减小到零,即毛管阻力消失;当$\theta > 90°$时,亲油表面被润湿反转为亲水表面,如图 8.14(b)所示,此时毛管力由运移阻力变为自吸驱动力,由于细的毛管的毛管力比粗的毛管的毛管力大,故活性水进入更小半径、原先进不去的毛细管,提高波及系数,从而提高采收率。

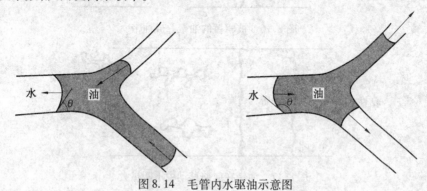

图 8.14 毛管内水驱油示意图

4. 乳化机理

驱油用的表面活性剂的 HLB 值一般为 7 ~ 18,它在油-水界面上的吸附可稳定水包油乳状液,乳化的油在向前移动过程中不易重新黏附回地层表面,提高了洗油效率;而且乳化的油在高渗透层产生叠加的 Jamin 效应,可使水较均匀地在地层推进,提高了波及系数。

5. 提高表面电荷密度机理

当驱油表面活性剂为阴离子型(或非离子-阴离子型)表面活性剂时,它们在油珠和岩石表面上吸附,可提高表面的电荷密度(图 8.15),增加油珠与岩石表面之间的静电斥力,使油珠易被驱动介质带走,提高了洗油效率。

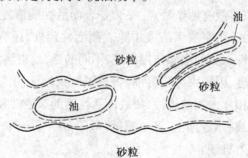

图 8.15 阴离子型表面活性剂的吸附使油珠和岩石表面的电荷密度提高

6. 聚并形成油带机理

若从地层表面洗下来的油越来越多,则它们在向前移动时可发生相互碰撞,当碰撞的能量能克服它们之间的静电斥力时,就可聚并,油的聚并可形成油带(图 8.16)。油带在向前移动时又不断地将遇到的分散的油聚并进来,使油带不断扩大(图 8.17),最后从油井采出。

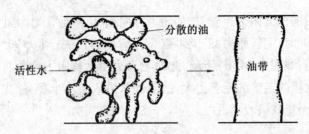

图 8.16 被驱替的油聚并成油带

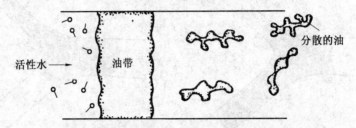

图 8.17 油带在向前移动中不断扩大

由于活性水中表面活性剂浓度低,加上它在地层表面吸附引起的损耗,所以要使活性水起到影响地层的作用,就必须用大段塞。

8.2.4 胶束溶液驱

胶束溶液也属于稀表面活性剂体系,其中表面活性剂浓度大于临界胶束浓度,但其质量分数不超过 2%。

以胶束溶液作为驱油剂的驱油法称为胶束溶液驱。它是介于活性水驱和后面就要讲到的微乳驱之间的一种表面活性剂驱。为了降低胶束溶液与油之间的界面张力,在胶束溶液中,除了表面活性剂外,还需加入醇(如异丙醇、正丁醇)和(或)盐(如氯化钠)。

与活性水相比,胶束溶液有两个特点:一个是表面活性剂浓度超过临界胶束浓度,因此溶液中有胶束存在;另一个是胶束溶液中除表面活性剂外,还有醇和(或)盐等助剂的加入。胶束溶液驱有活性水驱的全部作用机理,不同的是,胶束溶液还增加了一个由于胶束存在而产生的增溶机理,因胶束可增溶油,提高了胶束溶液的洗油效率。此外,醇和盐等助剂的加入调整了油相和水相的极性,使表面活性剂的亲油性和亲水性得到充分平衡,从而最大限度地吸附在油-水界面上,产生超低(低于 10^{-2} mN·m^{-1})界面张力,强化了胶束溶液驱油的低界面张力机理。

图 8.18 为一个典型的油-水界面张力与表面活性剂质量分数的关系图。从图 8.12 可以看到,当 w(石油磺酸盐)达到 0.1%,界面张力低至 $2.6×10^{-4}$ mN·m^{-1} 时,体系出现胶束,形成胶束溶液。w(石油磺酸盐)在 0.02% ~ 0.30% 范围内,表面活性剂体系与油的界面张力均达到超低界面张力,因而有强的洗油能力。体系出现胶束后界面张力的回升是由胶束对石油磺酸盐(它是一种混合表面活性剂)中高活性成分的增溶所引起的。

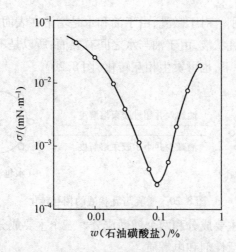

图 8.18 一个典型的油-水界面张力与表面活性剂质量分数的关系图

条件:表面活性剂:TRS10-410(一种石油磺酸盐);醇:IBA(异丁醇);油相:十二烷

水相:TRS10-410+IBA+NaCl;$w(NaCl)=1.5\%$;$m(TRS10-410)/m(IBA)=5/3$

8.2.5 微乳驱

微乳属于浓表面活性剂体系,它有两种基本类型(水外相微乳和油外相微乳)和一种过渡类型(中相微乳)。水外相微乳是用水溶性表面活性剂配得,它是溶有油的表面活性剂胶束分散在水中所形成的分散体系,油外相微乳是用油溶性表面活性剂配得,它是溶有水的表面活性剂胶束分散在油中所形成的分散体系。

由于表面活性剂的亲水性与亲油性不仅取决于表面活性剂结构中的亲水部分和亲油部分,而且还取决于它的使用温度、油的性质(如烃的碳数)、水中的电解质(种类和浓度)和体系中的助表面活性剂(种类和浓度)等因素,因此,微乳的基本类型可在上述因素的影响下发生相互转化。例如,加入盐(如氯化钠),用石油磺酸盐配成的水外相微乳可转变为油外相微乳;或相反,即除去盐,体系可发生相反的转化,在微乳基本类型转变过程中,一般需要经过中相微乳这一过渡类型(图 8.19)。

图 8.19 微乳类型的相互转化

微乳与乳状液有区别。对于微乳,由于油和水是增溶在表面活性剂胶束之中,所以是稳定的分散体系。对于乳状液,由于油与水之间有界面,所以是不稳定体系。微乳虽不同于乳状液,但在一定条件下,也可发生相互转化(图8.20)。

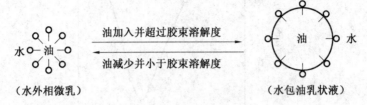

（水外相微乳）　　　　　　　　　　　　　　　　（水包油乳状液）

图8.20　微乳与乳状液的相互转化

配制微乳需用三个主要成分和两个辅助成分。三个主要成分是油、水和表面活性剂,两个辅助成分是助表面活性剂和电解质。

配制微乳的油可用原油或它的馏分(如汽油、煤油和柴油)。

配制微乳的水可用淡水或盐水。

配制微乳的表面活性剂可用阴离子型、非离子型和非离子-阴离子型表面活性剂,但最好用石油磺酸盐(钠盐或铵盐)。

配制微乳的助表面活性剂最好用醇,也可用酚。助表面活性剂除可调整水和油的极性(水溶性醇可减小水的极性,油溶性醇可增加油的极性)外,它还参与形成胶束,增加胶束的空间,增加胶束对油或水的增溶能力。

配制微乳的电解质可用无机的酸、碱、盐,但最好用盐,如氯化钠、氯化钾、氯化铵等。电解质是通过减小表面活性剂和助表面活性剂极性部分的溶剂化程度,使胶束在更低的表面活性剂浓度下就可形成,同时可使微乳与油或水产生超低界面张力。

微乳可用于驱油,微乳驱是以微乳做驱油剂的驱油法。微乳驱是通过不同的机理提高原油采收率,现在假设驱油剂为水外相微乳。

当微乳与油层接触时,由于它是水外相,可与水混溶(均相),而它的胶束可增溶油,所以也可与油混溶(均相),因此,水外相微乳与油层刚接触时的驱动属于混相微乳驱。这种驱动有两个特点:一个特点是微乳与水和油没有界面,即界面张力为零,毛细管阻力不存在,因此微乳驱的波及系数比水驱、活性水驱和胶束溶液驱的波及系数都高;另一个特点是微乳与油完全混溶,所以微乳驱的洗油效率远高于水驱、活性水驱和胶束溶液驱的洗油效率。

当微乳进入油层且油在微乳的胶束中增溶达到饱和时,胶束与被驱动油之间产生界面,这时混相微乳驱就转变为非混相微乳驱。

当微乳进一步进入油层,被驱动油进一步进入胶束之中时,原来的胶束转化为油珠,水外相微乳转化为水包油乳状液,此时转变为乳状液驱。乳状液也是一种驱油剂,其提高原油采收率的机理与下面讲到的泡沫驱相同。

可见,微乳的驱油机理是复杂的,这主要是由于水和油进入微乳中,使它产生相应的相态变化引起的。

油外相微乳驱和中相微乳驱也有类似的情形。

图 8.21 是微乳驱的段塞图。微乳段塞前的预冲洗液段塞可以是盐水段塞(除去地层中 Ca^{2+}, Mg^{2+} 等)或是牺牲剂段塞(减少表面活性剂在地层中的损耗),微乳段塞后的聚合物溶液是流度控制段塞,它可使微乳平稳地通过地层。

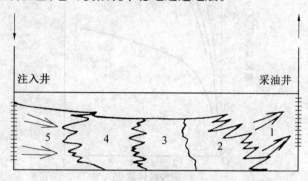

图 8.21　微乳驱的段塞图

1—残余油;2—预冲洗液;3—微乳;4—聚合物溶液;5—水

8.2.6　泡沫驱

泡沫驱是以泡沫作为驱油剂的驱油法。

泡沫是由水、气、起泡剂组成的。为了产生泡沫,可交替向油层注入起泡剂溶液和气体,也可将两者分别从油、套管同时注入地层。

配制泡沫的水可用淡水,也可用盐水。

配制泡沫的气体可用氮气、二氧化碳气体、天然气、炼厂气或烟道气。

配制泡沫用的起泡剂,主要是表面活性剂如烷基磺酸盐、烷基苯磺酸盐、聚氧乙烯烷基醇醚-15、聚氧乙烯烷基苯酚醚-10、聚氧乙烯烷基醇醚硫酸酯盐、聚氧乙烯烷基醇醚羧酸盐等。在起泡剂中还可加入适量的聚合物(如部分水解聚丙烯酰胺、钠羧甲基纤维素等)提高水的黏度,从而提高泡沫的稳定性。

泡沫特征值是描写泡沫性质的一个重要物理量,泡沫特征值是指泡沫中气体体积对泡沫总体积的比值。通常泡沫特征值为 0.52 ~ 0.99,小于 0.52 时的泡沫称为气体乳状液,大于 0.99 时的泡沫易于反相变为雾,超过 0.74 时泡沫中的气泡就会变成为多面体。

室内实验证明,用不同泡沫特征值的泡沫驱油有不同的采收率(图 8.22)。

泡沫驱是通过下列机理提高原油采收率:

1. Jamin 效应叠加机理

对泡沫,Jamin 效应是指气泡对通过喉孔的液流所产生的阻力效应。当泡沫中气泡通过直径比它小的喉孔时,就会发生这种效应,当泡沫通过不均质地层时,它将首先进入高渗透层,由于 Jamin 效应的叠加,泡沫的流动阻力逐渐提高,因此,随着注入压力的增加,泡沫可以依次进入那些渗透性较小,流动阻力较大而原先不能进入的中、低渗透层,提高波及系数。

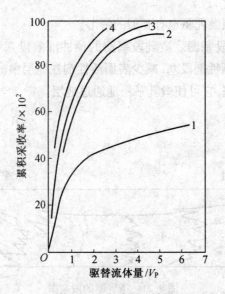

图 8.22　泡沫驱油效果

泡沫特征值:1—0.00(水驱);2—0.72;3—0.85;4—0.91

2. 增黏机理

泡沫黏度随泡沫特征值的变化关系如图 8.23 所示。从图 8.23 可以看到,泡沫的黏度大于水,这是由于水的黏度只来源于相对移动液层间的内摩擦,而泡沫的黏度除来源于相对移动的分散介质液层间的内摩擦外,还来源于分散相间的相互碰撞。当泡沫特征值超过一定数值(0.74)时,泡沫黏度急剧增加的原因是泡沫特征值超过该值时,分散相已开始相互挤压,引起气泡变形,分散相间的碰撞成为产生泡沫流动阻力的重要因素。

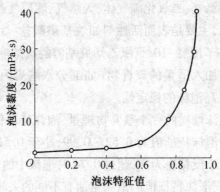

图 8.23　泡沫黏度与泡沫特征值的关系

泡沫黏度可用下面的经验式计算:

当泡沫特征值小于 0.74 时:

$$\mu_f = \mu_0 (1.0 + 4.5\varphi) \tag{8.5}$$

式中,μ_f 为泡沫黏度;μ_0 为分散介质黏度;φ 为泡沫特征值。

当泡沫特征值大于 0.74 时:

$$\mu_f = \mu_0 \cdot \frac{1}{1 - \sqrt[3]{\varphi}} \tag{8.6}$$

从式(8.6)可以算出,当泡沫特征值为 0.90 时,泡沫的黏度约为分散介质(水)黏度的 29 倍。

由于泡沫的黏度大于水的黏度,所以它有大于水的波及系数,因而泡沫驱有比水驱高的采收率。

3. 稀表面活性剂体系驱油机理

泡沫的分散介质为表面活性剂溶液,根据表面活性剂在其中的浓度,它应具有稀表面活性剂体系(如活性水、胶束溶液)的性质,因此具有与稀表面活性剂体系相同的驱油机理。

8.3 碱 驱

8.3.1 碱驱的概念

碱驱是指以碱溶液作为驱油剂的驱油法,碱驱也称为碱溶液驱或碱强化水驱。

8.3.2 碱驱用的碱

碱驱用的碱,除包括强碱(如 NaOH, KOH, NH$_4$OH)外,还包括盐(如 Na$_2$CO$_3$, Na$_2$SiO$_3$, Na$_2$SiO$_3$, Na$_4$SiO$_4$, Na$_3$PO$_4$),由于这些盐均可在水中通过下列反应产生 OH$^-$,所以它们都可称为潜在碱:

$$CO_3^{2-} + H_2O \Longrightarrow OH^- + HCO_3^-$$
$$HCO_3^- + H_2O \Longrightarrow OH^- + H_2CO_3$$
$$SiO_3^{2-} + H_2O \Longrightarrow OH^- + HSiO_3^-$$
$$HSiO_3^- + H_2O \Longrightarrow OH^- + H_2SiO_3$$
$$SiO_4^{4-} + H_2O \Longrightarrow OH^- + HSiO_4^{3-}$$
$$HSiO_4^{3-} + H_2O \Longrightarrow OH^- + H_2SiO_4^{2-}$$
$$H_2SiO_4^{2-} + H_2O \Longrightarrow OH^- + H_3SiO_4^-$$
$$H_3SiO_4^{-} + H_2O \Longrightarrow OH^- + H_4SiO_4$$
$$PO_4^{3-} + H_2O \Longrightarrow OH^- + HPO_4^{2-}$$
$$HPO_4^{2-} + H_2O \Longrightarrow OH^- + H_2PO_4^-$$
$$H_2PO_4^- + H_2O \Longrightarrow OH^- + H_3PO_4$$

由于 Na$_2$CO$_3$ 与 NaHCO$_3$ 可通过下面反应对体系的 pH 值起缓冲作用:

$$CO_3^{2-} + H_2O \Longrightarrow OH^- + HCO_3^-$$

它们是一对缓冲物质,因此可用碳酸钠与碳酸氢钠复配,产生有缓冲作用的碱体系,同理,Na$_3$PO$_4$ 与 Na$_2$HPO$_4$ 也是一对有缓冲作用的碱体系。

碱驱用的碱,还可用有机碱。

8.3.3　石油酸与碱的反应

原油中的石油酸如脂肪酸、环烷酸、胶质酸和沥青质酸等可与碱(氢氧化钠)反应,生成相应的石油酸盐:

$$R—COOH + NaOH \longrightarrow R—COONa + H_2O$$
（脂肪酸）

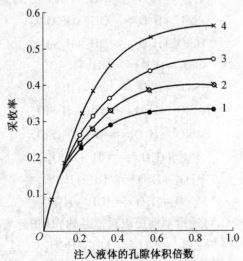

（环烷酸）

$$\boxed{胶质}—COOH + NaOH \longrightarrow \boxed{胶质}—COONa + H_2O$$
（胶质酸）

$$\boxed{沥青质}—COOH + NaOH \longrightarrow \boxed{沥青质}—COONa + H_2O$$
（沥青质酸）

在所产生的石油酸盐中,亲水性与亲油性比较平衡的石油酸盐都是可降低油-水界面张力的表面活性物质。

在碱溶液中,还需加入适当数量的盐(如 NaCl),使碱与石油酸反应产生的表面活性物质有所需的亲水亲油平衡。

8.3.4　碱驱与水驱的对比

图 8.24 所示是碱驱与水驱的驱油效果对比。从图 8.24 可以看到,碱驱有比水驱高的采收率。

图 8.24　碱驱与水驱的驱油效果对比
w(NaOH):1—0.0(水驱);2—0.005%;3—0.01%;4—0.05%

8.3.5　碱驱提高原油采收率机理

碱驱机理复杂,至今已提出如下几种机理来解释碱驱能提高原油采收率的原因:

1. 低界面张力机理

在碱驱过程中,原油中的某些组分(如羧酸、羧基酚、卟啉、沥青质等)扩散到原油-碱溶液界面上,与碱发生反应,就地生成表面活性物质,降低油-水界面张力。

下面讲到的其他机理,都是以此机理为前提的。

2. 乳化机理

如前所述,碱与原油接触可生成新的表面活性物质,产生一系列有利于驱替残余油的效应。

(1)乳化-携带机理

在碱含量和盐含量都低的情况下,由碱与石油酸反应生成的表面活性物质会使残余油乳化,形成水包油(O/W)型乳状液。当乳状液尺寸小于孔隙直径时,微分散状的乳状液将被携带进入连续流动的碱性水相中,使残余油以乳状液的形式随水流动,提高了洗油效率。

(2)乳化-捕集机理

在碱含量和盐含量都低的情况下,由于低界面张力使原油乳化在碱水中,但油珠直径较大,因此当油珠向前运移时,如遇到适当的孔喉便被捕集,增加了水的流动阻力,即降低了水的流度,从而改善了流度比,增加了波及系数,提高了原油采收率。

3. 改变岩石的润湿性

碱剂不但能够改变油与水的界面张力,而且还可以改变水与岩石、油与岩石之间的界面张力,这三个界面张力值之间的关系决定了岩石的润湿性。

(1)由油湿反转为水湿机理

亲水油层中的水驱残余油饱和度一般比亲油油层低,如果能够将亲油油层转变成亲水油层,驱油效率将会明显提高。

在碱含量高和盐含量低的情况下,碱可通过改变吸附在岩石表面的油溶性表面活性物质在碱水中的溶解度而解吸,恢复岩石表面原来的亲水性,使岩石表面从油湿反转为水湿,提高了洗油效率,也即提高了原油采收率。

(2)由水湿反转为油湿机理

对于残余油饱和度较高而原油不易流动的油层,在碱含量和盐含量都高的情况下,碱与石油酸反应生成的表面活性物质主要分配到油相并吸附到岩石表面上来,使岩石表面从水湿转变为油湿,这样,油层内非连续的残余油可在岩石表面上形成连续的油相,为原油流动提供通道。与此同时,碱驱生成的表面活性物质的亲油性和它产生的低界面张力,会导致形成油包水(W/O)型乳状液,乳状液中的水珠堵塞流通孔道,使注入压力提高,高的注入压力迫使油从乳化水珠与岩石表面之间的连续油相这条通道排泄出去,留下高含水率的乳状液,达到提高原油采收率的目的。图 8.25 所示为通过水湿反转为油湿机理提高原油采收率。

图 8.25　通过水湿转以转为油湿机理提高原油采收率

4. 自发乳化与聚并

在最佳碱浓度条件下,原油可以自发乳化到碱水之中,并发生聚并。这种自发乳化-聚并的过程可做如下描述:

①原油中的石油酸与碱在油-水界面反应生成表面活性物质,并浓集在油-水界面,由于浓度足够大,在界面附近形成层状胶束并增溶了原油。

②层状胶束向碱水中扩散的过程中,表面活性物质浓度不断降低,当浓度降低到一定程度,层状胶束依次转变为棒状胶束六角束和棒状胶束,原油仍增溶在这些胶束之中。

③棒状胶束继续向碱水中扩散,表面活性物质浓度进一步降低,当再降低到一定程度时,棒状胶束转变为球形胶束,原油仍增溶在球形胶束之中。

④球形胶束继续向碱水中扩散,表面活性物质浓度再一次降低到一定程度,使原来增溶的原油超过胶束的增溶量,此时出现油-水界面,形成乳状液,这便是自发乳化的乳状液。

⑤乳状液形成后,表面活性物质随液珠继续向碱水中扩散而不断减少,直至其浓度降低到不足以起到稳定乳状液的程度,这时乳状液液滴开始聚并。

5. 溶解界面膜

在水驱之后,残余油处于分散状态,沥青质、卟啉和石蜡可以在油-水界面上形成一层坚硬的刚性薄膜。由于这种薄膜的存在,不仅增加了残余油饱和度,而且使充塞在孔隙内的油流阻力增加,限制原油通过孔喉,同时,它还抑制了水包油乳状液的聚并。注入碱水,增加了沥青质、卟啉和石蜡等的水溶性,油-水界面处的刚性薄膜将被破坏,提高了残余油的流动能力,易于被驱动。

由于碱驱进行的条件是原油中有能够产生表面活性物质的石油酸,因此要求碱驱油层的原油有足够高的酸值(1 g 原油被中和到 pH = 7 时所需氢氧化钾的质量,单位为 $mg \cdot g^{-1}$)。当原油的酸值小于 0.2 $mg \cdot g^{-1}$ 时,油层就不适宜进行碱驱,一定的酸值是进行碱驱的必要条件,但不是充分条件,充分条件是原油中的石油酸与碱的反应产物为表面活性剂(如原油中的二甲酚属于石油酸,它与碱的反应产物二甲酚盐就不是表面活性剂)。

8.3.6　碱驱的段塞

图 8.26 为碱驱的段塞图。由于地层水中 Ca^{2+},Mg^{2+} 可与碱反应,增加碱耗,因此在碱溶液之前注入一段塞淡水,碱溶液之后注入的聚合物溶液是作为流度控制段塞使用的,它可使碱溶液平稳地通过地层。

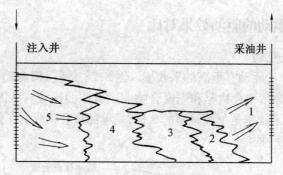

图 8.26 碱驱的段塞图

1—残余油;2—淡水;3—碱溶液;4—聚合物溶液;5—水

8.4 复合驱

8.4.1 复合驱的概念

复合驱是指两种或两种以上驱油成分组合起来的驱动。这里讲的驱油成分是指化学驱中的主剂(聚合物、碱、表面活性剂),它们可按不同的方式组成各种复合驱,如碱+聚合物的驱动称为稠化碱驱或碱强化聚合物驱;表面活性剂+聚合物的驱动称为稠化表面活性剂驱或表面活性剂强化聚合物驱;碱+表面活性剂的驱动称为碱强化表面活性剂驱或表面活性剂强化碱驱;碱(A)+表面活性剂(S)+聚合物(P)的驱动称为 ASP 三元复合驱。可用准三组分相图表示化学驱中各种驱动的组合(图 8.27)。

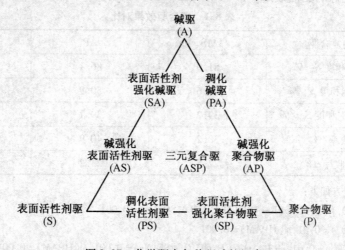

图 8.27 化学驱中各种驱动的组合

在图 8.27 中,三组分相图三个顶点成分的驱动属于单一驱动;三条边上任一点组合成分的驱动属于二元复合驱;图内任一点组合成分的驱动属于三元复合驱。

8.4.2 一些驱动的驱油效果对比

1. 复合驱与单一驱动

复合驱通常比单一驱动有更高的采收率。图 8.28 是碱+聚合物的驱动与单纯碱驱、单纯聚合物驱、先碱驱后聚合物驱和先聚合物驱后碱驱的比较。从图 8.24 可以看到,碱+聚合物驱的残余油采收率是单纯碱驱的 5 倍,是单纯聚合物驱的 3 倍。

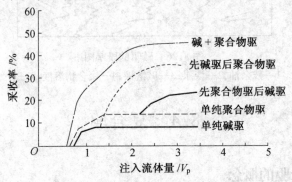

图 8.28 驱动方式的对比
(原油黏度为 180 mPa·s,聚合物为 PAM,碱为 Na₄SiO₄)

2. 二元复合驱与三元复合驱

表 8.1 是用碱+表面活性剂(AS)、碱+聚合物(AP)和碱+表面活性剂+聚合物(ASP)进行驱油试验所得的结果。该试验所用原油黏度为 67.0 mPa·s,密度为 0.92 g·cm⁻³,酸值为 0.45 mg·g⁻¹。从表 8.1 可以看到,碱+表面活性剂+聚合物比碱+表面活性剂或碱+聚合物有更好的驱油效果。

表 8.1 复合驱效果对比

水驱后的复合驱	AS	AP	ASP
原始含油饱和度 S_{oi}/%	81.9	86.1	76.9
水驱残余油饱和度 S_{or}/%	50.6	50.9	49.7
复合驱残余油饱和度 S_{orc}/%	39.2	39.1	22.5
水驱采收率/%	38.2	40.9	35.4
复合驱采收率/%	22.5	23.2	54.7

注:复合驱配方如下:
AS:$w(Na_2CO_3)=0.01$,$w(R-O(CH_2CH_2O)_3SO_3Na)=0.001$
AP:$w(Na_2CO_3)=0.01$,$w(HPAM)=0.001$
ASP:$w(Na_2CO_3)=0.01$,$w(R-O(CH_2CH_2O)_3SO_3Na)=0.001$,$w(HPAM)=0.001$

8.4.3 复合驱中驱油成分之间的协同效应

复合驱比单一驱动和三元复合驱比二元复合驱之所以有更好的驱油效果,主要是由于复合驱中的聚合物、表面活性剂和碱之间有协同效应,它们在协同效应中起各自的作用。

1. 聚合物的作用

①聚合物改善了表面活性剂和(或)碱溶液对油的流度比。

②聚合物对驱油介质的稠化,可减小表面活性剂和碱的扩散速率,从而减小它们的损耗。

③聚合物可与钙、镁离子反应,保护表面活性剂,使它不易形成低表面活性的钙、镁盐。

④聚合物提高了碱和表面活性剂形成的水包油乳状液的稳定性,使波及系数(按乳化-捕集机理)和(或)洗油能力(按乳化-携带机理)有较大的提高。

2. 表面活性剂的作用

①表面活性剂可以降低聚合物溶液与油的界面张力,使它具有洗油能力。

②表面活性剂可使油乳化,提高了驱油介质的黏度,乳化的油越多,乳状液的黏度越高。

③若表面活性剂与聚合物形成络合结构,则表面活性剂可提高聚合物的增黏能力

④表面活性剂可补充碱与石油酸反应产生表面活性剂的不足。

3. 碱的作用

①碱与石油酸反应产生的表面活性物质可将油乳化,提高了驱油介质黏度,因而加强了聚合物控制流度的能力。

②碱与石油酸反应产生的表面活性物质与合成的表面活性剂有协同效应(见表8.2)。

表 8.2　碱与表面活性剂的协同效应

溶液	w(化学剂)/%	$\sigma/(mN \cdot m^{-1})$
聚合物	0.1	18.2
氢氧化钠	0.8	2.1
石油磺酸盐	0.1	5.5
氢氧化钠	0.8	0.02
石油磺酸盐	0.1	

注:原油的密度为 0.900 g · cm^{-3},与水之间的界面张力为 18.2 mN · m^{-1}

③碱可与钙、镁离子反应或与黏土进行离子交换,起牺牲剂作用,保护聚合物与表面活性剂。

④碱可提高砂岩表面的负电性,减少砂岩表面对聚合物和表面活性剂的吸附量(见表 8.3)。

表 8.3　R—O⦗CH$_2$CH$_2$O⦘$_n$SO$_3$Na 在 Berea 岩心上的吸附(71 ℃)

吸附类型	100 g Berea 岩心的吸附量/mmol		
	pH = 7.0	pH = 12.7 (Na$_2$O · SiO$_2$)	pH = 12.7 (NaOH)
静吸附	0.064	0.005	0.015
动吸附	0.026	0.006	0.017

由于各成分的相互作用,因此复合体系的驱油效率高,化学剂消耗少,成本降低。

8.4.4　ASP 三元复合驱段塞

图 8.29 是 ASP 三元复合驱的段塞图。为了减小地层中 Ca^{2+}，Mg^{2+} 等可交换阳离子的影响，用盐水（氯化钠）预冲洗地层。注在 ASP 体系前的牺牲剂溶液是为了减少 ASP 体系中各种化学剂的消耗，可用的牺牲剂如碱性物质（碳酸钠）、多元羧酸（草酸）、低聚物（聚乙二醇）和改性木质素磺酸盐（磺甲基化木质素磺酸盐），它们可通过与高价金属离子（如 Ca^{2+}，Mg^{2+}）反应或竞争吸附等机理保护 ASP 体系。注在 ASP 体系后面的聚合物溶液是流度控制段塞，它可使 ASP 体系平稳通过地层。

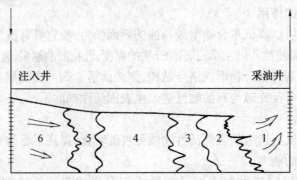

图 8.29　ASP 三元复合驱的段塞图
1—残余油；2—盐水；3—牺牲剂溶液；4—ASP 体系；5—聚合物溶液；6—水

目前，三元复合驱矿场试验所用的聚合物为部分水解聚丙烯酰胺，所用的表面活性剂为石油磺酸盐（或石油磺酸盐与聚醚型表面活性剂复配），所用的碱为碳酸钠（或氢氧化钠），它们的质量浓度为：

聚合物	$1.5 \times 10^3 \sim 2.5 \times 10^3 \ mg \cdot L^{-1}$
碱	$1.0 \times 10^4 \sim 2.0 \times 10^4 \ mg \cdot L^{-1}$
表面活性剂	$2.0 \times 10^3 \sim 6.0 \times 10^3 \ mg \cdot L^{-1}$

注入量为 0.25～0.50 倍孔隙体积。

8.5　混相驱

8.5.1　混相驱的概念与混相注入剂

当两相流体可以以任意比例混合，并且所有混合物均为单相，这两种流体就是混相的，即混相相间界面消失。混相驱是指以混相注入剂作为驱油剂的驱油法，混相注入剂则是指在一定条件下注入地层，能与地层原油混相的物质，有两类混相注入剂：

1. 烃类混相注入剂

这类混相注入剂可按其中 $C_2 \sim C_6$ 的含量分成液化石油气（LPG，$C_2 \sim C_6$ 含量大于50%（质量分数））、富气（$C_2 \sim C_6$ 含量为 30%～50%（质量分数））和贫气（$C_2 \sim C_6$ 含量小于30%（质量分数））。在贫气中把 C_1 含量大于 98%（质量分数）的气体称为干气。

$C_2 \sim C_6$ 的烃气称为富化剂,它的存在使混相易于发生。通常讲的气体富化、加富是指气体中 $C_2 \sim C_6$ 的含量增加。

2. 非烃类混相注入剂

这类混相注入剂是指 CO_2,N_2 等一类混相注入剂。

烟道气是一种工业废气,它是混合的非烃类混相注入剂。一种烟道气的组成见表 8.4。

表 8.4 一种烟道气的组成

组成	含量(质量分数)/%
CO_2	16.5
N_2	64.6
O_2	5.6
H_2O	13.3

在烟道气中,CO_2 的含量一般为 5% ~20%(质量分数),主要由火力发电站燃烧煤得到。

按混相注入剂的性质,混相驱可分为烃类混相驱和非烃类混相驱。前者又可分为液化石油气驱(LPG 驱)、富气驱和高压干气驱;后者又可分为 CO_2 驱、N_2 驱等。

由于 LPG 驱和 CO_2 驱是最有代表性的混相驱,所以这里只介绍这两种混相驱。

8.5.2 LPG 驱

LPG 驱是指以 LPG 为混相注入剂的一种混相驱,这种驱动是先注一段塞 LPG,再注一段塞气体,然后用水驱动,形成如图 8.30 所示的断塞图。

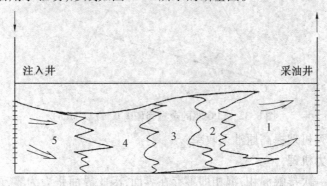

图 8.30 LPG 驱的段塞图
1—残余油;2—油带;3—LPG;4—气体;5—水

可用 C_1-C_4-C_{10} 三组分相图(图 8.31)说明 LPG 驱。三组分中,C_4 代表富化剂 $C_2 \sim C_6$,C_{10} 代表 C_7^+(即油)。由于 LPG 中富化剂(C_4)含量大于 50%(质量分数),所以在图 8.25 的 LPG 区域内,LPG 与油(C_{10})一接触就混相,这种混相称为一次接触混相。一次接触混相表明,整个过程无非混相阶段,因而是效率最高的混相。

LPG 后面的驱动气体,可用干气、氮气、烟道气等。这些气体超过一定压力,即可与 LPG 混相。

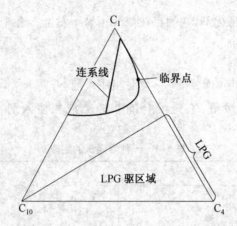

图 8.31 $C_1-C_4-C_{10}$ 三组分相图(70 ℃,17.2 MPa)

在 70 ℃和 17.2 MPa 的条件下,若以 C_1 作为驱动气体,以 75%(质量分数)C_4 作为 LPG,驱动以 C_{10} 代表的油,则 LPG 驱的全过程可用箭头表示在图 8.32 中。从图 8.32 可以看到,LPG 驱可用于不含富化剂的原油。

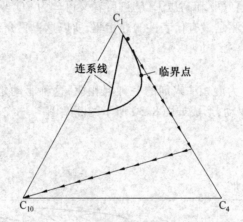

图 8.32 LPG 驱的全过程(70 ℃,17.2 MPa)

LPG 通过下列机理提高原油采收率:

1.低界面张力机理

LPG 与油是一次接触混相,混相即不存在界面,因此界面张力为零,即 LPG 有很高的洗油效率。

2.降黏机理

LPG 黏度低,它与油混合后可以使油的黏度降低,提高油的流度,改善驱油介质与油的流度比,有利于提高波及系数。

8.5.3 CO_2 驱

CO_2 驱是指以 CO_2 为混相注入剂的一种混相驱。这种驱动是先注一段塞 CO_2,然后交替注入 CO_2 和水,再用水驱动,形成如图 8.33 所示的段塞图。

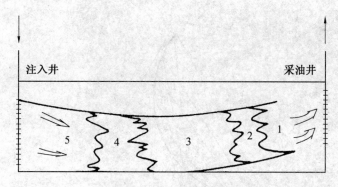

图 8.33　CO_2 驱的段塞图

1—残余油;2—油带;3—CO_2;4—CO_2 与水交替注入带;5—水

CO_2 段塞之后再交替注入 CO_2 和水是为了调节流度,因为两相流动的渗透率低于均相流动的渗透率。

可用准三组分相图分析 CO_2 驱的混相过程。所谓准三组分是指体系并非由单纯的三组分组成。在分析 CO_2 驱过程中,可将 CO_2 作为一个组分,而将地层油看作由两个组分(即轻组分和重组分)组成。由于 CO_2 与重组分部分互溶,所以在准三组分相图中有一两相区(图 8.34)。在两相区中的体系(例如 I),按联系线分成两相(1,1′),相 1 富含 CO_2,但也含轻组分和重组分;相 1′ 富含重组分,但也含轻组分和 CO_2。若所有联系线有一共点 G,则过 G 做两相区边界线的切线,切点 k 即为临界点。

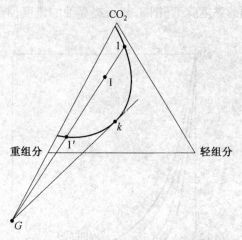

图 8.34　分析 CO_2 驱用的准三组分相图

图 8.35 说明了 CO_2 产生混相的全过程。在图 8.35 中,点 O 为地层油组成。当 CO_2 刚与地层油接触时,按连线规则和杠杆规则,由 CO_2 与地层油的数量比,得点 I。由于点 I 在两相区中,它将按联系线分成两相(1,1′)。相 1 继续向前与地层油接触,按连线规则和杠杆规则,由相 1 与地层油的数量比产生点 II,按联系线再分成两相(2,2′),相 2 继续向前与地层油接触,依次产生 III,IV 等组成。当体系为组成 V 时,由于组成 V 处在均相区(混相区),表示进入混相驱动。可见,CO_2 驱是通过多次与地层油接触才实现混相的。这种混相称为多次接触混相,以区别于像 LPG 那样的混相注入剂的一次接触混相。

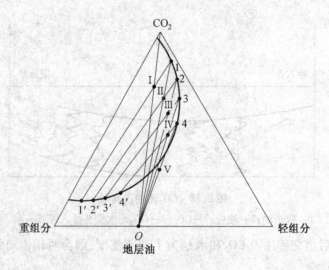

图 8.35　CO_2 驱的全过程

CO_2 通过下列机理提高原油采收率：

1. 低界面张力机理

　　CO_2 驱油过程是 CO_2 不断富化的过程。CO_2 富化是通过 CO_2 对原油中的 $C_2 \sim C_6$ 组分的抽提得到的。CO_2 越富，它与原油之间的界面张力就越低，因而洗油效率就越高。

2. 降黏机理

　　CO_2 可溶于油，使油的黏度降低（图 8.36），提高油的流度，有利于提高驱油剂的波及系数。

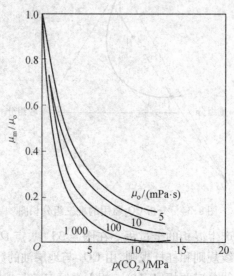

图 8.36　原油黏度降低与 CO_2 饱和压力的关系（50 ℃）

μ_o—原油黏度；μ_m—溶有 CO_2 的原油黏度

3. 原油膨胀机理

　　CO_2 溶于原油后，可使原油的体积膨胀。膨胀后的原油将易被驱动介质驱出。CO_2 使原油膨胀的程度可用膨胀系数表示,膨胀系数是指一定温度和 CO_2 饱和压力下原油的体积与同温度和 0.1 MPa 下原油的体积之比。

4. 提高地层渗透率机理

CO_2 溶于水,生成碳酸。碳酸可与地层中的石灰岩和白云岩反应生成水溶性的重碳酸盐,提高地层的渗透率,扩大驱油介质的波及体积,有利于提高原油的采收率。

5. 溶气驱机理

从注入井到采油井的驱油过程是降压过程。随着压力下降,CO_2 从原油中析出,产生油层内(原油内)的气体驱动,使原油采收率提高。

此外,部分 CO_2 成为束缚气,也有利于原油采收率的提高。

思　考　题

1. 对于聚合物驱,减小水油流度比,为什么波及系数会增大?
2. 什么是黏附功? 其与油–水界面张力、油对地层表面的润湿角有怎样的关系?
3. 黏附功公式 $W_a = \sigma(1-\cos\theta)$ 书写是否正确,为什么?
4. 如何理解对于亲油油层,毛管力为水驱油的阻力?
5. 碱驱有由油湿反转为水湿机理,那么为什么还有由水湿反转为油湿机理呢,是否矛盾?
6. 什么是混相驱? LPG 驱与 CO_2 驱有哪些区别?

第 9 章

油水井的化学改造

油田大多数是注水开发的,在注水开发的油田中有油井和注水井。

在油井和注水井中,也存在各种问题影响着油田的开发。对油井有砂、蜡、水、稠、低五大问题;对注水井,问题相对简单些,也有出砂、水注不进去及吸水剖面不均匀等问题。

解决油水井问题的方法中,化学方法仍然是一种重要的方法。

9.1　注水井调剖

9.1.1　注水井调剖的概念

地层的渗透率是不均质的。在水驱和聚合物驱过程中,注入地层的水和聚合物溶液常常被厚度不大的高渗透所吸收,吸水剖面很不均匀(图9.1),致使中、低渗透层波及程度低、驱油效果差,严重影响了水驱和聚合物驱的开发效果。

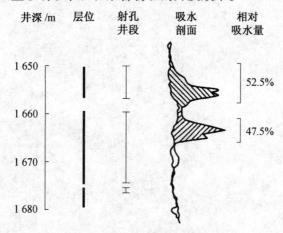

图 9.1　一口注水井的吸水剖面

为了发挥中、低渗透层的作用,提高注入水的波及系数,就必须从注水井调整注水油层的吸水剖面,这就是通常说的注水井调剖。要调整吸水剖面,必须封堵高渗透层。

9.1.2 注水井调剖剂

注水井调剖剂(简称调剖剂)是指从注水井注入地层,调整地层吸水剖面的物质。

1. 调剖剂的分类

若按注入工艺,调剖剂可分为单液法调剖剂(如铬冻胶)和双液法调剖剂(如水玻璃-氯化钙),调剖剂通常按这个标准分类。

若按调剖剂封堵的距离分类,可分为近井地带调剖剂(如硅酸凝胶)和远井地带调剖剂(如胶态分散体冻胶)。

若按使用的条件分类,可分为高渗透层调剖剂(如黏土/水泥固化体系)、低渗透层调剖剂(如硫酸亚铁)、高温高矿化度地层调剖剂(如各种无机调剖剂)。

2. 单液法调剖剂

单液法调剖剂是向油层注入一种工作液,这种工作液所带的物质或随后变成的物质可封堵高渗透层。

(1)硫酸

硫酸是利用地层中的钙、镁源产生调剖物质的。若将浓硫酸或含浓硫酸的化工废液注入井中,硫酸先与近井地带的碳酸盐(岩体或胶结物的碳酸盐)反应,增加了注水井的吸水能力,而产生的硫酸钙、硫酸镁将随酸液进入地层,然后饱和析出并在适当位置(如孔隙结构的喉部)沉积下来,形成堵塞。由于高渗透层进入的硫酸多,产生的硫酸钙、硫酸镁也多,所以主要堵塞发生在高渗透层。

(2)硫酸亚铁

硫酸亚铁可在水中水解产生氢氧化亚铁和硫酸:

$$FeSO_4 + 2H_2O \longrightarrow Fe(OH)_2 \downarrow + H_2SO_4$$

其中,硫酸可起前面讲到的调剖作用,而氢氧化亚铁是一种沉淀,同样可起调剖作用。随着硫酸在地层中不断消耗,只要有硫酸亚铁,氢氧化亚铁的沉淀就可不断产生。由于高渗透层进入的硫酸亚铁溶液多,所以调剖剂的封堵主要发生在高渗透层。

三氯化铁可起与硫酸亚铁类似的作用。

(3)硅酸凝胶

硅酸凝胶是由水玻璃与活化剂反应生成的。水玻璃又名硅酸钠,分子式为$Na_2O \cdot mSiO_2$,其中m为模数(即水玻璃中SiO_2物质的量与Na_2O物质的量之比),m一般为$1 \sim 4$。水玻璃的性质随模数而变,模数越小,水玻璃的碱性越强,越易溶解。活化剂是指可使水玻璃变成溶胶而随后变成凝胶的物质。活化剂分为两类:一类是无机活化剂,如盐酸、硝酸、硫酸、氨基磺酸、碳酸铵、碳酸氢铵、氯化铵、硫酸铵、磷酸二氢钠等;另一类是有机活化剂,如甲酸、乙酸、乙酸铵、甲酸乙酯、乙酸乙酯、氯乙酸、三氯乙酸、草酸、柠檬酸、苯酚、邻苯二酚、间苯二酚、对苯二酚、间苯三酚、甲醛、尿素等。

硅酸凝胶通常用盐酸做活化剂,它与水玻璃的反应如下:

$$Na_2O \cdot mSiO_2 + 2HCl \longrightarrow H_2O \cdot mSiO_2 + 2NaCl$$
$$\text{(水玻璃)} \qquad\qquad \text{(硅酸)}$$

由于制备方法不同,可得两种硅酸凝胶,即酸性硅酸凝胶和碱性硅酸凝胶。前者是将水玻璃加到盐酸中制得的,反应在 H^+ 过剩的情况下发生,根据 Fajans 法则,它应形成图 9.2(a)所示的结构,胶粒表面带正电;后者是将盐酸加到水玻璃中制得的,因反应在硅酸根过剩的情况下发生,若水玻璃的模数为 1,硅酸根为 SiO_3^{2-},则根据 Fajans 法则,它应形成图 9.2(b)所示的结构,胶粒表面带负电。这两种硅酸凝胶都可在一定的温度、pH 值和硅酸含量下,先形成硅酸溶胶,然后在一定时间内胶凝成硅酸凝胶。例如将 $w(Na_2O \cdot 3.43SiO_2)$ 为 4% 的水玻璃加到 $w(HCl)$ 为 10% 的盐酸中,配成 pH 值为 1.5 的硅酸溶胶。该溶胶在 70 ℃下,经过 8 h,就可变成硅酸凝胶,用于封堵高渗透层。

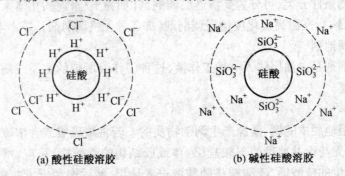

(a) 酸性硅酸溶胶　　　　　　(b) 碱性硅酸溶胶

图 9.2　硅酸溶胶

（4）氢氧化铝凝胶

氢氧化铝凝胶是将三氯化铝与尿素配成溶液注入地层生成的。尿素在地层温度下分解,使溶液由酸性变成碱性,生成氢氧化铝溶胶,接着转变为氢氧化铝凝胶。

（5）锆冻胶

锆冻胶是用 Zr^{4+} 组成的多核羟桥络离子交联溶液中带—COO^- 的聚合物(如 HPAM)生成的。

Zr^{4+} 可来自 $ZrOCl_2$ 或 $ZrCl_4$。

Zr^{4+} 可通过下列步骤生成锆的多核羟桥络离子：

①络合：

$$Zr^{4+} + 8H_2O \longrightarrow [(H_2O)_8Zr]^{4+}$$

②水解：

$$[(H_2O)_8Zr]^{4+} \longrightarrow [(H_2O)_7Zr(OH)]^{3+} + H^+$$

③羟桥作用：

$$2(H_2O)_7Zr(OH)]^{3+} \longrightarrow [(H_2O)_6Zr \overset{OH}{\underset{OH}{\diagup\diagdown}} Zr(H_2O)_6]^{6+} + 2H_2O$$

④进一步水解和羟桥作用：

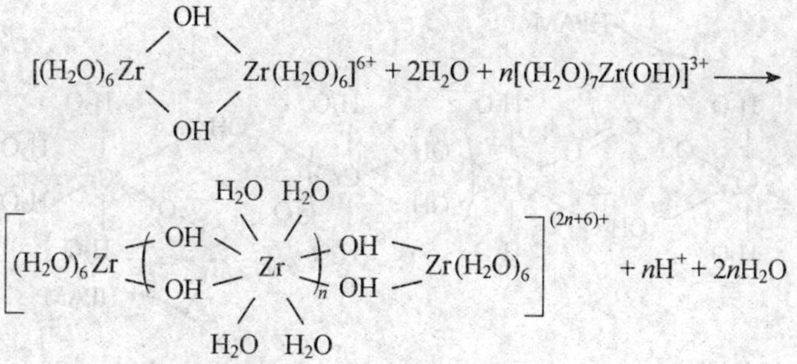

$$[(H_2O)_6Zr \underset{OH}{\overset{OH}{\diagup\diagdown}} Zr(H_2O)_6]^{6+} + 2H_2O + n[(H_2O)_7Zr(OH)]^{3+} \longrightarrow$$

$$\left[(H_2O)_6Zr \overset{H_2O\ \ H_2O}{\underset{H_2O\ \ H_2O}{\left\{ \overset{OH}{\underset{OH}{\diagup\diagdown}}Zr\overset{OH}{\underset{OH}{\diagup\diagdown}} \right\}_n}} Zr(H_2O)_6 \right]^{(2n+6)+} + nH^+ + 2nH_2O$$

（锆的多核羟桥络离子）

图 9.3 所示是锆的多核羟桥络离子交联带—COO⁻聚合物（如 HPAM）所产生的交联体。

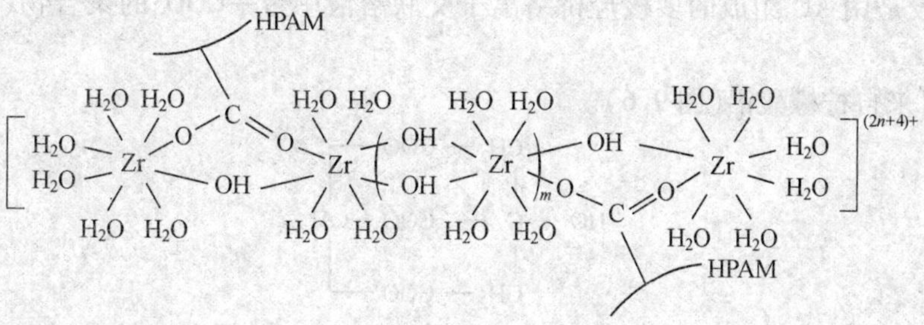

图 9.3　锆的多核羟桥络离子交联带—COO⁻聚合物所产生的交联体

此交联体称为锆冻胶。例如将 $w(HPAM)$ 为 0.75% 的溶液与 $w(ZrOCl_2)$ 为 1.0% 和 $w(HCl)$ 为 5.5% 的溶液按体积比 100∶4∶3 混合，可配得一种在 60 ℃ 下成冻时间为 7 h 的锆冻胶，用于封堵高渗透层。

（6）铬冻胶

铬冻胶是用 Cr^{3+} 组成的多核羟桥络离子交联溶液中带—COO⁻ 的聚合物（如 HPAM）生成的。

Cr^{3+} 可来自 $KCr(SO_4)_2$，$CrCl_3$，$Cr(NO_3)_3$，$Cr(CH_3COO)_3$，也可由 Cr^{6+}（如 $K_2Cr_2O_7$，$Na_2Cr_2O_7$）用还原剂（如 $Na_2S_2O_3$，Na_2SO_3 或 $NaHSO_3$）还原得到。

Cr^{3+} 也是通过络合、水解、羟桥作用和进一步水解和羟桥作用生成铬的多核羟桥络离子（图 9.4）。

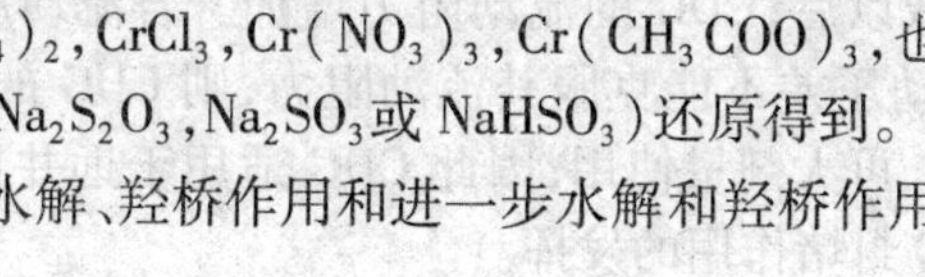

$$\left[(H_2O)_4Cr \overset{H_2O}{\underset{H_2O}{\left\{ \overset{OH}{\underset{OH}{\diagup\diagdown}}Cr\overset{OH}{\underset{OH}{\diagup\diagdown}} \right\}_n}} Cr(H_2O)_4 \right]^{(n+4)+}$$

图 9.4　铬的多核羟桥络离子

图 9.5 所示是铬的多核羟桥络离子交联带—COO⁻聚合物（如 HPAM）所产生的交联体。此交联体称为铬冻胶。例如，当 $w(HPAM)$ 为 0.4%，$w(Na_2Cr_2O_7)$ 为 0.09% 和 $w(Na_2SO_3)$ 为 0.16% 时，可配得一种在 60 ℃ 下成冻时间为 2 h 的铬冻胶，用于封堵高渗透层。

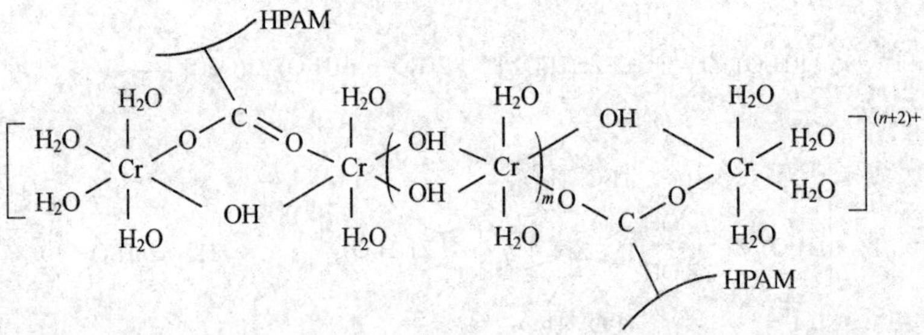

图 9.5　铬的多核羟桥络离子交联带—COO^-聚合物所产生的交联体

（7）铝冻胶

铝冻胶是用 Al^{3+} 组成的多核羟桥络离子交联溶液中带—COO^- 的聚合物（如 HPAM）生成的。

Al^{3+} 可来自柠檬酸铝（图9.6）。

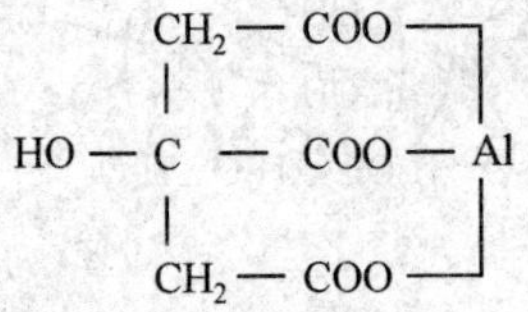

图9.6　柠檬酸铝

由于铝冻胶强度低，所以通常将它配成胶态分散体冻胶（colloidal dispersion gel，CDG）使用。

CDG 是由低质量浓度的聚合物和低质量浓度的交联剂配成的。聚合物的质量浓度为 $100 \sim 1\ 200\ mg \cdot L^{-1}$，聚合物与交联剂的质量浓度之比为 $20 : 1 \sim 100 : 1$。由于质量浓度低，聚合物与交联剂不足以形成连续的网络，而只能缓慢形成冻胶束（gel bundle）。冻胶束是少量聚合物分子在分子内和（或）分子间由交联剂交联而成的，因此 CDG 是冻胶束的分散体。冻胶束形成以后，CDG 的流动阻力增加。若流动压差能克服其流动阻力，则 CDG 仍能流动；若流动压差不能克服其流动阻力，则 CDG 的流动停止，起封堵作用。由于低质量浓度、低成本、可大剂量使用，因此 CDG 适用于远井地带调剖，而且远井地带流动压差小，有利于 CDG 封堵作用的发挥。

锆冻胶、铬冻胶也可配成 CDG 使用。

（8）酚醛树脂冻胶

酚醛树脂冻胶是用酚醛树脂交联溶液中带—$CONH_2$ 的聚合物（如 HPAM）生成的。

酚醛树脂是由甲醛与苯酚在氢氧化钠催化下缩聚产生的：

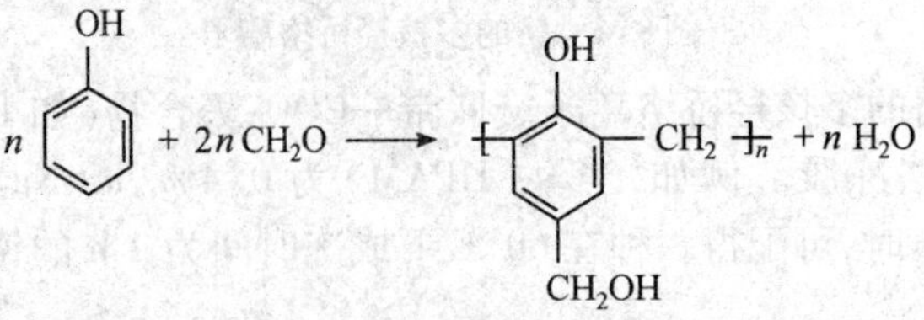

酚醛树脂中的—CH_2OH 通过与聚合物中的—$CONH_2$ 的脱水反应起交联作用：

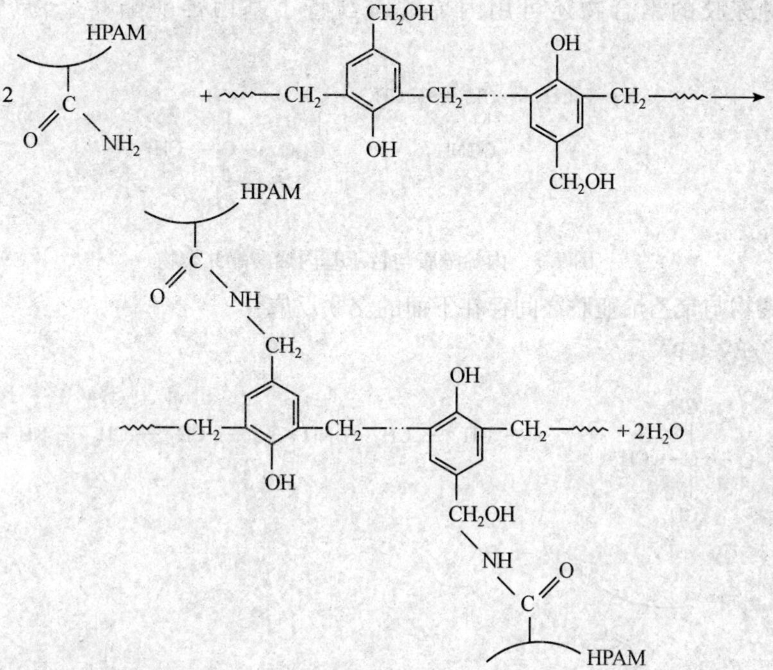

交联反应生成的交联体称为酚醛树脂冻胶。例如当 $w(\text{HPAM})$ 为 0.4%，$w($酚醛树脂$)$ 为 0.8% 时，可配得一种在 $80\ ^\circ\text{C}$ 下成冻时间为 $72\ \text{h}$ 的酚醛树脂冻胶，用于封堵高渗透层。

（9）聚乙烯亚胺冻胶

聚乙烯亚胺冻胶是用聚乙烯亚胺交联溶液中带—CONH_2 的聚合物（如 HPAM）生成的。

聚乙烯亚胺是由乙烯亚胺聚合产生的：

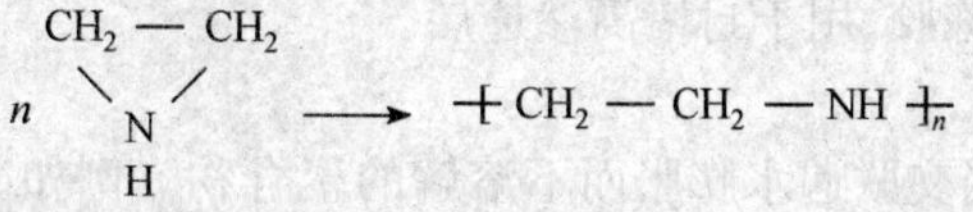

（乙烯亚胺）　　　　　　　（聚乙烯亚胺，PEI）

聚乙烯亚胺中的亚胺基（—NH—）通过与聚合物中的—CONH_2 反应，脱出 NH_3 而起交联作用：

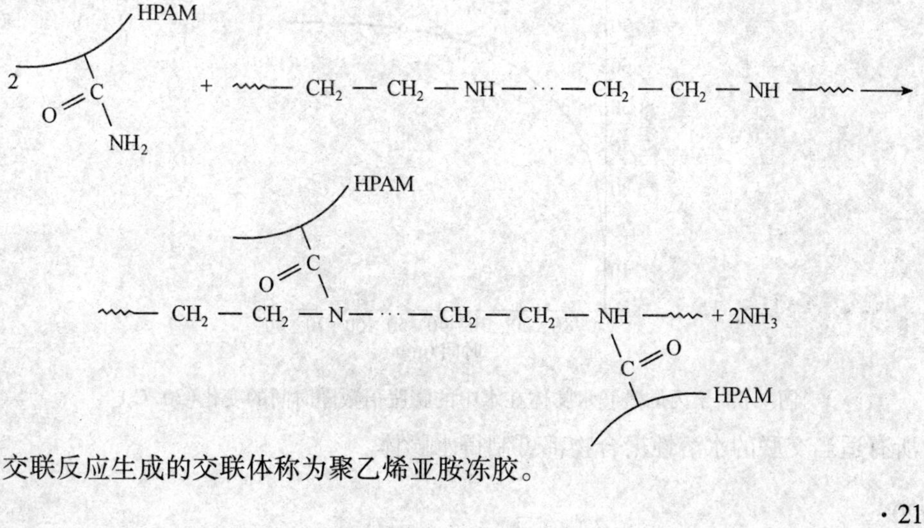

交联反应生成的交联体称为聚乙烯亚胺冻胶。

配这种冻胶的聚合物还可用丙烯酰胺与特丁基丙烯酸酯共聚物（PA-t-BA）（图9.7）。

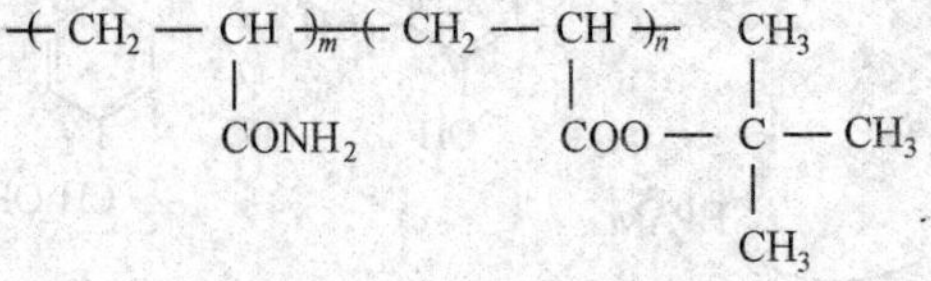

$$\{CH_2-CH\}_m\{CH_2-CH\}_n \quad CH_3$$
$$\qquad | \qquad\qquad | \qquad\qquad |$$
$$\qquad CONH_2 \qquad COO-C-CH_3$$
$$\qquad\qquad\qquad\qquad\qquad |$$
$$\qquad\qquad\qquad\qquad\qquad CH_3$$

图9.7　丙烯酰胺与特丁基丙烯酸酯共聚物

该共聚物与聚乙烯亚胺之间存在下面的交联反应：

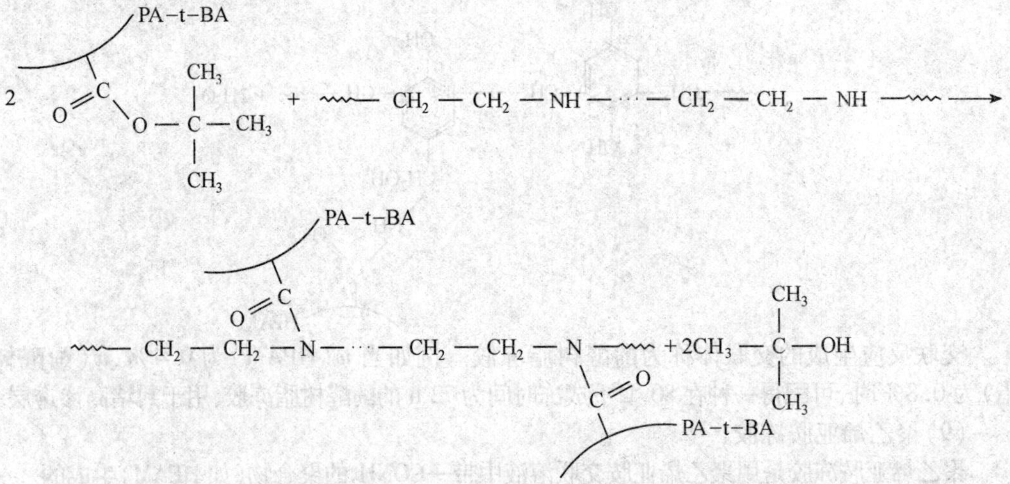

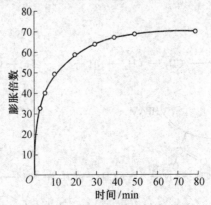

例如当 $w(\text{PA-t-BA})$ 为 7.0%，$w(\text{PEI})$ 为 0.33% 时，可配得一种在 95 ℃ 下成冻时间为 12 h 的聚乙烯亚胺冻胶，用于封堵高渗透层。

（10）水膨体

水膨体是一类适当交联遇水膨胀而不溶解的聚合物。例如，在丙烯酰胺聚合过程中加入少量交联剂 N,N′-亚甲基双丙烯酰胺，聚合后干燥、磨细，就可得到聚丙烯酰胺水膨体。这种水膨体在水中的膨胀速率和膨胀倍数都很高（图9.8）。

图9.8　聚丙烯酰胺水膨体在水中的膨胀倍数随时间的变化（30 ℃）

所有适当交联的水溶性聚合物都可制得水膨体。

为了将水膨体放置在远井地带,有两种方法:一种是选择适当的携带介质如煤油、乙醇和电解质溶液(如氯化钠溶液、氯化铵溶液)等,这些携带介质能抑制水膨体膨胀;另一种是在水膨体外表面覆膜(如覆羟丙基甲基纤维素膜),将这种覆膜的水膨体用水携带进入地层,它将在覆膜溶解至可与水相接触时才开始膨胀。可用流化床法在水膨体外表面覆膜。

(11)冻胶微球

冻胶微球是粒度达到纳米级的冻胶分散体。它可用微乳聚合的方法制得。例如可将由丙烯酰胺和其他含烯基的单体、N,N′-亚甲基双丙烯酰胺和过硫酸铵配得的水溶液,用高浓度的混合表面活性剂(如 Span-80+Tween-60)制得油外相微乳,水溶液增溶在微乳的胶束之中,单体共聚后,即成冻胶微球。使用时,用反相剂(如 OP-10 等)将油外相的冻胶微球反相分散于水中,注入地层。在地层中,冻胶微球有一定的膨胀倍数,它可在高渗透的通道中通过运移、捕集、变形、再运移、再捕集、再变形……的机理,由近及远地起调剖作用。

(12)石灰乳

石灰乳是将氧化钙分散在水中配成的。由于氧化钙可与水反应生成氢氧化钙:

$$CaO+H_2O \longrightarrow Ca(OH)_2$$

而氢氧化钙在水中的溶解度很小(在 60 ℃下,100 g 水中溶解 0.116 g 氢氧化钙),所以石灰乳是氢氧化钙在水中的悬浮体。

在石灰乳中,$w(CaO)$ 一般为 5%~10%。这种单液法调剖剂有下列特点:

①氢氧化钙的粒径较大(62 μm 左右),特别适用于封堵裂缝性的高渗透层。由于氢氧化钙颗粒不能进入中、低渗透层,因此对中、低渗透层有保护作用。

②氢氧化钙的溶解度随温度升高而减小(见表 9.1),所以可用于封堵高温地层。

表 9.1　氢氧化钙在不同温度下的溶解度

温度/℃	溶解度/$(g \cdot kg^{-1})$	温度/℃	溶解度/$(g \cdot kg^{-1})$
30	1.53	70	1.06
40	1.41	80	0.94
50	1.28	90	0.85
60	1.16	100	077

③氢氧化钙可与盐酸反应生成可溶于水的氯化钙,在不需要封堵时,可用盐酸解除:

$$Ca(OH)_2+2HCl \longrightarrow CaCl_2+2H_2O$$

(13)黏土/水泥分散体

黏土/水泥分散体由黏土与水泥悬浮于水中配成。此分散体适用于封堵特高渗透地层。黏土与水泥进入地层后,可在地层内(主要在孔隙结构的喉部)形成滤饼。在滤饼中,水泥的水化反应使滤饼固结,对特高渗透层产生有效封堵。

在黏土/水泥分散体中,$w(黏土)$ 为 6%~20%,$w(水泥)$ 为 6%~20%。

类似石灰乳中的氢氧化钙,黏土和水泥也不能进入中、低渗透层,所以对中、低渗透层有保护作用。

如果需要,黏土/水泥分散体产生的封堵可用常规土酸,即 $w(HCl)$ 为 12%,$w(HF)$ 为 3%的酸除去。

除黏土/水泥分散体外,还可用碳酸钙/水泥分散体和粉煤灰/水泥分散体封堵特高渗透层。

3. 重要的双液法调剖剂

双液法调剖剂是向油层注入相遇后可产生封堵物质的两种工作液(或工作流体),注入时,这两种工作液用隔离液隔开,但随着工作液向外推移,隔离液越来越薄,当外推至一定程度,即隔离液薄至一定程度,它将不起隔离作用,两种工作液相遇,产生封堵地层的物质(图9.9)。由于高渗透层吸入更多的工作液,所以封堵主要发生在高渗透层,达到调剖的目的。隔离液一般用水,为了防止水对工作液的稀释,可用烃类液体(如煤油、柴油)。

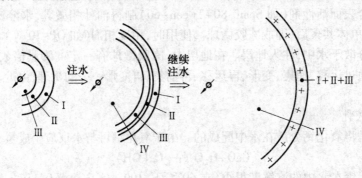

图9.9 双液法调剖剂
Ⅰ—第一工作液;Ⅱ—隔离液;Ⅲ—第二工作液;Ⅳ—注入水

(1)沉淀型双液法调剖剂

沉淀型双液法调剖剂是指两种工作液相遇后可产生沉淀封堵高渗透层的调剖剂。下面是一些例子:

例1

第一工作液:$w(Na_2CO_3)$为5% ~20%的溶液

第二工作液:$w(FeCl_3)$为5% ~30%的溶液

相遇后的反应为

$$3Na_2CO_3+2FeCl_3 \longrightarrow Fe_2(CO_3)_3 \downarrow +6NaCl$$
$$Fe_2(CO_3)_3+3H_2O \longrightarrow 2Fe(OH)_3 \downarrow +3CO_2 \uparrow$$

例2

第一工作液:$w(Na_2O \cdot mSiO_2)$为1% ~25%的溶液

第二工作液:$w(FeSO_4)$为5% ~13%的溶液

相遇后的反应为

$$Na_2O \cdot mSiO_2+FeSO_4 \longrightarrow FeO \cdot mSiO_2 \downarrow +Na_2SO_4$$

例3

第一工作液:$w(Na_2O \cdot mSiO_2)$为1% ~25%的溶液

第二工作液:$w(CaCl_2)$为1% ~20%的溶液

相遇后的反应为

$$Na_2O \cdot mSiO_2+CaCl_2 \longrightarrow CaO \cdot mSiO_2 \downarrow +2NaCl$$

例 4

第一工作液:$w(Na_2O \cdot mSiO_2)$ 为 1% ~25% 的溶液

第二工作液:$w(MgCl_2)$ 为 1% ~15% 的溶液

相遇后的反应为

$$Na_2O \cdot mSiO_2 + MgCl_2 \longrightarrow MgO \cdot mSiO_2 \downarrow + 2NaCl$$

例 5

第一工作液:$w(Na_2O \cdot mSiO_2)$ 为 10% 的溶液

第二工作液:$w(HCl)$ 为 6% 的溶液

第二工作液的盐酸先与地层中的碳酸钙、碳酸镁反应产生氯化钙、氯化镁,然后与第一工作液的硅酸钠反应产生硅酸钙、硅酸镁沉淀,封堵高渗透层。

(2)凝胶型双液法调剖剂

凝胶型双液法调剖剂是指两种工作液相遇后可产生凝胶封堵高渗透层的调剖剂。例如向地层交替注入水玻璃和硫酸铵,中间以隔离液(如水)隔开,当两种工作液在地层相遇时可发生下面的反应,产生凝胶,封堵高渗透层:

$$Na_2O \cdot mSiO_2 + (NH_4)_2SO_4 + 2H_2O \longrightarrow H_2O \cdot mSiO_2 + Na_2SO_4 + 2NH_4OH$$

$$(可由溶胶变凝胶)$$

(3)冻胶型双液法调剖剂

冻胶型双液法调剖剂是指两种工作液相遇后可产生冻胶封堵高渗透层的调剖剂。在两种工作液中,通常一种工作液为聚合物溶液,另一种工作液为交联剂溶液。

下面是一些冻胶型双液法调剖剂的例子:

例 1

第一工作液:HPAM 溶液或 XC 溶液

第二工作液:柠檬酸铝溶液

这两种工作液相遇后产生铝冻胶。

例 2

第一工作液:HPAM 溶液或 XC 溶液

第二工作液:丙酸铬溶液

这两种工作液相遇后产生铬冻胶。

例 3

第一工作液:溶有 Na_2SO_3 的 HPAM 溶液或 XC 溶液

第二工作液:溶有 $Na_2Cr_2O_7$ 的 HPAM 溶液或 XC 溶液

这两种工作液相遇后,Na_2SO_3 可将 $Na_2Cr_2O_7$ 中的 Cr^{6+} 还原为 Cr^{3+},Cr^{3+} 进一步生成多核羟桥络离子将聚合物交联,产生铬冻胶。

例 4

第一工作液:HPAM 溶液

第二工作液:$ZrOCl_2$ 溶液

这两种工作液相遇后产生锆冻胶。

例 5

第一工作液:HPAM 溶液

第二工作液:聚季铵盐溶液

这两种工作液相遇后产生聚季铵盐冻胶。

(4)泡沫型双液法调剖剂

若将起泡剂溶液与气体交替注入地层,就可在地层(主要是高渗透层)中形成泡沫,产生调剖剂。可用的起泡剂包括非离子型表面活性剂(如聚氧乙烯烷基苯酚醚)和阴离子型表面活性剂(如烷基芳基磺酸盐)。可用的气体包括氮气和二氧化碳气体。

(5)絮凝体型双液法调剖剂

若将黏土悬浮体与HPAM溶液分成几个段塞,中间以隔离液隔开,交替注入地层,它们在地层中相遇会形成絮凝体,这种絮凝体能有效地封堵特高渗透层。

9.1.3 调剖剂的选择

1.高渗透层

高渗透层可选择锆冻胶、铬冻胶、酚醛树脂冻胶、水膨体、石灰乳、黏土/水泥分散体、沉淀型双液法调剖剂、泡沫型双液法调剖剂和絮凝体型双液法调剖剂等。

2.低渗透层

低渗透层可选择硫酸、硫酸亚铁、冻胶微球、冻胶型双液法调剖剂和沉淀型双液法调剖剂等。

3.高温高矿化度地层

高温高矿化度地层主要使用无机调剖剂如硫酸、硫酸亚铁、石灰乳、黏土/水泥分散体和沉淀型双液法调剖剂等。

4.近井地带

近井地带可选择硅酸凝胶、锆冻胶、铬冻胶、水膨体、石灰乳和黏土/水泥分散体等。

5.远井地带

远井地带可选择胶态分散体冻胶、冻胶微球、冻胶型双液法调剖剂、沉淀型双液法调剖剂等。

9.2 油井堵水

9.2.1 油井堵水的概念

边水、底水和注入水是油田开发的能量来源。由于地层渗透率的不均质,这些水常沿高渗透层过早侵入油井,使油井产液中含水率上升和产油量下降。

油井堵水是指从油井控制水的产出,可从两方面做工作:一方面是从注水井封堵高渗透层,减少注入水沿高渗透层突入油井,这方面前面已经讲了;另一方面是封堵油井的出水层,即这里要讲的油井堵水。

油井出水有许多危害,如消耗地层能量,降低抽油井泵效,加剧管线、设备的腐蚀和结垢,增加脱水站的负荷,若不回注则将增加对环境的污染。

9.2.2 油井堵水剂

油井堵水剂(简称堵水剂)是指从油井注入地层,控制油井产水的物质。

1. 堵水剂的分类

油井堵水剂常按选择性分为选择性堵水剂和非选择性堵水剂；油井堵水剂也常按配制所用的溶剂或分散介质分为水基堵水剂、油基堵水剂和醇基堵水剂，在含水饱和度高的地层中，水基堵水剂和醇基堵水剂比油基堵水剂有更高的渗透率。

由于选择性堵水对油井堵水特别重要，所以下面着重介绍选择性堵水剂。此外，由于高渗透层（高含水层）流动阻力小，非选择性堵水剂将优先进入高渗透层起选择性堵水作用，所以以下面也将介绍一些非选择性堵水剂。

2. 选择性堵水剂

选择性堵水剂适用于封堵不易用封隔器将水层与油层分隔开的油井，利用油与水的差别或油层与水层的差别达到选择性堵水的目的。

（1）HPAM（水基）

HPAM 对油和水有明显的选择性，它降低岩石对油的渗透率最高不超过 10%，而降低岩石对水的渗透率可超过 90%。

在油井中，HPAM 堵水的选择性表现在：

①它优先进入含水饱和度高的地层。

②进入地层的 HPAM 可通过氢键吸附在由于水冲刷而暴露出来的地层表面（图 9.10）。

③HPAM 分子中未吸附部分可在水中伸展，减小地层对水的渗透性（图 9.11（a））。

④HPAM 可提供一层能减小油流动阻力的水膜（图 9.11（b））。

相对分子质量为 $3.0×10^6 \sim 1.2×10^7$，水解度为 $10\% \sim 35\%$ 的 HPAM 均可用于油井堵水。

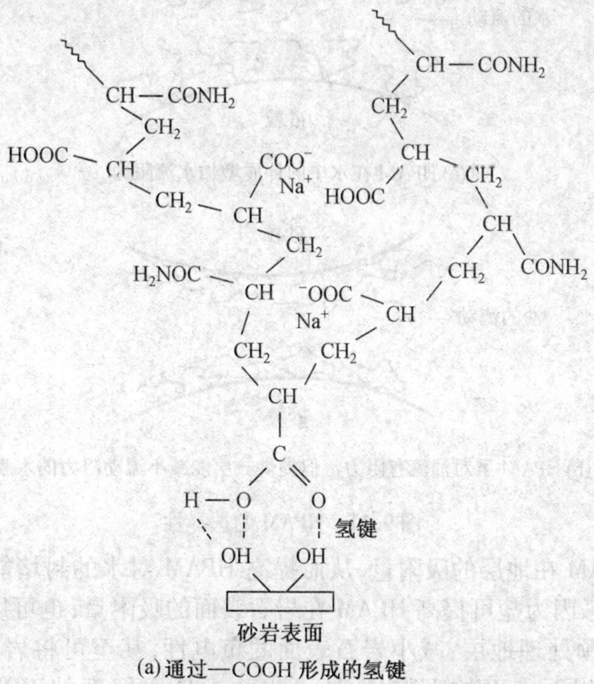

图 9.10　HPAM 在砂岩表面的吸附

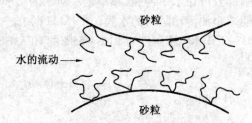

(b)通过—CONH₂形成的氢键

续图9.10

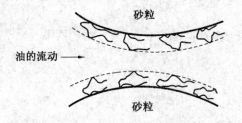

(a) HPAM 在水中的伸展增加水流阻力

(b) HPAM 虽对油流有阻力,但提供一层能减小流动阻力的水膜

图9.11　HPAM 的选择性

为了提高 HPAM 在地层的吸附量,从而提高 HPAM 对水的封堵能力,可将 HPAM 溶于盐水中注入地层,因为盐可提高 HPAM 在岩石表面的吸附量;也可用交联剂(如硫酸铝或柠檬酸铝)溶液预处理地层,减小岩石表面的负电性,甚至可将岩石表面转变为正电性,提高 HPAM 在岩石表面的吸附量;还可先注入低水解度的 HPAM,利用 HPAM 中—CONH₂的非离子性质提高 HPAM 在岩石表面的吸附量,再注入碱,提高 HPAM 未吸附部分的水解度,以提高这部分 HPAM 的控水能力。

HPAN(部分水解聚丙烯腈)有与 HPAM 大体相同的分子结构,因此它也有与 HPAM 大体相同的选择性堵水特性。

(2)阴阳非三元共聚物(水基)

丙烯酰胺(AM)与(3-丙烯酰胺基-3-甲基)丁基三甲基氯化铵(AMBTAC)共聚、部分水解,可得到一种阴阳非三元共聚物(图 9.12)。

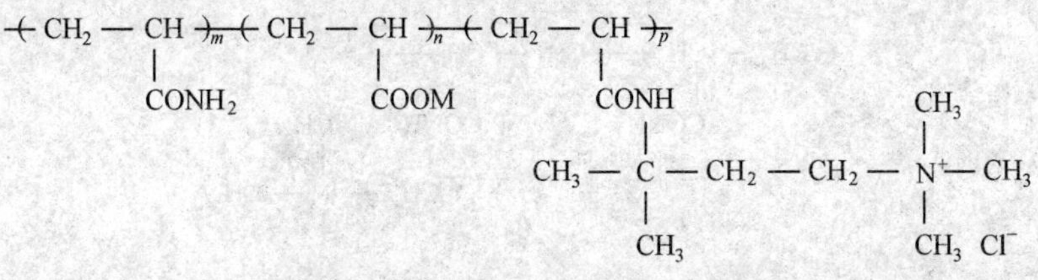

图 9.12　部分水解 AM-AMBTAC 共聚物

这种堵水剂的分子中有阴离子、阳离子和非离子链节。将这种堵水剂的水溶液注入地层,它的阳离子链节将牢固吸附在带负电的岩石表面,而阴离子、非离子链节则伸展到水中增加水流阻力,起选择性堵水作用。表 9.2 说明这种共聚物比 HPAM 有更好的封堵能力。

表 9.2　部分水解 AM-AMBTAC 共聚物与 HPAM 封堵能力的对比

聚合物	阻力系数[1]	残余阻力系数[2]
部分水解 AM-AMBTAC 共聚物	7.229	3.739
HPAM	5.023	2.031

注:①指在相同流速下,岩心注聚合物溶液与注盐水的注入压力比值;
　　②指聚合物处理前后,在相同流速下,岩心注盐水的注入压力比值

丙烯酰胺(AM)与二烯丙基二甲基氯化铵(DADMC)共聚、部分水解,可得到另一种用于油井选择性堵水的阴阳非三元共聚物(图 9.13)。

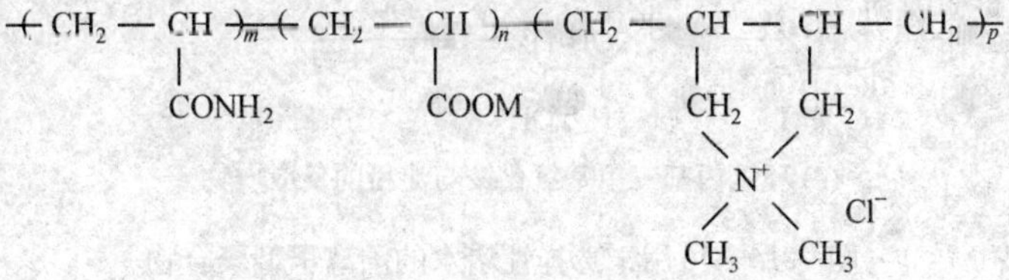

图 9.13　部分水解 AM-DADMC 共聚物

(3)阳离子型聚合物

阳离子型聚合物是指可在水中解离出阳离子链节的聚合物。该聚合物为水基选择性堵剂,可优先进入出水层,并优先吸附在被水冲刷而暴露出来的带负电的岩石(例如砂岩和一些碳酸盐岩)表面上,被吸附聚合物中未被吸附的链节可向水中伸展,抑制水的产出,起堵水作用。

图 9.14 所示是可用于选择性堵水的阳离子型聚合物。

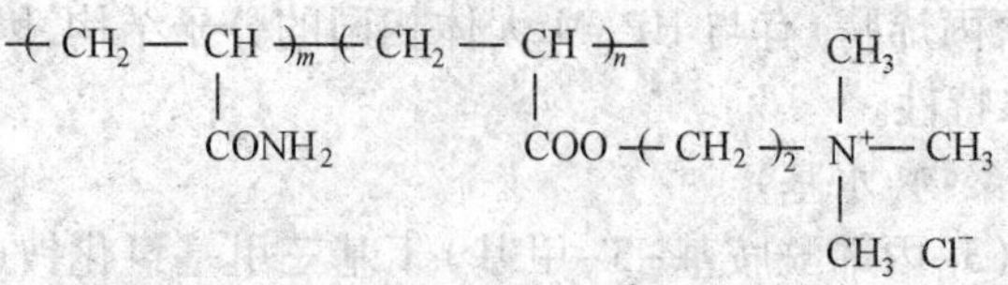

$$+CH_2-CH\xrightarrow{}_m+CH_2-CH\xrightarrow{}_n$$

结构 (a):
$$\begin{array}{cc} | & | \\ CONH_2 & COO+CH_2\xrightarrow{}_2N^+-CH_3 \\ & | \\ & CH_3\ Cl^- \end{array}$$

(a) 丙烯酰胺与丙烯酸-1,2-亚乙酯基三甲基氯化铵共聚物

$$+CH_2-CH\xrightarrow{}_m+CH_2-CH\xrightarrow{}_n$$

$$\begin{array}{cc} | & | \\ CONH_2 & CONH \\ & | \\ & (CH_2)_3N^+-CH_3 \\ & | \\ & CH_3\ Cl^- \end{array}$$

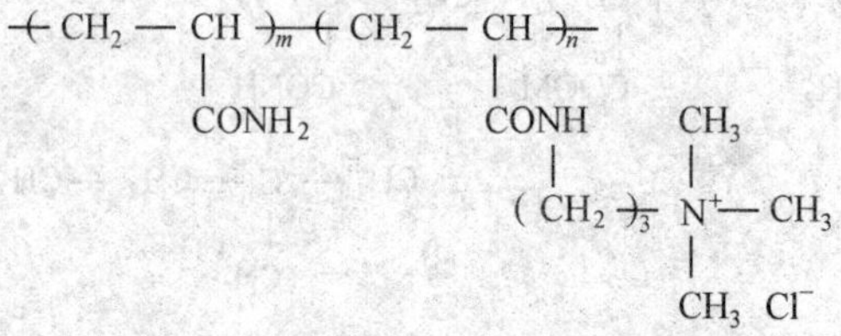

(b) 丙烯酰胺与丙烯酰胺基亚丙基三甲基氯化铵共聚物

$$+CH_2-CH\xrightarrow{}_m+CH_2-CH-CH-CH_2\xrightarrow{}_n$$

$$\begin{array}{cc} | & \\ CONH_2 & CH_2\quad CH_2 \\ & \diagdown\ \diagup \\ & N^+ \\ & \diagup\ \diagdown \\ & CH_3\quad CH_3\quad Cl^- \end{array}$$

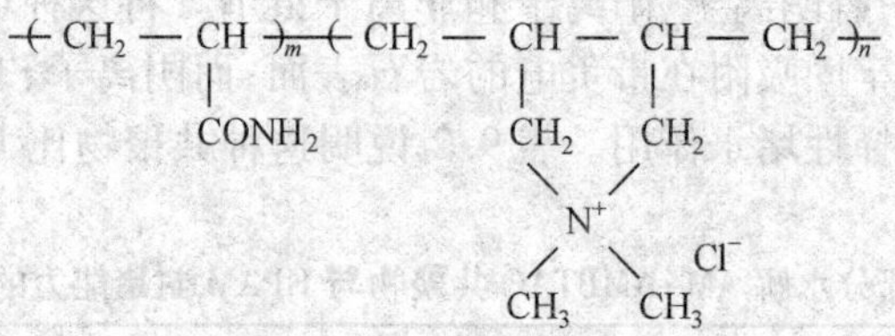

(c) 丙烯酰胺与二烯丙基二甲基氯化铵共聚物

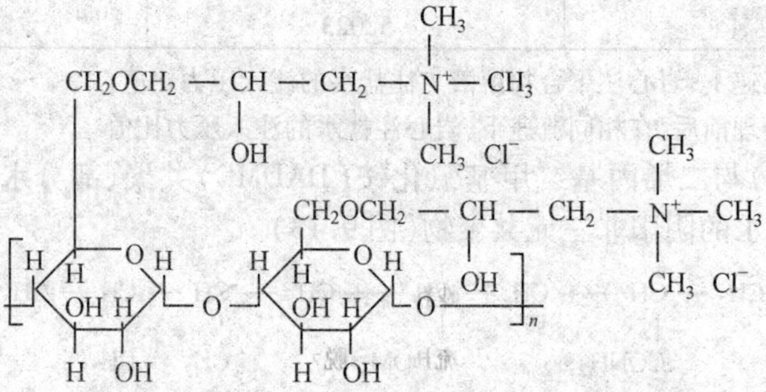

$$CH_3$$
$$CH_2OCH_2-CH-CH_2-N^+-CH_3$$
$$\begin{array}{c} | \qquad\qquad | \\ OH \qquad CH_3\ Cl^- \end{array}$$

$$CH_3$$
$$CH_2OCH_2-CH-CH_2-N^+-CH_3$$
$$\begin{array}{c} | \qquad\qquad | \\ OH \qquad CH_3\ Cl^- \end{array}$$

(d) 环氧丙基三甲基氯化铵与淀粉的反应产物

图 9.14　可用于选择性堵水的阳离子型聚合物

（4）冻胶（水基）

冻胶（如铬冻胶、锆冻胶、酚醛树脂冻胶、聚乙烯亚胺冻胶等）对油和水有明显的选择性，对油和水有不成比例的渗透率降低（disproportionate permeability reduction, DPR）值。图 9.15 所示为冻胶对油和水产生不成比例的渗透率降低的文献数据。

可用膨胀/收缩机理和油水分流机理解释冻胶的选择性作用。

膨胀/收缩机理认为，交联剂交联的聚合物为一个网络，充满网络的水与流动的水是同一相的，当水流动时，网络保持着膨胀状态，对水的流动阻力大，但当油流动时，油与冻胶网络中的水不是同一相的，油相可对水相施加压力，该压力使冻胶网络中的水析出，引起冻胶网络收缩，减小了油的流动阻力。图 9.16 所示为膨胀/收缩机理解释冻胶选择性产生的示意图。

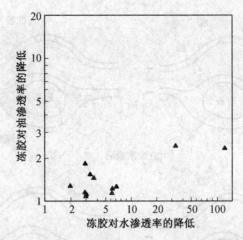

图9.15 冻胶对油和水产生的不成比例的渗透率降低

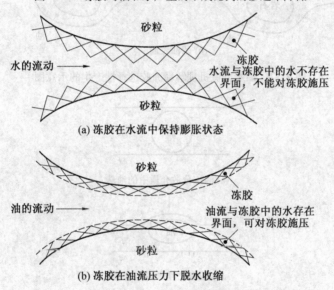

(a) 冻胶在水流中保持膨胀状态

(b) 冻胶在油流压力下脱水收缩

图9.16 膨胀/收缩机理解释冻胶选择性产生的示意图

油水分流机理则认为,油和水在孔隙介质中的流动是各有通道的,水走水道,油走油道。注入冻胶时,由于冻胶属于水基堵水剂,它将沿水的通道流动,成冻后,它堵的是水道而不是油道,因此冻胶具有堵水不堵油的特性。图9.17所示为油水分流机理解释冻胶选择性产生的示意图。

(5)泡沫(水基)

以水做分散介质的泡沫可优先进入出水层,并在出水层稳定存在,通过叠加的Jamin效应,封堵来水。在油层,油可乳化在泡沫的分散介质中形成的三相泡沫。分散介质中的油珠,可经历图9.18所示的过程,引起泡沫的破坏,所以进入油层的泡沫不堵塞油层。因此,泡沫也是一种选择性堵水剂。

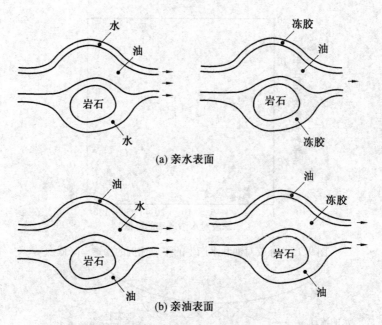

(a) 亲水表面

(b) 亲油表面

图 9.17　油水分流机理解释冻胶选择性产生的示意图

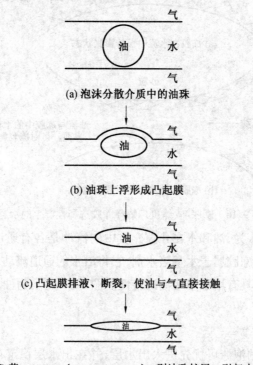

(a) 泡沫分散介质中的油珠

(b) 油珠上浮形成凸起膜

(c) 凸起膜排液、断裂，使油与气直接接触

(d) 若 $\sigma_{气-水} > (\sigma_{气-油} + \sigma_{油-水})$，则油珠扩展，引起水膜断裂

图 9.18　三相泡沫中的分散介质膜的破坏过程

　　泡沫的起泡剂主要是磺酸盐型表面活性剂。为了提高泡沫的稳定剂，可在起泡剂中加入稠化剂如钠羧甲基纤维素、聚乙烯醇、聚乙烯吡咯烷酮等。

制备泡沫用的气体可以是氮气或二氧化碳气体,它们可由液态转变而来。氮气也可通过反应产生。例如向地层注入 NH_4NO_2 或能产生此物质的其他物质如 $NH_4Cl+NaNO_2$ 或 $NH_4NO_3+KNO_2$,用 pH 值控制系统(如 $NaOH+CH_3COOH_3$)使体系先呈碱性后呈酸性,即开始时体系为碱性,抑制氮气产生;当体系进入地层时,体系转变为酸性,即可通过下面的反应产生氮气,在起泡剂溶液中产生泡沫:

$$NH_4NO_2 \longrightarrow N_2\uparrow +2H_2O$$

(6)水溶性皂(水基)

水溶性皂是指能溶于水中的高碳数有机酸盐。松香酸钠、环烷酸钠、脂肪酸钠等都是水溶性皂。

松香酸钠可由松香(其中松香酸的质量分数为 80% ~ 90%)与碳酸钠(或氢氧化钠)反应生成。

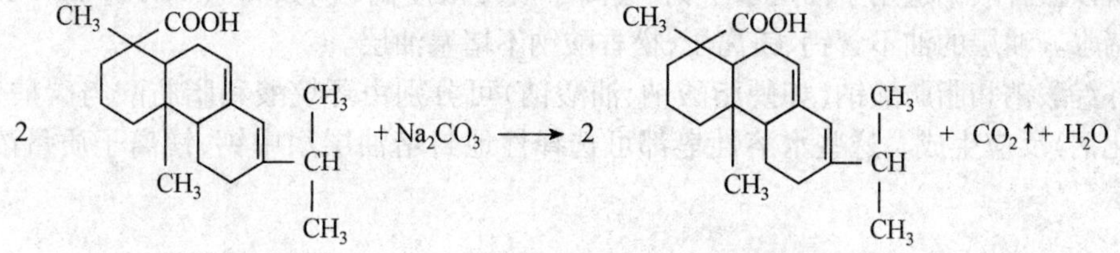

（松香酸）　　　　　　　　　　　　（松香酸钠）

由于松香酸钠与钙、镁离子反应,生成不溶于水的松香酸钙、松香酸镁沉淀。

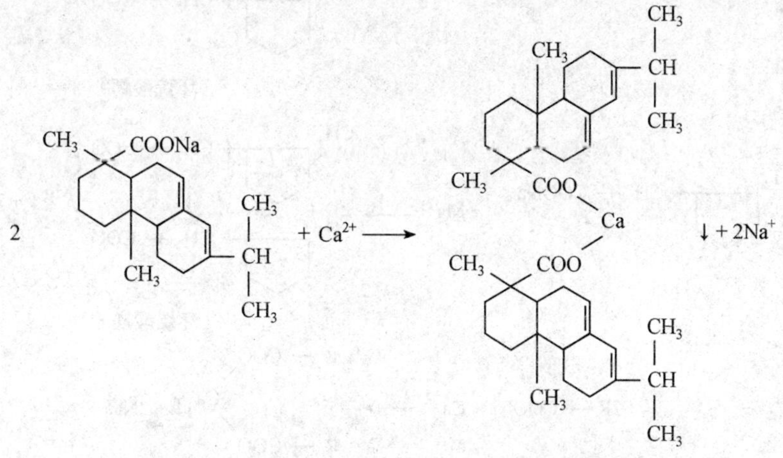

（松香酸钠）　　　　　　　　　　　（松香酸钙）

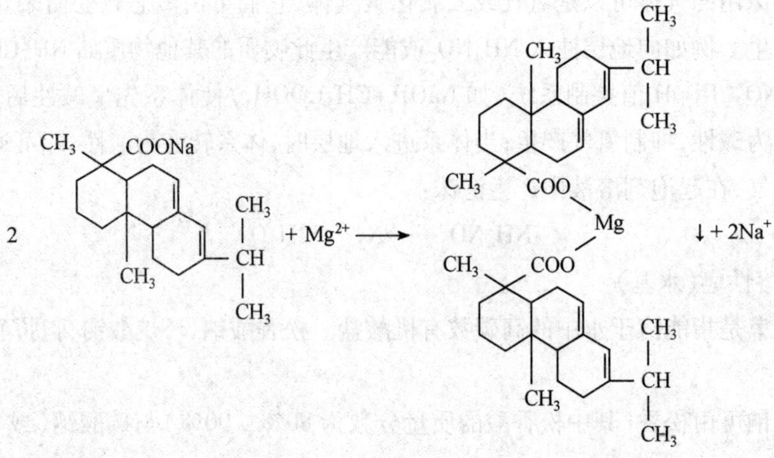

（松香酸镁）

所以松香酸钠适用于油层水中钙、镁离子质量浓度高（例如高于 $1 \times 10^3 \ mg \cdot L^{-1}$）的油井堵水。油层的油不含钙、镁离子，松香酸钠不堵塞油层。

环烷酸钠和脂肪酸钠（如硬脂酸钠、油酸钠）可分别由环烷酸和脂肪酸与碳酸钠（或氢氧化钠）反应生成。这些水溶性皂都可选择性地封堵油层水中钙、镁离子质量浓度高的油层。

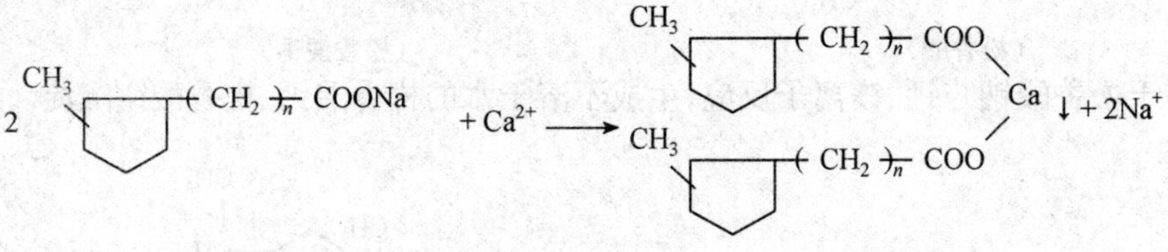

（环烷酸钠） $+ Ca^{2+} \longrightarrow$ （环烷酸钙）

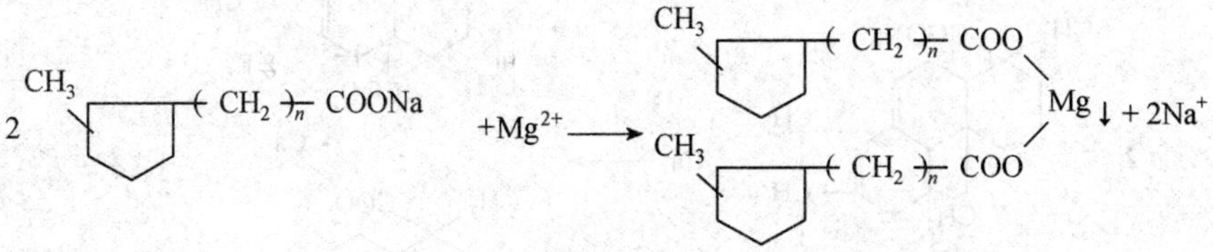

（环烷酸钠） $+ Mg^{2+} \longrightarrow$ （环烷酸镁）

$2R - COONa + Ca^{2+} \longrightarrow$ （脂肪酸钙）$\downarrow + 2Na^+$

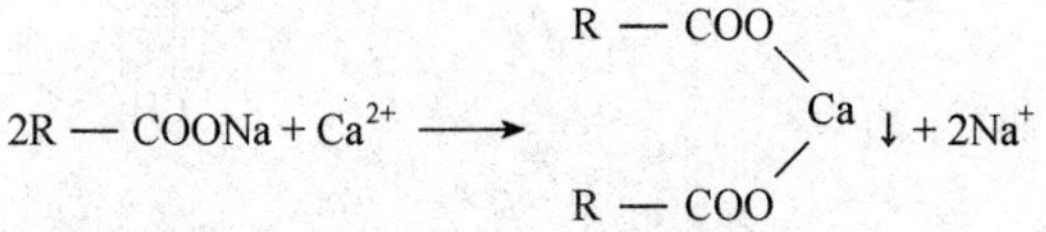

（脂肪酸钠）

$2R - COONa + Mg^{2+} \longrightarrow$ （脂肪酸镁）$\downarrow + 2Na^+$

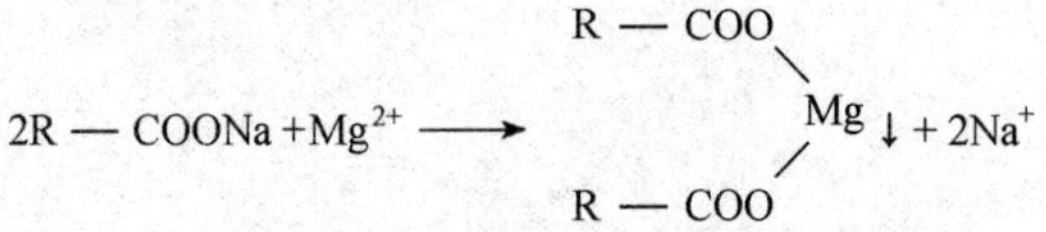

（7）山嵛酸钾（水基）

山嵛酸钾在水中不溶，但山嵛酸钾可溶于水。将山嵛酸钾溶液注入地层，当它遇地层

水中的钠离子即发生如下反应,产生沉淀,封堵出水层:

$$CH_3 - (CH_2)_{20} COOK + Na^+ \longrightarrow CH_3 - (CH_2)_{20} COONa \downarrow + K^+$$

（山嵛酸钾）　　　　　　　　　　　　　　　　　（山嵛酸钠）

（8）烃基卤代甲硅烷（油基）

烃基卤代甲硅烷可用通式 R_nSiX_{4-n} 表示,式中,R 表示烃基,X 表示卤素（即氟、氯、溴或碘）,n 表示 1~3 的整数。

二甲基二氯甲硅烷是一种烃基卤代甲硅烷,它由硅粉与一氯甲烷制成:

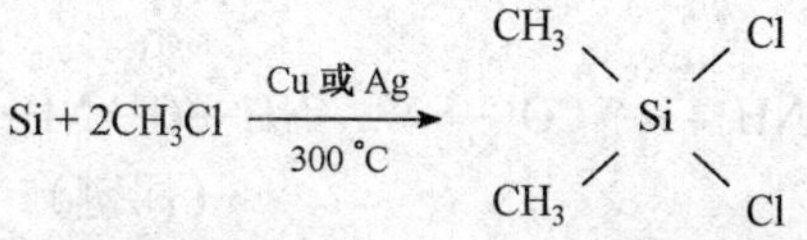

$$Si + 2CH_3Cl \xrightarrow[300\,^{\circ}C]{Cu\ 或\ Ag}$$

（二甲基二氯甲硅烷）

烃基卤代甲硅烷与水反应,生成相应的硅醇。硅醇中的多元醇很易缩聚,生成聚硅醇沉淀,封堵出水层。下面以二甲基二氯甲硅烷与水反应为例,说明堵水沉淀的产生:

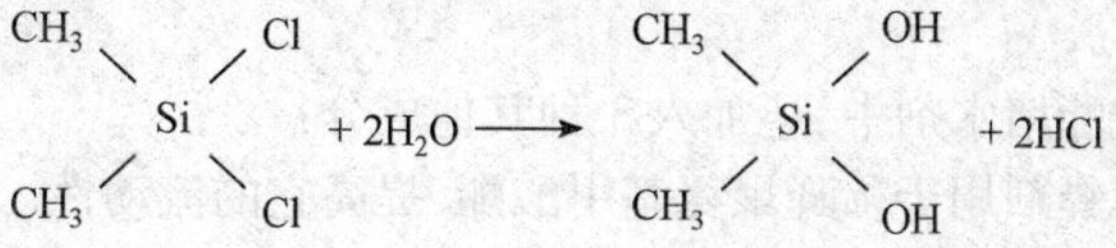

$$+ 2H_2O \longrightarrow \quad + 2HCl$$

（二甲基甲硅二醇）

$$n \quad \longrightarrow HO - (Si - O)_n H \downarrow + (n-1) H_2O$$

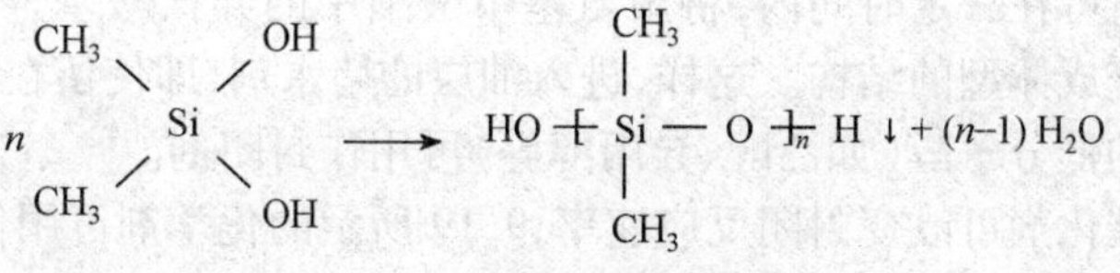

（聚二甲基甲硅二醇）

由于烃基卤代甲硅烷是油溶性的,所以必须将它配成油溶液使用。

（9）四烃基原硅酸酯（油基）

四烃基原硅酸酯是溶于油中注入地层的,当地层的水与它接触时,即发生下列反应:

①水解:

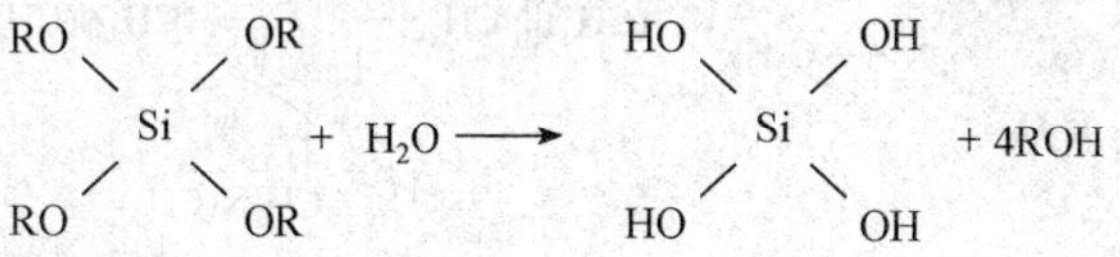

$$+ H_2O \longrightarrow \quad + 4ROH$$

（四烃基原硅酸酯）　　　　　（原硅酸）

水解产物溶于水。

②缩聚:

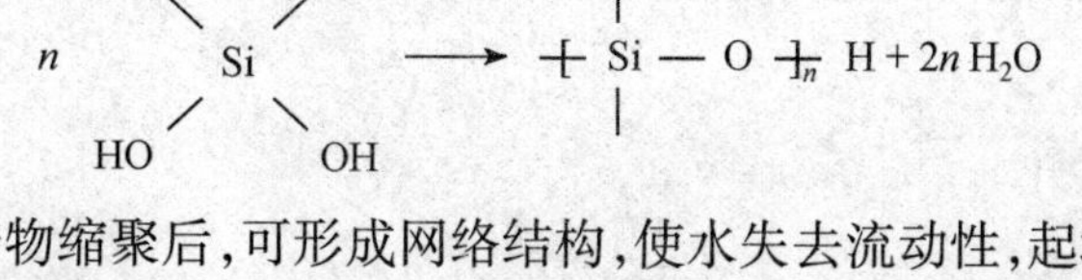

$$n \quad \longrightarrow (Si - O)_n H + 2n H_2O$$

（聚原硅酸）

在水中的水解产物缩聚后,可形成网络结构,使水失去流动性,起堵水作用。

可用的四烃基原硅酸酯有四甲基原硅酸酯、四乙基原硅酸酯和四丙基原硅酸酯等。

（10）甲酸酯（油基）

聚氨基甲酸酯（简称聚氨酯）是由多羟基化合物与多异氰酸酯聚合而成的。若在聚合时保持异氰酸基（—NCO）的数量超过羟基（—OH）的数量，即可制得有选择性堵水作用的聚氨基甲酸酯。这种聚氨基甲酸酯遇水可发生一系列反应，即异氰酸基与水作用，生成氨基和二氧化碳：

$$—NCO+H_2O \longrightarrow —NH_2+CO_2 \uparrow$$

所产生的氨基可继续与异氰酸基作用，生成脲键：

$$—NH_2+—NCO \longrightarrow —NH—\overset{\overset{\displaystyle O}{\|}}{C}—NH—$$
$$（脲键）$$

脲键上有活泼氢，它们还可以与其他未反应的异氰酸基反应，使原来可流动的线型的聚氨基甲酸酯最后变成不能流动的体型的聚氨基甲酸酯，将出水层堵住；若遇油，由于没有上面反应，所以不产生堵塞。可见，聚氨基甲酸酯是一种选择性很好、封堵能力很强的堵水剂。

在聚氨基甲酸酯堵水剂中，还加入 3 种其他成分：

①稀释剂。稀释剂用于稀释聚氨基甲酸酯，提高它的流动性。二甲苯、二氯乙烷或石油馏分等可用作稀释剂。

②封闭剂。它可在一定时间内，将聚氨基甲酸酯中的异氰酸基全部反应（封闭）掉，使堵水剂不会再变成体型的结构。这样，进入油层的堵水剂，即使留在油层也不会有不好的影响。$C_1 \sim C_8$ 的低分子醇（如乙醇、异丙醇等）可用作封闭剂。

③催化剂。催化剂可改变封闭反应速率，9.19 所示的化学剂可用作催化剂。

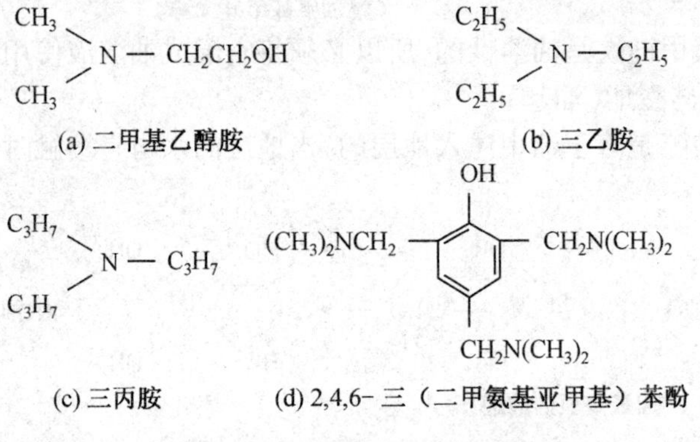

(a) 二甲基乙醇胺　　　　　　　　(b) 三乙胺

(c) 三丙胺　　(d) 2,4,6- 三（二甲氨基亚甲基）苯酚

图 9.19　聚氨基甲酸酯堵水剂的附加成分（催化剂）

（11）烷基苯酚乙醛树脂（水基）

烷基苯酚乙醛树脂是用地下合成法产生的。例如将烷基苯酚、乙醛和催化剂（如石油磺酸）注入地层，在 100 ℃左右，产生一种支链型的树脂（图 9.20）。

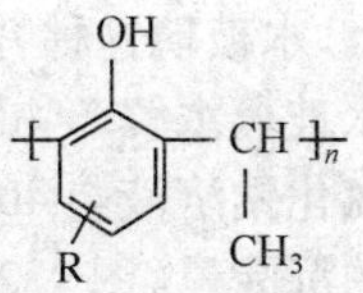

图 9.20　烷基苯酚乙醛树脂($R = C_4 \sim C_6$)

这种树脂溶于油,不溶于水,所以是一种选择性堵水剂。

(12)松香二聚物醇溶液(醇基)

松香可在硫酸作用下聚合,生成松香二聚物。

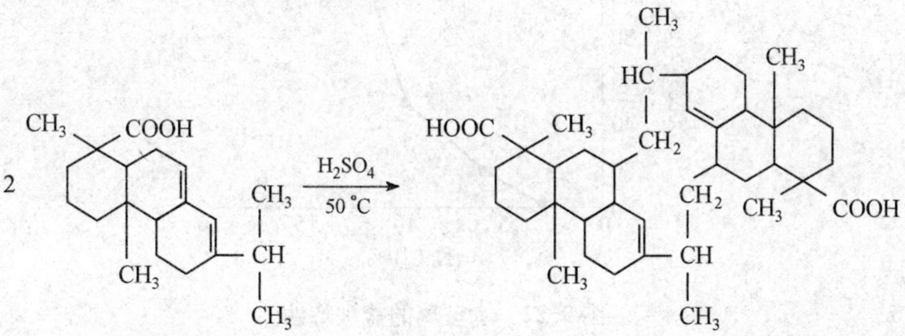

（松香）　　　　　　　　　　　　　　　（松香二聚物）

由于松香二聚物溶于低分子醇(如甲醇、乙醇、正丙醇、异丙醇等)而不溶于水,所以当松香二聚物的醇溶液与水相遇,水即溶于醇中,降低了它对松香二聚物的溶解度,使松香二聚物饱和析出。由于松香二聚物软化点较高(至少为 100 ℃),所以它以固体的状态析出,对水层有较高的封堵能力。

松香二聚物醇溶液中,松香二聚物的质量分数最好为 40% ~ 60%。质量分数太大,则黏度太高;质量分数太小,则堵水效果不好。

(13)水玻璃(水基)

水玻璃具有下列特性:

①热敏。若将 40%(质量分数)的 $Na_2O \cdot 3.17SiO_2$ 在不同温度下放置不同的时间,然后用离心法测其沉淀量,得到图 9.21 所示的结果。

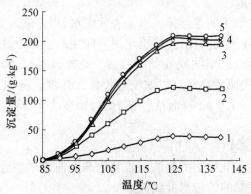

图 9.21　水玻璃的热敏特性
1—24 h;2—48 h;3—72 h;4—96 h;5—120 h

图 9.21 所示为水玻璃热敏特性。水玻璃这种特性是由于温度升高,水玻璃水解程度增加所引起的。热敏产生的沉淀是水玻璃水解产物缩聚的结果。

②盐敏。若将不同质量分数的氯化钠溶液与40%(质量分数)的 $Na_2O \cdot 3.17SiO_2$ 按质量比为5∶5混合,则可得到不同的沉淀量(图9.22)。

图 9.22 所示为水玻璃具有盐敏特性。水玻璃这种特性是由于盐的离子溶剂化(水化)需要,促使水玻璃水解产物缩聚(同时给出水分子)所引起的。

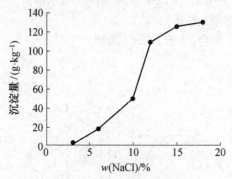

图 9.22　水玻璃的盐敏特性

③钙、镁敏。水玻璃遇水中的钙离子和镁离子,可产生硅酸钙和硅酸镁沉淀,起封堵作用:

$$Na_2O \cdot mSiO_2 + Ca^{2+} \longrightarrow CaO \cdot mSiO_2 \downarrow + 2Na^+$$

$$Na_2O \cdot mSiO_2 + Mg^{2+} \longrightarrow MgO \cdot mSiO_2 \downarrow + 2Na^+$$

④酸敏。水玻璃遇溶有 CO_2 和(或) H_2S 的酸性水,就可以通过下面反应产生硅酸溶胶,随后变成硅酸凝胶,起封堵作用:

$$Na_2O \cdot mSiO_2 + 2H^+ \longrightarrow H_2O \cdot mSiO_2 + 2Na^+$$
$$\text{(硅酸)}$$

由于水玻璃具有这些特性,使它成为高温高矿化度和(或)高酸性气体含量地层理想的选择性堵水剂。

(14)油基水泥(油基)

油基水泥是水泥在油中的悬浮体。水泥表面亲水,当它进入出水层时,水置换水泥表面的油并与水泥作用,使水泥固化,封堵出水层。所用的水泥为适用于相应井深的油井水泥。所用的油为汽油、煤油、柴油或低黏度原油。此外,还加入表面活性剂(如羧酸盐型表面活性剂、磺酸盐型表面活性剂),以改变悬浮体的流度。例如在 1 m^3 油中加入 300 ~ 800 kg 油井水泥和 0.1 ~ 1.0 kg 表面活性剂,配得密度为 1.05 ~ 1.65 g · cm^{-3} 的油基水泥,可用于油井堵水。

(15)活性稠油(油基)

活性稠油是一种溶有乳化剂的稠油。该乳化剂为油包水型乳化剂(如 Span-80),它可使稠油遇水后产生高黏的油包水乳状液。

由于稠油中含有相当数量的油包水型乳化剂(如环烷酸、胶质、沥青质等),所以可将稠油直接用于选择性堵水。也可将氧化沥青溶于油中配成活性稠油。这种沥青既是油包水型乳化剂,也是油的稠化剂。

（16）水包稠油（水基）

这种堵水剂是用水包油型乳化剂将稠油乳化在水中配成的。因乳状液中水是外相，黏度低，所以易进入水层。在水层，由于乳化剂在地层表面吸附，使乳状液破坏，油珠聚并为高黏度的稠油，产生很大的流动阻力，减少水层出水。水包稠油的乳状剂最好用阳离子型表面活性剂，因为它易吸附在带负电的砂岩表面，引起乳状液的破坏。

（17）耦合稠油（油基）

这种堵水剂是将低聚合度的苯酚甲醛树脂、苯酚糠醛树脂或它们的混合物做耦合剂溶于稠油中配成的。由于这些树脂可与地层表面反应，产生化学吸附，加强了地层表面与稠油的结合（耦合），使它不易排除，延长有效期。

（18）酸渣

在硫酸精制石油馏分时产生的酸渣可用于选择性堵水，因为这种酸渣遇水可析出不溶物质，而且硫酸与地层水中的 Ca^{2+}，Mg^{2+} 也可产生相应的沉淀，封堵出水层。

在所介绍的选择性堵水剂中，由于水基堵水剂优先进入出水层（油基堵水剂无此优点），而且比醇基堵水剂更便宜，因此与油基堵水剂和醇基堵水剂相比，它是一种更可取的堵水剂。

3. 非选择性堵水剂

非选择性堵水剂适用于封堵单一水层或高含水层，因所用的堵水剂对水和油都没有选择性，它既可堵水，也可堵油。

（1）树脂型堵水剂

这是一类由低分子物质通过缩聚反应产生不溶、不熔高分子物质的堵水剂。酚醛树脂、脲醛树脂、环氧树脂等属于这一类堵水剂。

最常见的树脂型堵水剂是酚醛树脂。当用酚醛树脂堵水时，可将热固性酚醛树脂与固化剂（指能加速固化的催化剂，如草酸）混合后挤入水层。在水层温度和固化剂作用下，热固性酚醛树脂可在一定时间内交联成不溶、不熔的酚醛树脂，将水层堵住。

（2）凝胶型堵水剂

这是一类由溶胶胶凝产生的堵水剂。最常用的凝胶型堵水剂是硅酸凝胶。当用硅酸凝胶封堵时，可将水玻璃和活化剂混合（将前者加入后者生成酸性硅酸溶胶或将后者加入前者生成碱性硅酸溶胶）后注入地层；也可将它们分成几个段塞，中间以隔离液隔开，交替地注入水层，让它们进入水层一定距离才混合。水玻璃与活化剂混合后，首先生成硅酸溶胶，随后转变为硅酸凝胶。

（3）沉淀型堵水剂

这类堵水剂由两种能反应生成沉淀的物质组成，如：

$$Na_2O \cdot mSiO_2\text{--}CaCl_2 \qquad Na_2O \cdot mSiO_2\text{--}FeSO_4 \qquad Na_2O \cdot mSiO_2\text{--}FeCl_3$$

若分别将含这两种物质的溶液分成几个段塞，中间以隔离液隔开，交替地注入地层，则它们进入地层一定距离后就可相遇，生成沉淀，堵塞地层。

由于 $Na_2O \cdot mSiO_2\text{--}CaCl_2$ 反应生成的 $CaO \cdot mSiO_2$ 沉淀有很强的封堵能力，所以它是最常用的沉淀型堵水剂。当用 $Na_2O \cdot mSiO_2\text{--}CaCl_2$ 做油井堵水的非选择性堵水剂时，$w(Na_2O \cdot mSiO_2)$ 为 20% ~ 40%，$w(CaCl_2)$ 为 15% ~ 42%。

（4）分散体型堵水剂

分散体型堵水剂主要是固体分散体，用于封堵特高渗透层。例如可用前面讲到的黏土/水泥、碳酸钙/水泥和粉煤灰/水泥等固体分散体在油井封堵特高渗透层。

9.2.3 堵水剂的选择

堵水剂按下列原则优先选择：

1. 水基堵水剂

因水基堵水剂优先进入含水饱和度高的地层。

2. 单液法堵水剂

因单液法堵水剂施工方便。

3. 冻胶型堵水剂

因冻胶型堵水剂有优异的选择性，适用于温度和矿化度较低的地层。

4. 水玻璃堵水剂

因在高温高矿化度和（或）高酸性气体含量地层，水玻璃堵水剂有理想的选择性。

9.3　油水井防砂

砂从油水井产出称为出砂。油水井出砂严重地影响着油水井的正常工作。如油井出砂可以引起采油层段的堵塞，引起管线和设备的堵塞，也可以引起管线和设备的损坏，严重时还会引起井壁坍塌，使套管受挤压而变形损坏。至于水井，问题虽不像油井那么严重，但水井出砂（主要在洗井或作业后排液时发生），同样会引起注水层位的堵塞，影响正常注水。因此，要保证油田正常生产，就必须对出砂井进行防砂。

9.3.1　化学桥接防砂法

化学桥接防砂法是由桥接剂将松散砂粒在它们的接触点处桥接起来，以达到防砂的目的（图9.23）。

图9.23　桥接剂在砂粒间产生桥接

桥接剂是指能将松散砂粒在接触点处桥接起来的化学剂。

桥接剂分为以下两类：

1. 无机阳离子型聚合物

由铝离子和锆离子组成的多核羟桥络离子（图9.24）与相应的阴离子一起分别称为羟基铝、羟基锆，它们是典型的无机阳离子型聚合物，可用作桥接剂。

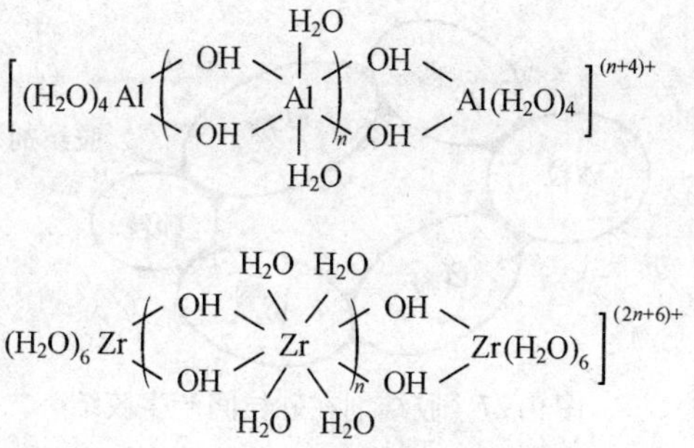

$$\left[(H_2O)_4 Al \left\{ \substack{OH \\ OH} \underset{\substack{| \\ H_2O}}{\overset{\substack{H_2O \\ |}}{Al}} \substack{OH \\ OH} \right\}_n Al(H_2O)_4 \right]^{(n+4)+}$$

$$\left[(H_2O)_6 Zr \left\{ \substack{OH \\ OH} \underset{\substack{H_2O \ H_2O}}{\overset{\substack{H_2O \ H_2O}}{Zr}} \substack{OH \\ OH} \right\}_n Zr(H_2O)_6 \right]^{(2n+6)+}$$

图 9.24　多核羟桥络离子

2. 有机阳离子型聚合物

支链上有季铵盐结构的有机阳离子型聚合物(图 9.25、9.26)是重要的桥接剂。

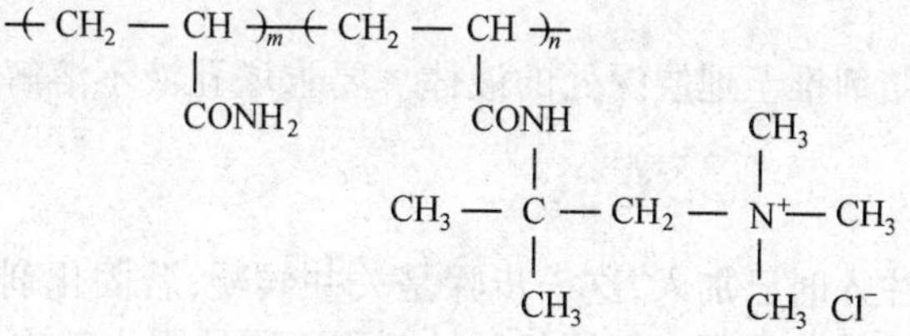

图 9.25　丙烯酰胺与(2-丙烯酰胺基-2-甲基)丙基三甲基氯化铵共聚物

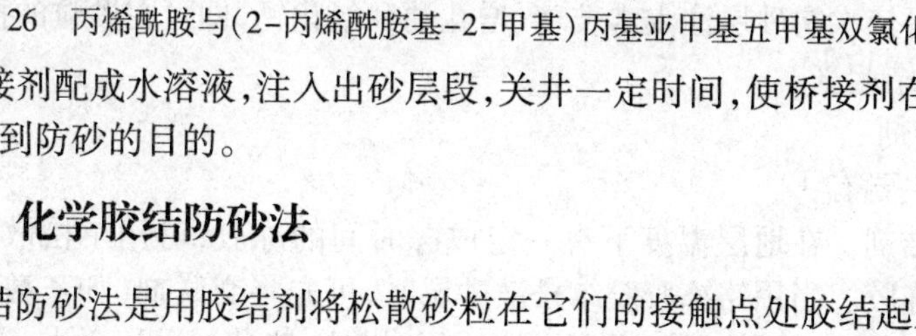

图 9.26　丙烯酰胺与(2-丙烯酰胺基-2-甲基)丙基亚甲基五甲基双氯化铵共聚物

若将桥接剂配成水溶液,注入出砂层段,关井一定时间,使桥接剂在砂粒间吸附达到平衡,即可达到防砂的目的。

9.3.2　化学胶结防砂法

化学胶结防砂法是用胶结剂将松散砂粒在它们的接触点处胶结起来,以达到防砂的目的(图 9.27)。

1. 胶结防砂法的步骤

为了胶结砂层中松散的砂粒,一般要经过下面的步骤:

(1)地层的预处理

不同目的的预处理用不同的预处理剂:

①若要顶替出砂层中的原油,可用盐水。

②若要除去砂粒表面的油,可用油溶剂。油溶剂包括液化石油气、汽油和煤油。

③若要除去影响胶结剂固化的碳酸盐,可用盐酸。

④若要为砂准备一个为胶结剂润湿的表面,可用醇或醇醚,如正己醇和乙二醇丁醚。

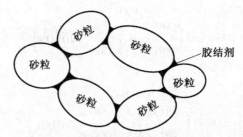

图 9.27　胶结剂在砂粒间产生胶结

（2）胶结剂的注入

将胶结剂注入松散砂层，与砂接触。为使胶结剂均匀注入，在注胶结剂前可先注一段塞转向剂，它可减小高渗透层的渗透率，使砂层各处的渗透率拉平，因此胶结剂可均匀地分散进入砂层。例如，异丙醇、柴油和乙基纤维素的混合物就是一种转向剂。

（3）增孔液的注入

增孔液是将多余胶结剂推至地层深处的液体。要求增孔液不溶解胶结剂，不影响胶接剂固化。

（4）胶结剂的固化

若固化剂在胶结剂注入时已加入，这一步骤是关井候凝；若固化剂注入时未加入，这一步骤是先注入固化剂再关井候凝。不同的胶结剂用不同的固化剂。

2. 胶结剂

胶结剂是指能将松散砂粒在接触点处胶结起来的化学剂。

可用的胶结剂分为以下两类：

（1）无机胶结剂

无机胶结剂主要有：

①硅酸。可依次向砂层注入水玻璃、增孔油和盐酸，即可在砂粒的接触点处产生硅酸，将砂粒胶结起来。

②硅酸钙。可依次向砂层注入水玻璃、增孔油和氯化钙，即可在砂粒的接触点处产生硅酸钙，将砂粒胶结起来。

（2）有机胶结剂

有机胶结剂主要有：

①冻胶型胶结剂。在地层温度下有一定成冻时间的冻胶，可用于松散砂层的胶结。铬冻胶属于这类冻胶。当用铬冻胶胶结松散砂层时，可先将交联剂（如乙酸铬）加入聚丙烯酰胺溶液中，然后注入松散砂层，再用增控油（如煤油、柴油）增孔，关井一定时间，待冻胶成冻后，即可将松散砂粒胶结住。在地层温度下立即成冻的冻胶，也可用于松散砂层的胶结。锆冻胶属于这类冻胶。当用它胶结松散砂层时，可先将聚丙烯酰胺溶液注入松散砂层，然后注增孔油，再注交联剂（如氧氯化锆）溶液，使存留在砂粒接触点处的聚丙烯酰胺交联成冻胶，将松散的砂粒胶结起来。因此，各种冻胶都可用作胶结剂。

②树脂型胶结剂。重要的树脂型胶结剂包括酚醛树脂、脲醛树脂、环氧树脂和呋喃树脂。最常见的树脂型胶结剂为酚醛树脂。酚醛树脂有两种使用形式：一种是地面预缩聚好的热固性酚醛树脂，这种树脂用 $w(HCl)$ 为 10% 的盐酸做固化剂，盐酸是在注树脂并增孔后再注入地层的；另一种是地下合成的酚醛树脂，这种树脂用氯化亚锡做固化剂，因为

氯化亚锡可水解慢慢生成盐酸,使酚醛树脂慢慢固化,所以氯化亚锡可与苯酚、甲醛一起注入地层后再增孔。在地下合成的酚醛树脂中,苯酚、甲醛和氯化亚锡的质量比为 $1:2:0.24$。由于这种形式的酚醛树脂需在地下进行缩聚,因此只适用于温度不低于 $60\ ℃$ 的砂层。脲醛树脂和环氧树脂主要用预缩聚好的树脂。前者类似酚醛树脂,固化剂(如盐酸、草酸等)在注树脂并增孔后注入地层;后者的交联剂(如乙二胺、邻苯二甲酸酐等)则在注入前加到树脂之中。呋喃树脂是一种含呋喃环的树脂,糠醇树脂属于呋喃树脂,它由糠醇缩聚而成,是热固性树脂。使用时将它注入地层,经增孔后注入固化剂(如盐酸)使其固化。糠醇树脂耐温、耐酸、耐碱、耐盐、耐有机溶剂,是一种较好的胶结剂。上述的树脂型胶结剂可用耦合剂加强它们与砂粒表面的结合。γ-氨丙基三乙氧基甲硅烷是一种典型的耦合剂,它可水解产生甲硅醇,甲硅醇还可缩合脱水产生聚甲硅醇,聚甲硅醇的羟基部分可通过氢键与砂粒表面的羟基结合,其余部分与树脂型胶结剂结合,从而提高胶结剂的胶结效果。

③聚氨基甲酸酯型胶结剂。可用前面讲到的选择性堵水剂聚氨基甲酸酯做胶结剂,使用时,先用水冲洗砂层,再用油增孔,然后注入聚氨基甲酸酯油溶液。由于砂粒接触点处的水可引发聚氨基甲酸酯的一系列反应,使其固化,从而将松散的砂粒胶结起来。

④焦炭型胶结剂。为在砂粒间用焦炭胶结,可向砂层注入稠油(即胶质、沥青质含量高的油),用水增孔,然后用下列方法之一处理稠油:

a. 加热砂层,使稠油中的轻组分蒸发出来,留下胶质、沥青质,使继续加热,直至胶质、沥青质部分炭化,将松散的砂粒胶结起来。

b. 通入溶剂(如三氯乙烷),使稠油中的沥青质沉淀下来,再加热,使它部分炭化,将松散的砂粒胶结起来。

c. 通入热空气,既使稠油中的轻组分蒸发和胶质、沥青质部分炭化,又使稠油中的胶质、沥青质氧化,提高胶结强度,将松散的砂粒胶结起来。

9.3.3　人工井壁防砂法

人工井壁防砂法用于已出砂砂层的防砂,目的是在砂层的亏空处做一个由固结的颗粒物质所组成的有足够渗透率的防砂屏障,即人工井壁。

可用下列方法形成人工井壁:

1. 填砂胶结法

先向出砂层的亏空处填砂,然后用胶结剂按前面讲到的胶结步骤将砂胶结起来,形成人工井壁。

2. 树脂涂敷砂法

树脂涂敷砂是指表面上预先涂敷上一层树脂(胶结剂)的砂。前面讲到的树脂型胶结剂均可用于涂敷砂粒表面,但最常见的是酚醛树脂和环氧树脂。将树脂涂敷砂充填在砂层的亏空处,然后在热和(或)固化剂作用下使树脂交联成体型结构,将砂粒胶结起来,形成人工井壁。

为了提高人工井壁的渗透性,可在树脂涂敷砂中加入质量分数为 $8\%\sim12\%$ 的树脂涂敷纤维。涂敷纤维的树脂为酚醛树脂和环氧树脂。可用于树脂涂敷的纤维包括聚酯纤维、聚酰胺纤维、聚丙烯纤维、碳纤维和玻璃纤维等。

3. 水泥砂浆法

水泥砂浆是水、水泥和石英砂按质量比为 0.5∶1∶4 混合配成的。当水泥砂浆在砂层的亏空处固化后,即可作为人工井壁。

4. 水泥熟料法

水泥熟料是石灰石和黏土按一定比例烧结而成的。将块状的水泥熟料粉碎到一定粒度(如 0.3～1 mm),即可用于充填亏空砂层。水泥熟料在水的作用下固结,形成人工井壁。

9.3.4 滤砂管防砂法

可将滤砂管下至出砂层段,防止砂的产出。滤砂管最外面是保护罩,其内是滤砂器,再内是中心管。

保护罩起保护滤砂器作用,其上的孔可使地层产出液切线进入,而不直接冲击滤砂器。

滤砂器可由金属棉、金属毡或金属丝网制得,其材料是不锈钢,如铬合金钢(含铬量不低于 12%(质量分数))和铬镍合金钢(一般含铬 18%(质量分数)、镍 8%(质量分数));也可用胶结剂胶结石英砂制得。胶结剂常用环氧树脂或水泥。当用环氧树脂胶结石英砂时,可先将环氧树脂、乙二胺(交联剂)和邻苯二甲酸二丁酯(增韧剂)按 100∶8∶10 的质量比配好,然后每 20 kg 石英砂用 1 kg 配好的环氧树脂胶结成型制成滤砂器;当用水泥胶结石英砂时,则可将水、水泥和石英砂按 1∶2.4∶12 的质量比配好,然后成型制成滤砂器。

保护罩与滤砂器通过带孔的中心管,下接丝堵,上接扶正器、油管短节、扶正器,再连接在悬挂封隔器上,使滤砂管对着出砂层段起防砂作用。

9.3.5 绕丝筛管砾石充填防砂法

将不锈钢丝绕焊在纵筋上制成筛筒(不锈钢丝间距为 0.2～0.4 mm),然后将筛筒套在中心管上,再将筛筒两端焊接在中心管上,就制成了绕丝筛管。

将绕丝筛管下至出砂层段,再用携砂液将砾石(粒度中值为砂层砂粒粒度中值 5～6 倍的石英砂)充填在砂层段与绕丝筛管之间,就可形成防砂屏障(即通过绕丝筛管挡充填的砾石,再由充填的砾石挡地层砂),从而使绕丝筛管砾石充填成为有效的防砂法。

充填砾石需用携砂液。有两类充填砾石的携砂液:一类是稠化水携砂液,它由水溶液性聚合物溶于水中配成。可用的水溶液聚合物有部分水解聚丙烯酰胺、钠羧甲基纤维素、羟丙基半乳甘露聚糖和黄胞胶等。为了携带充填砾石,水溶性聚合物在水中含量应使稠化水携砂液在 50 ℃,170 s^{-1} 条件下的黏度为 30～60 mPa·s。稠化水携砂液中应加入适量的降黏剂(主要用过氧化物如过硫酸铵、过氧异丁醇等),使它在砾石充填结束后(约 5 h)黏度降至 10 mPa·s 以下。另一类是水基冻胶携砂液,它由聚合物、交联剂和破胶剂配成。用于配制稠化水携砂液的水溶性聚合物均可用于配制水基冻胶携砂液。交联剂由聚合物链节中可交联的基团决定,如羧基可用高价金属离子(如 Cr^{3+},Zr^{4+})组成的多核羟桥络离子交联,邻位顺序羟基可用于硼酸根(如 BO$_3^{3-}$)交联。水基冻胶携砂液在 50 ℃,170 s^{-1} 条件下的黏度应为 300～500 mPa·s。破胶剂同稠化水携砂液的降黏剂,也要求水基冻胶携砂液在砾石填充后(约5 h)的黏度降至 10 mPa·s 以下。

9.4 油井的防蜡与清蜡

油井结蜡同样影响油井的正常生产。油井的防蜡和清蜡也是采油中需要解决的问题。

油井结蜡的内在原因是原油含蜡。原油中蜡含量越高,原油的凝点就越高(见表9.3)。因此,原油蜡含量高的油井,结蜡都严重。

表9.3 一些原油的性质

井例	密度/(g·cm^{-3})	黏度/(mPa·s)	凝点/℃	w(蜡)/%
1	0.9505	1685	4	7.31
2	0.9293	312	10	10.48
3	0.9232	240	18	12.20
4	0.8861	26	23	15.40
5	0.8657	15	25	21.90

影响油井结蜡的外因有压力、温度、原油中水、胶质和沥青质以及机械杂质、原油流动速度、管壁特性等,其中温度和压力的变化是重要的影响因素。当原油从油层进入油井时,随着压力的降低,原来溶解在原油中的天然气和原油中的轻组分会从原油中逸出来,降低了原油的溶蜡能力,结蜡转为严重。温度是影响蜡沉积的一个重要因素,原油从地层出来进入油井时与周围介质的热交换使原油的温度下降,同时系统压力降低,轻质组分逸出和气体膨胀也要带走一部分热量,从而增大了油井结蜡的趋势。

蜡是 $C_{15} \sim C_{70}$ 的直链烷烃,常温下为固体。在油层条件下,蜡是溶解在原油中的。当原油从油层流入井底,再从井底上升到井口的过程中,由于压力、温度的降低,引起结蜡。

结蜡过程可分为3个阶段,即析蜡阶段、蜡晶长大阶段和沉积阶段。若蜡从某一种固体表面(如钢铁表面)的活性点析出,此后蜡就在其上不断长大引起结蜡,则结蜡过程就只有两个阶段。

9.4.1 防蜡法

将结蜡过程控制在任何阶段,都可以达到防蜡的目的。下面介绍两种防止油井结蜡的方法:

1. 用防蜡剂的防蜡法

防蜡剂是指能抑制原油中蜡晶析出、长大和(或)在固体表面上沉积的化学剂。

油井防蜡剂有以下3种类型:

(1)稠环芳烃型防蜡剂

稠环芳烃是指有两个或两个以上苯环分别共用两个相邻的碳原子而成的芳香烃(图9.28),它们主要来自煤焦油。稠环芳烃的衍生物(图9.29)等也都有稠环芳烃的作用。

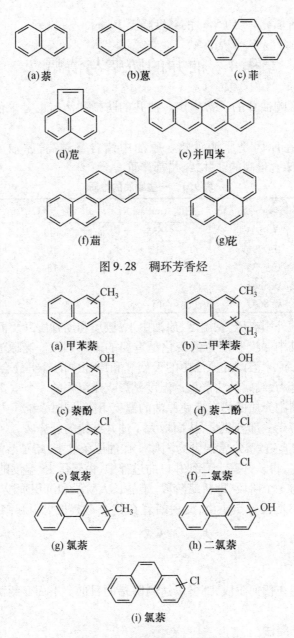

(a)萘
(b)蒽
(c)菲
(d)苊
(e)并四苯
(f)䓛
(g)芘

图 9.28　稠环芳香烃

CH3
(a) 甲苯萘
CH3
CH3
(b) 二甲苯萘
OH
(c) 萘酚
OH
OH
(d) 萘二酚
Cl
(e) 氯萘
Cl
Cl
(f) 二氯萘
CH3
(g) 氯萘
OH
(h) 二氯萘
Cl
(i) 氯萘

图 9.29　稠环芳香烃的衍生物

稠环芳香烃型防蜡剂主要通过参与组成晶核,从而使晶核扭曲,不利于蜡晶的继续长大而起防蜡作用。

稠环芳香烃可溶于溶剂中再加到原油中使用,也可成型后下到井中使用。在成型的防蜡剂中,为了控制它在油中的溶解速率,可将稠环芳香烃及其衍生物适当复配。例如萘在油中的溶解速率较高,而 α-萘酚的溶解速率较低,若将它们复配使用,即可使防蜡剂在较长时间内保持防蜡作用。

（2）表面活性剂型防蜡剂

表面活性剂型防蜡剂有两类表面活性剂，即油溶性表面活性剂和水溶性表面活性剂。

油溶性表面活性剂是通过改变蜡晶表面的性质而起防蜡作用的。由于表面活性剂在蜡晶表面吸附，使它变成极性表面（图 9.30），不利于蜡晶的长大。可用的油溶性表面活性剂主要为石油磺酸盐，如：

$$RArSO_3M \quad M = 1/2Ca, Na, K, NH_4$$

和胺型表面活性剂，如：

$$R—N \begin{cases} CH_2CH_2O \,)_{n_1} H \\ CH_2CH_2O \,)_{n_2} H \end{cases} \qquad R=C_{16} \sim C_{22}; \; n_1 + n_2 = 2 \sim 4$$

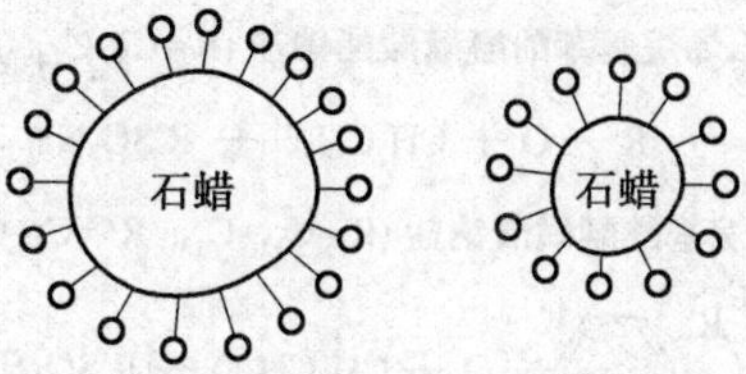

图 9.30　表面活性剂使石蜡表面变成极性表面

水溶性表面活性剂是通过改变结蜡表面（如油管、抽油杆和设备表面）的性质而起防蜡作用的。由于溶于水中的表面活性剂可吸附在结蜡表面，使它变成极性表面并有一层水膜，不利于蜡在其上沉积。可用的水溶剂表面活性剂如图 9.31 所示。

$$R— SO_3Na$$

(a) 烷基磺酸钠 ($R=C_{12} \sim C_{18}$)

$$\left[R—\overset{\displaystyle CH_3}{\underset{\displaystyle CH_3}{\overset{|}{\underset{|}{N}}}—CH_3} \right] Cl$$

(b) 烷基三甲基氯化铵 ($R=C_{12} \sim C_{18}$)

$$R—O (CH_2CH_2O \,)_n H$$

(c) 聚氧乙烯烷基醇醚 ($R=C_{12} \sim C_{18}$; $n=5 \sim 100$)

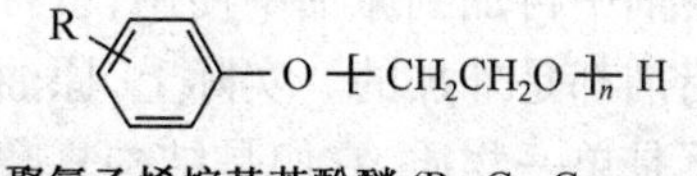

$$R\underset{}{\bigcirc}—O (CH_2CH_2O \,)_n H$$

(d) 聚氧乙烯烷基苯酚醚 ($R=C_8 \sim C_{14}$; $n=5 \sim 100$)

$$\begin{aligned} CH_3—CH—O&(C_3H_6O \,)_m (C_2H_4O \,)_n H \\ | \qquad\quad\;\; & \\ CH_2—O&(C_3H_6O \,)_m (C_2H_4O \,)_n H \end{aligned}$$

(e) 聚氧乙烯聚氧丙烯丙二醇醚 ($m=17$; $n=15 \sim 53$)

图 9.31　水溶性的表面活性剂型防蜡剂

$$\underset{\text{O}}{\underset{\|}{R-C}}\ H \xrightarrow{} (OH_2CH_2C)_3\ OHC-CHO\ (CH_2CH_2O)_2\ H$$

(f) 山梨糖醇酐单羧酸酯聚氧乙烯醚 (R=C$_{16}$~C$_{22}$; n_1+n_2=2~4)

$$R-O(CH_2CH_2O)_n\ SO_3Na$$

(g) 聚氧乙烯烷基醇醚硫酸酯钠盐 (R=C$_{12}$~C$_{18}$; n=1~10)

$$R\text{—}\bigcirc\text{—}O(CH_2CH_2O)_n\ SO_3Na$$

(h) 聚氧乙烯烷基苯酚醚硫酸酯钠盐 (R=C$_8$~C$_{14}$; n=1~10)

$$R-O(CH_2CH_2O)_n\ R'SO_3Na$$

(i) 聚氧乙烯烷基醇醚磺酸钠盐 (R=C$_{12}$~C$_{18}$; R'=C$_1$~C$_3$; n=1~10)

$$R\text{—}\bigcirc\text{—}O(CH_2CH_2O)_n\ R'SO_3Na$$

(j) 聚氧乙烯烷基苯酚醚磺酸钠盐 (R=C$_8$~C$_{14}$; R'=C$_1$~C$_3$; n=1~10)

$$R-O(CH_2CH_2O)_n\ R'COONa$$

(k) 聚氧乙烯烷基醇醚羧酸钠盐 (R=C$_{12}$~C$_{18}$; R'=C$_1$~C$_3$; n=1~10)

$$R\text{—}\bigcirc\text{—}O(CH_2CH_2O)_n\ R'COONa$$

(l) 聚氧乙烯烷基苯酚醚羧酸钠盐 (R=C$_8$~C$_{14}$; R'=C$_1$~C$_3$; n=1~10)

续图 9.31

(3)聚合物型防蜡剂

聚合物型防蜡剂的非极性链节和(或)极性链节中的非极性部分可与蜡共同结晶,而极性链节则使蜡晶的晶型产生扭曲,不利于蜡晶继续长大形成网络结构,因而有优异的防蜡作用。图9.32所示是一些重要的聚合物型防蜡剂。

聚合物型防蜡剂可溶于溶剂中再加到原油中使用,也可成型后下到井中使用。

上述讲到的三种类型防蜡剂都是外加的。实际上,原油中的胶质、沥青质本身就是防蜡剂,这是因为胶质、沥青质不是单一物质,它们是结构复杂的非烃化合物的混合物,且它们的稠环部分中稠环芳香烃占相当的比例。由于原油中总含有一定数量的胶质、沥青质,所以外加的防蜡剂都应该看作是在胶质、沥青质配合下起防蜡作用的。

2.改变油管表面性质的防蜡法

用玻璃油管和涂料油管的防蜡法属于这种方法。

在油管内壁衬上或搪上一层0.4~1.5 mm厚的玻璃,就得到玻璃油管。由于玻璃的表面是极性表面(亲水憎油),加上光滑并有保温性能,所以它可防止蜡在其上沉积,尤其是油井中含有的水使油管内壁先被水润湿,油中析出来的蜡就不能轻易附着在管壁上面。玻璃油管特别适用于含水量超过5%(质量分数)的结蜡井,而且油井产量越高,效果越

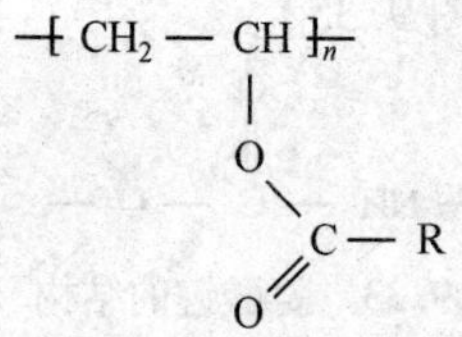

$$-\!\!-\!\!+\!\!\mathrm{CH_2} - \mathrm{CH}\!\!+_n$$

(a) 聚羧酸乙烯酯 (R=C_{15}~C_{35})

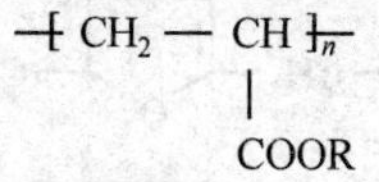

(b) 聚丙烯酸酯 (R=C_{14}~C_{40})

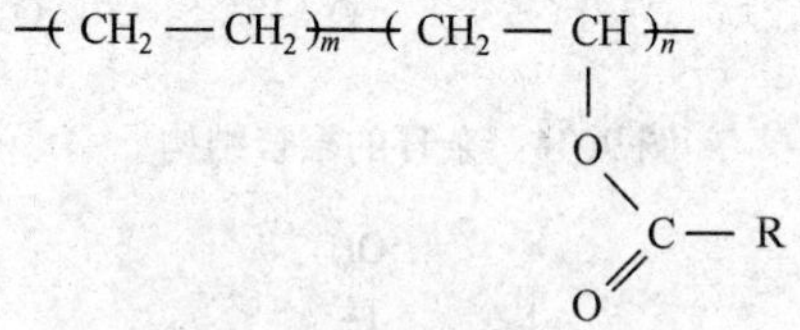

(c) 乙烯与羧酸乙烯酯共聚物 (R=C_1~C_{25})

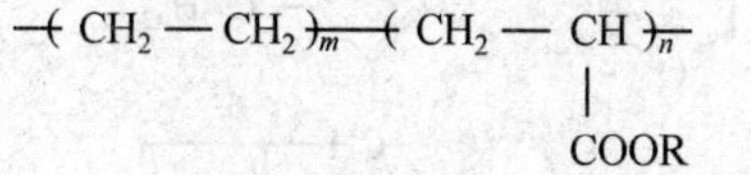

(d) 乙烯与丙烯酸酯共聚物 (R=C_1~C_{26})

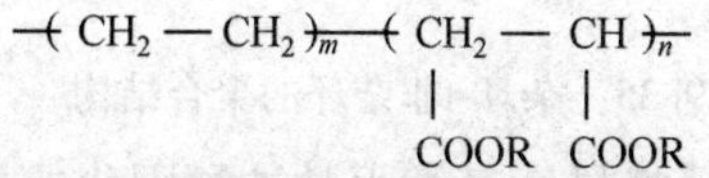

(e) 乙烯与顺丁烯二酸的共聚物 (R=C_1~C_{26})

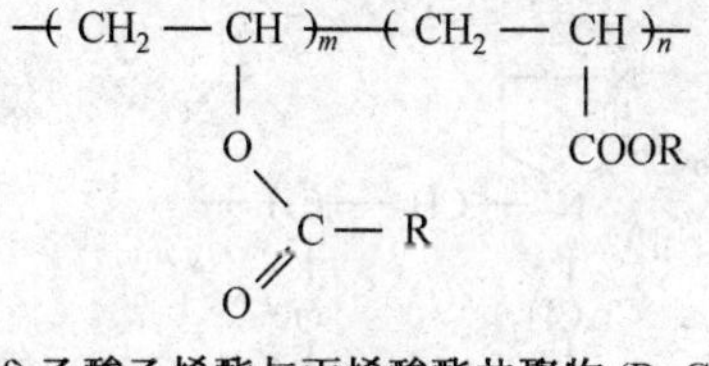

(f) 乙酸乙烯酯与丙烯酸酯共聚物 (R=C_{14}~C_{40})

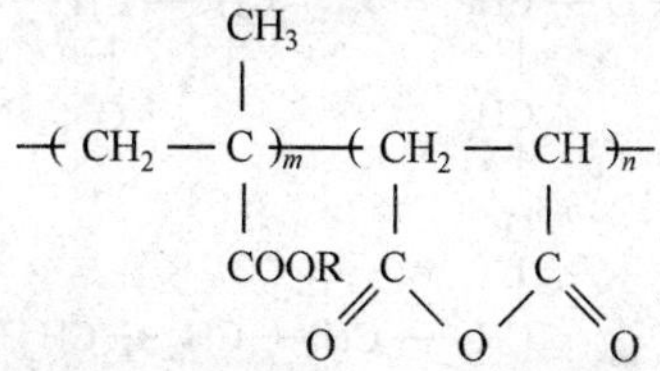

(g) 甲基丙烯酸酯与顺丁烯二酸酐共聚物 (R=C_{16}~C_{30})

图 9.32　聚合物型防蜡剂

好。对不含水井和低产井,玻璃油管的效果不好。

在油管内涂上防蜡涂料,就得到涂料油管。防蜡涂料主要为聚氨基甲酸酯,此外还可用糠醇树脂、漆酚糠醛树脂、环氧咪唑树脂等。涂料油管的防蜡机理与玻璃油管相同,因它不仅像玻璃油管那样有光滑表面和保温性能,而且有不利于石蜡沉积的化学结构,如聚氨基甲酸酯有氨酯键的结构(图 9.33),糠醇树脂有杂环的聚合结构(图 9.34),漆酚糠醛树脂具有杂环–非杂环的聚合结构(图9.35)。

$$-NH-\overset{\overset{\displaystyle O}{\|}}{C}-O-$$

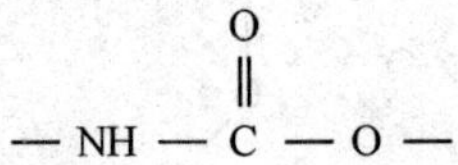

图9.33　氨酸键的结构

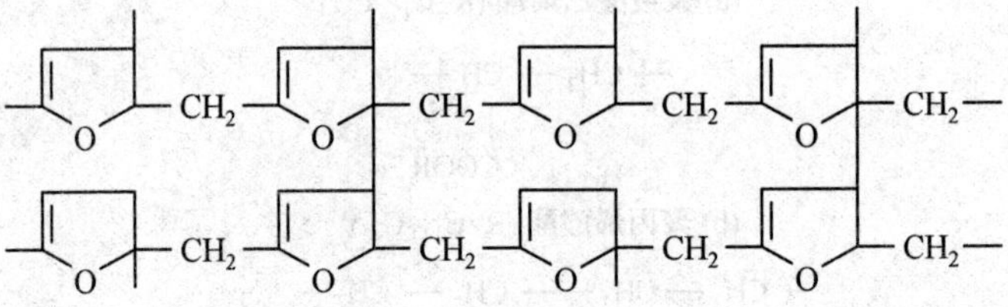

图9.34　杂环的聚合结构

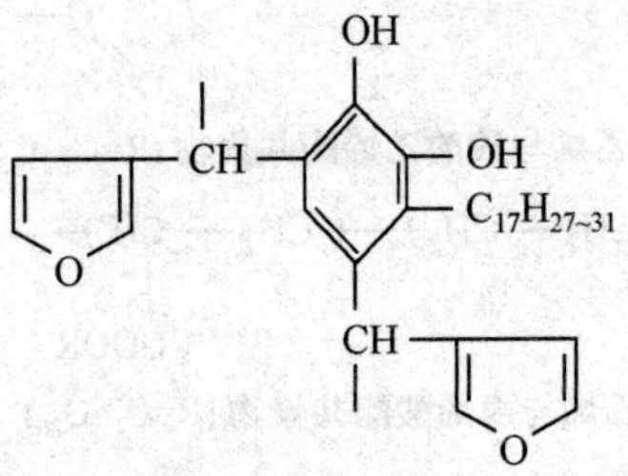

图9.35　杂环–非杂环的聚合结构

　　环氧咪唑树脂是由2-甲基咪唑异辛基缩水甘油醚固化的环氧树脂,因此有如图9.36所示的结构。

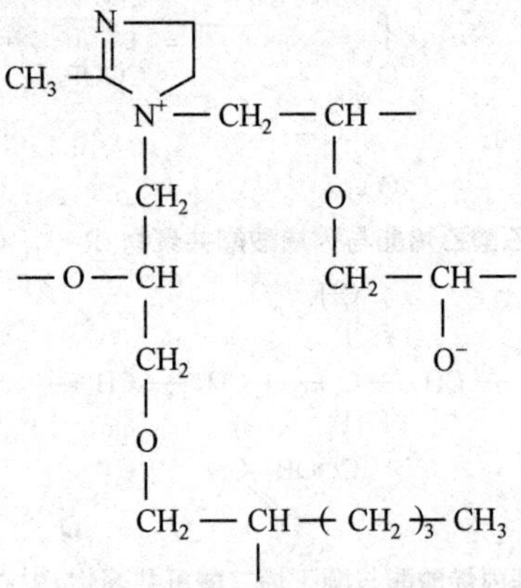

图9.36　环氧咪唑树脂的聚合结构

　　这些化学结构都有极性,所以防蜡涂料都有不利于结蜡的极性表面。涂料油管不耐磨,不适用于有杆泵和螺杆泵抽油井,主要用于自喷井和连续气举井防蜡。

9.4.2　清蜡法

若油井结蜡预防措施不当,导致油井结蜡,可用机械(如用刮蜡片)或加热(如热油循环、热水循环)的方法清蜡,也可用清蜡剂将蜡清除。

清蜡剂是指能清除蜡沉积物的化学剂。

清蜡剂有以下三种:

1. 油基清蜡剂

油基清蜡剂是一类蜡溶量很大的溶剂,如汽油、煤油、柴油、苯、甲苯、二甲苯、乙苯、丙苯、环戊烷、环己烷、萘烷等。这类清蜡剂的主要缺点是有毒、可燃,使用起来很不安全。二硫化碳、三氯甲烷、四氯化碳等虽有优异的清蜡性能,但由于它们使原油的后加工过程中产生严重腐蚀并使催化剂中毒,所以已禁止使用。一些由木本植物(如松树、樟树)和草本植物(如薄荷、香茅)的茎、叶等抽提或蒸气蒸馏的方法得到的植物油(如松油、樟脑油、薄荷油、香茅油)能溶解蜡,可用作油基清蜡剂,它们的主要成分是萜烯,分子式可用异戊二烯的整倍数表示(图 9.37)。

$$(CH_2 = C - CH = CH_2)_n$$
$$|$$
$$CH_3$$

图 9.37　萜烯

由于这些植物油低毒、低可燃性、能生物降解而为人们所重视。

为了进一步提高油基清蜡剂的清蜡效果,各种清蜡剂可复配使用。此外,还可加入互溶剂(如醇、醇醚)提高清蜡剂对蜡中的极性物质(如沥青质)的溶解度。表 9.4 是一种复配的油基清蜡剂的配方。

表 9.4　一种复配的油基清蜡剂的配方

成分	w(成分)/%
煤油	45 ~ 85
苯	5 ~ 45
乙二醇丁醚	0.5 ~ 6
异丙醇	1 ~ 15

2. 水基清蜡剂

水基清蜡剂是以水做分散介质,其中溶有表面活性剂、互溶剂和(或)碱性物质的清蜡剂。表面活性剂的作用是润湿反转,使结蜡表面反转为亲水表面,有利于蜡从表面脱落,不利于蜡在表面再沉积。可用的表面活性剂包括水溶性的磺酸盐型、季铵盐型、聚醚型、吐温型、平平加型、OP 型表面活性剂和硫酸酯盐化或磺烃基化的平平加型与 OP 型表面活性剂等。互溶剂的作用是增加油(包括蜡)与水的相互溶解度。可用的互溶剂是醇和醇醚,如甲醇、乙醇、异丙醇、异丁醇、乙二醇丁醚、二乙二醇乙醚等。碱可与蜡中沥青质等极性物质反应,产物易分散于水中,因而可用水基清蜡剂将它从表面清除。可用的碱包括氢氧化钠、氢氧化钾等碱和硅酸钠、原硅酸钠、磷酸钠、焦磷酸钠、六偏磷酸钠等溶于水中使水呈碱性的盐。

下面是一些水基清蜡剂的示例,示例中的数字为各相应组成的质量分数。

例1 由表面活性剂与碱配制的水基清蜡剂：

$$R - O + CH_2CH_2O \frac{}{}_n H \qquad 10\%$$

$$R = C_{12} \sim C_{18}; \ n=8 \sim 10$$

$$Na_2O \cdot mSiO_2 \qquad 2\%$$

$$H_2O \qquad 88\%$$

例2 由表面活性剂与互溶剂配制的水基清蜡剂：

$$R - \bigcirc - O + CH_2CH_2O \frac{}{}_n H \qquad 20\%$$

$$R = C_6 \sim C_{18}; \ n=30 \sim 40$$

$$CH_3OH \qquad 20\%$$

$$H_2O \qquad 60\%$$

例3 由复配表面活性剂、互溶剂与碱配制的水基清蜡剂：

$$R - N \Big\langle \begin{array}{l} (CH_2CH_2O)_{n_1} H \\ (CH_2CH_2O)_{n_2} H \end{array} \qquad 15\% \sim 65\%$$

$$R = C_{12} \sim C_{18}; \ n_1 + n_2 = 6 \sim 12$$

$$R - O + CH_2CH_2O \frac{}{}_n SO_3Na \qquad 15\% \sim 50\%$$

$$R = C_{12} \sim C_{18}; \ n_1 = 1 \sim 10$$

$$R - \bigcirc - O + CH_2CH_2O \frac{}{}_n H \qquad 15\% \sim 50\%$$

$$R = C_8 \sim C_{18}; \ n_1 = 4 \sim 20$$

$$C_4H_9 - O - CH_2CH_2OH \qquad 5\% \sim 30\%$$

配成水基清蜡剂后，用碱将水溶液调至碱性。

例4 由表面活性剂与复配互溶剂（醇+醇醚）配制的水基清蜡剂：

$$CH_3 - CH_2 - \underset{\underset{CH_3}{|}}{CH} - \bigcirc - O + CH_2CH_2O \frac{}{}_n H \qquad 10\%$$

$$C_4H_9 - O + CH_2CH_2O \frac{}{}_n H \qquad 25\%$$

$$CH_3OH \qquad 25\%$$

$$H_2O \qquad 40\%$$

例5 由表面活性剂与复配互溶剂（两种醇醚）配制的水基清蜡剂：

$$C_9H_{19} - \bigcirc - O + CH_2CH_2O \frac{}{}_{2 \sim 10} H \qquad 6.63\%$$

$$C_4H_9 - O - CH_2CH_2OH \qquad 3.26\%$$

$$C_2H_5 - O + CH_2CH_2O \frac{}{}_2 H \qquad 6.63\%$$

$$H_2O \qquad 83.48\%$$

3.水包油型清蜡剂

水包油型清蜡剂是油基清蜡剂与水基清蜡剂相结合的清蜡剂。在水包油型清蜡剂中,油相用油基清蜡剂,水相用表面活性剂和互溶剂水溶液。油相用的油基清蜡剂有煤油、甲苯、二甲苯、环戊烷、环己烷、萘烷、松油、樟脑油等;水相用的表面活性剂有烷基硫酸酯盐、烷基磺酸盐、聚氧乙烯烷基醇醚、聚氧乙烯烷基苯酚醚、聚氧乙烯烷基醇醚硫酸酯盐、聚氧乙烯烷基醇醚磺酸盐等;水相用的互溶剂有甲醇、乙醇、丙醇、乙二醇、二乙二醇、乙二醇丁醚、二乙二醇乙醚等。一种典型的水包油型清蜡剂的配方见表 9.5。当将这种清蜡剂由环空送到井中结蜡段以下时,由于条件(如温度、水矿化度等)变化引起清蜡剂的破乳分出油相和水相而起各自的清蜡作用。

表 9.5　一种典型的水包油型清蜡剂的配方

成分	$w($成分$)/\%$
苧烯	10~60
表面活性剂	10~30
水	20~73

注:水中含 2%~10%(质量分数)的互溶剂

可用准三部分相图(图 9.38)表示表 9.5 中的水包油型清蜡剂各成分含量的变化范围。

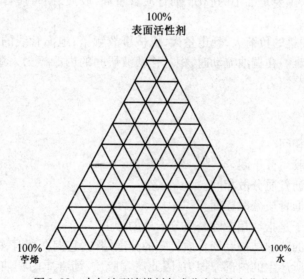

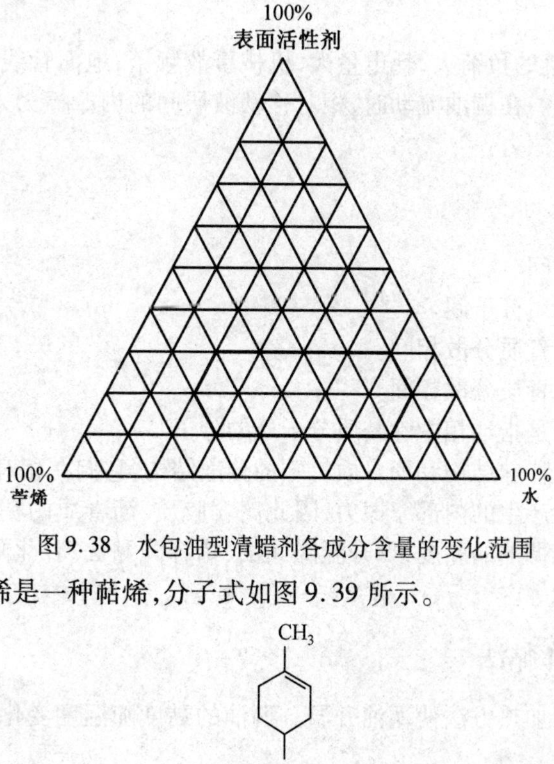

图 9.38　水包油型清蜡剂各成分含量的变化范围

表 9.5 中的苧烯是一种萜烯,分子式如图 9.39 所示。

图 9.39　苧烯

苧烯存在于松油、樟脑油、薄荷油、香茅油中。它与表面活性剂和互溶剂配成的水包油型清蜡剂代表着清蜡剂的一个发展方向。

9.5　稠油降黏

我国稠油资源丰富,但由于黏度高,流动性差,增加了稠油的开采和外输的困难。为了改善稠油的开采和外输,必须研究稠油的性质和稠油的降黏法。

稠油是指在油层温度下脱气原油的黏度超过 100 mPa·s、密度大于 0.92 g·cm^{-3} 的原油。稠油的分类见表 9.6。

表 9.6　稠油的分类

稠油	黏度/(mPa·s)	相对密度/(g·cm^{-3})
普通稠油	$100 \sim 1 \times 10^4$	> 0.920 0
特稠油	$1 \times 10^4 \sim 5 \times 10^4$	> 0.950 0
超稠油	$5 \times 10^4 \sim 10 \times 10^4$	> 0.980 0
特超稠油	$>10 \times 10^4$	> 1.000 0

注:表中的黏度和相对密度分别为脱气原油在 50 ℃和 20 ℃条件下的测定值

稠油之所以稠,主要是油中的胶质、沥青质含量高,胶质、沥青质含量越高,油的黏度越大,即油越稠。

由于油稠,抽油机的负荷大,耗电量大,机械事故频繁,地面管线的回压高,给稠油的开采和外输带来困难。在稠油流动时,相对移动液层间的内摩擦力来源于下列物质间相对移动所产生的内摩擦力:

①油质分子间。

②胶质分子间。

③沥青质分散相间。

④油质分子与胶质分子间。

⑤油质分子与沥青质分散相间。

⑥胶质分子与沥青质分散相间。

这里的油质分子是指油相中除胶质分子外的分子。

由于胶质分子的特殊结构和沥青质特殊的分散结构,它们在相对移动时,需要克服氢键和分子之间纠缠所产生的内部摩擦力,因此高含胶质、沥青质的稠油必然有高的黏度。有许多方法用于降低稠油的黏度,如升温降黏法、稀释降黏法、乳化降黏法、氧化降黏法、催化水热裂解降黏法等。

9.5.1　升温降黏法

可用注蒸汽和电加热方法使稠油升温。稠油的黏度随温度变化的曲线如图 9.40 所示。

从图 9.40 可以看到,在一定温度范围内,温度升高,稠油的黏度明显下降(温度每升高 10 ℃,稠油黏度约下降一半),但超过这个温度范围,温度再升高,稠油的黏度变化很小。

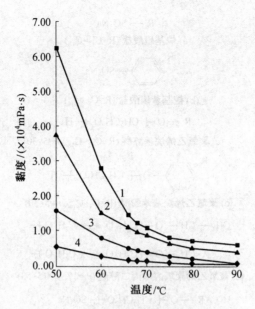

图 9.40　稠油的黏度随温度变化的曲线

稠油粘度(50 ℃ ,MPa·s):1—6.24×10⁴;2—3.77×10⁴;3—1.58×10⁴;4—5.26×10³

稠油的黏度随温度的变化趋势表明,稠油中存在结构,即稠油的黏度也像将聚合物溶液的黏度一样由结构黏度和牛顿黏度组成:前者是由于结构的存在而产生的黏度,后者是稠油固有的黏度。温度升高,胶质分子间、沥青质分散相间和胶质分子与沥青质分散相间通过氢键和分子纠缠而产生结构的作用力减弱,稠油中的结构被破坏,使稠油黏度明显下降;当结构完全被破坏时,稠油黏度就随温度的升高而下降得很小。

9.5.2　稀释降黏法

在稠油中加入稀油(如煤油、柴油、轻质油、低黏度原油等),可使稀释后的稠油黏度降低。这是由于稀油的加入增加了胶质、沥青质分散体之间的距离,减小了它们之间的相互作用力,从而使结构产生一定程度的破坏所引起的。

9.5.3　乳化降黏法

在一定油水比的条件下,用水溶性表面活性剂溶液可将稠油乳化成水包稠油乳状液,这种乳状液的黏度远低于稠油的黏度,并与稠油黏度无关。

稠油乳化降黏可使用如图 9.41 所示的 HLB 值为 7~18 的水溶液表面活性剂。

乳化剂不一定外加,例如氢氧化钠与石油酸反应后所生成的表面活性剂就可作为水包油型乳化剂。

表面活性剂在水溶液中的质量分数为 0.02% ~0.5% 。

稠油与水的体积比一般为 70∶30 ~80∶20。

$$R \longrightarrow SO_3Na$$

(a) 烷基磺酸盐 (R=C_{12}~C_{18})

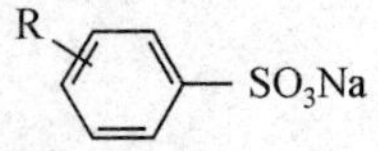

$$R \longrightarrow \bigcirc \longrightarrow SO_3Na$$

(b) 烷基苯磺酸盐 (R=C_8~C_{14})

$$R \longrightarrow O \leftmoon CH_2CH_2O \rightmoon_n H$$

(c) 聚氧乙烯烷基醇醚 (R=C_{12}~C_{18}; n=5~30)

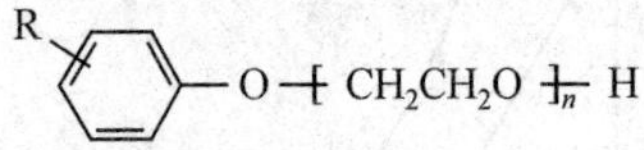

$$R \longrightarrow \bigcirc \longrightarrow O \leftmoon CH_2CH_2O \rightmoon_n H$$

(d) 聚氧乙烯烷基苯酚醚 (R=C_8~C_{14}; n=5~30)

$$CH_3 \longrightarrow CH \longrightarrow O \leftmoon C_3H_6O \rightmoon_m \leftmoon C_2H_4O \rightmoon_n$$
$$| $$
$$CH_2 \longrightarrow O \leftmoon C_3H_6O \rightmoon_m \leftmoon C_2H_4O \rightmoon_n$$

(e) 聚氧乙烯聚氧丙烯丙二醇醚 (m=17; n=15~53)

$$R \longrightarrow O \leftmoon CH_2CH_2O \rightmoon_n SO_3Na$$

(f) 聚氧乙烯烷基醇醚硫酸酯钠盐 (R=C_{12}~C_{18}; n=1~10)

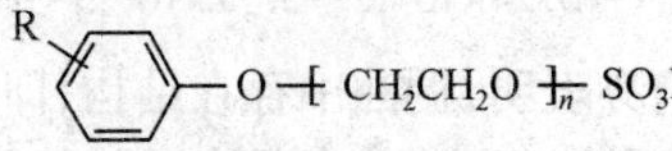

$$R \longrightarrow \bigcirc \longrightarrow O \leftmoon CH_2CH_2O \rightmoon_n SO_3Na$$

(g) 聚氧乙烯烷基苯酚醚硫酸酯钠盐 (R=C_8~C_{14}; n=1~10)

$$R \longrightarrow O \leftmoon CH_2CH_2O \rightmoon_n R'COONa$$

(h) 聚氧乙烯烷基醇醚羧酸钠盐 (R=C_{12}~C_{18}; R'=C_1~C_3; n=1~10)

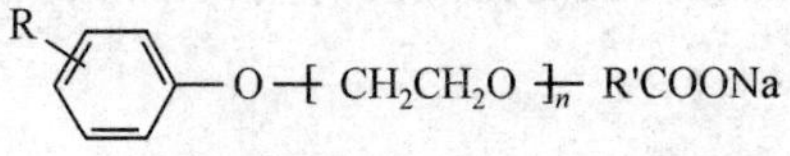

$$R \longrightarrow \bigcirc \longrightarrow O \leftmoon CH_2CH_2O \rightmoon_n R'COONa$$

(i) 聚氧乙烯烷基苯酚醚羧酸钠盐 (R=C_8~C_{14}; R'=C_1~C_3; n=1~10)

图 9.41   HLB 值为 7~18 的水溶液表面活性剂

9.5.4 氧化降黏法

在稠油中加入氧化剂,可使沥青质中稠环部分间连接的碳链或含杂原子碳链通过氧化反应断裂,减小沥青质形成结构的能力,达到稠油降黏的目的。

可用的氧化剂(主剂)为 $NaIO_4$ 和质量分数为 30% 的 H_2O_2;可用的提供 H^+ 的物质(助剂)为 NaH_2PO_4 和 CH_3COOH。

9.5.5 催化水热裂解降黏法

稠油催化水热裂解是指在高温和催化剂存在的条件下,稠油中的活性组分(指稠环部分连接的碳链中有硫键的胶质、沥青质)与水发生的导致稠油降黏的一系列反应。

目前,稠油降黏主要用升温降黏法、稀释降黏法和乳化降黏法。

9.6　油水井的酸处理及所用添加剂

油水井酸处理(酸化)可用于除去近井地带的堵塞物(如氧化铁、硫化亚铁和黏土)，恢复地层的渗透率，还可用于溶解地层的岩石，扩大孔隙结构的喉部，提高地层的渗透率。油水井酸处理是油水井有效的增产、增注措施。

9.6.1　酸化用酸

油水井酸处理可用下列酸：

1. 盐酸

盐酸可溶解堵塞水井的腐蚀产物，恢复地层的渗透性：

$$Fe_2O_3 + 6HCl \longrightarrow 2FeCl_3 + 3H_2O$$

$$FeS + 2HCl \longrightarrow FeCl_2 + H_2S \uparrow$$

盐酸也可溶解灰岩(石灰岩、白云岩)，改善地层的渗透性：

$$CaCO_3 + 2HCl \longrightarrow CaCl_2 + CO_2 \uparrow + H_2O$$

（石灰岩）

$$CaCO_3 \cdot MgCO_3 + 4HCl \longrightarrow CaCl_2 + MgCl_2 + 2CO_2 \uparrow + 2H_2O$$

（白云岩）

酸化地层用的盐酸可分稀酸和浓酸。稀酸是指质量分数为 3%～15% 的盐酸；浓酸是指质量分数为 15%～37% 的盐酸。一般使用浓酸，浓酸使用的目的是减小地层水对酸的稀释作用，使酸能酸化深远地层，同时由于浓酸酸化可产生大量二氧化碳，并提高乏酸(酸化后的酸)的黏度，使它及其中悬浮的岩屑易排出地层。

为使盐酸能酸化深远的地层，可用潜在盐酸：

(1)四氯化碳

四氯化碳可在 120～370 ℃水解产生盐酸：

$$CCl_4 + 2H_2O \longrightarrow 4HCl + CO_2 \uparrow$$

(2)四氯乙烷

四氯乙烷可在 120～260 ℃水解产生盐酸：

$$CHCl_2 - CHCl_2 + 2H_2O \longrightarrow 4HCl + OHC - CHO$$

(3)氧化铵+甲醛

氧化铵+甲醛可在 80～120 ℃反应产生盐酸：

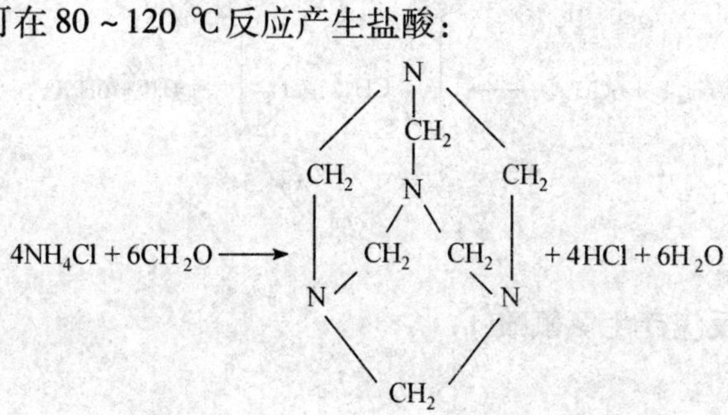

2. 氢氟酸

氢氟酸可除去地层渗滤面的黏土堵塞,恢复地层的渗透性:

$$Al_4[Si_4O_{10}](OH)_8+48HF \longrightarrow 4H_2SiO_6+4H_3AlF_6+18H_2O$$
（高岭石）

$$Al_4[Si_8O_{20}](OH)_4+72HF \longrightarrow 8H_2SiO_6+4H_3AlF_6+24H_2O$$
（蒙脱石）

氢氟酸也可溶解砂岩,改善地层渗透性:

$$SiO_2+6HF \longrightarrow H_2SiO_6+2H_2O$$
（石英）

$$Na_2O \cdot Al_2O_3 \cdot 6SiO_2+50HF \longrightarrow 2NaF+6H_2SiO_6+2H_3AlF_6+16H_2O$$
（钠长石）

并不是在任何情况下都能使用氢氟酸的。例如,氢氟酸不能用于处理石灰岩和白云岩,因为氢氟酸可与它们反应产生堵塞地层的沉淀:

$$CaCO_3+2HF \longrightarrow CaF_2\downarrow+CO_2\uparrow+H_2O$$

$$CaCO_3 \cdot MgCO_3+4HF \longrightarrow CaF_2\downarrow+MgF_2\downarrow+2CO_2\uparrow+2H_2O$$

即使砂岩地层也会含一定数量的碳酸盐,所以用氢氟酸酸化地层前,必须用盐酸预处理,除去碳酸盐,以减小上述沉淀反应的不利影响。

为使氢氟酸能酸化深远地层,可用潜在氢氟酸。

潜在氢氟酸有下列几种:

（1）氟硼酸

氟硼酸可水解产生氢氟酸:

$$HBF_4+3H_2O \longrightarrow 4HF+H_3BO_3$$
（氟硼酸）

（2）四氟乙烷

四氟乙烷可水解产生氢氟酸:

$$CHF_2-CHF_2+2H_2O \longrightarrow 4HF+OHC-CHO$$

（3）氟化铵+甲醛

氟化铵+甲醛可反应产生氢氟酸:

$$4NH_4F+6CH_2O \longrightarrow [六次甲基四胺结构] + 4HF + 6H_2O$$

（4）氟化铵+膦酸

氟化铵+膦酸可反应产生氢氟酸:

$$6NH_4F + H_2O_3PH_2C-N\underset{CH_2PO_3H_2}{\overset{CH_2PO_3H_2}{\Big<}} \longrightarrow 6HF + (NH_4)_2O_3PH_2C-N\underset{CH_2PO_3(NH_4)_2}{\overset{CH_2PO_3(NH_4)_2}{\Big<}}$$

（次氮基三亚甲基膦酸）　　　　　　　　　　　　　**（次氮基三亚甲基膦酸铵）**

氢氟酸通常与盐酸复配使用。盐酸与氢氟酸的混合酸称为土酸。在土酸中,盐酸的质量分数为 6% ~ 15% ,氢氟酸的质量分数为 3% ~ 15% 。

为使土酸能酸化深远地层,可用潜在土酸。典型的潜在土酸为 1,2-二氯-1,2-二氟乙烷,它可产生土酸:

$$CHClF-CHClF+2H_2O \longrightarrow 2HCl+2HF+OHC-CHO$$

也可用氯化铵+氟化铵+甲醛产生土酸:

$$2NH_4Cl + 2NH_4F + 6CH_2O \longrightarrow \quad + 2HCl + 2HF + 6H_2O$$

用土酸酸化地层前,也必须用盐酸预处理地层。

3. 磷酸

磷酸可解除腐蚀产物的堵塞:

$$FeS+2H_3PO_4 \longrightarrow Fe(H_2PO_4)_2+H_2S\uparrow$$

$$Fe_2O_3+6H_3PO_4 \longrightarrow 2Fe(H_2PO_4)_3+3H_2O$$

磷酸也可溶解灰岩:

$$CaCO_3+2H_3PO_4 \longrightarrow Ca(H_2PO_4)_2+CO_2\uparrow+H_2O$$

$$CaCO_3\cdot MgCO_3+4H_3PO_4 \longrightarrow Ca(H_2PO_4)_2+Mg(H_2PO_4)_2+2CO_2\uparrow+2H_2O$$

通常用质量分数为 15% 的磷酸酸化土层。酸化时磷酸的质量分数减小,但相应的 pH 值变化不大,这是 H_3PO_4 与 $H_2PO_4^-$ 构成了缓冲体系,通过下面反应所产生的结果:

$$H_3PO_4 \rightleftharpoons H^++H_2PO_4^-$$

与盐酸相比,磷酸与地层的反应速率低得多,因此磷酸可用于酸化深远地层。

4. 硫酸

硫酸是注水井酸化的一种特殊用酸,它可通过溶解渗透滤面和近地带的堵塞物或碳酸盐,恢复和(或)提高地层的渗透性:

$$FeS+H_2SO_4 \longrightarrow FeSO_4+H_2S\uparrow$$

$$Fe_2O_3+3H_2SO_4 \longrightarrow Fe_2(SO_4)_3+3H_2O$$

$$CaCO_3+H_2SO_4 \longrightarrow CaSO_4+CO_2\uparrow+H_2O$$

$$CaCO_3\cdot MgCO_3+2H_2SO_4 \longrightarrow CaSO_4+MgSO_4+2CO_2\uparrow+2H_2O$$

上述反应产物进入地层后主要集中在高渗透层,它们通过下列水解反应或饱和析出(如硫酸钙、硫酸镁)产生堵塞,起调剖作用:

$$FeSO_4+2H_2O \longrightarrow Fe(OH)_2\downarrow+H_2SO_4$$

$$Fe_2(SO_4)_3+6H_2O \longrightarrow 2Fe(OH)_3\downarrow+3H_2SO_4$$

此外,硫酸在近井地带的稀释热,可提高地层温度,有利于将近井地带起堵塞作用的油推至远井地带,提高近井地带的渗透性和远井地带的调剖效果。

5. 碳酸

碳酸由二氧化碳溶于水中产生:

$$CO_2 + H_2O \longrightarrow H_2CO_3$$

由于碳酸与地层的碳酸盐岩反应产生水溶的重碳酸盐,因此可用碳酸酸化碳酸盐岩地层:

$$CaCO_3 + H_2CO_3 \longrightarrow Ca(HCO_3)_2$$

$$CaCO_3 \cdot MgCO_3 + 2H_2CO_3 \longrightarrow Ca(HCO_3)_2 + Mg(HCO_3)_2$$

此外,进入地层的碳酸还可通过化学平衡析出二氧化碳并溶于油中,使油的黏度减小,从而使油易于排至地面或推至地层深处,提高酸化效果。

若碳酸酸化地层后必须排液时,则需注意防垢,因为减压后重碳酸盐会重新析出碳酸盐,在管线和设备表面结垢:

$$Ca(HCO_3)_2 \longrightarrow CaCO_3 \downarrow + CO_2 \uparrow + H_2O$$

$$Mg(HCO_3)_2 \longrightarrow MgCO_3 \downarrow + CO_2 \uparrow + H_2O$$

6. 氨基磺酸

氨基磺酸是一种固体酸,以粉末的形式产生。由于它可溶解堵塞物和灰岩,因此可用于酸化地层:

$$FeS + 2NH_2SO_3H \longrightarrow \underset{NH_2SO_3}{\overset{NH_2SO_3}{Fe}} + H_2S\uparrow$$

$$Fe_2O_3 + 6NH_2SO_3H \longrightarrow 2\,\underset{NH_2SO_3}{\overset{NH_2SO_3}{Fe}} + 3H_2O$$

$$CaCO_3 + 2NH_2SO_3H \longrightarrow \underset{NH_2SO_3}{\overset{NH_2SO_3}{Ca}} + CO_2\uparrow + H_2O$$

$$CaCO_3 \cdot MgCO_3 + 4NH_2SO_3H \longrightarrow \underset{NH_2SO_3}{\overset{NH_2SO_3}{Ca}} + \underset{NH_2SO_3}{\overset{NH_2SO_3}{Mg}} + 2CO_2\uparrow + 2H_2O$$

氨基磺酸不能用于温度超过 90 ℃ 的地层,否则会发生下面的反应而失去酸化能力:

$$NH_2SO_3H + H_2O \longrightarrow NH_4HSO_4$$

7. 低分子羧酸

低分子羧酸的通式为 R—COOH,如甲酸、乙酸、丙酸或它们的混合物。

在酸化中,低分子羧酸可用于溶解灰岩:

$$CaCO_3 + 2R—COOH \longrightarrow \begin{matrix} R—COO \\ R—COO \end{matrix} Ca + CO_2\uparrow + H_2O$$

$$CaCO_3 \cdot MgCO_3 + 4R—COOH \longrightarrow \begin{matrix} R—COO \\ R—COO \end{matrix} Ca + \begin{matrix} R—COO \\ R—COO \end{matrix} Mg + 2CO_2 \uparrow 2H_2O$$

由于反应产物羧酸钙和(或)羧酸镁水溶性低,所以低分子羧酸使用的质量分数不应过高。例如甲酸使用的质量分数不应超过 11%,乙酸使用的质量分数不应超过 18%,丙酸使用的质量分数不应超过 28%。

在酸化过程中,低分子羧酸溶液的 pH 值都是变化不大的,这是由于低分子羧酸与羧酸盐构成下面的缓冲体系所产生的结果:

$$R—COOH \Longleftrightarrow H^+ + R—COO^-$$

因此,与灰岩地层的反应速率,低分子羧酸远低于盐酸,它们可用于酸化深远地层。为使低分子羧酸酸化更深远的地层,可用它的潜在酸。下列潜在酸可产生低分子羧酸:

(1)酯

如甲酸乙酯、乙酸乙酯和丙酸乙酯水解均可产生相应的低分子羧酸:

$$HCOOC_2H_5 + H_2O \longrightarrow HCOOH + C_2H_5OH$$
$$CH_3COOC_2H_5 + H_2O \longrightarrow CH_3COOH + C_2H_5OH$$
$$CH_3CH_2COOC_2H_5 + H_2O \longrightarrow CH_3CH_2COOH + C_2H_5OH$$

(2)酸酐

如乙酸酐和丙酸酐均可通过水解,生成相应的低分子羧酸:

$$(CH_3CO)_2 + H_2O \longrightarrow 2CH_3COOH$$
$$(CH_3CH_2CO)_2 + H_2O \longrightarrow 2CH_3CH_2COOH$$

9.6.2　酸化用添加剂

为了提高酸化效果,用到许多添加剂。

1. 缓速剂

加在酸中能延缓酸与地层反应速率的化学剂称为缓速剂。缓速剂可分成以下两类:

(1)表面活性剂

这类缓速剂是通过吸附机理起作用的。表面活性剂在地层表面吸附后就可降低酸与地层的反应速率,达到缓速的目的。表面活性剂是比较理想的缓速剂,因为它刚与地层接触时,浓度高,吸附量多,降低反应速率的能力大;到地层内部,由于表面活性剂浓度低,吸附量少,因此降低反应速率的能力弱,正适合低浓度酸的作用。适用的表面活性剂有两类,即阳离子型表面活性剂(如脂肪胺盐酸盐、季铵盐和吡啶盐)和两性表面活性剂(如磺酸盐化、羧酸盐化、磷酸酯盐化、硫酸酯盐化的聚氧乙烯烷基苯酚醚)。表面活性剂使用的质量分数为 0.1% ~4%。

表面活性剂还可以用作乳化剂,将酸乳化在油中,产生油包酸乳状液起缓冲作用。配制油包酸乳状液的油可用甲苯、二甲苯、煤油、柴油、轻质原油或二甲苯与原油的混合物。可用的乳化剂如十二烷基磺酸及它的烷基胺盐。乳化剂的用量为油质量的 1% ~10%。油与酸的体积比可在 7∶93 ~45∶55 的范围内选择。

（2）聚合物

这类缓速剂是通过稠化机理起缓速作用的。聚合物在酸中溶解，当它超过一定浓度，就可在酸中形成结构，使酸稠化，减小氢离子向地层表面的扩散速率，从而控制酸与地层表面的反应速率。可用于稠化酸的聚合物有黄胞胶、聚乙二醇、聚N-乙烯吡咯烷酮、聚二烯丙基二甲基氯化铵、聚丙烯酰胺和丙烯酰胺与(2-丙烯酰胺基-2-甲基)丙基磺酸钠共聚物等。

2. 缓蚀剂

少量加入就能大大减少金属腐蚀的化学剂称为缓蚀剂。酸化地层的酸液中需用酸性介质缓蚀剂。按作用机理，酸性介质缓蚀剂可分成以下两类：

（1）吸附膜型缓蚀剂

这些缓蚀剂含有氮、氧和(或)硫元素，这些元素最外层均有未成键的电子对，它们可进入金属结构的空轨道形成配位体，从而在金属表面产生缓蚀剂分子的吸附层，控制金属的腐蚀。

图9.42所示为一些重要的吸附膜型缓蚀剂。

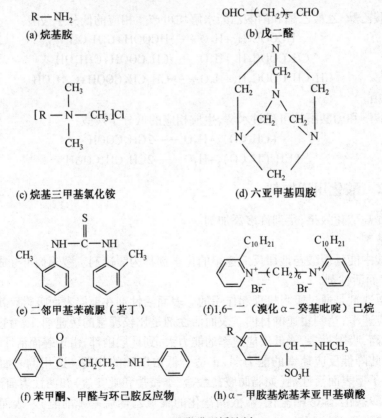

图 9.42　吸附膜型缓蚀剂

（2）"中间相"型缓蚀剂

这类缓蚀剂是通过"中间相"的形成起腐蚀作用。例如辛炔醇，它通过下列反应产生起缓蚀作用的"中间相"：

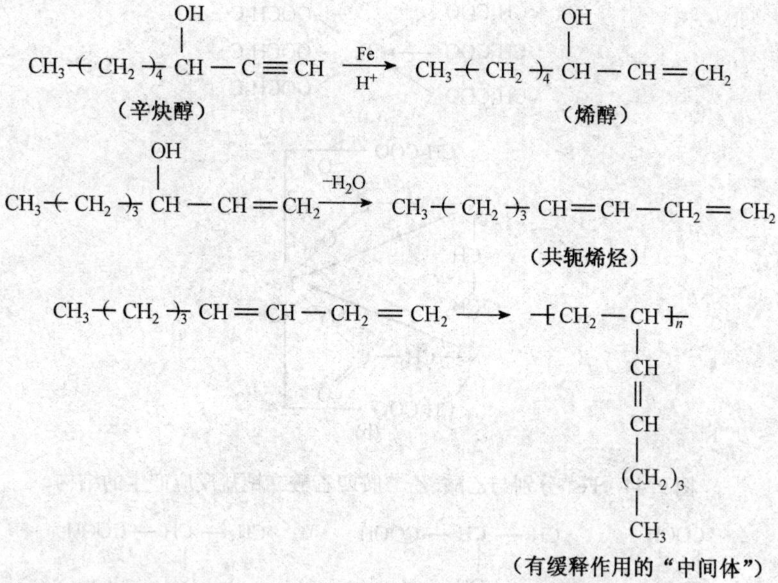

$$CH_3 -\!\!\!\left(CH_2 \right)_4\!\!\!- \overset{\overset{\displaystyle OH}{|}}{CH} - C \equiv CH \xrightarrow[H^+]{Fe} CH_3 -\!\!\!\left(CH_2 \right)_4\!\!\!- \overset{\overset{\displaystyle OH}{|}}{CH} - CH = CH_2$$

（辛炔醇） （烯醇）

$$CH_3 -\!\!\!\left(CH_2 \right)_3\!\!\!- \overset{\overset{\displaystyle OH}{|}}{CH} - CH = CH_2 \xrightarrow{-H_2O} CH_3 -\!\!\!\left(CH_2 \right)_3\!\!\!- CH = CH - CH_2 = CH_2$$

（共轭烯烃）

$$CH_3 -\!\!\!\left(CH_2 \right)_3\!\!\!- CH = CH - CH_2 = CH_2 \longrightarrow \left(CH_2 - CH \right)_n$$

结构含：CH ‖ CH (CH_2)_3 CH_3

（有缓释作用的"中间体"）

除辛炔醇外，还可用图 9.43 所示的炔醇做"中间相"型缓蚀剂。

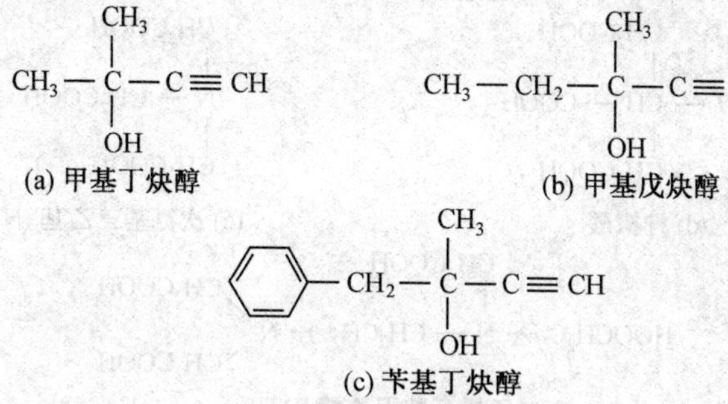

图 9.43 炔醇

(a) 甲基丁炔醇 (b) 甲基戊炔醇 (c) 苄基丁炔醇

酸缓蚀剂一般复配使用。

3. 铁稳定剂

钢铁腐蚀产物（如氧化铁、硫化亚铁）和含铁化物（如菱铁矿、赤铁矿）在酸中的溶解，都可在乏酸中产生 Fe^{2+} 和 Fe^{3+}。

乏酸的 pH 值一般为 4~6，而 Fe^{2+} 和 Fe^{3+} 一般在质量分数为 0.60% 下，分别在 pH 值大于7.7 和 pH 值大于2.2 时水解：

$$Fe^{2+} + 2H_2O \longrightarrow Fe(OH)_2 \downarrow + 2H^+$$
$$Fe^{3+} + 3H_2O \longrightarrow Fe(OH)_3 \downarrow + 2H^+$$

重新生成沉淀（或称为二次沉淀），堵塞地层。因此，乏酸中只有 Fe^{3+} 存在稳定问题。

能将 Fe^{3+} 稳定在乏酸中的化学剂称为铁稳定剂。铁稳定剂可分成以下两类：

（1）络合剂或螯合剂

这类铁稳定剂可与 Fe^{3+} 络合或螯合，使它在乏酸中不发生水解。如 Fe^{3+} 可分别与乙酸（络合剂）和乙二胺四乙酸二钠盐（螯合剂）反应产生如图 9.44 所示的结构，起铁稳定作用。此外，还可用图 9.45 所示的化学剂做铁稳定剂。

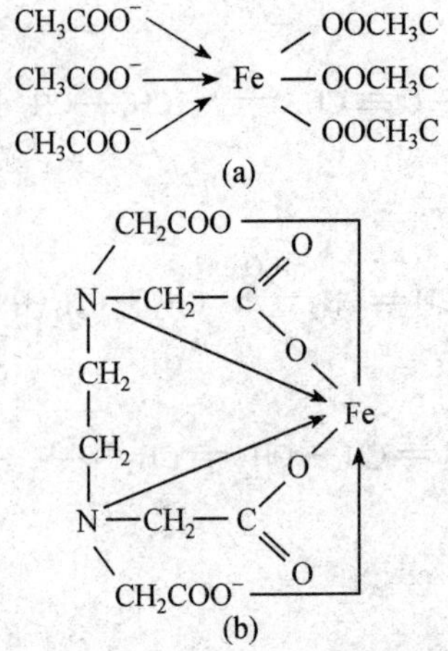

图9.44　Fe^{3+}分别与乙酸、乙二胺四乙酸二钠盐反应产生的结构

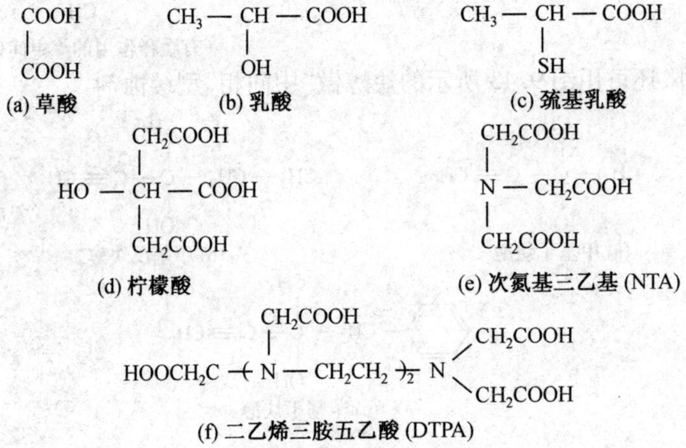

(a) 草酸　　(b) 乳酸　　(c) 巯基乳酸

(d) 柠檬酸　　(e) 次氮基三乙基 (NTA)

(f) 二乙烯三胺五乙酸 (DTPA)

图9.45　可用作铁稳定剂的化学剂

(2) 还原剂

若将 Fe^{3+} 还原至 Fe^{2+},则在乏酸的 pH 值下达到稳定铁的目的。可用图9.46 所示的化学剂做还原剂。

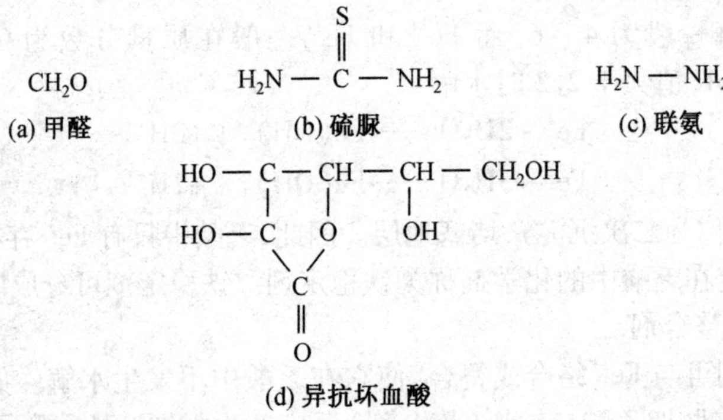

(a) 甲醛　　(b) 硫脲　　(c) 联氨

(d) 异抗坏血酸

图9.46　可用作还原剂的化学剂

在这些还原剂中,异抗坏血酸最有效,它可通过下面反应将 Fe^{3+} 还原 Fe^{2+}:

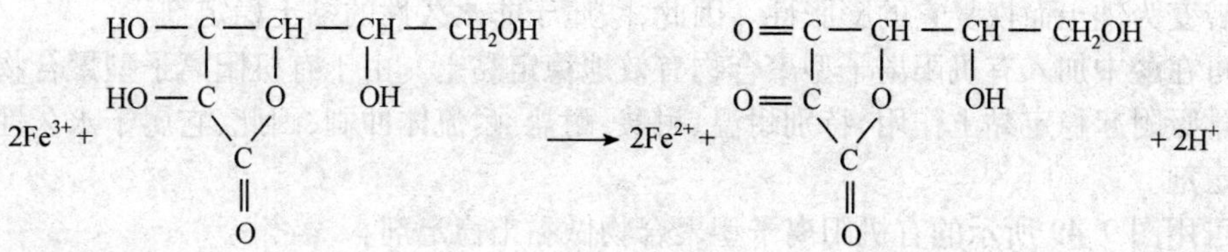

$$2Fe^{3+} + \begin{array}{l} HO-C-CH-CH-CH_2OH \\ \quad\quad\ \ | \\ HO-C\ \ O\ \ \ OH \\ \quad\quad \backslash \ / \\ \quad\quad\ C \\ \quad\quad\ \ || \\ \quad\quad\ \ O \end{array} \longrightarrow 2Fe^{2+} + \begin{array}{l} O=C-CH-CH-CH_2OH \\ \quad\quad\ \ | \\ O=C\ \ O\ \ \ OH \\ \quad\quad \backslash \ / \\ \quad\quad\ C \\ \quad\quad\ \ || \\ \quad\quad\ \ O \end{array} + 2H^+$$

4. 防乳化剂

原油中的天然表面活性剂、加入酸中的表面活性剂以及酸化产生的岩石微粒(粒径小于$1\mu m$)都有一定的乳化作用,它们可使原油与酸形成乳状液,影响酸化后乏酸的排出。

能防止原油与酸形成乳状液的化学剂称为防乳化剂。防乳化剂有以下两类:

①有分支结构的表面活性剂(图9.47)。

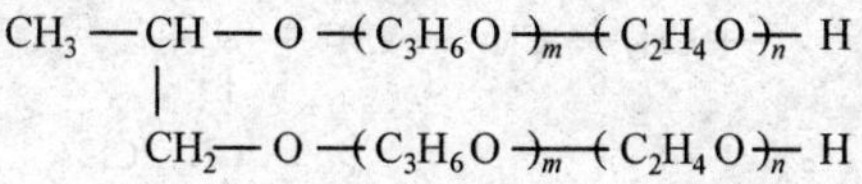

$$CH_3-CH-O\cancel{+}C_3H_6O\cancel{+}_m\cancel{+}C_2H_4O\cancel{+}_n H$$
$$\quad\quad\quad |$$
$$\quad\ CH_2-O\cancel{+}C_3H_6O\cancel{+}_m\cancel{+}C_2H_4O\cancel{+}_n H$$

(a) 聚氧乙烯聚氧丙烯丙二醇醚

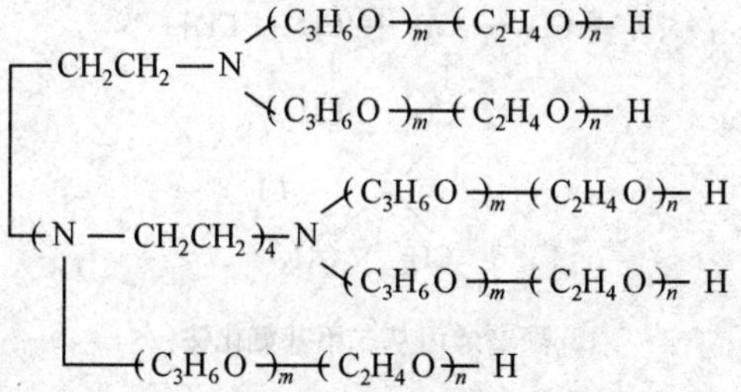

$$-CH_2CH_2-N\begin{array}{l}\cancel{+}C_3H_6O\cancel{+}_m\cancel{+}C_2H_4O\cancel{+}_n H \\ \cancel{+}C_3H_6O\cancel{+}_m\cancel{+}C_2H_4O\cancel{+}_n H\end{array}$$
$$-(N-CH_2CH_2\cancel{+}_4 N\begin{array}{l}\cancel{+}C_3H_6O\cancel{+}_m\cancel{+}C_2H_4O\cancel{+}_n H \\ \cancel{+}C_3H_6O\cancel{+}_m\cancel{+}C_2H_4O\cancel{+}_n H\end{array}$$
$$-\cancel{+}C_3H_6O\cancel{+}_m\cancel{+}C_2H_4O\cancel{+}_n H$$

(b) 聚氧乙烯聚氧丙烯五乙烯六胺

图 9.47　有分支结构的表面活性剂

这些表面活性剂可吸附在原油和酸的界面上,但它的分支结构不能稳定任何类型的乳状液,使酸化过程形成的液珠易于聚并,防止乳状液的产生。

②互溶剂(图9.48)。

$$C_4H_9-O-CH_2CH_2OH \quad\quad\quad\quad C_2H_5-O\cancel{+}CH_2CH_2O\cancel{+}_2 H$$

(a) 乙二醇丁醚　　　　　　　　　　　(b) 二乙二醇乙醚

$$C_4H_9-O\cancel{+}CH_2CH_2O\cancel{+}_2 H \quad\quad\quad C_4H_9-O\cancel{+}CH_2CH_2O\cancel{+}_3 H$$

(c) 二乙二醇丁醚　　　　　　　　　　(d) 三乙二醇丁醚

图 9.48　互溶剂

在酸中加入互溶剂,可减少表面活性剂在原油和酸界面上的吸附,使酸化过程形成的液珠易于聚并,因此有防乳化作用。

5. 黏土稳定剂

能抑制黏土膨胀和黏土微粒运移的化学剂称为黏土稳定剂。

酸是一类黏土稳定剂,它可将黏土中膨胀性强的钠土转变为膨胀性弱的氢土而起黏土稳定作用,但当地层恢复注水或采油时,油层水中的钠离子可通过离子交换逐渐将此氢土再转变为钠土而恢复它的膨胀性。因此,酸属于非永久性的黏土稳定剂。

可在酸中加入有机阳离子型聚合物有效地稳定黏土。由于有机阳离子型聚合物是通过化学吸附起稳定黏土作用,特别耐温、耐酸、耐盐、耐流体冲刷,因此,它属于永久性的黏土稳定剂。

可用图 9.49 所示的有机阳离子型聚合物做黏土稳定剂。

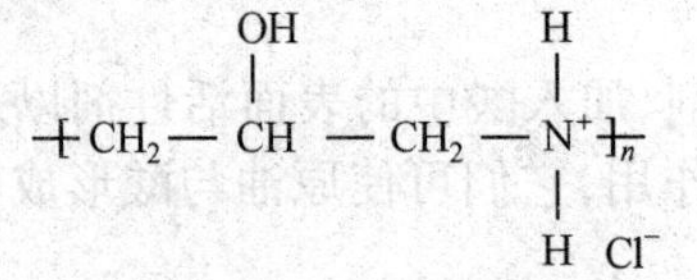

$$
\begin{array}{c}
\text{OH} \qquad\qquad \text{H} \\
| \qquad\qquad\quad | \\
-\!\!\left[\text{CH}_2-\text{CH}-\text{CH}_2-\text{N}^+\right]_n \\
| \\
\text{H} \quad \text{Cl}^-
\end{array}
$$

(a) 聚 2- 羟基 -1,3 亚丙基氯化铵

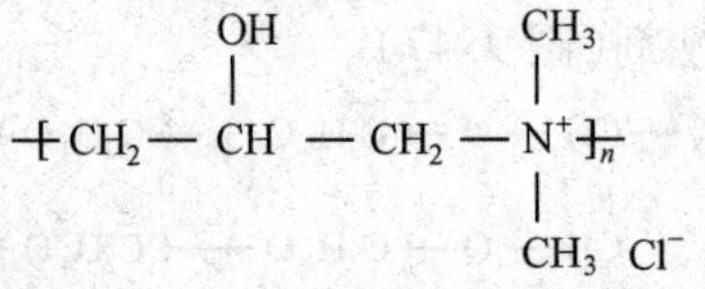

$$
\begin{array}{c}
\text{OH} \qquad\qquad\quad \text{CH}_3 \\
| \qquad\qquad\qquad | \\
-\!\!\left[\text{CH}_2-\text{CH}-\text{CH}_2-\text{N}^+\right]_n \\
| \\
\text{CH}_3 \quad \text{Cl}^-
\end{array}
$$

(b) 聚 2- 羟基 -1,3 亚丙基二甲基氯化铵

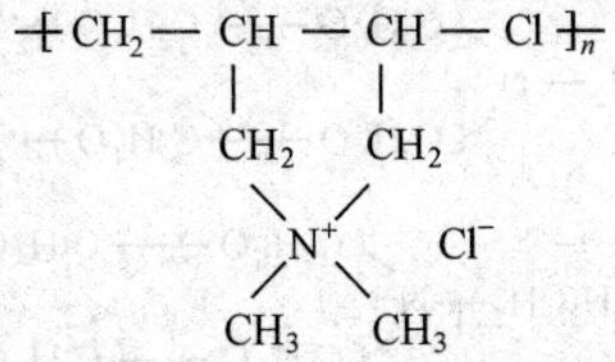

$$
\begin{array}{c}
-\!\!\left[\text{CH}_2-\text{CH}-\text{CH}-\text{Cl}\right]_n \\
| \qquad\quad | \\
\text{CH}_2 \quad\ \text{CH}_2 \\
\searrow \quad \swarrow \\
\text{N}^+ \qquad \text{Cl}^- \\
\diagup \ \diagdown \\
\text{CH}_3 \quad \text{CH}_3
\end{array}
$$

(c) 聚二烯丙基二甲基氯化铵

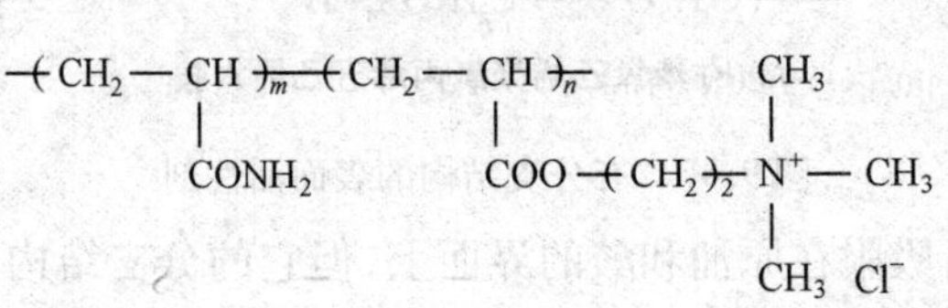

$$
\begin{array}{c}
-\!\!\left[\text{CH}_2-\text{CH}\right]_m\!\!\left[\text{CH}_2-\text{CH}\right]_n \qquad \text{CH}_3 \\
| \qquad\qquad\qquad | \qquad\qquad\quad | \\
\text{CONH}_2 \qquad\quad \text{COO}-(\text{CH}_2)_2-\text{N}^+-\text{CH}_3 \\
| \\
\text{CH}_3 \ \ \text{Cl}^-
\end{array}
$$

(d) 丙烯酰胺与丙烯酸 -1,2- 亚乙酯基三甲基氯化铵共聚物

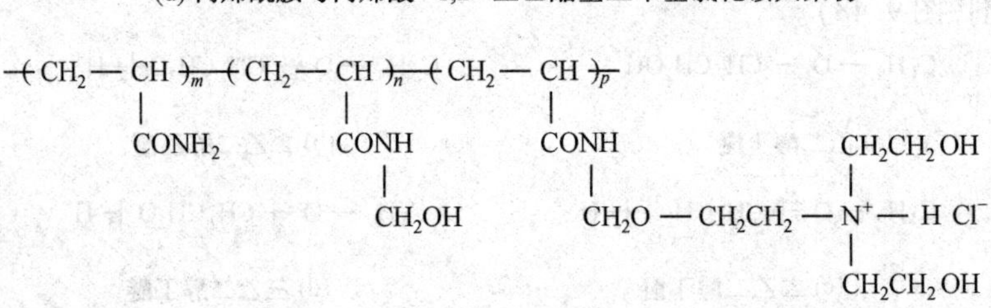

$$
\begin{array}{c}
-\!\!\left[\text{CH}_2-\text{CH}\right]_m\!\!\left[\text{CH}_2-\text{CH}\right]_n\!\!\left[\text{CH}_2-\text{CH}\right]_p \\
| \qquad\qquad | \qquad\qquad\qquad | \qquad\qquad\qquad \text{CH}_2\text{CH}_2\text{OH} \\
\text{CONH}_2 \quad \text{CONH} \qquad \text{CONH} \qquad\qquad\qquad | \\
\qquad\qquad\ | \qquad\qquad\ | \qquad\qquad\qquad\quad \text{N}^+-\text{H Cl}^- \\
\qquad\qquad \text{CH}_2\text{OH} \quad \text{CH}_2\text{O}-\text{CH}_2\text{CH}_2 \qquad\quad | \\
\qquad\qquad\qquad\qquad\qquad\qquad\qquad\qquad\qquad \text{CH}_2\text{CH}_2\text{OH}
\end{array}
$$

(e) 羟甲基化聚丙烯酰胺与三乙醇胺盐酸盐的反应产物

图 9.49　可用作黏土稳定剂的有机阳离子型聚合物

6. 助排剂

能减少二次沉淀对地层的伤害,使乏酸易从地层排出的化学剂称为助排剂。助排剂有以下两类:

(1)表面活性剂

这类表面活性剂耐酸、耐盐,即使在浓酸和高含盐条件下仍能有效地降低界面张力,

减少 Jamin 效应,使乏酸易从地层排出。

可用的表面活性剂包括胺盐型表面活性剂、季铵盐型表面活性剂、吡啶盐型表面活性剂、非离子-阴离子型表面活性剂和含氟表面活性剂。

由于含氟表面活性剂在酸化条件下有优异的降低界面张力的能力,所以它是理想的助排剂。可用图 9.50 所示的含氟表面活性剂做助排剂。

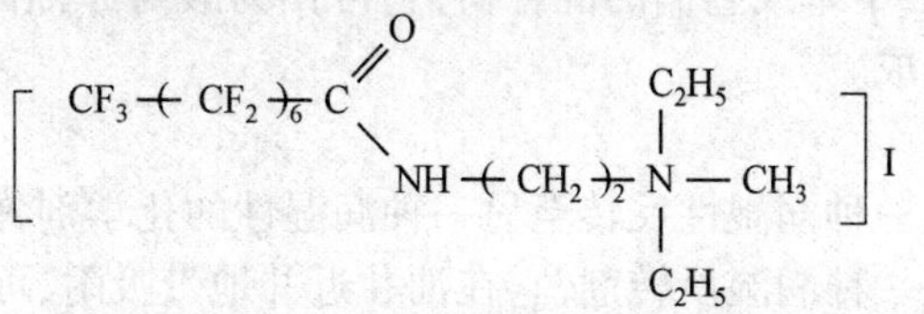

(a) 全氟型酰胺基 -1,2- 亚乙基甲基二乙基碘化胺

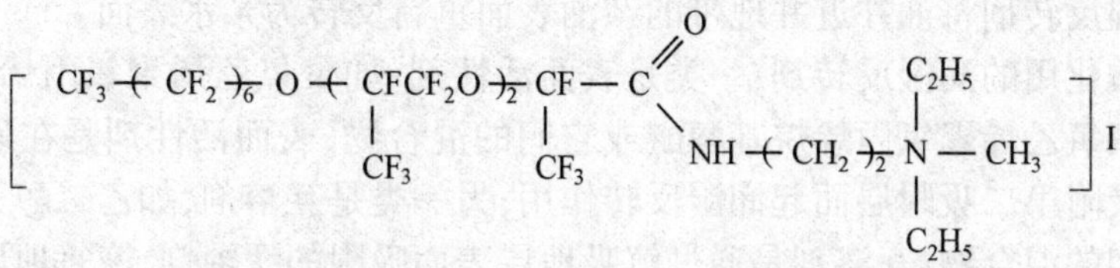

(b) 全氟聚氧丙烯庚醇醚全氟丙酰胺基 -1,2- 亚甲基二乙基碘化胺

图 9.50　可用作助排剂的含氟表面活性剂

(2) 增能剂

在注酸液前,向地层注入一个段塞的增能剂,以提高近井地带的压力,使乏酸易从地层排出。高压氮气是最常用的增能剂。这类助排剂主要用于低压地层的酸化。

7. 防淤渣剂

酸化淤渣是由于酸中的 H^+ 和酸中含有的 Fe^{2+},Fe^{3+} 可与原油胶质、沥青质中的含硫部分、含氮部分产生下面的反应或络合引起的:

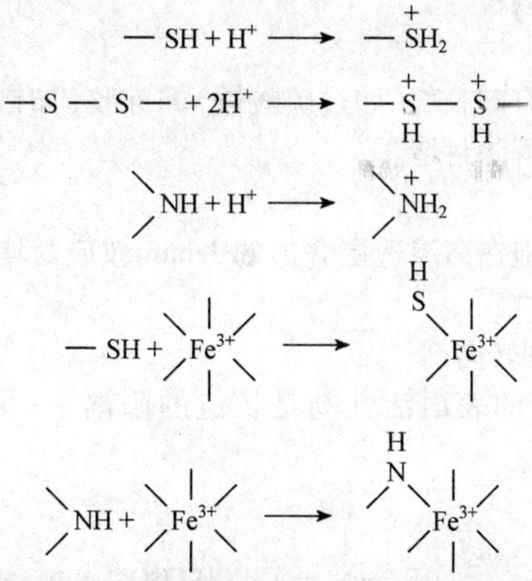

由于这些反应或络合提高了它们的极性,减少了胶质在油中的溶解度及其对沥青质固体颗粒的稳定能力,从而使胶质、沥青质以淤渣的形式从油中析出。温度越高、酸浓度越高及酸中铁离子(特别是 Fe^{3+})含量越高,越易形成淤渣。盐酸比甲酸、乙酸更易形成淤渣。

能防止酸与原油接触时产生淤渣的化学剂称为防淤渣剂。有 3 类防淤渣剂:一类是油溶性表面活性剂,如脂肪酸、烷基苯磺酸等,它可吸附在酸与油的界面上,减少酸与油的接触,而进入油中的表面活性剂,则可按极性相近规则与胶质、沥青质中的含硫部分、含氮部分结合,减少胶质、沥青质与酸反应及与铁离子络合,起防淤渣作用;另一类是铁稳定剂,它可通过螯合酸中的 Fe^{2+},Fe^{3+} 或将 Fe^{3+} 还原为 Fe^{2+},减少淤渣的形成;第三类是芳香烃溶剂,如苯、甲苯、二甲苯或它们的混合物,它可作为酸与原油间的缓冲段塞,减少酸与油的接触和淤渣的生成。

8. 润湿反转剂

能将固体表面从一种润湿性反转至另一种润湿性的化学剂称为润湿反转剂。

酸中的缓蚀剂是一种润湿反转剂,它在油井近井地带吸附,可将地层的亲水表面反转为亲油表面,减少地层对油的渗透率,影响酸化效果。

可用润湿反转剂将油井近井地带的亲油表面重新反转为亲水表面。

有两类酸化用的润湿反转剂:一类是表面活性剂,如聚氧乙烯聚氧丙烯烷基醇醚、磷酸酯盐化的聚氧乙烯聚氧丙烯烷基醇醚或它们的混合物,表面活性剂是在地层表面按极性相近规则吸附第二吸附层而起润湿反转作用;另一类是互溶剂,如乙二醇丁醚和二乙二醇乙醚或它们的混合物,互溶剂是通过解吸地层表面吸附的缓蚀剂,恢复地层表面的亲水性而起作用。这两类润湿反转剂都是加到后处理液中处理地层的。

9. 转向剂

能暂时封堵高渗透层,使酸转向低渗透层,提高酸化效果的化学剂称为转向剂。有以下 4 类转向剂:

(1)颗粒转向剂

这类转向剂是通过在高渗透层的入口形成滤饼起转向作用的,其后通过水溶或油溶的方法解除封堵。水溶的颗粒转向剂有苯甲酸、硼酸颗粒等;油溶的颗粒转向剂有萘、苯乙烯与乙酸乙烯酯共聚物颗粒等。

(2)冻胶转向剂

这类转向剂是一类加有破胶剂(如过硫酸铵)的冻胶(如铬冻胶、锆冻胶),起转向作用后,破胶剂使冻胶降解,解除封堵。

(3)泡沫转向剂

这类转向剂是通过气泡在高渗透层叠加的 Jamin 效应封堵高渗透层,转向剂在起转向作用后被油破坏,解除封堵。

(4)黏弹性表面活性剂转向剂

适合配制这类转向剂的表面活性剂是长链的阳离子-阴离子型表面活性剂(图 9.51)。

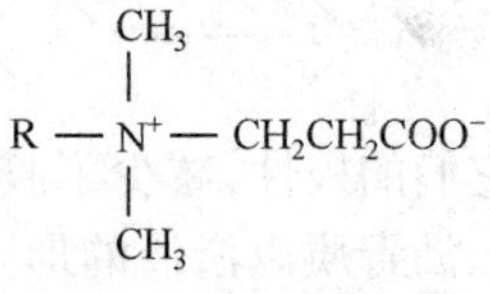

$$R \underset{\underset{CH_3}{|}}{\overset{\overset{CH_3}{|}}{—N^+—}} CH_2CH_2COO^-$$

图 9.51　烷基二甲铵基丙酸内盐(R:$C_{16} \sim C_{30}$)

除表面活性剂外,还需用助表面活性剂(图9.52)。

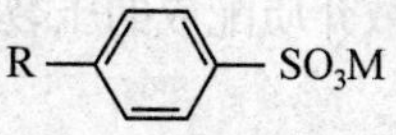

$$R - \bigcirc - SO_3M$$

图 9.52　烷基磺酸盐($M = Na, K, NH_4$)

表面活性剂和助表面活性剂都是溶于酸中使用的,在酸中它们产生如下化学反应:

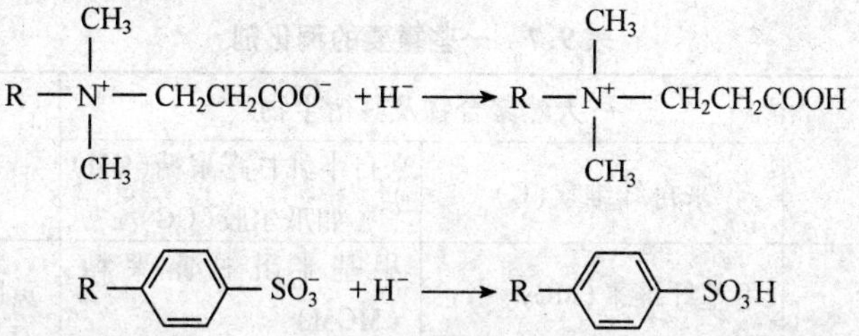

酸化时,由于酸与地层反应,产生高价金属离子(如 Ca^{2+}),同时由于 H^+ 逐渐减少,上面两反应平衡左移,使表面活性剂、助表面活性剂和高价金属离子形成图 9.53 所示的结构,将乏酸稠化,迫使后来的酸液进入未酸化的地层,起转向作用。

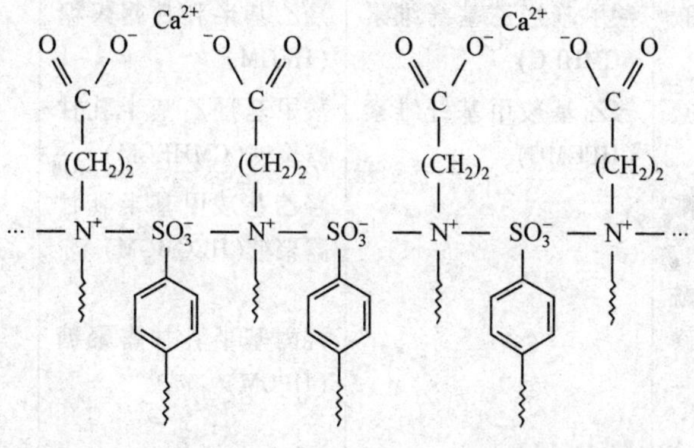

图 9.53　表面活性剂、助表面活性剂和 Ca^{2+} 形成的结构

所产生的结构(图9.53)可在酸化后溶于地层油或被地层水稀释而破坏。

9.7　压裂液及压裂用添加剂

压裂就是用压力将地层压开,形成裂缝并用支撑剂将它支撑起来,以减小流体流动阻力的增产、增注措施。

9.7.1　压裂液

压裂液是压裂过程中所用的液体。一种好的压裂液应满足黏度高、摩阻低、滤失量少、对地层低伤害、配置简便、材料来源广、成本低等条件。目前使用的压裂液主要有两大类,即水基压裂液和油基压裂液。

1. 水基压裂液

水基压裂液是以水做溶剂或分散介质配成的压裂液,下面几种压裂液属于水基压裂液。

(1)稠化水压裂液

稠化水压裂液是将稠化剂溶于水中配成的。可用的稠化剂很多,表9.7列出了一些重要的稠化剂。稠化剂的用量是由压裂液所需的黏度决定的,它的质量分数通常为 $0.5\% \sim 5\%$。

表9.7 一些重要的稠化剂

合成聚合物	天然聚合物及其衍生物		生物聚合物
	来自纤维素(C)	来自半乳甘露聚糖(GM)如瓜尔胶(GG)	
聚氧乙烯(PEO)	甲基纤维素(MC)	甲基半乳甘露聚糖(MGM)	黄胞胶(XC)
聚乙烯醇(PVA)	羧甲基纤维素(CMC)		硬葡聚糖(SG)
聚丙烯酰胺(PAM)	羟乙基纤维素(HEC)	羧甲基半乳甘露聚糖(CMGM)	网状细菌纤维素(RBC)
部分水解聚丙烯酰胺(HPAM)	羧甲基羟乙基纤维素(CMHEC)	羟乙基半乳甘露聚糖(HEGM)	
丙烯酰胺与丙烯酸盐共聚物(AM-AA)	羟乙基羧甲基纤维素(HECMC)	羧甲基羟乙基半乳甘露聚糖(CMHEGM)	
丙烯酰胺与丙烯酸酯共聚物(AM-AAE)		羟乙基羧甲基半乳甘露聚糖(HECMGM)	
丙烯酰胺与(2-丙烯酰胺基-2-甲基)丙烯磺酸盐共聚物(AM-AMPS)		羟丙基半乳甘露聚糖(HPGM)	
丙烯酰胺、丙烯酸盐与(2-丙烯酰胺基-2-甲基)丙烯磺酸盐共聚物共聚物(AM-AA-AMPS)		羧甲基羟丙基半乳甘露聚糖(CMHPGM)	
		羟丙基羧甲基半乳甘露聚糖(HPCMGM)	

配制稠化水压裂液时,可利用稠化剂复配所产生的协同效应,以减少稠化剂的用量。这里的协同效用是指混合稠化剂的稠化能力比在相同条件下参加混合的任一稠化剂单独存在时的稠化能力强。瓜尔胶(GG)与部分水解聚丙烯酰胺(HPAM)复配,可观察到这种效应。

(2)水基冻胶压裂液

水基冻胶压裂液主要由水、成胶剂、交联剂和破胶剂配成。成胶剂可采用表9.7中任一种稠化剂。交联剂取决于稠化剂可交联的基团和交联条件(见表9.8)。破胶剂主要用过氧化物,通过氧化降解破胶。

表9.8 稠化剂的交联基团、交联剂和交联条件

稠化剂中可交联基团	典型聚合物	交联剂	交联条件
—CONH$_2$	HPAM PAM	醛、二醛 六亚甲基四胺	酸性交联
—COO$^-$	HPAM CMC CMGM XC	AlCl$_3$，CrCl$_3$ K$_2$Cr$_2$O$_7$+Na$_2$SO$_3$ ZrOCl$_2$，TiCl$_4$	酸性交联或中性交联
邻位顺式羟基	GM CMGM HPGM CMHPGM PVA	硼酸、四硼酸钠、五硼酸钠、有机硼、有机锆、有机钛	碱性交联

从表9.8可以看到3个有代表性的交联反应:一个是甲醛对PAM的交联反应;另一个是硼酸对GM的交联反应;还有一个是铬的多核羟桥络离子对HPAM的交联反应。

水基冻胶压裂液具有高黏度、低摩阻、低滤失、对地层伤害小等特点。

(3)黏弹性表面活性剂压裂液

黏弹性表面活性剂压裂液主要由水、长碳链表面活性剂、水溶性盐和(或)醇配成。

长碳链表面活性剂可采用阴离子型、阳离子型、非离子型和两性型的长碳链表面活性剂,如图9.54所示。

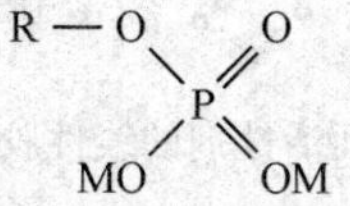

(a) 烷基醇磷酸酯盐 (R=C$_{16}$~C$_{30}$; M=Na，K，NH$_4$)

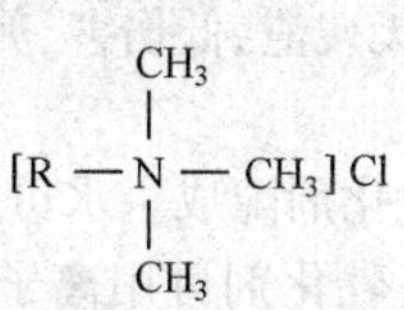

(b) 氯化烷基三甲基铵 (R=C$_{16}$~C$_{30}$)

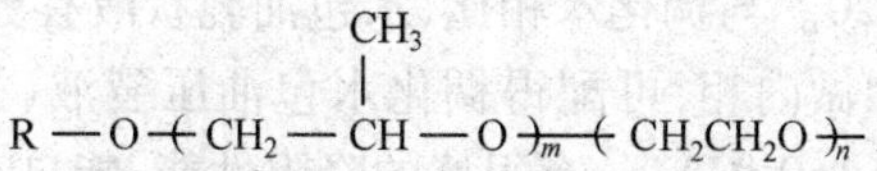

(c) 聚氧乙烯聚氧丙烯烷基醇醚 (R=C$_{16}$~C$_{30}$)

图9.54 长碳链表面活性剂

$$R-O-(CH_2-\underset{\underset{CH_3}{|}}{CH}-O)_m-(CH_2CH_2O)_n-SO_3M$$

(d) 聚氧乙烯聚氧丙烯烷基醇醚硫酸酯盐 (R=C_{16}~C_{30})

$$R-\underset{\underset{CH_2CH_2OH}{|}}{\overset{\overset{CH_2CH_2OH}{|}}{N^+}}-CH_2CH_2COOO^-$$

(e) 烷基二（2-羟乙基）羧乙基季铵内盐

续图 9.54

水溶性盐可采用无机盐与有机盐，如氯化钾、硝酸钾、水杨酸钠等。

水溶性醇可采用乙醇、异丙醇等。

当长碳链表面活性剂溶于一定浓度的盐和（或）醇溶液中时，盐和（或）醇抑制了表面活性剂的水溶性，促使长碳链缔合，生成线性胶束，互相纠缠，产生结构（图 9.55），提高了压裂液的黏度，使它能携砂压裂地层。

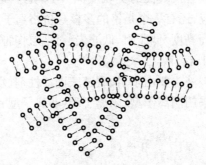

图 9.55　表面活性剂的线性胶束形成结构

在拉伸作用下，表面活性剂线性胶束结构显示出其黏弹性。

黏弹性表面活性剂压裂液具有无残渣、低伤害、剪切稳定等特点。

（4）水包油压裂液

水包油压裂液主要由水、油和乳化剂配成。水可用淡水、盐水和稠化水；油可用原油或其馏分（如煤油、柴油或凝析油）；乳化剂可用离子型、非离子型或两性型表面活性剂（见表 9.9），HLB 值应为 8~18，水相中乳化剂的质量分数为 1%~3%，油与水的体积比一般要求为 50∶50~80∶20。与稠化水相比，水包油乳状液有更好的黏温关系。

若用稠化水做外相，油做内相，可配得稠化水包油压裂液（聚合物乳状液）。这种压裂液能用在比较高的温度（160 ℃）下，有很好的降阻性能，能自动破乳排液。因为这种压裂液选用阳离子型表面活性剂做乳化剂，易吸附于地层表面引起破乳，或采用浊点低于地层温度的非离子型表面活性剂做乳化剂，当地层温度高于乳化剂浊点时，它即析出，引起破乳，使高黏的乳状液转化为低黏的油和水，易从地层排出。

表 9.9　水包油压裂液用的乳化剂

表面活性剂	示例	
离子型	R — OSO$_3$Na	R=C$_{10}$~C$_{18}$
	R — SO$_3$Na	R=C$_{10}$~C$_{18}$
	R—⬡—SO$_3$Na	R=C$_8$~C$_{14}$
	R — COONa	R=C$_9$~C$_{17}$
	季铵盐型表面活性剂	
	吡啶盐型表面活性剂	
非离子型	R — O$+$CH$_2$CH$_2$O$+_n$H	R=C$_{10}$~C$_{18}$; $n>2$
	R—⬡—O$+$CH$_2$CH$_2$O$+_n$H	R=C$_8$~C$_{14}$; $n>2$
	吐温型表面活性剂	
两性型	R — O$+$CH$_2$CH$_2$O$+_n$SO$_3$Na	R=C$_{10}$~C$_{18}$; n=3~5
	R — O$+$CH$_2$CH$_2$O$+_n$CH$_2$SO$_3$Na	R=C$_{10}$~C$_{18}$; n=3~5
	R — O$+$CH$_2$CH$_2$O$+_n$CH$_2$COONa	R=C$_{10}$~C$_{18}$; n=3~5

（5）水基冻胶包油压裂液

若在稠化水包油压裂液中加入交联剂,将稠化水中的聚合物交联,即可配得水基冻胶包油压裂液。这种压裂液比稠化水包油压裂液有更强的携砂能力和降滤失能力,但需在压裂液中加入破胶剂,使它在使用后易从地层排出。

（6）水基泡沫压裂液

水基泡沫压裂液是指以水做分散介质,以气体做分散相的压裂液。

水基泡沫压裂液的主要组成是水、气体和起泡剂。水可用淡水、盐水和稠化水;气体可用二氧化碳、氮气和天然气;起泡剂可用烷基磺酸盐、烷基苯磺酸盐、烷基硫酸酯盐、季铵盐和 OP 型表面活性剂。在水中,起泡剂的质量分数一般为 0.5% ~2%。泡沫特征值要求为 0.5~0.9。

水基泡沫压裂液的特点是黏度低(但悬砂能力强)、摩阻低、滤失量低、含水量低、压裂后易于排出、对地层伤害小。

用二氧化碳和氮气进行泡沫裂压时,最好以液态的形式使用。若用二氧化碳,则可控制温度和压力,使二氧化碳处在液态,然后与携砂的起泡剂溶液一起注入地层。当这种混合物的温度超过 31 ℃(即二氧化碳的临界温度)时,液态二氧化碳转化为气态,产生泡沫。若用液氮,则用罐车将液氮送至现场,在井口稍稍加热,即得高压氮气,再与携砂的起泡剂溶液混合产生泡沫。

也可由二氧化碳和氮气两种气体组成的混合气体配制泡沫。这种泡沫更有利于压裂后的排液,因在排液过程中,氮气发挥作用在前,而二氧化碳发挥作用(溶气驱动)在后。

(7)水基冻胶泡沫压裂液

水基冻胶泡沫压裂液是指以水基冻胶做分散介质,以气体做分散相的压裂液。

水基冻胶泡沫压裂液由水、气体、稠化剂、起泡剂、交联剂和破胶剂配成。压裂时,先将稠化剂和起泡剂溶于水中配成稠化的起泡剂溶液,然后注入气体产生泡沫,再注入交联剂和破胶剂。交联剂将泡沫外相稠化剂交联成冻胶,配成水基冻胶泡沫压裂液;破胶剂则使压裂液使用后易从地层排出。

可从水基冻胶压裂液和水基泡沫压裂液的特点,考虑水基冻胶泡沫压裂液的特点。

2. 油基压裂液

油基压裂液是以油做溶剂或分散介质配成的压裂液。下面几种压裂液属于油基压裂液,它们适用于压裂水敏地层(有可膨胀黏土的地层)。

(1)稠化油压裂液

稠化油压裂液是将稠化剂溶于油中配成的。可用的稠化剂分为以下3类:

①脂肪酸皂。

为使脂肪酸皂溶解于油,脂肪酸根的碳原子数必须大于8。超过一定浓度以后,脂肪酸皂可在油中形成结构,产生结构黏度,将油稠化。例如超过一定浓度以后脂肪酸钠皂和脂肪酸钙皂的极性部分按极性相近规则结合起来,形成图9.56所示的结构,产生结构黏度,将油稠化。

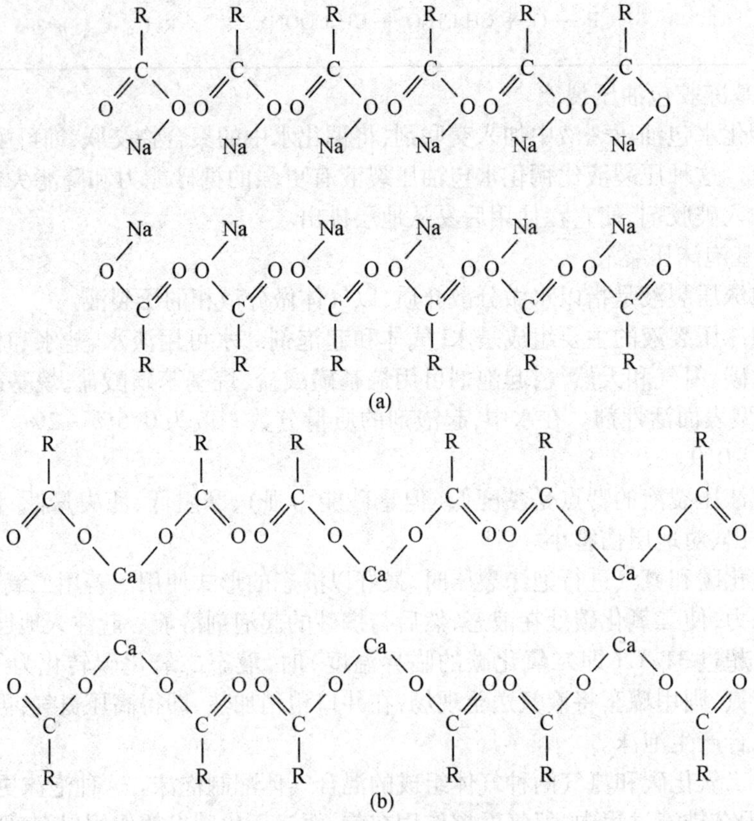

图 9.56　脂肪酸钠皂结构和脂肪酸钙结构

脂肪酸铝皂有单皂和双皂两种形式(图 9.57)。它们可通过羟桥连接起来,形成图
9.58 所示的结构将油稠化。

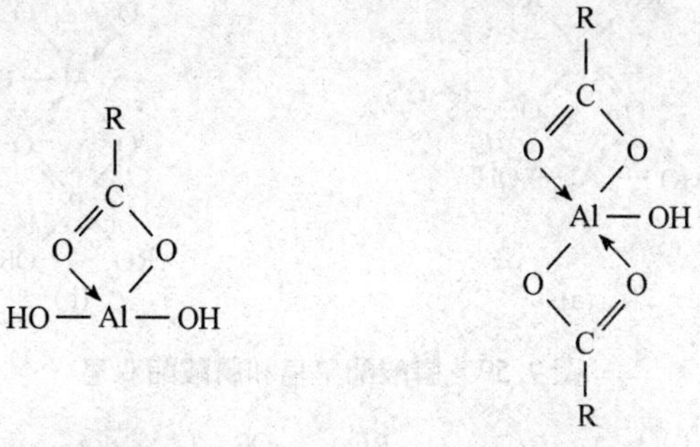

(a) 单皂   (b) 双皂

图 9.57 脂肪酸铝皂单皂和脂肪酸铝皂双皂

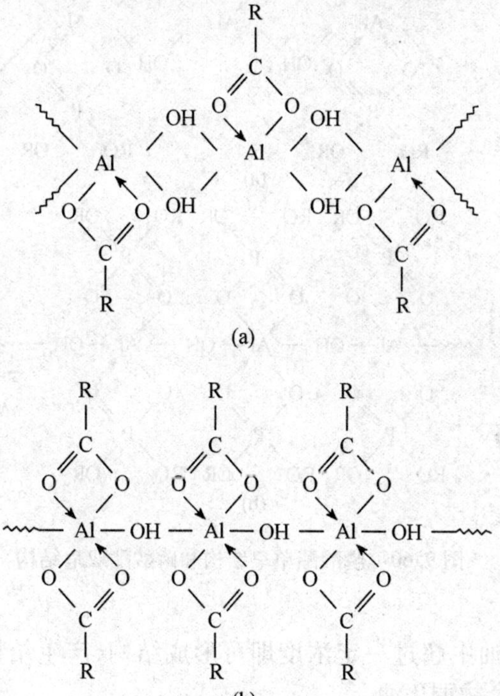

(a)

(b)

图 9.58 脂肪酸铝皂单皂结构和脂肪酸铝皂双皂结构

②膦酸酯。

膦酸酯由醇(ROH,R 为 $C_1 \sim C_{20}$)与五氧化二磷反应生成:

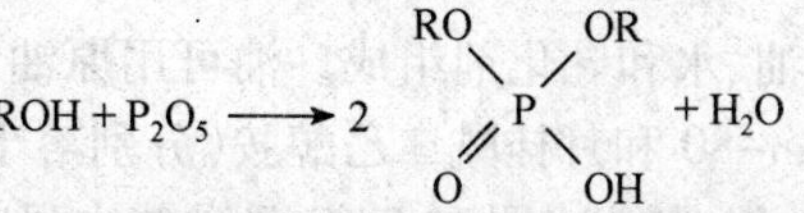

为了配制油基压裂液,可将膦酸酯溶于油中,然后用铝盐(如硝酸铝、氧化铝)将其活
化,产生如图 9.59 所示的产物。这些产物在油中通过羟桥连接起来,形成图 9.60 所示的
结构,将油稠化。

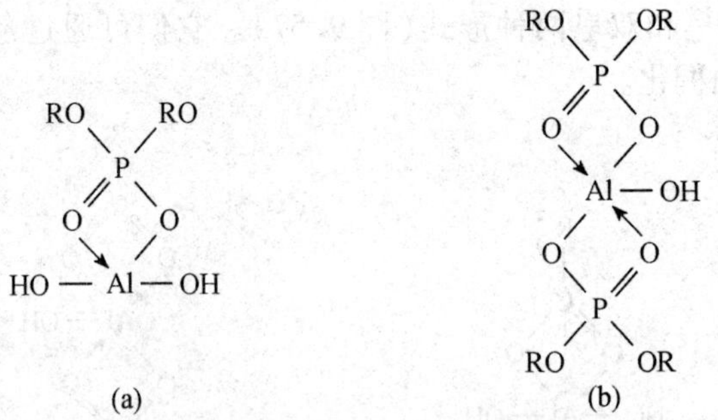

图 9.59　膦酸酯单皂和膦酸酯双皂

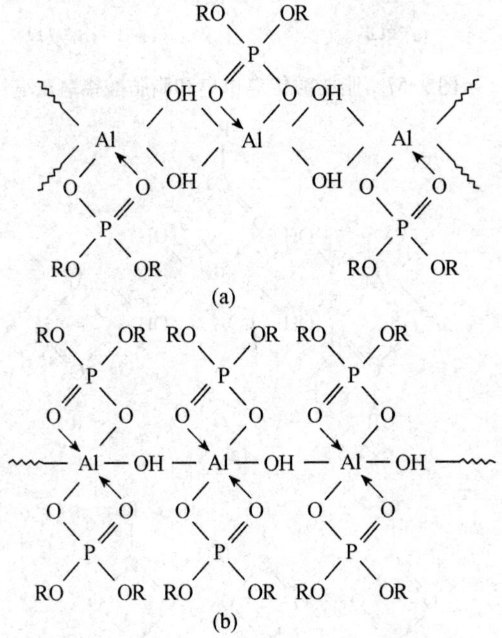

图 9.60　膦酸酯单皂结构和磷酸酯双皂结构

③油溶性聚合物。

油溶性聚合物在油中超过一定浓度即可形成结构,产生结构黏度,将油稠化,可用9.61所示的油溶性聚合物稠化油。

（2）油基冻胶压裂液

当油中稠化剂的浓度足够大时,稠化油压裂液就能转化为油基冻胶压裂液。油基冻胶比稠化油有更高的黏度,有更好的携砂能力,能用于压裂更深的地层。

（3）油包水压裂液

油包水压裂液主要由油、水和乳化剂组成。油可用原油、柴油或者煤油;水可用淡水或者盐水;乳化剂可用 Span-80 和月桂酰二乙醇胺（分别溶于油和水中）。这种压裂液以油做分散介质,以水做分散相,其优点是黏度高、悬砂能力强、滤失量低、对油层伤害小,而缺点是流动摩阻很高。若将油包水压裂液中的水改为酸,就可制成油包酸压裂液。油包酸压裂液不仅可减轻酸对管线的腐蚀,而且在乳状液破坏后,还可给出酸液,将压裂产生

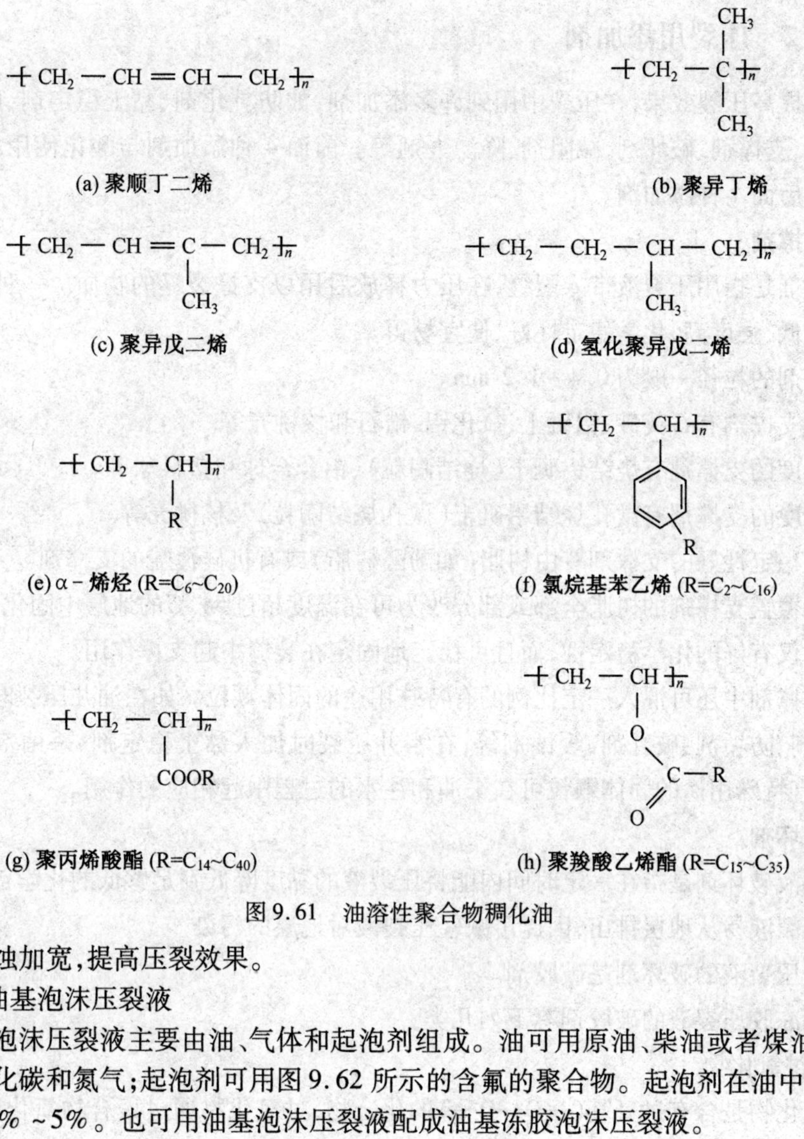

$$\text{+}CH_2 - CH = CH - CH_2\text{+}_n$$

(a) 聚顺丁二烯

$$\text{+}CH_2 - \underset{CH_3}{\overset{CH_3}{\underset{|}{\overset{|}{C}}}}\text{+}_n$$

(b) 聚异丁烯

$$\text{+}CH_2 - CH = \underset{CH_3}{\overset{|}{C}} - CH_2\text{+}_n$$

(c) 聚异戊二烯

$$\text{+}CH_2 - CH_2 - \underset{CH_3}{\overset{|}{CH}} - CH_2\text{+}_n$$

(d) 氢化聚异戊二烯

$$\text{+}CH_2 - \underset{R}{\overset{|}{CH}}\text{+}_n$$

(e) α - 烯烃 (R=C_6~C_{20})

$$\text{+}CH_2 - CH\text{+}_n$$

(f) 氯烷基苯乙烯 (R=C_2~C_{16})

$$\text{+}CH_2 - \underset{COOR}{\overset{|}{CH}}\text{+}_n$$

(g) 聚丙烯酸酯 (R=C_{14}~C_{40})

$$\text{+}CH_2 - \underset{O}{\overset{|}{CH}}\text{+}_n$$

(h) 聚羧酸乙烯酯 (R=C_{15}~C_{35})

图 9.61　油溶性聚合物稠化油

的裂缝溶蚀加宽,提高压裂效果。

(4)油基泡沫压裂液

油基泡沫压裂液主要由油、气体和起泡剂组成。油可用原油、柴油或者煤油;气体主要用二氧化碳和氮气;起泡剂可用图 9.62 所示的含氟的聚合物。起泡剂在油中的质量分数为 0.05% ~5% 。也可用油基泡沫压裂液配成油基冻胶泡沫压裂液。

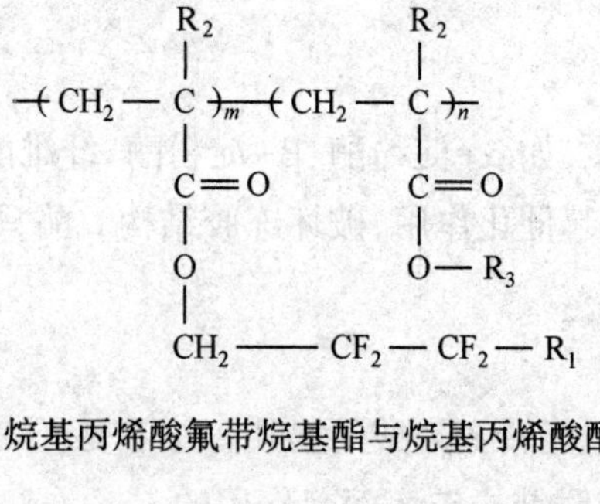

$$\text{+}CH_2 - \underset{\underset{O}{\overset{|}{C=O}}}{\overset{R_2}{\underset{|}{C}}}\text{)}_m \text{(}CH_2 - \underset{\underset{O-R_3}{\overset{|}{C=O}}}{\overset{R_2}{\underset{|}{C}}}\text{)}_n$$

$$CH_2 - CF_2 - CF_2 - R_1$$

图 9.62　烷基丙烯酸氟带烷基酯与烷基丙烯酸酯共聚物

9.7.2 压裂用添加剂

为了提高压裂效果,在压裂中用到许多添加剂,如防乳化剂、黏土稳定剂、助排剂、润湿反转剂、支撑剂、破坏剂、减阻剂、降滤失剂等。前面4种添加剂与酸化使用的相同,这里只介绍后面4种添加剂。

1.支撑剂

支撑剂是指用压裂液带入裂缝,在压力释放后用以支撑裂缝的物质。一种好的支撑剂应密度低、强度高、化学稳定性好、便宜易得。

支撑剂的粒径一般为 $0.4 \sim 1.2$ mm。

天然支撑剂有石英砂、铝矾土、氧化铝、锆石和核桃壳等。

高强度的支撑剂有烧结铝矾土(烧结陶粒)、铝合金球和塑料球等。

低密度的支撑剂有微孔烧结铝矾土(微孔烧结陶粒)及核桃壳等。

化学稳定性好的支撑剂有由树脂(如酚醛树脂)或有机硅覆盖的支撑剂。

若将覆盖支撑剂的树脂全部或部分改为可在温度超过54 ℃的地层中固化的树脂,则支撑剂不仅有好的化学稳定性,而且可稳定地固定在裂缝中起支撑作用。

在支撑剂中还可混入一定比例的有特殊用途的固体颗粒。如在油井压裂时加入水膨体、防蜡剂、防垢剂、破乳剂、缓蚀剂等;在水井压裂时加入黏土稳定剂、杀菌剂等。压裂后,这些有特殊用途的固体颗粒可在采油和注水的过程中起相应的作用。

2.破坏剂

压裂液破坏剂是指在一定时间内能将压裂液的黏度降低到足够低的化学剂。由于破坏后的压裂液易从地层排出,因此可减轻压裂液对地层的污染。

冻胶压裂液的破坏剂是破胶剂。

水基冻胶压裂液的破胶剂有下列几类:

(1)过氧化物

过氧化物是含有过氧基(—O—O—)的化合物,过氧化物通过聚合物氧化降解,破坏冻胶结构。

(2)酶

酶是一种特殊的蛋白质,如 α-淀粉酶、β-淀粉酶、纤维酶、半纤维酶、蔗糖酶、麦芽糖酶等,它们对聚糖水解降解起催化作用,破坏冻胶结构。酶只能用于温度低于65 ℃和pH值为 $3.5 \sim 8.0$ 的条件下。

(3)潜在酸

潜在酸是在一定条件下能转变为酸的物质。潜在酸不是通过破坏聚合物,而是通过改变条件(pH值)使冻胶交联结构破坏而起作用的。

(4)潜在螯合剂

潜在螯合剂是在一定条件下能转变为可螯合交联剂的化学剂(图9.63)。它们可分

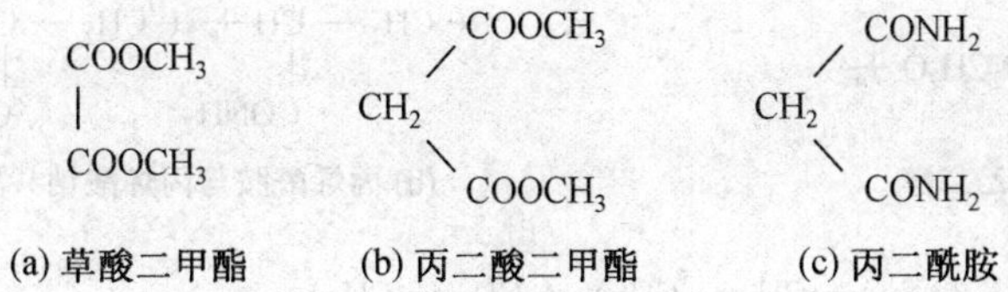

$$
\begin{array}{ccc}
\begin{array}{c} COOCH_3 \\ | \\ COOCH_3 \end{array} &
CH_2 \begin{array}{c} \diagup COOCH_3 \\ \diagdown COOCH_3 \end{array} &
CH_2 \begin{array}{c} \diagup CONH_2 \\ \diagdown CONH_2 \end{array} \\
\text{(a) 草酸二甲酯} & \text{(b) 丙二酸二甲酯} & \text{(c) 丙二酰胺}
\end{array}
$$

图 9.63　潜在螯合剂

别在低于 60 ℃和高于 60 ℃的条件下水解产生草酸或丙二酸,螯合作为交联剂的金属离子,破坏冻胶的交联结构。

油基冻胶压裂液主要由膦酸酯用铝盐活化配成,可用的破胶剂有乙酸钠、苯乙酸钠等。这些破胶剂是通过竞争络合的机理使油基冻胶破胶的。例如,乙酸钠对膦酸酯铝盐有稠化产生的油基冻胶的破胶可用下面的反应说明:

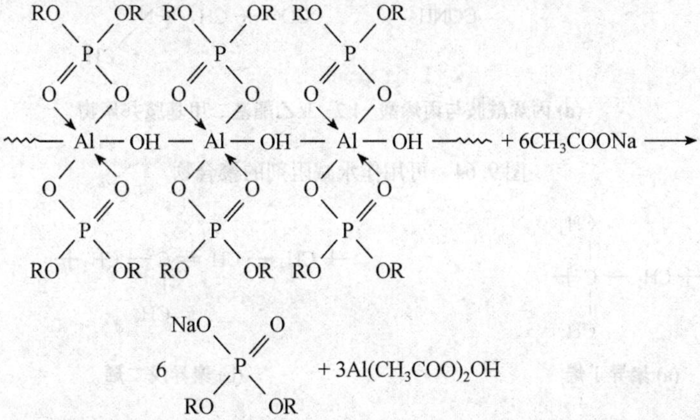

黏弹性表面活性剂压裂液的破坏剂是地层油和地层水。这些表面活性剂可被地层油溶解或被地层水稀释,导致由线型胶束缠绕产生的结构破坏。此外,还可用黏弹性表面活性剂压裂液的其他破坏剂,其中包括压裂后注入的醇(如乙醇、异丙醇)和与压裂液一起注入的酯(如乙酸乙酯、烷基硫酸酯盐、聚丙烯酸酯等),它们通过水解产生相应的醇起破坏作用。

3. 减阻剂

压裂液减阻剂是指在紊流状态下能减小压裂液流动阻力的化学剂。它是通过储藏紊流能量的机理减少压裂液的流动阻力的。该机理将在管输原油减阻剂的减阻机理中介绍。

减阻剂通常是聚合物。一种聚合物可同时是稠化剂和减阻剂。HPAM 在高质量浓度使用时,它是稠化剂;在低质量浓度时使用时,它是减阻剂。

水基压裂液用水减阻剂,如可用图 9.64 所示的聚合物。

油基压裂液用油减阻剂,如可用 9.65 所示的聚合物。

4. 降滤失剂

压裂液降滤失剂是指能减少压裂液从裂缝中向地层滤失的化学剂。它可减少压裂液

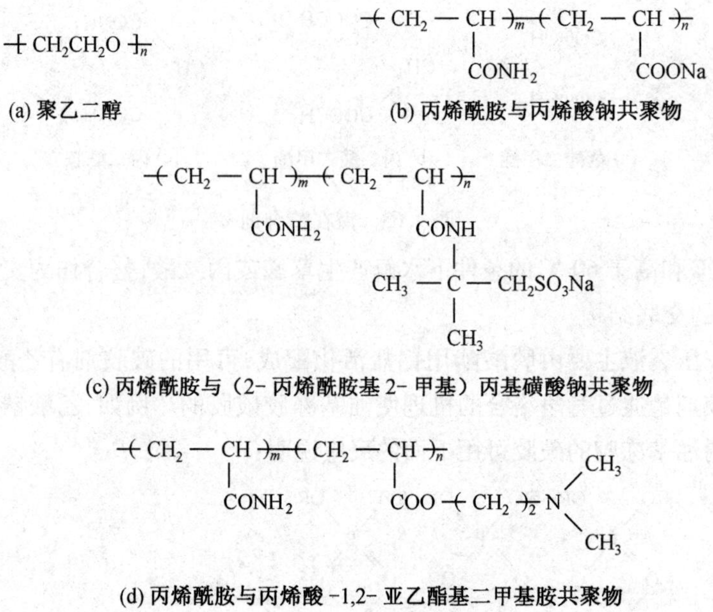

$$+\!CH_2CH_2O\!\!+_{\overline{n}}$$

(a) 聚乙二醇

$$+\!CH_2-CH\!\!+_{\overline{m}}\!+\!CH_2-CH\!\!+_{\overline{n}}$$
$$\qquad\quad|\qquad\qquad\qquad|$$
$$\qquad\quad CONH_2\qquad\qquad COONa$$

(b) 丙烯酰胺与丙烯酸钠共聚物

$$+\!CH_2-CH\!\!+_{\overline{m}}\!+\!CH_2-CH\!\!+_{\overline{n}}$$
$$\qquad\quad|\qquad\qquad\qquad|$$
$$\qquad\quad CONH_2\qquad\qquad CONH$$
$$\qquad\qquad\qquad\qquad\qquad\quad|$$
$$\qquad\qquad CH_3-C-CH_2SO_3Na$$
$$\qquad\qquad\qquad\quad|$$
$$\qquad\qquad\qquad\quad CH_3$$

(c) 丙烯酰胺与（2-丙烯酰胺基 2-甲基）丙基磺酸钠共聚物

$$+\!CH_2-CH\!\!+_{\overline{m}}\!+\!CH_2-CH\!\!+_{\overline{n}}$$
$$\qquad\quad|\qquad\qquad\qquad|\qquad\qquad\qquad CH_3$$
$$\qquad\quad CONH_2\qquad\qquad COO+\!CH_2\!\!+_{\overline{2}}N$$
$$\qquad\qquad\qquad\qquad\qquad\qquad\qquad\qquad CH_3$$

(d) 丙烯酰胺与丙烯酸 -1,2- 亚乙酯基二甲基胺共聚物

图 9.64　可用作水减阻剂的聚合物

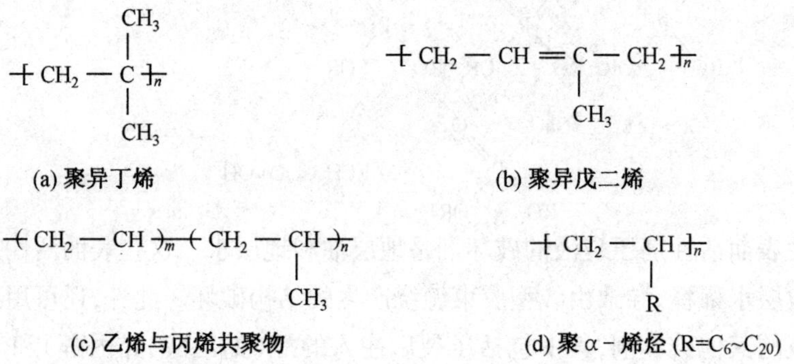

$$\qquad\qquad CH_3$$
$$\qquad\qquad\quad|$$
$$+\!CH_2-C\!\!+_{\overline{n}}$$
$$\qquad\qquad\quad|$$
$$\qquad\qquad CH_3$$

(a) 聚异丁烯

$$+\!CH_2-CH=C-CH_2\!\!+_{\overline{n}}$$
$$\qquad\qquad\qquad\quad|$$
$$\qquad\qquad\qquad CH_3$$

(b) 聚异戊二烯

$$+\!CH_2-CH\!\!+_{\overline{m}}\!+\!CH_2-CH\!\!+_{\overline{n}}$$
$$\qquad\qquad\qquad\qquad\qquad|$$
$$\qquad\qquad\qquad\qquad\quad CH_3$$

(c) 乙烯与丙烯共聚物

$$+\!CH_2-CH\!\!+_{\overline{n}}$$
$$\qquad\qquad|$$
$$\qquad\qquad R$$

(d) 聚 α - 烯烃 (R=C_6~C_{20})

图 9.65　可用作油减阻剂的聚合物

对地层的污染,并可在压裂时使压力迅速提高。

降滤失剂在压裂后能被溶掉,不会污染地层。

降滤失剂有如下几类:

(1)水溶性降滤失剂

水溶性降滤失剂如水溶性聚合物、水溶性皂、水溶性盐等颗粒。

(2)油溶性降滤失剂

油溶性降滤失剂如蜡、萘、蒽、松香、松香二聚物、聚苯乙烯、苯乙烯与甲苯乙烯共聚物、乙烯与乙酸乙烯酯共聚物等颗粒。

(3)酸溶性降滤失剂

酸溶性降滤失剂如石英粉、碳酸钙粉等。

思　考　题

1. 在注水开发的油田中,油水井往往会存在那些问题影响着油田的开发?
2. 如何来降低油井产出水?
3. 什么样的原油是稠油? 稠油如何分类?
4. 试列举增产增注的方法。
5. 油井防蜡和清蜡的方法有哪些? 有什么本质的区别?

参考文献

［1］沈钟,赵振国,王果庭.胶体与表面化学［M］.北京:化学工业出版社,2004.

［2］崔正刚.表面活性剂、胶体与界面化学基础［M］.北京:化学工业出版社,2013.

［3］赵福麟.油田化学［M］.东营:中国石油大学出版社,2010.

［4］陈廷根,管志川.钻井工程理论与技术［M］.东营:中国石油大学出版社,2000.

［5］于涛,丁伟,曲广淼.油田化学剂［M］.北京:石油工业出版社,2008.

［6］岳湘安,王尤富,王克亮.提高石油采收率基础［M］.北京:石油工业出版社,2007.

［7］王杰祥.油水井增产增注技术［M］.东营:中国石油大学出版社,2006.

［8］刘立伟,向问陶,张健.渤海油田原油乳状液流变性研究［J］.西南石油大学学报(自然科学版),2010,32(6):143-146.

［9］崔迎春,王贵和.钻井液技术发展趋势浅析［J］.钻井液与完井液,2005,22(1):60-62.

［10］孙春柳,曲延明,刘卫东,等.不同结构破乳剂对原油乳状液的适用性研究［J］.石油与天然气化工,2009,38(6):515-517.

［11］肖中华.原油乳状液破乳机理及影响因素研究［J］.石油天然气学报,2008,30(4):165-168.

［12］赵雄虎,王风春.废弃钻井液处理研究进展［J］.钻井液与完井液,2004,21(2):43-48.

［13］王大卫,李欣,张江林.废弃泥浆对农作物毒性影响研究［J］.油气田环境保护,2000,10(4):16-18.

［14］薛玉志,马云谦,李公让,等.海上废弃钻井液处理研究［J］.石油钻探技术,2008,36(5):12-16.

［15］刘罡,王松,邓皓,等.废弃钻井液固化处理试验研究［J］.江汉石油学院学报,2000,22(3):95-96.

［16］赵江印,吴廷银,梁志强,等.有机黑色正电胶钻井液在华北油田的应用［J］.钻井液与完井液,2004,21(1):42-44.

［17］马运庆,王伟忠,杨俊贞,等.浅谈钻井液 pH 值对处理剂的影响［J］.钻井液与完井液,2008,25(3):77-78.

［18］张克勤,卢彦丽,宋芳,等.国外钻井液处理剂 20 年发展分析［J］.钻井液与完井液,2005,22(增刊):1-3.

［19］徐同台,赵忠举,袁春.国外钻井液和完井液技术的新进展［J］.钻井液与完井液,2004,21(2):1-10.

［20］刘忠运,李莉娜.稠油乳化降黏剂研究现状及其发展趋势［J］.精细化工原料及中间

体,2009,(10):24-27.

[21] 罗向东,陶卫民,刘鹏,等.无渗透无侵害钻井液及其渗滤性能评价方法的探讨[J].钻井液与完井液,2005,22(1):5-8.

[22] 李淑白,耿东士,殷洋溢,等.水泥浆对强敏感性砂岩储层损害评价[J].钻井液与完井液,2011,28(6):39-41.

[23] 刘崇建,梅国萍,郭小阳.控制水泥浆失水性能的新认识[J].天然气工业,1995,15(5):36-41.

[24] 吴达华,裴雁,黄柏宗.现场聚合物泥浆转化为水泥浆的室内研究[J].油田化学,1995,12(1):21-25.

[25] 孙展利.水泥浆的水化体积收缩胶凝失重研究[J].江汉石油学院学报,1997,19(4):55-58.

[26] 丁保刚,王显诚.水泥浆密度自动控制系统及应用[J].石油钻探技术,1997,25(1):24-25.

[27] 秦永宏.油田化学剂现状的思考[J].钻井液与完井液,2007,24(3):64-67.

[28] 常玉霞,袁存光,方洪波.聚合物对W/O乳状液稳定性的影响规律研究[J].油田化学,2011,28(1):86-88.

[29] 马宝东,陈晓彦,张本艳,等.聚合物驱新型污水处理剂的研制和应用[J].油气地质与采收率,2005,12(5):70-72.

[30] 宋燕高,牛静,贺海,等.油田化学堵水调剖剂研究进展[J].精细石油化工进展,2008,9(5):5-10.

[31] 李延军,彭珏,赵连玉,等.低渗透油层物理化学采油技术综述[J].特种油气藏,2008,15(4):7-12.

[32] 李宜坤,覃和,蔡磊.国内堵水调剖的现状及发展趋势[J].钻采工艺,2006,29(15):105-106.

[33] 刘明,王毅.高含硫气田集输管线腐蚀因素分析[J].管道技术与设备,2011,(4):43-45.

[34] 赵伟,于会景.高含硫气田管道腐蚀原因分析与防护措施[J].化学工程与装备,2010,(3):66-69.

[35] 王兵,李长俊,田勇,等.抗硫化氢腐蚀管材[J].油气田地面工程,2008,27(1):75-77.

[36] 杨光,王亚刚,曹成章,等.含硫油气田钻井腐蚀与防护对策[J].全面腐蚀控制,2008,22(5):16-18.

[37] 李鹭光,黄黎明,谷坛,等.四川气田腐蚀特征及防腐措施[J].石油与天然气化工,2007,36(1):46-54.

[38] 蒋毅,蒋洪,朱聪,等.高含硫气田集输管道材质的选择[J].油气储运,2006,25(12):43-45.

[39] 王成达,严密林,赵新伟,等.油气田开发中H_2S/CO_2腐蚀研究进展[J].西安石油大学学报(自然科学版),2005,20(5):66-70.

［40］朱权云,熊春平.钻井废水处理技术探讨[J].油气田环境保护,1999,9(2):33-34.

［41］朱权云,熊春平,周厚安,等.CT4-35钻井废水处理剂的研制及应用[J].油气田环境保护,1996,6(3):6-9.

［42］熊春平,朱权云.钻井废水处理工艺评价[J].石油与天然气化工,1997,26(1):61-64.

［43］朱权云.气田废水处理及基本看法[J].石油与天然气化工,1990,19(4):67-71.

［44］朱权云.含硫气田水脱硫技术及应用[J].油气田环境保护,1992,(1):35-38.

［45］朱权云.工业废水中有机污染物处理技术开发动向[J].石油与天然气化工,1993,22(2):125-130.

［46］刘会友.胜利油田污水处理工艺改造的技术经济性分析[J].油气地质与采收率,2005,12(4):78-80.

［47］唐春凌,罗方宇,朱权云,等.天然气管道工程水土流失预测及防治措施[J].石油与天然气化工,2004,33(4):296-299.

［48］熊春平,朱权云,翁帮华.天然气长输管道工程建设项目环境影响评价技术探讨[J].石油与天然气化工,2004,33(5):375-378.

［49］罗方宇,唐春凌,朱权云,等.天然气长输管道建设项目植被措施设计初探[J].石油与天然气化工,2001,30(3):157-160.